ARCHÄOLOGISCHE BIBLIOGRAPHIE 1957

ARCHÄOLOGISCHE BIBLIOGRAPHIE

1957

BEILAGE

ZUM

JAHRBUCH DES DEUTSCHEN ARCHÄOLOGISCHEN INSTITUTS

BAND 73 (1958)

BEARBEITET
VON
GERHARD REINCKE

WALTER DE GRUYTER & CO. BERLIN
1959

Archiv-Nr. 38 14 59
Satz: Walter de Gruyter & Co., Berlin W 35
Druck: Otto v. Holten, GmbH., Berlin W 35
Printed in Germany

VORBEMERKUNGEN

Der vorliegende Bibliographie-Jahrgang, im Umfang mit dem vorhergehenden fast übereinstimmend, konnte auch in der Anordnung und Gliederung des Materials unverändert bleiben. Für die Titelsammlung wurden die gleichen Bibliotheken wie bisher herangezogen. Einige Schwierigkeiten ergaben sich bei der Erfassung des mehr und mehr in Erscheinung tretenden Titelmaterials aus Griechenland und den anderen balkanischen Staaten, das vielfach nur auf umständlichen Wegen — meist im Schriftentausch — von den Bibliotheken erworben werden kann.

Hinweise und Sonderabdrucke erreichten den Bearbeiter gleichermaßen aus den USA wie aus Polen und den Balkanländern — ein erfreuliches Zeichen für die Internationalität der archäologischen Forschung wie für das Interesse an der Bibliographie. Auch für die Zukunft erbitte ich diese wertvolle und tätige Mithilfe. Sehr zu danken habe ich schließlich auch diesmal den Betreuern der Institutsbibliotheken in Frankfurt/Main und Rom sowie meinem unermüdlichen, treuen Mitarbeiter Friedrich Enderle in Freiburg.

Freiburg/Br., im März 1959 — Gerhard Reincke
Universitätsbibliothek

INHALTSVERZEICHNIS

ABKÜRZUNGEN UND SIGEL

häufig zitierter Periodica und Einzelveröffentlichungen

AA. Archäologischer Anzeiger
AaA. Art and Archaeology
ÄägArch. Archiv für ägyptische Archäologie
AAel. Archaeologia Aeliana
AASOR. Annual of the American Schools of Oriental Research in Jerusalem
AASyr. Les Annales Archéologiques de Syrie
AbhBerlin Abhandlungen der Deutschen (Preußischen) Akademie der Wissenschaften zu Berlin. Phil.-hist. Klasse
AbhHeidelberg Abhandlungen der Heidelberger Akademie der Wissenschaften. Phil.-hist. Klasse
AbhLeipzig Abhandlungen der (Königlich) Sächsischen Gesellschaft der Wissenschaften. Phil.-hist. Klasse
AbhMainz Akademie der Wissenschaften und der Literatur in Mainz. Abhandlungen der geistes- und sozialwissenschaftl. Klasse
AbhMünchen Abhandlungen der (Königlich) Bayerischen Akademie der Wissenschaften. Hist. Klasse
ABr. Griechische und Römische Porträts „Arndt-Bruckmann"
ACambr. Archaeologia Cambrensis
ActaArch. Acta Archaeologica (Kopenhagen)
ActaOr. Acta Orientalia
ActesCIAChrét. Actes du . . . Congrès International d'Archéologie Chrétienne
ActMuz. Activitatea Muzeelor, Cluj
AD. Antike Denkmäler
AdI. Annali dell'Instituto di Corrispondenza Archeologica
ADIK. Abhandlungen des Deutschen Archäologischen Instituts Abteilung Kairo
AEg. Ancient Egypt
AegForsch. Aegyptologische Forschungen
ÄgM. Mitteilungen des Deutschen Instituts für Ägyptische Altertumskunde in Kairo
ÄgZ. Zeitschrift für ägyptische Sprache und Altertumskunde
AEM. Archaeologisch-Epigraphische Mitteilungen aus Österreich
AeR. Atene e Roma
AEsp. Archivo Español de Arqueología
AfrIt. Africa Italiana
AJ. s. AntJ.
AJA. American Journal of Archaeology
AJPh. American Journal of Philology
AIPhOr. Annuaire de l'Institut de Philologie et d'Histoire Orientales et Slaves
AK. Archiv für Keilschriftforschung
Albizzati, Vas. del Vat. C. Albizzati, Vasi Antichi Dipinti del Vaticano
AM. Mitteilungen des Deutschen Archäologischen Instituts. Athenische Abteilung
Amelung, Antiken in Florenz. W. Amelung, Führer durch die Antiken in Florenz
Amelung, Vat. Kat. W. Amelung, Die Sculpturen des Vaticanischen Museums
AmtlBer. Amtliche Berichte aus den Königlichen Kunstsammlungen
AnatSt. Anatolian Studies
ANL. Archaeological News Letter
AnnArchBrux. Annales de la Société Royale d'Archéologie de Bruxelles
AnnFABelg. Annales, Fédération Archéologique et Historique de Belgique
AnnInst. Annales Institutorum
AnnIstNum. Istituto italiano di Numismatica. Annali
AnnLiv. Annals of Archaeology and Anthropology (University of Liverpool)
AnnPisa Annali della Reale Scuola Normale Superiore di Pisa. Sezione di Lettere
AntCl. L'Antiquité Classique
AntJ. The Antiquaries Journal
AnzAW. Anzeiger für die Altertumswissenschaft
AnzSchwAlt. Anzeiger für Schweizerische Altertumskunde
AnzWien Anzeiger der Akademie der Wissenschaften, Wien. Phil.-hist. Klasse
AO. Der Alte Orient
AOF. Archiv für Orientforschung
AOr. Archiv Orientálni
APF. Archiv für Papyrusforschung
APort. O Arqueólogo Português
ArchClass. Archeologia Classica
ArchErt. Archaeologiai Ertesitö
ArchJ. The Archaeological Journal
ArchStorCalabria. Archivio Storico per la Calabria e la Lucania

ArchStorSicilia Archivio Storico per la Sicilia Orientale

ArtB. The Art Bulletin

ARW. Archiv für Religionswissenschaft

ASA. s. AnzSchwAlt.

ASAntEg. Annales du Service des Antiquités de l'Égypte

ASAteneAnnuario dellaScuolaArcheologica diAtene

Atti ... CStR. Atti del ... Congresso Nazionale di Studi Romani

AttiMGrecia Atti e Memorie della Società Magna Grecia

AttiSocTiburtina Atti e Memorie della Società Tiburtina di Storia e d'Arte

AuA. Antike und Abendland

AuChr. Antike und Christentum

AV. ersetzt durch Gerhard, AV.

AvP. Altertümer von Pergamon

AZ. Archäologische Zeitung

BA. Bulletin Archéologique du Comité des Travaux Historiques et Scientifiques

Babelon, Camées Bibl. Nat. E. Babelon, Catalogue des Camées Antiques et Modernes de la Bibliothèque Nationale

Babelon-Blanchet E. Babelon-J.-A.Blanchet, Catalogue des Bronzes Antiques de la Bibliothèque Nationale

BAC. Bullettino di Archeologia Cristiana

BAcBelg. Académie Royale de Belgique. Bulletin de la Classe des Lettres

BadFB. Badische Fundberichte

BAntBeschav. Bulletin van de Vereeniging tot Bevordering der Kennis van de Antieke Beschaving

BAntFr. Bulletin de la Société Nationale des Antiquaires de France

BArchAlex. Bulletin de la Société Archéologique d'Alexandrie

BASOR. Bulletin of the American Schools of Oriental Research in Jerusalem

BASPR. Bulletin of the American School of Prehistoric Research

BayVBll. Bayerische Vorgeschichtsblätter

BBudé Bulletin de l'Association Guillaume Budé

BBudéSCr. Bulletin de l'Association Guillaume Budé. Supplément Critique

BCH. Bulletin de Correspondance Hellénique

Bd'A. Bolletino d'Arte

BDetrI. Bulletin of the Detroit Institute of Arts of the City of Detroit

BdI. Bullettino dell'Instituto di Corrispondenza Archeologica

Beazley, ABV. J. D. Beazley, Attic Black-Figure Vase-Painters

Beazley, ARV. J. D. Beazley, Attic Red-Figure Vase-Painters

Beazley, AV. J. D. Beazley, Attische Vasenmaler des rotfigurigen Stils

Beazley, EVP. J. D. Beazley, Etruscan Vase Painting

Beazley-Magi J. D. Beazley-F. Magi, La Raccolta Benedetto Guglielmi nel Museo Gregoriano Etrusco

Benndorf-Schöne O. Benndorf-R. Schöne, Die antiken Bildwerke des Lateranensischen Museums beschrieben

BerlMus. Berliner Museen. Berichte aus den Ehem. Preuß. Kunstsammlungen

BerRGK. Deutsches Archäol. Institut. Bericht der Römisch-Germanischen Kommission

BerROB. Berichten van de Rijksdienst voor Oudheidkundig Bodemonderzoek

Beschr. ant. Skulpt. Berlin Kurze Beschreibung der antiken Skulpturen im Alten Museum

BFil. Bollettino di Filologia Classica

BIA. Bollettino del Istituto Nazionale di Archeologia e Storia dell'Arte

BJbb. Bonner Jahrbücher

BiblA. The Biblical Archaeologist

BIBulg. Bulletin de l'Institut Archéologique Bulgare

BICS. Bulletin of the Institute of Classical Studies, University of London

BIE. Bulletin de l'Institut Égyptien

Bieber, Kat. Cassel M. Bieber, Die antiken Skulpturen und Bronzen des Königl. Museum Fridericianum in Cassel

BIFAO. Bulletin de l'Institut Français d'Archéologie Orientale

BII. Bulletin of the Iranian Institute

Billedtavler Ny Carlsberg Glyptotek. Billedtavler til Kataloget over Antike Kunstvaerker

BiOr. Bibliotheca Orientalis

Bissing-Bruckmann Denkmäler ägyptischer Sculptur. Hrsg. von F. W. v. Bissing (Bruckmann)

BllMfr. Blätter für Münzfreunde

Blümel, Kat. Berlin, Röm. Bildn. Staatl. Museen zu Berlin. Katalog der Sammlung antiker Skulpturen. C. Blümel, Römische Bildnisse

Blümel, Kat. Berlin, Röm. Kopien 4. Jh. Staatl. Museen zu Berlin. Katalog der Sammlung antiker Skulpturen V. C. Blümel, Römische Kopien griechischer Skulpturen des IV. Jahrhunderts v. Chr.

Blümel, Kat. Berlin, Röm. Kopien 5. Jh. Staatl. Museen zu Berlin. Katalog der Sammlung antiker Skulpturen IV. C. Blümel, Römische Kopien griechischer Skulpturen des V. Jahrhunderts v. Chr.

Blümel, Kat. Berlin, Skulpt. 6. u. 5. Jh. Staatl. Museen zu Berlin. Katalog der Sammlung antiker Skulpturen II 1. C. Blümel, Griechische Skulpturen des VI. und V. Jahrhunderts v. Chr.

Blümel, Kat. Berlin, Skulpt. 5. u. 4. Jh. Staatl. Museen zu Berlin. Katalog der Sammlung antiker Skulpturen III. C. Blümel, Die griechischen Skulpturen des V. und IV. Jahrhunderts v. Chr.

Blümner, Technologie H. Blümner, Technologie und Terminologie der Gewerbe und Künste bei Griechen und Römern

BMC. A Catalogue of the Greek Coins in the British Museum

BMetrMus. Bulletin of the Metropolitan Museum of Art

BMImpR. Bullettino del Museo dell'Impero Romano

BMon. Bulletin Monumental

BMusArt Bulletin des Musées Royaux d'Art et d'Histoire

BMusBeyr. Bulletin du Musée de Beyrouth

BMusFA. Museum of Fine Arts Bulletin

BMusFr. Bulletin des Musées de France

BNJ. Byzantinisch-Neugriechische Jahrbücher

BOffInt. Bulletin de l'Office International des Instituts d'Archéologie et d'Histoire de l'Art

BollICR. Bollettino dell' Istituto Centrale del Restauro

BollMC. Bollettino dei Musei Comunali di Roma

BollStM. Bollettino dell'Associazione Internazionale degli Studi Mediterranei

BphW. Berliner philologische Wochenschrift

BPI. Bullettino di Paletnologia Italiana

BrBr. Brunn-Bruckmann's Denkmäler griechischer und römischer Skulptur

Brit. Mus. Cat., Grueber, Coins H. A. Grueber, Coins of the Roman Republic in the British Museum

Brit. Mus. Cat., Hinks, Paintings R. P. Hinks, Catalogue of the Greek, Etruscan and Roman Paintings and Mosaics in the British Museum

Brit. Mus. Cat., Marshall, Finger Rings F. H. Marshall, Catalogue of the Finger Rings, Greek, Etruscan and Roman in the . . . British Museum

Brit. Mus. Cat., Marshall, Jewellery F. H. Marshall, Catalogue of the Jewellery, Greek, Etruscan and Roman in the British Museum

Brit. Mus. Cat., Mattingly, Coins H. Mattingly, Coins of the Roman Empire in the British Museum

Brit. Mus. Cat., Pryce, Sculpture Cat. of Sculpture in the Department of Greek and Roman Antiquities of the Brit. Mus. F. N. Pryce, Prehellenic and early Greek

Brit. Mus. Cat., Smith, Sculpture A. H. Smith, A Catalogue of Sculpture in the Department of Greek and Roman Antiquities, British Museum

Brit. Mus. Cat., Vases Catalogue of the Greek and Etruscan Vases in the British Museum

Brit. Mus. Cat., Walters, Bronzes H. B. Walters, Catalogue of the Bronzes, Greek, Roman and Etruscan in the British Museum

Brit. Mus. Cat., Walters, Gems H. B. Walters, Catalogue of the Engraved Gems and Cameos, Greek, Etruscan and Roman in the British Museum

Brit. Mus. Cat., Walters, Lamps H. B. Walters, Catalogue of the Greek and Roman Lamps in the British Museum

Brit. Mus. Cat., Walters, Silver Plate H. B. Walters, Catalogue of the Silver Plate (Greek, Etruscan and Roman) in the British Museum

Brit. Mus. Cat., Walters, Terracottas H. B. Walters, Catalogue of the Terracottas in the British Museum

BrMQu. The British Museum Quarterly

BSA. Annual of the British School at Athens

BSocBulg. Bulletin de la Société Archéologique Bulgare

BSOSt. Bulletin of the School of Oriental Studies

BSR. Papers of the British School at Rome

BullCom. Bullettino della Commissione Archeologica Comunale di Roma

BullGov. Bullettino della Commissione Archeologica del Governatorato di Roma

Bulle, SchM. H. Bulle, Der Schöne Mensch im Altertum

BullNap. Bullettino Archeologico Napolitano

BurlMag. Burlington Magazine for Connoisseurs

Burs. Jahresbericht über die Fortschritte der klassischen Altertumswissenschaft (hrsg. von C. Bursian)

BVarna Bulletin de la Société Archéologique à Varna

BWPr. Winckelmannsprogramm der Archäologischen Gesellschaft zu Berlin

BYaleU. Bulletin of the Associates in Fine Arts at Yale University
ByzZ. Byzantinische Zeitschrift
CAH. The Cambridge Ancient History
CAlsArch. Cahiers Alsaciens d'Archéologie, d'Art et d'Histoire
CArch. Cahiers Archéologiques
CArchAls. Cahiers d'Archéologie et d'Histoire d'Alsace
Caskey, Cat. Sculpt. Boston Boston, Museum of Fine Arts. L. D. Caskey, Catalogue of Greek and Roman Sculpture
Casson, Cat. Acrop. Mus. Catalogue of the Acropolis-Museum II. S. Casson, Sculpture and Architectural Fragments. With a Section upon the Terracottes by D. Brooke
Cd'A. Cahiers d'Art
CHistArch. Cahiers d'Histoire et d'Archéologie
CHistMond. Cahiers d'Histoire Mondiale
ChrEg. Chronique d'Égypte
CIA. Corpus Inscriptionum Atticarum
CIE. Corpus Inscriptionum Etruscarum
CIG. Corpus Inscriptionum Graecarum
CIL. Corpus Inscriptionum Latinarum
CIS. Corpus Inscriptionum Semiticarum
Clarac F. de Clarac, Musée de Sculpture Antique et Moderne
ClB. The Classical Bulletin
ClJ. The Classical Journal
ClPh. Classical Philology
ClQu. The Classical Quarterly
ClRev. The Classical Review
ClW. The Classical Weekly
Cohen, Imp. H. Cohen, Description historique des monnaies frappées sous l'empire romain communément appelées médailles impériales
Cohen, Rép. H. Cohen, Description générale des monnaies de la république romaine communément appelées médailles consulaires
Collignon-Couve M. Collignon-L. Couve, Catalogue des Vases Peints du Musée National d'Athènes
Conze, Att. Grabreliefs Die attischen Grabreliefs. Hrsg. von A. Conze
Corolla Curtius Corolla Ludwig Curtius zum 60. Geburtstag dargebracht
CRAcInscr. Comptes-Rendus des Séances. Académie des Inscriptions et Belles-Lettres
Crd'A. La Critica d'Arte
CRPétersb. Compte-Rendu de la Commission Impériale Archéologique St. Pétersbourg
CVA. Corpus Vasorum Antiquorum
Dalton, Treas. of Oxus O. M. Dalton, The Treasure of the Oxus with other Objects from Ancient Persia and India, bequeathed to the Trustees of the British Museum by Sir A. W. Franks
Daremberg-Saglio Dictionnaire des Antiquités Grecques et Romaines ... sous la Direction de Ch. Daremberg et Edm. Saglio
Délos Exploration Archéologique de Délos faite par l'École Française d'Athènes
Δελτ. 'Αρχαιολογικὸν Δελτίον
DJbNum. Deutsches Jahrbuch für Numismatik
Dittenberger, Sylloge W. Dittenberger, Sylloge Inscriptionum Graecarum
DLZ. Deutsche Literaturzeitung
Dütschke H. Dütschke, Antike Bildwerke in Oberitalien
Dura-Europos, Fin. Rep. The Excavations at Dura-Europos. Final Report
Dura-Europos, Prel. Rep. The Excavations at Dura-Europos. Preliminary Report
EA. Photographische Einzelaufnahmen antiker Skulpturen („Arndt-Amelung")
Ebert, RV. Reallexikon der Vorgeschichte, hrsg. von M. Ebert
EE. ersetzt durch EphEp.
Enc Phot. TEL Encyclopédie Photographique de l'Art. Éditions TEL
'Επετ. 'Επετηρὶς Ἑταιρείας Βυζαντινῶν Σπουδῶν
EphEp. Ephemeris Epigraphica
'Εφημ. 'Εφημερὶς 'Αρχαιολογική
ESA. Eurasia Septentrionalis Antiqua
EtCl. Les Études Classiques
Exped. Sieglin Veröffentlichungen der Ernst von Sieglin Expedition in Aegypten
FA. Fasti Archaeologici
Fairbanks, Cat. Vas. Boston Museum of Fine Arts, Boston. Catalogue of Greek and Etruscan Vases. I A. Fairbanks, Early Vases, preceeding Athenian Black-Figured Ware
FBSchwaben Fundberichte aus Schwaben
FCA. (Kock) Fragmenta Comicorum Atticorum. Ed. Th. Kock
FCG. (Kaibel) Fragmenta Comicorum Graecorum. Ed. G. Kaibel
FCG. (Meineke) Fragmenta Comicorum Graecorum. Coll. et disposuit A. Meineke
FdD. Fouilles de Delphes
FEG. (Kinkel) Fragmenta Epicorum Graecorum. Disposuit Commentarium Criticum adiecit G. Kinkel
FelRav. Felix Ravenna

Festschrift Schweitzer. Neue Beiträge zur Klass. Altertumskunde, Festschrift für Bernhard Schweitzer

FGrHist. (Jacoby) F. Jacoby, Die Fragmente der griechischen Historiker

FHG. Fragmenta Historicorum Graecorum

FolArch. Folia Archaeologica

FR. A. Furtwängler-K. Reichhold, Griechische Vasenmalerei

Führer Antiqu. Berlin I Bronzen Führer durch das Antiquarium I Bronzen

FuF. Forschungen und Fortschritte

Furtwängler, Geschn. Steine Berlin A. Furtwängler, Beschreibung der geschnittenen Steine im Antiquarium

Furtwängler, Meisterwerke A. Furtwängler, Meisterwerke der griechischen Plastik

Furtwängler, Vasenslg. Berlin A. Furtwängler, Beschreibung der Vasensammlung im Antiquarium

GaR. Greece and Rome

GazArch. Gazette Archéologique

GazBA. Gazette des Beaux-Arts

Gercke-Norden A. Gercke-E. Norden, Einleitung in die Altertumswissenschaft

Gerhard, AV. E. Gerhard, Auserlesene Griechische Vasenbilder

Gerhard, ES. E. Gerhard, Etruskische Spiegel

Gerhard, ECV. E. Gerhard, Etruskische und Campanische Vasenbilder des Königl. Museums zu Berlin

GGA. Göttingische Gelehrte Anzeigen

GlMSar. Glasnik Zemalskog Muzeja u Sarajevŭ

GodPlovdiv Godišnik na Narodnija Archeolog. Musei Plovdiv

Graef-Langlotz Die antiken Vasen von der Akropolis zu Athen. Hrsg. von B. Graef (später) und E. Langlotz

Guida Ruesch A. Ruesch, Guida Illustrata del Museo Nazionale di Napoli

HallWPr. Hallisches Winckelmannsprogramm

HarvSt. Harvard Studies in Classical Philology

HAW. Handbuch der (klassischen) Altertumswissenschaft. Begründet von Iwan Müller, hrsg. von W. Otto

HBr. P. Herrmann, Denkmäler der Malerei des Altertums (Bruckmann)

HdArch. Handbuch der Archäologie im Rahmen des Handbuchs der Altertumswissenschaft. Hrsg. von W. Otto, fortgeführt von R. Herbig

Helbig[3] W. Helbig, Führer durch die öffentlichen Sammlungen klassischer Altertümer in Rom. 3. Auflage

Helbig, Wandgemälde W. Helbig, Wandgemälde der vom Vesuv verschütteten Städte Campaniens

Herrmann, Skulpt.-Slg. Dresden P. Herrmann, Verzeichnis der antiken Originalwerke der Staatl. Skulpturensammlung zu Dresden

Heuzey, Cat. Terr. Cuit. Louvre L. Heuzey, Catalogue des Figurines Antiques de Terre Cuite du Musée du Louvre

Heydemann, Vasenslgg. Neapel H. Heydemann, Die Vasensammlungen des Museo Nazionale zu Neapel

Hommages Deonna Hommages à Waldemar Deonna

Hoppin, Hb. Bf. J. C. Hoppin, A Handbook of Greek Black-Figured Vases with a Chapter on the Red Figured Southern Italian Vases

Hoppin, Hb. Rf. J. C. Hoppin, A Handbook of Attic Red-Figured Vases Signed by or Attributed to the Various Masters of the Sixth and Fifth Centuries B. C.

Hübner, Bildwerke in Madrid E. Hübner, Die antiken Bildwerke in Madrid

HZ. Historische Zeitschrift

Jahn, Vasenslg. München O. Jahn, Beschreibung der Vasensammlung König Ludwigs in der Pinakothek zu München

JAOS. Journal of the American Oriental Society

JAsiat. Journal Asiatique

JbBerl. Jahrbuch der Deutschen Akademie der Wissenschaften zu Berlin

JberEOL. Jaarbericht van het Voor-Aziatisch-Egyptische Gezelschap 'Ex Oriente Lux'

JberVind. Jahresbericht, Gesellschaft Pro Vindonissa

JbKlF. Jahrbuch für Kleinasiatische Forschung

JbKSWien Jahrbuch der Kunsthistorischen Sammlungen in Wien

JbMainz Jahrbuch, Akademie der Wissenschaften und der Literatur, Mainz

JbNum. Jahrbuch für Numismatik und Geldgeschichte

JbÖBG. Jahrbuch der Österreichischen Byzantinischen Gesellschaft

JbSGU. Jahrbuch der Schweizerischen Gesellschaft für Urgeschichte

JbZMusMainz Jahrbuch des Römisch-Germanischen Zentralmuseums, Mainz

JBritArchAss. The Journal of the British Archaeological Association

JdI. Jahrbuch des Deutschen Archäologischen Instituts

JEA. The Journal of Egyptian Archaeology

IEJ. Israel Exploration Journal
JEOL. s. JberEOL
IG. Inscriptiones Graecae
IGA. Inscriptiones Graecae Antiquissimae
JHS. Journal of Hellenic Studies
ILN. Illustrated London News
JNES. Journal of Near Eastern Studies
JPalOrS. The Journal of the Palestine Oriental Society
JPrKS. Jahrbuch der Preußischen Kunstsammlungen
JRAS. The Journal of the Royal Asiatic Society of Great Britain and Ireland
JRS. The Journal of Roman Studies
JSav. Journal des Savants
JSOR. Journal of the Society of Oriental Research
IstForsch. Istanbuler Forschungen
IstMitt. Istanbuler Mitteilungen
JWCI. Journal of the Warburg and Courtauld Institute
Kaschnitz-Weinberg, Mag. Vat. G. Kaschnitz-Weinberg, Sculture del Magazzino del Museo Vaticano
KiB. ersetzt durch Winter, KiB.
Langlotz, Griech. Vas. Würzburg Martin v. Wagner-Museum der Universität Würzburg. E. Langlotz, Griechische Vasen
Lehner, Führer Bonn H. Lehner, Führer durch das Provinzialmuseum in Bonn I. Die antike Abteilung
Lehner, Prov. Mus. Bonn, Abbildungen Das Provinzialmuseum in Bonn. Abbildungen seiner wichtigsten Denkmäler. Hrsg. von H. Lehner
LeipzWBl. Leipziger Winckelmannsblatt
LHum. Lettres d'Humanité
Liddell-Scott H. G. Liddell-R. Scott, A Greek-English Lexicon
Lippold, Vat. Kat. G. Lippold, Die Skulpturen des Vaticanischen Museums
Listy Listy Filologicke
MAOG. Mitteilungen der Altorientalischen Gesellschaft
MarbJb. Marburger Jahrbuch für Kunstwissenschaft
MarbWPr. Marburger Winckelmann-Programm
Masner, Kat. Wien K. Masner, Die Slg. antiker Vasen und Terracotten im K. K. Oesterr. Museum
Mattingly, Rom. Coins s. Brit. Mus. Cat., Mattingly, Coins
Mattingly-Sydenham H. Mattingly-E. A. Sydenham, The Roman Imperial Coinage
Matz-Duhn F. Matz, Antike Bildwerke in Rom mit Ausschluß der größeren Sammlungen. (Weitergef. u. hrsg. von F. von Duhn)
MCArh. Materiale si Cercetări Arheologice
MdI. Mitteilungen des Deutschen Archäologischen Instituts
MDIK. Mitteilungen des Deutschen Archäologischen Instituts Abteilung Kairo
MDOG. Mitteilungen der Deutschen Orient-Gesellschaft
Mél. Mélanges d'Archéologie et d'Histoire
MélUnivBeyr. Mélanges de l'Université Saint-Joseph, Beyrouth
MemAccLinc. Atti della Accademia Nazionale dei Lincei. Memorie
MemAccNapoli Memorie dell'Accademia di Archeologia, Lettere e Belle Arti di Napoli
MemAccPont. ersetzt durch MemPontAcc.
MémAcInscr. Mémoires présentés par Divers Savants à l'Académie des Inscriptions et Belles-Lettres
MemAmAc. Memoirs of the American Academy in Rome
MémCôte-d'Or Mémoires de la Commission des Antiquités du Département de la Côte-d'Or
MemPontAcc. Atti della Pontificia Accademia Romana di Archeologia. Memorie
MémSocAF. Mémoires de la Société Nationale des Antiquaires de France
Mendel Musées Impériaux Ottomans. G. Mendel, Catalogue des Sculptures Grecques, Romaines et Byzantines
MetrMusSt. Metropolitan Museum Studies
MJb. ersetzt durch MüJb.
MontAnt. Monumenti Antichi pubblicati per Cura della Accademia Nazionale dei Lincei
MonInst. Monumenti Inediti pubblicati dall'Instituto Archeologico
MonLinc. s. MonAnt.
MonPiot Fondation Eugène Piot. Monuments et Mémoires
MsJ. The Museums Journal (London)
MüJb. Münchner Jahrbuch der bildenden Kunst
MusHelv. Museum Helveticum
Myres, Cesnola Coll. The Metropolitan Museum of Art. J. L. Myres, Handbook of the Cesnola Collection of Antiquities from Cyprus
NAHisp. Noticiario Arqueológico Hispánico
NBArchCrist. Nuovo Bulletino di Archeologia Cristiana
Neugebauer, Kat. Berlin, Bronzen I Staatl. Museen zu Berlin. Katalog der statuarischen

Bronzen im Antiquarium I. K. A. Neugebauer, Die minoischen und archaisch griechischen Bronzen

Neugebauer, Kat. Berlin, Bronzen II Staatl. Museen zu Berlin. Katalog der statuarischen Bronzen im Antiquarium II. K. A. Neugebauer, Die griechischen Bronzen der klassischen Zeit und des Hellenismus

Neugebauer, Vasen Führer durch das Antiquarium II. K. A. Neugebauer, Vasen

NGG. Nachrichten von der Akademie der Wissenschaften in Göttingen

NJbb. Neue Jahrbücher für Antike und deutsche Bildung

Nicole, Vas. d'Athènes G. Nicole, Catalogue des Vases Peints du Musée National d'Athènes

NSc. Atti della Accademia Nazionale dei Lincei. Notizie degli Scavi di Antichità

NumChron. The Numismatic Chronicle and Journal of the Numismatic Society

NumCirc. Spink & Son's Numismatic Circular

NumLBl. Numismatisches Literaturblatt

NumZ. Numismatische Zeitschrift

ÖJh. Jahreshefte des Österreichischen Archäologischen Instituts in Wien

OIC. Oriental Institute Communications (Chicago)

OIP. Oriental Institute Publications (Chicago)

Olymp. Forschungen Olympische Forschungen. Hrsg. von E. Kunze

Olympia I(—V) Olympia. Die Ergebnisse der von dem Deutschen Reich veranstalteten Ausgrabung... hrsg. von E. Curtius und F. Adler. Band I—V

Olympia-Bericht Bericht über die Ausgrabungen in Olympia

Olympia, Übersicht Die Ausgrabungen zu Olympia. Übersicht der Arbeiten und Funde. Hrsg. von E. Curtius, F. Adler, G. Hirschfeld (später und andere)

Olynth Excavations at Olynthus

OLZ. Orientalistische Literaturzeitung

OpArch. Skrifter utgivna av Svenska Institutet i Rom. Opuscula Archaeologica

OudhMeded. Oudheidkundige Mededelingen uit het Rijksmuseum van Oudheden te Leiden

Overbeck, Kunstmythologie J. Overbeck, Griechische Kunstmythologie

Overbeck, Schriftquellen J. Overbeck, Die antiken Schriftquellen zur Geschichte der bildenden Künste bei den Griechen

Ox. Pap. The Oxyrhynchus Papyri. Ed. by B. P. Grenfell-A. S. Hunt

PalExplQu. Palestine Exploration Quarterly

PASAthens Papers of the American School of Classical Studies at Athens

Payne, NC. H. Payne, Necrocorinthia. A Study of Corinthian Art in the Archaic Period

Perrot-Chipiez G. Perrot-Ch. Chipiez, Histoire de l'Art dans l'Antiquité

Pfuhl, MuZ. E. Pfuhl, Malerei und Zeichnung der Griechen

PhQu. Philological Quarterly

PhW. Philologische Wochenschrift

Platner-Ashby S. B. Platner-Th. Ashby, A Topographical Dictionary of Ancient Rome

Pottier, Vas. Louvre E. Pottier, Vases Antiques du Louvre

Poulsen, Cat. Sculpt. F. Poulsen, Catalogue of Ancient Sculpture in the Ny Carlsberg Glypotek

PP. La Parola del Passato

Πρακτ' Ακ' Αθ. Πρακτικὰ τῆς 'Ακαδημίας 'Αθηνῶν

Πρακτ' Αρχ 'Ετ. Πρακτικὰ τῆς ἐν 'Αθήναις 'Αρχαιολογικῆς 'Εταιρείας

Preller-Robert L. Preller, Griechische Mythologie. 4. Aufl. bearb. von C. Robert

ProcCambr. Proceedings of the Cambridge Antiquarian Society

ProcNewc. Proceedings of the Society of Antiquaries of Newcastle-upon-Tyne

PrzArch. Przegląd Archeologiczny

PZ. Prähistorische Zeitschrift

QuAntPal. The Quarterly of the Department of Antiquities in Palestine

RA. Revue Archéologique

RAC. Reallexikon für Antike und Christentum

RAComo Rivista Archeologica dell'Antica Provincia e Diocesi di Como

RACrist. Rivista di Archeologia Cristiana

RAE. Revue Archéologique de l'Est et du Centre-Est

RArt Revue de l'Art

RArts Revue des Arts

Rassd'A. Rassegna d'Arte

RassMon. Rassegna Monetaria

RAssyr. Revue d'Assyriologie

RASyr. Revue Archéologique Syrienne

RBArch. Revue Belge d'Archéologie et d'Histoire de l'Art

RBibl. Revue Biblique

RBNum. Revue Belge de Numismatique

RBPhil. Revue Belge de Philologie et d'Histoire

RE. Paulys Realenzyklopädie der klassischen Altertumswissenschaft. Neue Bearbeitung

REA. Revue des Études Anciennes

REByz. Revue des Études Byzantines
REG. Revue des Études Grecques
REgA. Revue de l'Égypte Ancienne
REgypt. Revue d'Égyptologie
Reinach, RP. S. Reinach, Répertoire des Peintures Grecques et Romaines
Reinach, RR. S. Reinach, Répertoire des Reliefs Grecs et Romains
Reinach, RS. S. Reinach, Répertoire de la Statuaire Grecque et Romaine
Reinach, RV. S. Reinach, Répertoire des Vases Peints Grecs et Étrusques
REL. Revue des Études Latines
RendAccIt. Atti della Reale Accademia d'Italia. Rendiconti della Classe di Scienze Morali
RendAccNapoli Rendiconti della Reale Accademia di Archeologia, Lettere e Belle Arti di Napoli
RendIstLomb. Istituto Lombardo di Scienze e Lettere. Rendiconti
RendLinc. Atti della Accademia Nazionale dei Lincei. Rendiconti
RendPontAcc. Atti della Pontificia Accademia Romana di Archeologia. Rendiconti
RevABM. Revista de Archivos, Bibliotecas y Museos
RevArtAncMod. Revue de l'Art Ancien et Moderne
RevNum. Revue Numismatique
RevPhil. Revue de Philologie, de Littérature et d'Histoire Anciennes
RGG. Die Religion in Geschichte und Gegenwart
RGKBl. Römisch-Germanisches Korrespondenzblatt
RH. Revue Historique
RHitt. Revue Hittite et Asianique
RhM. Rheinisches Museum für Philologie
RHPhilos. Revue d'Histoire et de Philosophie Religieuses
RHRel. Annales du Musée Guimet. Revue de l'Histoire des Religions
RIA. Rivista dell' Istituto Nazionale d' Archeologia e Storia dell'Arte
Richter, Bronzes Metr. Mus. New York, Metropolitan Museum. G. M. A. Richter, Greek, Etruscan and Roman Bronzes
Richter, Cat. of Gems Metr. Mus. New York, Metropolitan Museum. G. M. A. Richter, Catalogue of Engraved Gems of the Classical Style
Richter, Handbook Metr. Mus. New York, Metropolitan Museum. G. M. A. Richter, Handbook of the Classical Collection
Richter-Hall G. M. A. Richter, Red-Figured Athenian Vases in the Metropolitan Museum of Art. With ... Drawings by L. F. Hall
de Ridder, Bronzes Acrop. A. de Ridder, Catalogue des Bronzes trouvés sur l'Acropole d'Athènes
de Ridder, Bronzes Ant. Louvre Musées Nationaux du Louvre. A. de Ridder, Les Bronzes Antiques
de Ridder, Cat. Sommaire Louvre Musées Nationaux du Louvre. A. de Ridder, Catalogue Sommaire des Bijoux Antiques
de Ridder, Vas. de la Bibl. Nat. A. de Ridder, Catalogue des Vases Peints de la Bibliothèque Nationale
RivFil. Rivista di Filologia e di Istruzione Classica
RivItNum. Rivista Italiana di Numismatica
RivScPr. Rivista di Scienze Preistoriche
RivStudLig. Rivista di Studi Liguri
RM. Mitteilungen des Deutschen Archäologischen Instituts. Römische Abteilung
Robert, SR. s. SR.
Rodenwaldt, KdA.[4] G. Rodenwaldt, Die Kunst der Antike. 4. Auflage
Roscher, ML. W. H. Roscher, Ausführliches Lexikon der griechischen und römischen Mythologie
RQu. Römische Quartalschrift für christliche Altertumskunde und für Kirchengeschichte
RScRel. Recherches de Science Religieuse
RStOr. Revista degli Studi Orientali
RStP. Rivista di Studi Pompeiani
v. Sacken, Sculpt. Wien E. v. Sacken, Die antiken Sculpturen des K. K. Münz- und Antiken-Cabinetes beschrieben und erklärt
v. Sacken-Kenner E. v. Sacken-F. Kenner, Die Sammlungen des K. K. Münz- und Antiken-Cabinetes, beschrieben
SBBerlin Sitzungsberichte der Akademie der Wissenschaften zu Berlin. Phil.-hist. Klasse
SBHeidelberg Sitzungsberichte der Heidelberger Akademie der Wissenschaften. Phil.-hist. Klasse
SBLeipzig Berichte über die Verhandlungen der Sächsischen Akademie der Wissenschaften zu Leipzig. Phil.-hist. Klasse
SBLpz. ersetzt durch SBLeipzig
SBMünchen Sitzungsberichte der Akademie der Wissenschaften zu München. Phil.-hist. Klasse
SBWien Sitzungsberichte der Akademie der Wissenschaften in Wien. Phil.-hist. Klasse
Schäfer-Andrae H. Schäfer-W. Andrae, Die Kunst des Alten Orients

Schede, Meisterwerke Konstantinopel Meisterwerke der türkischen Museen zu Konstantinopel I. M. Schede, Griechische und römische Skulpturen des Antikenmuseums
v. Schneider, Album Wien R. v. Schneider, Album auserlesener Gegenstände der Antikensammlung des Allerhöchsten Kaiserhauses
Schrader, Marmorbildwerke der Akrop. Die archaischen Marmorbildwerke der Akropolis. Hrsg. von H. Schrader
SchwMbll. Schweizer Münzblätter
SHA. (Hohl) Scriptores Historiae Augustae (ed. Hohl)
Smith, Sculpt. of the Parthenon, Brit. Mus. London, British Museum. A. H. Smith, The Sculptures of the Parthenon
SNG. Sylloge Nummorum Graecorum
Soobšč. Kratkie Soobščenija v Dokladach i Polevych Issledovanijach Instituta Istorii Material'noj Kultury
SOsl. Symbolae Osloenses
SovArch. Sovetskaja Archeologija
Springer-Wolters A. Springer, Die Kunst des Altertums. Neu bearb. von A. Michaelis und P. Wolters
SR. Die antiken Sarkophagreliefs
Staïs, Guide V. Staïs, Guide illustré. Marbres et Bronzes du Musée National (Athen)
StCIstor. Studii şi Cercetări de Istoria Veche
StCNum. Studii şi Cercetări de Numismatică
StDoc. Studia et Documenta Historiae et Juris
StdZ. Stimmen der Zeit
SteMat. Studi e Materiali di Storia delle Religioni
StEtr. Studi Etruschi
StIt. Studi Italiani di Filologia Classica
StRom. Studi Romani
Stuart Jones, Mus. Cap. H. Stuart Jones, The Sculptures of the Museo Capitolino
Stuart Jones, Pal. Cons. H. Stuart Jones, The Sculptures of the Palazzo dei Conservatori
Stud. Robinson Studies presented to David Moore Robinson
Studi Calderini/Paribeni Studi in Onore di Aristide Calderini e Roberto Paribeni
Svoronos, Nat. Mus. J. N. Svoronos, Das Athener Nationalmuseum
Swed. Cypr. Exped. The Swedish Cyprus Expedition. Finds and Results of the Excavations in Cyprus 1927—1931
Sybel, Kat. Athen L. v. Sybel, Katalog der Sculpturen zu Athen
Thes. Lat. Thesaurus Linguae Latinae
Thieme-Becker Allgemeines Lexikon der bildenden Künstler. Hrsg. von U. Thieme und F. Becker
ThLZ. Theologische Literaturzeitung
Thouvenot, Cat. Madrid R. Thouvenot, Catalogue des Figurines et Objets de Bronze du Musée Archéologique de Madrid
Tillaeg til Billedtavler Ny Carlsberg Glyptotek. Tillaeg til Billedtavler af Antike Kunstvaerker
Tillaeg til Kat. F. Poulsen, Tillaeg til Katalog over Ny Carlsberg Glyptoteks Antike Kunstvaerker
Tillyard, Hope Vases E. M. W. Tillyard, The Hope Vases
TrAPhAss. Transactions and Proceedings of the American Philological Association
TrCumb. Transactions of the Cumberland and Westmorland Antiquarian and Archaeological Society
TrZ. Trierer Zeitschrift
TürkTarDerg. Türk Tarih, Arkeologya ve Etnografya Dergisi
UVB. Vorläufiger Bericht über die von der Deutschen Forschungsgemeinschaft in Uruk Warka unternommenen Ausgrabungen
VAHDalm. Vjesnik za Arheologijŭ i Historijŭ Dalmatinskŭ
VDI. Vestnik Drevnej Istorii
VjbllTrier Vierteljahresblätter der Trierer Gesellschaft für nützliche Forschungen
WaG. Die Welt als Geschichte
Waldhauer, Ermitage Die antiken Skulpturen der Ermitage. Hrsg. von O. Waldhauer
Walter, Akropolismus. O. Walter, Beschreibung der Reliefs im kleinen Akropolismuseum in Athen
Watzinger, Vas. Tübingen C. Watzinger, Griechische Vasen in Tübingen
Wiad. Wiadmości Archeologiczne
WJh. Wiener Jahreshefte
Winter, KiB. Kunstgeschichte in Bildern. Neue Bearbeitung. I. Das Altertum
Winter, Typen Die antiken Terrakotten (hrsg. von R. Kekulé). III F. Winter, Die Typen der figürlichen Terrakotten
WklPh. Wochenschrift für klassische Philologie
Wolters, Führer Glyptothek München P. Wolters, Führer durch die Glyptothek König Ludwigs I. zu München
WPZ. Wiener Prähistorische Zeitschrift
WSt. Wiener Studien
WüJbb. Würzburger Jahrbücher für die Altertumswissenschaft

WuS. Wörter und Sachen

WV. O. Benndorf, Wiener Vorlegeblätter für archaeologische Übungen

WVDOG. Wissenschaftliche Veröffentlichungen der Deutschen Orient-Gesellschaft

WZMorg. Wiener Zeitschrift für die Kunde des Morgenlandes

YaleClSt. Yale Classical Studies

ZA s. ZAssyr.

ZÄSpr. Zeitschrift für Ägyptische Sprache und Altertumskunde

ZAK. s. ZSchwArch.

ZAssyr. Zeitschrift für Assyriologie und Vorderasiatische Archäologie

ZDMG. Zeitschrift der Deutschen Morgenländischen Gesellschaft

ZDPV. Zeitschrift des Deutschen Palästina-Vereins

ZfK. Zeitschrift für Kunstgeschichte

ZNum. Zeitschrift für Numismatik

ZSchwArch. Zeitschrift für schweizerische Archaeologie und Kunstgeschichte

Sonstige Abkürzungen:

Bl. Blatt Bll. Blätter Bol. Boletin Boll. Bollettino Bull. Bulletin J. Journal Jb. Jahrbuch Jbb. Jahrbücher Jber. Jahresbericht Rdsch. Rundschau Rev. Review, Revue Riv. Rivista

Anschrift des Bearbeiters: Dr. Gerhard Reincke, Freiburg/Brsg., Universitätsbibliothek

BIBLIOGRAPHIE FÜR DAS JAHR 1957 MIT NACHTRÄGEN AUS DEN VORHERGEHENDEN JAHREN

1. Allgemeines

A. Bibliographien und allgemeine Forschungsberichte

L'Année philologique. Bibliographie crit. et anal. de l'antiquité gréco-latine, publ. sous la dir. de J. Marouzeau par J. Ernst. T. 25: 1954. 1955. | RevPhil. 31 (1957), 90 (A. Ernout). [1

— — T. 27: Bibliographie de l'année 1956 et compl. d'années antérieures. Paris: Belles Lettres 1957. XXI, 535 S. (Collection de bibliographie classique). [2

Annuario bibliografico di archeologia. A cura di C. d'Onofrio. Anno 4: 1955. Modena: Soc. tipogr. ed. modenese 1957. 307 S. (Pubblicazioni della Bibl. dell' Istituto naz. d'archeol. e storia d'arte). [3

Ausgrabungen und Forschungsreisen. — AOF. 18 (1957), 167—223, Abb. [4

Bibliografia de los estudios clasicos en España (1939/1955). 1956. | BBudé Ser. 4 (1957), No. 2, 97—98 (G. Rochefort).RevPhil. Sér. 3, 31 (1957), 336 (A. Ernout). [5

Bibliographie. Vom 1. I. 1956—31. III. 1957 (mit Nachträgen aus früherer Zeit). — AOF. 18 (1957), 236—254. [6

Bibliographie. Hrsg.: A. Dostál. — Byzantinoslavica 18 (1957), 116—187; 314—370. [7

Archäologische Bibliographie 1955. Bearb. von G. Reincke. Berlin: de Gruyter 1957. XXVI, 276 Sp. (JdI. 71. 1956, Beil.) [8

International Bibliography of historical sciences. Ed. for the International Committee of historical sciences. Vol. 22: 1953. 1955. | HZ. 183 (1957), 585—586 (W. Schochow). [9

International Bibliography of histor. sciences. Vol. 23: 1954, incl. some publications of previous years. Paris: Colin 1956 [1957]. XXVII, 388 S. [10

Bibliotheca classica orientalis. Dokumentation d. altertumswiss. Literatur der Sowjetunion und der Länder der Volksdemokratie. 1. 1956. | REByz. 15 (1957), 270—271 (V. Laurent). REG. 70 (1957), 557—558 (R. Guilland). [11

Borroni, F.: Il Cicognara. Bibliografia dell'archeologia classica e dell'arte italiana. Vol. 2: Archeologia classica. T. 1. 2. Firenze: Sansoni 1957. 350 S.; 262 S. (Biblioteca bibliografica italiana. 10.) [12

Bruyne, L. de: Bibliografia dell'antichità christiana. — RACrist. 32 (1956), 117—155; 261—294. [13

Callmer, Ch., W. Holmqvist: Swedish archaeological bibliography 1949/1953. Stockholm: Swedish Archaeol. Society 1957. 294 S. | Nord. Tidskrift for Bok-och Biblioteksväsen 44 (1957), 98 (E. Gren). REA. 59 (1957), 381—382 (J. Marcadé). [14

Delvoye, C.: Fouilles et recherches récentes dans le domaine de l'archéologie grecque. — Phoibos (Brüssel) 8/9 (1953/54, 1954/55), 41—88, 7 Taf. [15

French Bibliographical Digest. Ed. and publ. by the Cultural Division, French Ambassy. Ser. 2, Archaeology. P. 1: The Eastern Mediterranean, by J. Leclant. P. 2: The Near East, by P. Amandry. P. 3: Greece, by P. Amandry. New York 1956/1957. IV, 79 S., 8 Taf.; IV, 79 S., 4 Taf.; IV, 76 S., 4 Taf. [16

Dölger, F.: Bibliographische Notizen und Mitteilungen. — ByzZ. 50 (1957), 204—304; 491—589. [17

Elnitsky, L.: La récente littérature d'archéologie préromaine à l'étranger [russ.]. — SovArch. NS. 4 (1957), 212—221. [18

Intern. Assoc. for Class. Archaeology. Fasti archaeologici. Annual Bulletin of class. archaeology. Vol. 10: 1955. Firenze: Sansoni 1957. XIX, 628 S., Abb., Taf. [19

Georgieva, S., V. Velkov: Bibliografija na bulgarskata archeologija (1879—1955). Sofija: Bulg. Akad. d. Wiss. 1957. 382 S. [20

Janin, R.: Chronique d'archéologie et de topographie. — REByz. 14 (1956), 211—216. [21

Köpstein, H.: Die altertumswissenschaftlichen Veröffentlichungen der Deutschen Akademie der Wissenschaften zu Berlin 1946/1956. — Akademie-Verlag Berlin 1946/1956 (Berlin 1957), 60—75. [22

Laet, S. J. de, G. Faider-Feytmans: Archéologie 1957, 1. — AntCl. 26 (1957), 142—177, 8 Taf., Abb. [23

Lemerle, P.: Bulletin archéologique IV: 1952/1954. —REByz. 13 (1955), 197—278. [24

Luka, L. J.: Bibliografia archeologii polskiej za lata 1944/1954. Warszawa: Inst. historii kultury materialnej PAN (1956). V, 163 S. [25

Lustrum. Internat. Forschungsberichte aus dem Bereich des klass. Altertums. Mit Unterstützung der Unesco hrsg. v. H. J. Mette u. A. Thierfelder. Jahrg. 1956, Bd. 1. Göttingen: Vandenhoeck & Ruprecht 1957. 320 S. [26

Németh, E.: Magyar régészeti irodalom. Bibliographia archaeologica hungarica. 1956. — ArchErt. 84 (1957), 110—123. [27

Bibliographische Notizen. — AnzAW. 10 (1957) [in jedem Heft]. [28

Pohl, A.: Forschungen und Funde. — Orientalia NS. 26 (1957), 353—356. [29

Comité intern. d'histoire de l'art. Répertoire d'art et d'archéologie, publ. sous la direction de M. Aubert et P. Lelièvre, réd. par Mme Lucien Herr et Mlle Claude Lauriol. T. 57: Année 1953 et compl. des années antérieures. Paris: Bibl. d'art et d'archéol. 1957. [30

— — — T. 58: Année 1954 et compl. des années antérieures. Paris: Bibl. d'art et d'archéol. 1957. XIX, 451 S. [31

Sadurska, A.: Wazniejsze odkrycia archeologii antycznej ostatnich lat [Wichtige Ergebnisse der antiken Archäologie in den letzten Jahren]. — Z Otchlani Wieków 23 (1957), 23—33, Abb. [poln.] [32

Schück, A.: Swedish archaeological research. — Research work publ. in Sweden No. 31 (1957), 1—4. [33

Sidorova, N.: Les récentes découvertes dans le domaine de l'archéologie antique en Europe occidentale [russ.]. —SovArch. NS. 4 (1957), 221—229, Abb. [34

Van den Berghe, L., H. F. Mussche: Bibliographie analytique de l'assyriologie et de l'archéologie du Proche-Orient. I. Section A: L'archéologie, 1954/1955. 1956. | Muséon 70 (1957), 367 (P. Naster). [35

Vinberg, N. A., T. N. Zadneprovskaja: Sovetskaja archeologičeskaja literatura za 1953 god. — SovArch. 27 (1957), 335—383. [36

Webster, Th. B. L.: Greek archaeology and literature (1951/1955). — Lustrum 1956, 1 (1957), 87—120 [Forschungsbericht]. [37

B. Enzyklopädie und Methodologie Ausgrabungswesen. Denkmalpflege

Andrae, W. A.: Ausgrabung u. Museum. — Sumer 13 (1957), 211, 5 Taf. [dazu Nachwort von H. Lenzen, ebd. 212—213]. [38

Arbmann, H., W. v. Soden, G. E. Wright, F. W. Deichmann: Ausgrabungen. — RGG. 3. Aufl. 1 (1957), 753—765. [39

Aus der Byzantinistischen Arbeit der DDR. Bd. 1. Hrsg. v. J. Irmscher. Berlin: Akad.-Verl. 1957. VIII, 302 S., 1 Taf. (Berliner Byzantinistische Arbeiten. 5.) | ByzZ. 50 (1957), 437 (F. Dölger). [40

— — 2. Sammelband. Berlin: Akad.-Verlag 1957. VI, 360 S., 70 Taf. (Berliner Byzantinistische Arbeiten. 6.). [41

Aus der byzantinistischen Arbeit der Tschechoslowakischen Republik. Hrsg. v. J. Irmscher u. A. Salač. Berlin: Akad.-Verl. 1957. 53 S. (Berliner Byzantinistische Arbeiten. 9.). [42

Behn, F.: Ausgrabungen und Ausgräber. 1955. | Orientalia NS. 26 (1957), 86 (R. North). BiOr. 14 (1957), 16—17 (A. Parrot). ZDMG. 107 (1957), 188—191 (L. Schnitzler). Gymn. 64 (1957), 358 (K. Tackenberg). OLZ. 52 (1957), 396—397 (R. Hachmann). [43

Bernardini, M.: Scopi pratici dell'archeologia e ordinamento dei Musei. Bari: Adriatica 1955. 15 S. [44

Bibby, G.: The testimony of the spade. New York: Knopf; London: Collins 1957. XVIII, 414 S., Abb., 32 Taf., 11 Ktn. |

Archaeology 10 (1957), 301 (J. Eames). Times Liter. Suppl. 56 (1957), 744. [45

Bradford, J.: Getting the „inside information" of an unopened tomb: exploring an Etruscan necropolis without excavation.—ILN.230(1957), 506—507, Abb.[46

Brandi, C.: Cosa debba intendersi per restauro preventivo. — BollICR. 27/28 (1956), 87—92. [47

Casson, L.: More sea-digging. — Archaeology 10 (1957), 248—257, Abb. [48

Cheng — Schwitter: Nickel in ancient bronzes s. Nr. 2723.

Chevallier, R.: Les leçons d'une récente exposition: photographie aérienne et archéologie. Dernières découvertes et orientations nouvelles. — Boll. di Geodesia e Scienze affini 16(1957), 706—714. [49

— Nouvelles méthodes de recherche archéologique. La prospection géophysique et les «sondages photographiques». — RAE. 8 (1957), 117—126, Abb. [50

— Photographie aérienne et archéologie, à Milan. Dernières découvertes et orientations nouvelles. — RAE. 8 (1957), 368—378. [51

Childe, V. G.: Piecing together the past. 1956. | Antiquity 31 (1957), 52—53 (F. Addison). Archaeology 10 (1957), 296—298 (E. M. Davis). [52

Chubb, M.: City in the sand. London: Bles 1957. X, 209 S., Abb. | Times Liter. Suppl. 56 (1957), 384. [53

Clark, A.: The transistor as the archaeologist's latest tool. — ILN. 230 (1957), 900—901, Abb. [54

Cornwall, I. W.: Bones for the archaeologist. 1956. | Archaeologia Austriaca 22 (1957), 82—83 (R. Pittioni). AntJ. 37 (1957), 80 (J. W. Jackson). [55

Curtius, L.: Begegnung beim Apollo von Belvedere (1947). — Curtius, Torso (Stuttg. 1957), 25—42. [56

Diolé, Ph.: Promenades d'archéologie sous-marine. 1952. | RA. Sér. 6, 50 (1957), 115—116 (R. Lantier). Dacia NS. 1 (1957), 366—368 (G. Bordenache). [57

— 4000 years under the sea. Excursions in undersea archaeology. Transl. by G. Hopkins. London: Pan Books 1957. 191 S., 8 Taf. [58

Ehrich, R. W.: Relative chronologies in Old World archaeology. 1954. | WZMorg. 53 (1957), 314—315 (W. von Soden). [59

Forlati Tamaro, B.: Nuovo metodo per il consolidamento di mosaici all'aria aperta. — Aquileia nostra 28 (1957), 39—44, Abb. [60

Gettens, R. J., B. M. Usilton: Abstracts of technical studies in art and archaeology 1943/1952. Washington 1955. VIII, 408 S. (Freer Gallery of Art, Occasional Papers. 2, 2.). [61

Hampl, F.: Archäologische Feldphotographie. — Archaeologia Austriaca 22 (1957), 54—64, Abb. [62

Hawkes, C. F. C.: Archaeology as science: purposes and pitfalls. — ANL. 6 (1955/58) 93—100. [63

Hawkes, J.: Discovering the past. Rev. ed. London: Council for Brit. Archaeol. 1957. 15 S., 12 Taf. (Local history series. 8.) [64

Helck, W., E. Otto: Kleines Wörterbuch der Ägyptologie. 1956. | Dt. Univ.-Zeitung 12 (1957), H. 11, S. 22 (C. Colpe). ThLZ. 82 (1957), 845—846 (G. Lanczkowski). OLZ. 52 (1957), 499—501 (S. Schott). Oriens 10 (1957), 349—350 (M. Alliot). [65

Der Hellenismus in der deutschen Forschung 1938/1948. Hrsg. v. E. Kiessling. 1956. | Gnomon 29 (1957), 71—73 (K. Ziegler). [66

Hencken, H.: Indo-European languages and archeology. Menasha, Wisc.: Amer. Anthrop. Assoc. 1955. 68 S. (Amer. Anthropologist. 57, 6; Memoir. 84.) [67

Jáuregui, J. J.: Sobre las investigaciones submarinas. — Caesaraugusta 7/8 (1957), 7—11. [68

Jessup, R.: Puzzle of the past. The wonderful world of archaeology. London 1956. 70 S. [69

— Rätsel der Vergangenheit. Die wunderbare Welt der Archäologie. Übers. v. G. Bonarius. Gütersloh: Bertelsmann 1956. 67 S., Abb. [70

Inventaria archaeologica. Great Britain. III (GB. 14—18): Grave-groups and hoards of the British bronze age, P. 2. Ed. by M. A. Smith. 's-Gravenhage: Nijhoff 1956. 10 Bl. [71

— Great Britain. IV (GB 19—24): Bronze age hoards and grave-groups from the NE. Midlands. Ed. by M. A. Smith. 's-Gravenhage: Nijhoff 1957. 10 Bl. [72

— Jugoslavija. I (Y 1—10): Tombes plates à urne à Dabova en Slovénie et à Velika Gorica en Croatie. Par F. Starè. Préf. de A. Benac. Bonn: Habelt 1957. 14 Bl., Abb. [73

— Österreich. H. 1, hrsg. v. F. Scheibenreiter. 1956. | AntCl. 26 (1957). 283 (S. J. de Laet). Archaeologia Austriaca 21 (1957), 106 (R. Pittioni). [74

Johnstone, P.: Buried treasure. London: Phoenix House 1957. 111 S., Abb. [75

Kerényi, K.: Die neue Deutung der Antike. Perspektiven der klass. Altertumswissenschaft. — Dt. Univ.-Zeitung 12 (1957), H. 11, 9—11. H. 12, 16—21. [76

Laet, S. J. de: L'archéologie et ses problèmes. 1954. | SovArch. NS. 4 (1957), 195—198 (A. Mongait). [77

— Archaeology and its problems. Transl. by R. Daniel. Forew. by G. E. Daniel. London: Phoenix House 1957. 136 S., 20 Taf. [78

— Archeologie en haar problemen. Vert. door M. Oukhow. Antwerpen—Amsterdam: Standaard Boekh. 1957. VIII, 168 S., Abb., Taf. [79

Lana, I.: Filologia e umanesimo. — RivFil. NS. 35 (1957), 1—22. [80

Laviosa Zambotti, P.: Sui più recenti progressi metodologici della Paletnologia. — Studi Calderini / Paribeni 3, 1—15. [81

Lerici, C. M.: Così esploriamo oggi le civiltà sepolte. — Vie d'Italia 63 (1957), 294—304, Abb. [82

— La scienza al servizio dell'archeologia. — Ricerca scientif. 26 (1956), 1043—1075, Abb. [83

Libby, W. F.: Radiocarbon dating. 2. ed. 1955. | AJA. 61 (1957), 387 (W. K. Simpson). [84

Ludikovský, K.: Roentgenová fotografie kovů v archeologii [Die Röntgenphotographie von Metallen in der Archäologie]. — Archeol. Rozhledy 9 (1957), 402—406, Abb. [85

Mazanetz, G.: Erhaltung und Wiederherstellung von Bodenfunden. Gebrannte Tongegenstände, Gefäße und Ziegel. 1955. | Archaeologia Austriaca 21 (1957), 114—115 (F. Felgenhauer). Latomus 16 (1957), 420—421 (G. Faider-Feytmans). [86

Milojčić, V.: Zur Anwendbarkeit der C 14-Datierung in der Vorgeschichtsforschung. — Germania 35 (1957), 102—110. [87

Nadal Borras, J.: La fotografía en la investigación arqueológica y etnografica. — Boletin de la Biblioteca Museo Victor Balaguer 2 (1954 [1955]), 75—84. [88

Nierhaus, R.: Was kann die frühgeschichtliche Archäologie zur Erläuterung der antiken Darstellungen der gallisch-germanischen Ethnographie beitragen? — Bericht üb. d. 23. Versammlg. d. dt. Historiker in Ulm 1956 (1957), 82—84. [89

Notes on archaeological technique. 4. ed., rev. and rearranged by H. J. Case. Oxford: Ashmolean Mus. 1957. 28 S. [90

Oertwig, S.: Gang durch versunkene Städte. Ein Ausflug ins Reich der Archäologie. Unter Mitarb. v. K. Friese. 2. verb. Aufl. Leipzig: Prisma-Verl. 1957. 189 S., 32 Taf. [91

Panseri, C.: A proposito di alcuni metodi elettrolici atti ad eliminare le patine su oggetti metallici di interesse archeologico. — StEtr. 25 (1957), 571—572. [92

Perri, F.: Dizionario di mitologia e di storia greco-romana. Nuova ediz. riv. e ampl. Milano: Garzanti 1957. 416 S., Abb. [93

Petrikovits, H.: Was erwartet der Archäologe von der Metallkunde? (Düsseldorf: Verl. Stahleisen 1957). 1 Bl. (Bericht des Geschichtsausschusses d. Vereins Dt. Eisenhüttenleute. 15.) Aus: Stahl u. Eisen 77, 1957, H. 7. [94

Pittioni, R.: Der Beitrag der Radiokarbon-Methode zur absoluten Datierung urzeitl. Quellen. — FuF. 31 (1957), 357—364. [95

Place, R.: Down to earth. A practical guide to archaeology. 1954. | RH. 217 (1957), 334—335 (F. Bordes). [96

Plenderleith, H. J.: The conservation of antiquities and works of art. Treatment, repair and restoration. 1956. | AJA. 61 (1957), 191—192 (M. Pease). AntJ. 37 (1957), 230—231 (N. Davey). BollICR. 27/28 (1956), 191—193 (L. Borrelli Vlad). Bull. des Bibliothèques de France 2 (1957), 945—948 (Th. Kleindienst). [97

Pueyo, M.: V curso de tecnica arqueológica celebrado en Pamplona. — Caesaraugusta 7/8 (1957), 161—165. [98

— VII Curso de tecnica arqueológica en Pamplona. — Zephyrus 8 (1957), 302—303. [99

Pauly's Real-Enzyklopädie der class. Altertumswissenschaft. Neue Bearb., hrsg. von K. Ziegler. Halbbd. 45 [= Bd. 23, 1]: Priscilla-Psalychiadai. Stuttgart: Druckenmüller 1957. 1296 Sp. | Latomus 16 (1957), 781—782 (M. Renard). [100

— — Supplbd. 8. 1956. | REL. 34 (1956 [1957]), 443—444 (J. Ernst). [101

Reallexikon für Antike u. Christentum. Hrsg. von Th. Klauser. Bd. 3 [= Lief. 17/24]: Christusbild-Dogma. Stuttgart: Hiersemann 1957. VI S., 1272 Sp. | Orientalia christiana periodica 23 (1957), 224—225 (I. Ortiz de Urbina). RevPhil. 31 (1957), 161 (A. Ernout). [102

— — Lief. 25: Dogma II—Donauprovinzen. Stuttgart: Hiersemann 1957. Sp. 1—160. [103

Reallexikon der Assyriologie. Hrsg. v. E. Ebeling. Durch d. Druck geführt u. ergänzt von E. Weidner. Bd. 3, Lief. 1: F—Fixsterne. Berlin: de Gruyter 1957. IV, 80 S. | Muséon 70 (1957), 368 (P. Naster). [104

Rumpf, A.: Archäologie. 2. 1956. | Antiquity 31 (1957), 112 (J. Boardman). JHS. 77 (1957), 358 (J. Boardman). Archaeology 10 (1957), 292—293 (A. E. Raubitschek). [105

Salin—France-Lanord: Le laboratoire de recherches archéol. du Musée Lorrain s. Nr. 1581.

Sayre, E. V., R. W. Dodson: Neutron activation study of mediterranean potsherds. — AJA. 61 (1957), 35—41, Abb. [106

Scarani, R.: Mezzi moderni di detezione e di prospezione nelle ricerche archeologiche. — BPI. NS. 9 (1954/55), 425—434. [107

Schmiedt, G., F. Castagnoli: Fotografia aerea e ricerche archeologiche. Il complesso urbanistico di Paestum. — L'Universo 35 (1955), 117—128. [108

— Ricerche archeologiche e fotografie aeree. — Boll. di Geodesia e Scienze affini 16 (1957), 487—496, 16 Taf. [109

Seyffert, O.: A dictionary of classical antiquities. Mythology, religion, literature, art. Rev. and ed. by H. Nettleship and J. E. Sandys. 3.ed. New York: Meridian Books 1956. 722 S., Abb. [110

Soden—de Liagre Böhl: Assyrien, Assyriologie s. Nr. 482.

Storti, C., E. Mariani: Bibliografia tecnica. — Sibrium 3 (1956/57), 257—264. [111

Thompson: The use of the microscope in numismatic studies s. Nr. 2956.

Vlad Borrelli, L.: Attività archeol. dell' Istituto Centrale del Restauro 1953/55. — FA. 10 (1955 [1957]), 31—34. [112

Wessel, K.: Christliche Archäologie. — RGG. 3. Aufl. 1 (1957), 585—587. [113

Wheeler, M.: A book of archaeology. 17 stories of discovery. London: Cassell 1957. XII, 178 S., Abb., 12 Taf., 2 Ktn. [114

Woolley, L.: Spadework. 4. ed. 1955. | OLZ. 52 (1957), 118 (B. Hrouda). [115

— Il mestiere dell'archeologo. Trad. di G. Lenghi Balestra. Torino: Einaudi 1957. 197 S., 16 Taf. (Saggi. 220.) | RevABM. 63 (1957), 788—790 (G. Nieto). [116

C. Geschichte der Archäologie Biographien. Nekrologe

Alpago-Novello, A.: Contributo del Catasto napoleonico (1810—1825) alle ricerche di archeologia stradale. — Studi Calderini/Paribeni 3, 513—517, Abb., 1 Kte. [117

Aulanier: Histoire du Palais et du Musée du Louvre. La Salle des Caryatides. Les Salles des Antiquités grecques s. Nr. 1589.

Axelos, Chr.: Das philhellenische Freiburg u. seine Universität. Freiburg i. Br.: Wagner 1957. 29 S., 2 Taf. [118

Bloch, R.: Le XVIIIe siècle et l'Étrurie. — Latomus 16 (1957), 128—139. [119

Brisson, Ch.: La découverte d'Herculanum en 1713 par le »Prince d'Elbeuf«. — Revue des Sociétés savantes de Haute Normandie 6 (1957), 21—29. [120

Ceram, C. W.: Götter, Gräber u. Gelehrte im Bild. Hamburg: Rowohlt 1957. 360 S., Abb. [121

Contenau, G.: Quelques acquisitions de l'assyriologie depuis 1930. — AIPhOr. 14 (1954/57), 109—121. [122

Cottrell, L.: The mountains of Pharaoh. 1956. | Archaeology 10 (1957), 300—301 (E. Riefstahl). [123

— De bergen van Pharao. 2000 jaren pyramideonderzoek. Amsterdam: Bezige Bij 1957. 280 S., Abb. [124

A Decade of discovery, 1948/1957. — Archaeology 10 (1957), 232—247, Abb. [125

Gerstenberg, K.: Die großen Deutschrömer und der Geist der Antike. 1955. | Gnomon 29 (1957), 545—546 (H. Brauer). [126

Glazema, P.: Notas sobre arqueologia holandesa. — Caesaraugusta 7/8 (1957), 77—82, 3 Taf. [127

Jessen: Deutsche Betrachter griechischer Landschaft s. Nr. 652.

Momigliano, A.: Contributo alla storia degli studi classici. 1955. | RH. 217 (1957), 118—120 (P. Cloché). ClPh. 52 (1957), 47 (S. I. Oost). ClRev. NS. 7 (1957), 154—156 (R. J. Hopper). RivFil. NS. 35 (1957), 191—196 (I. Lana). [128

Mullett, Ch. F.: Englishmen discover Herculaneum and Pompeii. — Archaeology 10 (1957), 31—38, Abb. [129

Platnauer, M.: Fifty years of classical scholarship. 1954. | DLZ. 78 (1957), 108—110 (J. Irmscher). [130

Wace, A. J. B.: The Brummagem Philhellene. — Antiquity 31 (1957), 85—89. [131

Wehrli, F.: Die antike Kunsttheorie und das Schöpferische. — MusHelv. 14 (1957), 39—49. [132

Abramić. Bibliografija [Bibliographie] Michael A. — VAHDalm. 56/59 (1954/57), 289—290. [133

Afzelius. Blatt, F.: In memoriam Adam A., 20. April 1905—18. Febr. 1957. — Classica et mediaevalia 18 (1957), 259—261, Abb. [134

Andrae. Andrae: Ausgrabung u. Museum s. Nr. 38.

Kühnel, E.: Walter A. † 28. 7. 1956. — BerlMus. NF. 6 (1956/57), 30—31, Abb. [135

Parrot, A.: E. Walter A. — Syria 34 (1957), 400—401. [136

Weidner, E.: Ernst Walter A. (18. 2. 1875—28. 7. 1956). — AOF. 18 (1957), 224—225, Abb. [137

Baraize. Bruyère, B.: Émile B., directeur des travaux du Service des Antiquités de l'Égypte, 1874/1952. — ASAntEg. 54 (1956/57), 5—10, Abb. [138

Bardy. Veer, A. C. de: Bibliographie choisie des travaux de G. B. — Rev. des Études augustiniennes 2 (1956), 9—38. [139

Bartoli. C., G. F.: Alfonso B. †. — Bd'A Ser. 4, 42 (1957), 95—96. [140

Pietrangeli, C.: La scomparsa di Alfonso B. — Capitolium 32 (1957), Nr. 2, 29, Abb. [141

Romanelli, P.: Alfonso B. — StRom. 5 (1957), 189—191, Abb. [142

Behrens. Volbach, W. F.: Gustav B. †. — JbZMusMainz 4 (1957), 203—206 [S. 207—215 Bibliogr.]. [143

Belzoni. Clair, C.: Strong man Egyptologist: being the dramatized story of Giovanni B. London: Oldbourne Pr. 1957. 184 S. [144

Bequet. Dullière, A.: Le voyage en Sicile d'un jeune archéologue namurois [Alfred B.], en juin 1853. — ArchStorSicilia Ser. 4, 8/9 (1955/56 [1957]), 137—148. [145

Bissing. Botti, G.: Friedrich Wilhelm von B. †. — StEtr. 25 (1957), 671. [146

Blanchet s. *Dugas*.

Boehringer. Bibliographie. — Freundesgabe R. B. (Tübingen 1957), 762—765. [147

Burckhardt. Burckhardt, J.: Briefe. Vollst. u. krit. bearb. Ausg. von M. Burckhardt. Bd. 1—3, 1949/55. | RH. 217 (1957), 174—176 (H.-I. Marrou). Riv. stor. ital. 69 (1957), 164—170 (D. Cantimori). [148

Gitermann, V.: Jacob B. als politischer Denker. (Vortrag). Wiesbaden: Steiner 1957. 38 S. (Inst. f. europäische Geschichte, Mainz. Vorträge. 19). [149

Heimpel, H.: Jacob B. — Die großen Deutschen, Deutsche Biographie 4 (1957), 11—27, Abb. [150

Kaegi, W.: Jacob B. Eine Biographie. 3. 1956. | Dt. Univ.-Zeitung 12 (1957) H. 12, 22 (E. Schulin). ThLZ. 82 (1957), 524—525 (K. Heussi). [151

Calderini. Calderini, S.: Bibliografia degli scritti di Aristide C. — Studi Calderini/Paribeni 1, XXV—LVIII. [152

Pighi, G. B.: Aristide C. — Studi Calderini/Paribeni 1, XIX—XXIV, 1 Taf. [153

Cantineau. Gaudefroy-Demombynes: Jean C. (1899—1956). — Syria 34 (1957), 220—221. [154

Capart. Stracmans, C.: L'oeuvre égyptologique de Jean C. — AIPhOr. 14 (1954/1957), 51—84. [155

Cardinali. Ferrabino, A.: Commemorazione del socio Giuseppe C. — RendLinc. Ser. 8, 12 (1957), 411—417. [156

Gitti, A.: Ricordo di Giuseppe C. — AeR. NS. 2 (1957), 218—222 [mit Bibliogr.]. [157

Childe. Banner, J.: Vere Gordon Ch. (1892/1957). — Acta archaeologica (Budapest) 8 (1957), 319—323. [158

Pericot, L.: V. Gordon Ch., 1892/1957. — Zephyrus 8 (1957), 298—299. [159

Courtois. In memoriam Chr. C. (1912/56). — Karthago 6 (1955), 7—8, Abb. [160

Crawford. Crawford, O. G. S.: Said and done. 1955. | Latomus 16 (1957), 563—564 (G. Faider-Feytmans). [161

Pericot, L.: O. G. S. Cr., 1886/1957. — Zephyrus 8 (1957), 299—300. [162

Crowfoot. H., T. L.: Grace Mary Cr. — Pal ExplQu. 89 (1957), 153—154. [163

Cumont. Picard, Ch.: Franz C.: Ad memoriam. — RA. Ser. 6, 49 (1957), 209—210. [164

Curtius. Brendel, O. J.: Erinnerungen an Ludwig C. — Curtius, Torso (Stuttg. 1957), 12—22. [165

Curtius, L.: Torso. Verstreute und nachgelassene Schriften. (Hrsg.: J. Moras). Stuttgart: Dt. Verlags-Anst. 1957. 342 S., 47 Taf. [166

Reinhardt, K.: Gedenkwort für Ludwig C. — Curtius, Torso (Stuttg. 1957), 7—11. [167

De Francisci. Bibliografia di P. De F. — Studi in onore di P. de Francisci 1 (Milano 1956), XXIII—XXXI. [168

De Sanctis. Ghisalberti, A. M.: Gaetano De S. — Rassegna stor. del Risorgimento 44 (1957), III—XI. [169

Lana, J.: Ricordo di Gaetano De S. — Convivium NS. 3 (1957), 339—342. [170

M., A. D.: Gaetano De S. — JRS. 47 (1957), 235. [171

Momigliano, A.: In memoria di Gaetano De S. (1870/1957). — Riv. stor. ital. 69 (1957), 177—195. [172

— L'opera storica di Gaetano De S. — RivFil. NS. 35 (1957), 337—353. [173

Pincherle, A.: Hommage à Gaetano De S. — BAcBelg. Ser. 5, 43 (1957), 152—158. [174

Rostagni, A.: Alla memoria di Gaetano De S. — RivFil. NS. 35 (1957), 113—116, Abb. [175

Diderot. Seznec, J.: Essais sur D. et l'antiquité. Oxford: Clarendon Pr. 1957. XVI, 149 S., 80 Abb. [176

Dölger. Klauser, Th.: Franz Joseph D. Leben u. Werk. 1956. | AntCl. 26 (1957), 286 (R. Henry). RQu. 52 (1957), 254—255 (A. Schuchert). [177

Picard, Ch.: Ad memoriam: Franz Joseph D. (1879—1940). — RA. Sér. 6, 49 (1957), 78—79. [178

Dugas. Merlin, A., J. Longnon: Nécrologie Charles D., Gustave Lefebvre, Adrien Blanchet. — JSav. 1957, 187—189. [179

Dyggve. Lemerle, P.: Ejnar D. et l'archéologie chrétienne. — Byzantion 25/27 (1955/57), 375—382. [180

Eichler. Kenner, H.: Fritz E. zum 70. Geburtstag am 12. X. 1957. — AnzAW. 10 (1957), 303—304. [181

Eissfeldt. Maass, F.: Otto E. zum 70. Geburtstag am 1. IX. 1957. — ThLZ. 82 (1957), 701—702. [182

Rabenau, K. v., H.-J. Zobel: Bibliographie Otto E. 1947/57. — ThLZ. 82 (1957), 701—714. [183

Rost, L.: Otto E. zum 70. Geburtstag. — FuF. 31 (1957), 285—286. [184

Fabre. Roserot de Melin, J.: Pierre F. (1894/1955). — Mél. 69 (1957), 347—352. [185

Finsler. Tièche, E.: Georg F. in seinen Briefen an Ulrich von Wilamowitz-Moellendorff. 1956. | MusHelv. 14 (1957), 254 (H. Haffter). Mnemosyne Ser. 4, 10 (1957), 284 (G. J. de Vries). AnzAW. 10 (1957), 286—287 (A. Silva Tarouca). [186

Furtwängler. Curtius, L.: Adolf F. (geb. am 30. 6. 1853 in Freiburg i. Br., gest. am 10. 10. 1907 in Athen). — Curtius, Torso (Stuttg. 1957), 213—224. [187

Galli. Ferri, S.: In memoriam Edoardo G. — ArchStorCalabria 25 (1956), 495—501 [S. 498—501 Nota bibliogr.]. [188

Garstang. Parrot, A.: John G. (1876/1956). — Syria 34 (1957), 401—402, Abb. [189

Weidner, E.: John G. (5. V. 1876—12. IX. 1956). — AOF. 18 (1957), 228—229, Abb. [190

Gitti. Marin, D.: Alberto G. — AeR. NS. 2 (1957), 188—189 [mit Bibliogr.]. [191

Glanville. El-Amir, M.: Professor S. R. K. Gl., 1900/56. — ASAntEg. 54 (1956/57), 289—294, Abb. [mit Bibliogr.]. [192

Goethe. Deichmann: Goethe und das Instituto di corrispondenza archeologica s. Nr. 393.

Goldman. Selected Bibliography of the writings of Hetty G. — The Aegean and the Near East [s. 1956, Nr. 321], XIII—XVI. [193

Gordon. Gordon, C. H.: Adventures in the nearest East. Forew. by O. G. S. Crawford. London: Phoenix House 1957. 192 S., 24 Taf., 3 Ktn. [194

Halkin. Renard, M.: Léon H. (1872/1955). — RBPhil. 35 (1957), 328—332. [195

Harnack. Herzfeld, H.: Adolf v. H. — Die großen Deutschen, Deutsche Biographie 4 (1957), 255—266. [196

Hohl. Gelzer, M.: Ernst H. †. — Gnomon 29 (1957), 398—400. [197

Homo. Merlin, A.: Leon H. †. — JSav. 1957, 134—135. [198

Jacobsthal. Möbius, H.: Paul J. †. — Gnomon 29 (1957), 637—638. [199

Jireček. Cvetler, J.: Konstantin J. — byzantinologue. — Byzantinoslavica 18 (1957), 189—201. [200

Junker. Winter, E.: Hermann J. Verzeichnis seiner Schriften. — WZMorg. 54 (1957), VII—XV. [201

Kukules. Zakythenos, D. A.: Phédon Koukoulès. — L'Hellénisme contemporain 2, 10 (1957), 66—69. [202

Landolina-Nava. Martinez la Restia, B. de: Saverio L.-N., fondatore del Museo archeol. di Siracusa. — ArchStorSicilia Ser. 4, 8/9 (1955/56 [1957]), 94—111. [203

Last. Bibliography of the published writings of H. M. L. — JRS. 47 (1957), 3—8. [204

Le Breton. Mallowan, M. E. L.: Louis Le B. — Iraq 19 (1957), V—VI. [205

Lefebvre s. *Dugas.*

Loeschcke. Gose, E.: Siegfried L. zum Gedächtnis. — Vjbll Trier 3 (1957), 13—14. [206

Lord. Robinson, D. M.: Louis Elearzar L. (14. 7. 1875—24. 1. 1957). —AJA. 61 (1957), 287. [207

Lot. Merlin, A.: Notice sur la vie et les travaux de M. Ferdinand L. Paris: Acad. des Inscr. et Belles-Lettres 1956. 16 S., Abb. (Institut 1956, 31). [208

Makramallah. Habachi, L.: Rizkallah Naguib M. (1903/49). — ASAntEg. 54 (1956/57), 43—46, Abb. [209

Malavolti. Radmilli, A. M.: Fernando M. e la preistoria emiliana. — BPI. NS. 9 (1954/55), 455—459, Abb. [S. 460—462 Elenco delle pubblicazioni]. [210

Mercati. Laurent, V.: In memoriam. Le cardinal Giovanni M. — REByz. 15 (1957), 292—293. [211

Prete, S.: Giovanni Cardinal M. †. — Gnomon 29 (1957), 558—560. [212

Minto. La Cerimonia in onore di Antonio M., Palazzo Vecchio, 2 febbraio 1957. — StEtr. 25 (1957), XI—XIV. [213

Romanelli, P.: Discorso commemorativo [in onore di Antonio M.]. — StEtr. 25 (1957), XV—XXXII, 3 Taf. [214

Talocchini, A.: Bibliografia del Prof. Antonio M. — StEtr. 25 (1957), XXXIII —XLV. [215

Mommsen. Heuss, A.: Theodor M. u. das 19. Jahrh. 1956. | Latomus 16 (1957), 569 (S. J. de Laet). [216

Heuss, A.: Theodor M. über sich selbst. Zur Testamentsklausel von 1899. — AuA. 6 (1957), 105—117. [217

Morey. Picard, Ch.: Charles Rufus M. (1877/1955). — RA. Sér. 6, 49 (1957), 79—80. [218

Murray. Dodds, E. R.: Gilbert M. †. — Gnomon 29 (1957), 476—479, 1 Taf. [219

Henderson, M. I.: Gilbert M. — JHS. 77 (1957), 175—176. [220

Nagel. Mekhitarian, A.: Georges N. — ChrEg. 32 (1957), 82—83. [221

Nogara. Magi, F.: Bartolomeo N. †. — Gnomon 29 (1957), 319—320. [222

Pace. Arias, P. E.: Ricordo di Biagio P. — ArchStorSicilia Ser. 4, 8/9 (1955/56 [1957]), 5—20, Abb. [mit Bibliogr.]. [223

Devoto, G.: Biagio P. e gli studi sull' antica Sicilia. — StEtr. 25 (1957), 3—12. [224

Lugli, G.: Commemorazione del socio Biagio P. — RendPontAcc. 28, 3/4 (1955/56 [1957]), 273—278. [225

Paribeni. Calderini, A.: Roberto P. [Commemorazione]. Milano: de Silvestri 1957. 24 S., Abb. [226

De Angelis d'Ossat, G.: Roberto P. — Studi Calderini/Paribeni 1, LXIII—LXVI, 1 Taf. [227

Ferri, S.: Roberto P. †. — StEtr. 25 (1957), 669. [228

Paribeni, E., G. Carettoni: Bibliografia degli scritti di Roberto P. — Studi Calderini/Paribeni 1, LXVII—LXXXV. [229

Pârvan. Condurachi, E.: Vasile P. (1882/1927). — Dacia NS. 1 (1957), 9—40 [mit Bibliogr.]. [230

Dumitrescu, V.: Vasile P. (1882/1927). — StClstor. 8 (1957), 9—16, Abb. [231

Petković. Korošec, J.: Vladimir R. P. — Arheol. Vestnik 8 (1957), 79—80. [232

Petrie. Tufnell, O.: Lady P. — PalExplQu. 89 (1957), 89. [233

Pohlenz. Mau, J.: Max P. zum 85. Geburtstag. — FuF. 31 (1957), 221—222. [234

Reyes. Düring, I.: Alfonso R. helenista. Madrid: Insula 1955. 88 S. | Emerita 25 (1957), 552—554 (J. Montero Padilla). [235

Riccobono. Arangio-Ruiz, V.: Salvatore R. — StRom. 5 (1957), 249—255. [236

Rostovtzeff. Welles, C. B.: Michael I. R. — Architects and craftsmen in history. Festschrift für A. P. Usher (Tübingen 1956), 55—73. [237

Zucker, F.: Nachruf auf Michael R. — JbBerl. 1955 (1957), 291—294. [238

Schaeder. Eilers, W.: Hans Heinrich Sch. (31. I. 1896—13. III. 1957). — AOF. 18 (1957), 227—228, Abb. [239

Schäfer. Brunner, H.: Heinrich Sch. (29. 10. 1868—6. 4. 1957). — AOF. 18 (1957), 225—226, Abb. [240

Wolf, W.: Heinrich Sch., 1868/1957. — ZÄSpr. 82 (1957), I—IV. [241

Schliemann. Meyer, Ernst: Virchows Anteil an Schl.'s Werk. — Nachr. d. Gießener Hochschulgesellschaft 24 (1955), 150—164. [242

Schliemann, H.: Briefwechsel, hrsg. v. Ernst Meyer. Bd. 1. 1953. | BiOr. 14 (1957), 17—18 (A. W. Byvanck). DLZ. 78 (1957), 205—207 (H. Mode). JHS. 77 (1957), 366—367 (A. J. B. Wace). [243

Stoll, H. A.: Der Traum von Troja. Lebensroman Heinrich Schl.'s. 1956. | DLZ. 78 (1957), 205—207 (H. Mode). [244

Schwartz. Schwartz, E.: Gesammelte Schriften. 2: Zur Geschichte und Literatur der Hellenen und Römer. 1956. | Emerita 25 (1957), 225—226 (F. R. Adrados). DLZ. 78 (1957), 884—885 (H. Bengtson). HZ. 184 (1957), 668—669 (S. Lauffer). AntCl. 26 (1957), 288—289 (W. Peremans). BAntBeschav. 32 (1957), 67—68 (W. den Boer). [245

Scramuzza. Dow, S.: Vincent M. S. — AJA. 61 (1957), 189. [246

Sigerist. Lesky, E.: Henry Ernest S. †. — Gnomon 29 (1957), 638—640. [247

Stackelberg. Rodenwaldt, G.: Otto Magnus von St. Der Entdecker der griech. Landschaft, 1786/1837. München, Berlin: Dt. Kunstverlag 1957. 48 S., 46 Taf. [248

Staehelin. Staehelin, F.: Reden u. Vorträge. Hrsg. von W. Abt. 1956. | DLZ. 78 (1957), 25 (E. Hohl). RevPhil. 31 (1957), 159—160 (A. Ernout). AnzAW. 10 (1957), 141—142 (F. Gschnitzer). HZ. 184 (1957), 188 (F. Vittinghoff). OLZ. 52 (1957), 342—343 (O. Eißfeldt). Riv. stor. ital. 69 (1957), 601—602 (G. Pugliese Carratelli). [249

Stosch. Rave, P. O.: Über Philipp von St. — BerlMus. NF. 7 (1957), 20—26, Abb. [250

Supka. Horváth, T.: Supka Géza, 1883/1956. — ArchErt. 84 (1957), 74—75. [251

Jakabffy, I.: Supka Géza régészeti vonatkozású tudományos munkássága [L'oeuvre scientif. relatif à l'archéologie de G. Supka]. — ArchErt. 84 (1957), 76—77. [252

Toynbee. Leddy, J. F.: T. and the history of Rome. — Phoenix 11 (1957), 139—152. [253

Unverzagt. Jankuhn, H.: Wilhelm U. zum 65. Geburtstag. — Ausgrabungen u. Funde 2 (1957), 49—50. [254

Valentini. L. Valentini (1880/1956). — Karthago 6 (1955), 9, Abb. [255

Vasić. Korošec, J.: Miloje M. V. — Arheol. Vestnik 8 (1957), 76—78. [256

Ventris. Chantraine, P.: Michael Ventris (1922/1956). — BBudé Ser. 4 (1957), No. 1, 113—116. [257

Masson, O.: Michael George Francis V. (1922/56). — Syria 34 (1957), 402—404, Abb. [258

Palmer, L. R.: Michael V. †. — Gnomon 29 (1957), 636—637. [259

Michael G. F. Ventris †. — Minos 5 (1957), 7—8, Abb. [260

Virchow. Meyer: Virchows Anteil an Schliemanns Werk s. Nr. 242.

Wace. Ruipérez, M. S.: Alan J. B. W. — Minos 5 (1957), 210—211. [261

Wagner. Kunkel, O.: Aus Leben u. Arbeit (Karl Heinrich Friedrich W.). — BayVBll. 22 (1957), VII—X, Abb. [262

Ritter, H.: Schriftenverzeichnis Friedrich W. — BayVBll. 22 (1957), XI—XVIII. [263

Wilamowitz-Moellendorff. Reinhardt, K.: Ulrich von W.-M., 1848/1931. — Die großen Deutschen, Deutsche Biographie 5 (1957), 415—421, Abb. [264

Winckelmann. Curtius, L.: Johann Joachim W. 1717/1768. — Die großen Deutschen, Deutsche Biographie 2 (1956), 147—158, Abb. [265

— Johann Joachim W. 1717—1768 (1954). — Curtius, Torso (Stuttg. 1957), 131—144. [266

Klemm, W.: Sieben Zeichnungen zum Leben J. J. W.s. Begleitw. v. A. Schulz. Stendal: Winckelmann-Ges. 1957. 10 Bl., Abb. (Jahresgabe d. Winckelmann-Ges., Stendal. 1952/53). [267

Koch, Hanna: Johann Joachim W. Sprache u. Kunstwerk. Berlin: Akad.-Verl. 1957. 189 S., 4 Taf., Abb. (Winckelmann-Ges. Stendal. Jahresgabe 1956/57). [268

Rosteutscher, J.: Das ästhetische Idol im Werke von W., Novalis, Hoffmann, Goethe, George u. Rilke. 1956. | Erasmus 10 (1957), 682—683 (R. Mortier). [269

Ruediger, H.: La personalità di W. — Paideia 11 (1956), 81—103. [270

Schulz, A.: »Ce charmant enthousiaste de W.". — Altertum 3 (1957), 52—60, Abb. [271

Winckelmann, J. J.: Briefe. In Verb. mit H. Diepolder hrsg. v. W. Rehm. Kritisch-histor. Gesamtausg. Bd. 4: Dokumente zur Lebensgeschichte. Berlin: de Gruyter 1957. X, 617 S. | [Bd. 1/4] DLZ. 78 (1957), 865—868 (A. Schulz). [272

Wood. Spencer, T. J. B.: Robert W. and the problem of Troy in the 18th century. — JWCI. 20 (1957), 75—105, 3 Taf. [273

Zoega. Jessen, H. B.: Von der alten Christiana-Albertina. 2: Z. und die Kieler Universität. Biograph. Materialien. — Die Heimat 64 (1957), 73—75. [274

D. Zeitschriften. Fest- und Gelegenheitsschriften. Sammelwerke

Aegyptus. Vol. 36. 1956. | ChrEg. 32 (1957), 366—369 (M. Hombert). [275

Sovetskaja Archeologija. Vol. 20. 1954. | A JA. 61 (1957), 289—290 (I. Scollar). [276

Atiqot. Journal of the Israel Department of Antiquities. Vol. 1. Jerusalem 1955. 140 S., 22 Taf. | RBibl. 64 (1957), 463—464 (R. de Vaux). [277

Béquignon, Y.: Revue archéologique, Tables des années 1946/55. Paris: PUF. 1957. 118 S. | RA. Sér. 6, 50 (1957), 90 (R. Lantier, Ch. Picard). [278

Bulletin d'archéologie marocaine. T. 1: 1956. Paris: Geuthner 1957. 179 S., Abb., 68 Taf. [279

Dacia. Revue d'archéologie et d'histoire ancienne. NS. Vol. 1: 1957. Bukarest: Acad. roumaine 1957. 375 S. [280

Dumbarton Oaks Papers. 8 (1954). 9/10 (1956). | Muséon 70 (1957), 218—227 (A. de Halleux). [281

— Vol. 11. Cambridge (Mass.): Harvard Univ. Pr. 1957. X, 277 S., 120 Abb. a. T. | Muséon 70 (1957), 400—404 (A. de Halleux). [282

Jahrbuch der Österr. Byzantin. Gesellschaft. Bd. 1 (1951) — 3 (1954). | ZfK. 20 (1957), 100—101 (W. Krönig). [283

— — Bd. 4. 1955. | ThLZ. 82 (1957), 119—120 (J. Irmscher). [284

Κώκαλος. Studi pubbl. dall'Istituto di storia antica, Univ. di Palermo. 1. 1955. | EtCl. 25 (1957), 138 (A. Dumont). Athenaeum 35 (1957), 133—136 (F. Sartori). [285

Libyca. 1. 1953. | AJA. 61 (1957), 387—388 (B. Howe). [286

Muth, R.: 10 Jahre »Anzeiger für die Altertumswissenschaft«. — AnzAW. 10 (1957), 193—196. [287

Phoenix. Bulletin uitg. door het Vooraziatisch-Egyptisch Genootschap Ex Oriente Lux. Onder redactie van C. Hillen. Jaarg. 1/3, 1955/57. Leiden: Brill 1955/57. IV, 124 S., Abb. [jährl. 2 Hefte]. [288

Antidoron Michaeli *Abramić* septuagenario oblatum a collegis et amicis. Vol. 1. Aspalathi 1954/57. 290 S., Abb., 42 Taf. (VAHDalm. 56/59, 1954/57). [289

Festschrift Albrecht *Alt* zum 70. Geburtstag. 1954. | OLZ. 52 (1957), 113—118 (J. Fichtner). [290

Robert *Boehringer*. Eine Freundesgabe. (Hrsg.: E. Boehringer, W. Hoffmann). Tübingen: Mohr 1957. 772 S., Abb., Taf. [291

Studi in onore di Aristide *Calderini* e Roberto Paribeni. Vol. 1—3. Milano: Ceschina 1956/57. LXXXV, 481 S.; IX, 567 S.; X, 888 S., Abb., Taf. [292

Hommages à Waldemar *Deonna*. Bruxelles: Latomus 1957. VII, 539 S., 69 Taf. (Collection Latomus. 28.) | Ogam 9 (1957), 384—394 (F. Le Roux). [293

The Background of the New Testament and its eschatology. Studies in honour of C. H. *Dodd*. London: Cambridge Univ. Press 1956. | RHRel. 151 (1957), 97—102 (J. Hadot). [294

Mélanges Ejnar *Dyggve*. Bruxelles: Fondation byzantine et néo-grecque 1957. S. 375—954, Taf. (Byzantion 25/27, 1955/57, fasc. 2). [295

Beiträge zur älteren europäischen Kulturgeschichte. Festschrift für Rudolf *Egger*. 3. 1954. | AnzAW. 10 (1957), 157—160 (A. Wotschitzky). [296

Scritti in onore di Giuseppe *Furlani*. [Hrsg.: G. Levi della Vida]. Roma: Bardi 1957. XLIII, 768 S., Abb., 3 Taf. (Rivista degli Studi orient. 32). [297

Festschrift für Peter *Goessler*. 1954. | BayVBll. 21 (1955/56), 380—382 (G. Kossack). BPI. NS. 9 (1954/55), 438—443 (R. Peroni). [298

The Aegean and the Near East. Studies presented to Hetty *Goldman* on the occasion of her 75th birthday. 1956. | MusHelv. 14 (1957), 241 (Ernst Meyer). REA. 59 (1957), 388—393 (H. Gallet de Santerre). Phoenix 11 (1957), 174—175 (J. W. Graham). AntJ. 37 (1957), 234 (J. Mellaart). [299

Ägyptologische Studien, Hermann *Grapow* gewidmet. 1955. | OLZ. 52 (1957), 119—121 (E. Otto). [300

Archaeologica Orientalia in mem. Ernst *Herzfeld*. 1952. | NumChron. Ser. 6, 15 (1955), 258—259 (J. Allan). [301

Jacoby, F.: Abhandlungen zur griechischen Geschichtsschreibung. Zu seinem 80. Geburtstag hrsg. v. H. Bloch. 1956. | RivFil. NS. 35 (1957), 325—326 (A. Rostagni). [302

Natalicium Carolo *Jax* septuagenario oblatum. P. 1. 1955. | AnzAW. 10 (1957), 225—230 (H. Herter). REA. 59 (1957), 121—123 (R. Thouvenot). [303

Festschrift Hermann *Junker* zum 80. Geburtstag gewidmet. Hrsg.: G. Thausing. Wien: Oriental. Inst. 1957. XV, 292 S., Abb., 13 Taf. (WZMorg. 54.) [304

Festschrift zum 70. Geburtstag von Prof. Dr. Hermann *Kees*. Wiesbaden: Harrassowitz 1956. X, 213 S., Abb., 16 Taf. (MDIK. 14.) [305

Charites. Studien zur Altertumswissenschaft. [Ernst *Langlotz* zum 60. Geburtstag]. Hrsg. von K. Schauenburg. Bonn: Athenäum-Verl. 1957. 279 S., Abb., 36 Taf. [306

Dark-age Britain. Studies pres. to E. T. *Leeds*. Ed.: D. B. Harden. 1956. | Germania 35 (1957), 135—138 (F. Tischler). AntJ. 37 (1957), 84—85 (R. B. K. Stevenson). Latomus 16 (1957), 779—781 (G. Faider-Feytmans). [307

Studi orientalistici in onore di Giorgio *Levi della Vida*. Vol. 1. 2. 1956. | BiOr. 14 (1957), 68—70 (O. Eißfeldt). RBibl. 64 (1957), 473—476 (B. Couroyer). [308

Mélanges Isidore *Lévy*. 1955. | OLZ. 52 (1957), 111—113 (O. Eißfeldt). [309

Essays in Roman coinage, pres. to Harold *Mattingly*. Ed. by R. A. G. Carson and C. H. V. Sutherland. 1956. | JbNum. 8 (1957), 189—191 (K. Kraft). AJA. 61 (1957), 117—119 (C. Vermeule). [310

Mélanges offerts à Octave et Melpo *Merlier* à l'occasion du 25e anniversaire de leur arrivée en Grèce. T. 1. 2. 1956. | ByzZ. 50 (1957), 144—145 (F. Dölger). REG. 70 (1957), 294—295 (R. G.) [311

— — T. 3. Paris: Klincksieck 1957. 486 S., 56 Taf. [312

Festschrift Karl *Mras* zum 6. Juni 1957 dargebr. von Freunden u. Schülern. Wien: Höfels 1957. 335 S. (WSt. 70.) [313

Hommages à Max *Niedermann*. 1956. | REL. 34 (1956 [1957]), 445—446 (J. Marouzeau). RevPhil. 31 (1957), 141 (A. Ernout). AntCl. 26 (1957), 289—292 (L. Deroy). [314

Studi in onore di Ugo Enrico *Paoli*. 1955. | AntCl. 26 (1957), 292—297 (C. Gorteman). Latomus 16 (1957), 212—214 (R. Filhol). [315

Paribeni s. *Calderini*

Studies pres. to David Moore *Robinson*. 1. 1953. | REG. 70 (1957), 249—251 (V. Grumel). RevPhil. Sér. 3, 31 (1957), 252—265 (Ch. Picard). [316

Studia Antiqua Antonio *Salač* septuagenario oblata. 1955. | AntCl. 26 (1957), 297—302 (C. Gorteman). REByz. 15 (1957), 274—275 (V. Laurent). [317

Festschrift W. *Sas-Zalociecky* zum 60. Geburtstag. Graz: Akad. Druck- u. Verl. Anst. 1956. 212 S., 68 Taf. [318

Neue Beiträge zur klassischen Altertumswissenschaft. Festschrift Bernh. *Schweitzer*. 1954. | Gymn. 64 (1957), 254—265 (T. Dohrn). RBPhil. 35 (1957), 254—258 (Ch. Delvoye). EtCl. 25 (1957), 381 (D. Lanion). AnzAW. 10 (1957), 260—269 (H. Kenner). [319

Festschrift Bruno *Snell* zum 60. Geburtstag. 1956. | AntCl. 26 (1957), 302—304 (P. Mertens). RevPhil. Sér. 3, 31 (1957), 315 (P. Chantraine). REA. 59 (1957), 393—396 (J. Defradas). JHS. 77 (1957), 317 (T. B. L. Webster). Latomus 16 (1957), 566—567 (J.-G. Préaux). [320

Symbolae Raphaeli *Taubenschlag* dedicatae. [1.] 1956. | BiOr. 14 (1957), 202—203 (H. Petschow). ChrEg. 32 (1957), 379—384 (C. Gorteman). [321

— — 2. Vratislaviae-Varsaviae: Ossolineum 1957. VII, 409 S. (Eos 48, 1956, fasc. 2). [322

Festschrift für Carl *Weickert*. 1955. | Gymn. 64 (1957), 253—254 (F. Brommer). ThLZ. 82 (1957), 841—844 (K. Wessel). JHS. 77 (1957), 317—318 (H. Plommer). [323

Convivium. Beiträge zur Altertumswissenschaft. Konrad *Ziegler* z. 70. Geburtstag. 1954. | RBPhil. 35 (1957), 550—552 (H. Verdin). [324

Baynes, N. H.: Byzantine studies and other essays. 1955. | JHS. 77 (1957), 368—369 (W. H. Frend). REByz. 15 (1957), 278—279 (V. Laurent). [325

Bielefeld, E.: Analecta archaeologica. — Wiss. Zs. d. Univ. Greifswald 4 (1954/55), 91—102. [326

Calabi, I.: Lezioni di antichità greche ed antichità romane. Milano: La Goliardica 1957. 41, 69 S. [327

Calderini, A.: Studi recenti di antichità e problemi relativi. Vol. 4/5. Milano: La Goliardica 1957. 106; 108 S. [328

Daux, G.: Notes de lecture. — BCH. 81 (1957), 391—395. [329

Dornseiff, F.: Antike und alter Orient. Interpretationen. Leipzig: Koehler & Amelung 1956. 444 S. | MusHelv. 14 (1957), 253 (F. Wehrli). [330

Fraccaro, P.: Opuscula. 1: Studi sull'età della rivoluzione romana, scritti di diritto pubblico, militaria. 2: Scritti di topografia e di epigrafia. Testo, Tavole. Pavia: Athenaeum 1957. 379 S.; 301 S., 51 Taf. [331

Holleaux, M.: Études d'épigraphie et d'histoire grecques. 4: Rome, la Macédonie et l'Orient grec. 1952. | JRS. 46 (1956), 225—226 (P. M. Fraser). REA. 59 (1957), 455—457 (J. Coupry). [332

Kerényi, K.: Griechische Miniaturen. Zürich: Rhein-Verl. 1957. 212 S., 12 Taf. [333

Maiuri, A.: Saggi di varia antichità. 1954. | StEtr. 25 (1957), 601—604 (M. Pallottino). RBPhil. 35 (1957), 1196 (M. Renard). [334

Maricq, A.: Classica et orientalia. 2: Les dernières années de Hatra: L'alliance romaine. 3: La chronologie des dernières années de Caracalla. 4: Les plus anciennes inscriptions syriaques. — Syria 34 (1957), 288—296, Abb., 297—302, 303—305. [335

Opuscula Atheniensia. Vol. 2. 1955. | Erasmus 10 (1957), 751—752 (H. Drerup). REA. 59 (1957), 123—125 (J. Marcadé). [336

Robert, L.: Hellenica. 10. 1955. | AJPh. 78 (1957), 332 (J. H. Oliver). [337

Rostagni, A.: Scritti minori. Vol. 2, 1: Hellenica-Hellenistica. Vol. 2, 2: Romana. Torino: Bottega d'Erasmo 1956. 394 S.; 410 S. [338

Seyrig, H.: Antiquités syriennes. 64: Sur une prétendue ère tyrienne. — Syria 34 (1957), 93—98. [339

Tosi, T.: Scritti di filologia e di archeologia. A cura di N. Terzaghi. Firenze: Le Monnier 1957. XXXIII, 193 S., 29 Abb. auf Taf. (Pubblicazioni della Univ. degli Studi di Firenze, Fac. di Magistero. 7.) [340

Wagenvoort, H.: Studies in Roman literature, culture and religion. 1956. | REL. 34 (1956 [1957]), 444—445 (J. Marouzeau). Gnomon 29 (1957), 472—473 (J. Moreau). ClRev. NS. 7 (1957), 239—241 (H. J. Rose). Emerita 25 (1957), 539—540 (A. Montenegro). SteMat. 28 (1957), 170—171 (A. Brelich). [341

E. Instituts- und Tagungsberichte

International. Acta Congressus Madvigiani. Proceedings of the 2nd internat. congr. of classical studies. [Hrsg. v. C. Høeg, P. Krarup, P. J. Riis, I. Magnussen]. Vol. 1—5. Copenhagen: Munksgaard 1957. 400 S.; 230 S.; 98 S.; 125 S.; 244 S. [342

Congresos internacionales de ciencias prehistoricas y protohistoricas. Actas de la IV Sesion, Madrid 1954. Red. por A. Beltran. Zaragoza 1956. 1044 S., Abb., 75 Taf., 1 Beilage. [343

Actes du Ve Congrès international d'archéologie chrétienne. Aix-en-Provence, 13—19 sept. 1954. Città del Vaticano: Pont. Ist. di archeol. crist.; Paris: Belles-Lettres 1957. 601 S., Abb., Taf. (Studi di antichità cristiana. 22). [344

— du deuxième Congrès international d'épigraphie grecque et latine, Paris 1952. 1953. | REA. 59 (1957), 384—386 (J. Coupry). [345

Congrès internat. de Numismatique. Actes s. Nr. 2820.

Bloch, R.: Le colloque de Royaumont. — StEtr. 25 (1957), 587—590. [346

Carnuntina. Vorträge beim Intern. Kongreß d. Altertumsforscher. 1956. | Arheol. Vestnik 8 (1957), 88—89 (I. Mikl). JRS. 47 (1957), 269 (C. A. R. Radford). [347

Colloque international sur les influences helléniques en Gaule (Dijon, 29 avril—1er mai 1957). — RAE. 8 (1957), 187—188. [348

L'XI Congresso internazionale di scienze storiche, Stoccolma 1960. — Riv. stor. ital. 69 (1957), 469—472. [349

Daicoviciu, C.: Conferinta arheologică de la Varşovia. — StClstor. 7 (1956), 441—442. [350

Franke, H.: Bericht über den XXIV. Internationalen Orientalisten-Kongreß in München. — ZDMG. 107 (1957), *18*—*23*. [351

Gerstinger, H.: Bericht über den 8. Intern. Papyrologenkongreß in Wien. — Akten d. 8. Intern. Kongr. f. Papyrologie [s. 1956, Nr. 362], 9—11. [352

Guichonnet, P.: Le Xe Congrès intern. des sciences historiques (sept. 1955). — Information historique 18 (1956), 17—21. [353

Janin, R.: Le Xe Congrès international des Études byzantines (Istanbul, 15—21 septembre 1955). — REByz. 13 (1955), 281—284. [354

Laurent, V.: Les études byzantines au Congrès international des Sciences historiques (Rome, 4—11 septembre 1955). — REByz. 13 (1955), 279—281. [355

McKay, D. C.: Tenth Internat. Congress of historical sciences. — Amer. Historical Review 61 (1955/56), 504—511. [356

Moraux, P.: Les Actes du Xe Congrès international des Études byzantines, Istanbul, 15—21 septembre 1955. — Byzantion 25/27 (1955/57), 950—951. [357

Neppi Modona, A.: Il corso di etruscologia a Varenna. — StEtr. 25 (1957), 590—591. [358

'Ορλάνδος, 'Α. Κ.: Ἔκθεσις περὶ τῶν ἐργασίων τοῦ 5. Συνεδρίου Χριστιανικῆς 'Αρχαιολογίας. — Πρακτ 'Αρχ 'Ετ. 1954 (1957), 395—397. [359

Porada, E.: Orientalists at Munich. — Archaeology 10 (1957), 283—285. [360

Riquet, R.: Le premier Colloque archéol. international Rhône-Rhin, Tournon 1957. — Ogam 9 (1957), 300—303. [361

Serrao, F.: Il X Congresso internaz. di scienze storiche. — Labeo 1 (1955), 354—367. [362

Zoellner, E.: 10. Internat. Kongreß für Geschichtswissenschaft, Rom, Sept. 1955. — Mitteil. d. Inst. f. Österr. Geschichtsforschung 64 (1956), 234—237. [363

Deutschland. Häsler, B.: Die Görres-Gesellschaft. Ein informatorischer Bericht. — Das Altertum 3 (1957), 117—119. [364

Das Institut für griechisch-röm. Altertumskunde. Protokoll der Eröffnungstagung vom 23.—26. Okt. 1955. Berlin: Akad.-Verl. 1957. 166 S. (Dt. Akad. d. Wiss., Schriften der Sektion f. Altertumswissenschaft. 8.). | REA. 59 (1957), 382—384 (J. Marcadé). [365

Institut für griechisch-römische Altertumskunde, Berlin. — JbBerl. 1955 (1957), 229—235; 1956 (1957), 364—392. [366

— für Orientforschung, Berlin. — JbBerl. 1955 (1957), 235—239. [367

Kraemer, J. H.: Jahresbericht des Mainzer Altertumsvereins für 1955/1956 u. 1956/1957. — Mainzer Zeitschrift 52 (1957), 124—126, Abb. [368

Zásterová, B.: Eröffnung des Instituts für griech.-röm. Altertumskunde in der Dt. Akad. d. Wissenschaften zu Berlin. — Byzantinoslavica 18 (1957), 312—313. [369

Zschietzschmann, W.: Die Sammlungen des ehem. Archäolog. Instituts der Univ. Gießen. — Mitteil. d. Oberhessischen Geschichtsvereins 42 (1957), 46—51. [370

Frankreich. Actes du 79e Congrès national des sociétés savantes, Alger 1954. Section d'archéologie. Paris: Presses univ. de France 1957. 407 S., Abb., Taf. (Minist. de l'Éduc. nat., Comité des travaux histor. et scientif.) [371

Soc. franç. d'archéologie. Congrès archéologique de France. 118e session, 1955, Troyes. Orléans: Soc. franç. d'archéol. 1957. 486 S., Abb. [372

Journées archéologiques d'Avignon, 1956. Avignon: Palais du Roure 1957. 143 S., Abb. [373

Troisièmes Journées de la R. A. E. (Metz et Trèves, 8 et 9 septembre 1956). — RAE. 8 (1957), 183—187. [374

Griechenland. Levi, D.: Atti della Scuola [archeologica italiana di Atene]. — ASAtene 33/34 (1955/56 [1957]), 289—303, Abb. [375

'Ορλάνδος, 'Α. Κ.: Ἔκθεσις περὶ τοῦ ἔργου τῆς ἐν Ἀθήναις Ἀρχαιολογικῆς Ἑταιρείας κατὰ τὸ ἔτος 1954. — Πρακτ'Αρχ'Ετ. 1954 (1957), 1—40. [376

— Τὸ ἔργον τῆς Ἀρχαιολογικῆς Ἑταιρείας κατὰ τὸ 1955. Athen 1956. 131 S., 124 Abb. [377

— — κατὰ τὸ 1956. Athen 1957. 154 S., 150 Abb. [378

Picard, Ch.: Rapport sur les travaux de l'École française d'Athènes en 1956. — CRAcInscr. 1957, 189—203. [379

Vallois, R.: Rapport sur les travaux de l'École française d'Athènes pendant l'année 1955/1956. — CRAcInscr. 1956, 348—363. [380

Großbritannien. Proceedings of the Society for the promotion of Roman Studies 1955/1956.—JRS. 46 (1956), 236—237. [381

Irak. Crawford, V. E.: Report of the Director of the School at Baghdad. — BASOR. 148 (1957), 6—8. [382

Israel. Dentan, R. C.: Report of the Director of the School in Jerusalem. — BASOR. 148 (1957), 4—6. [383

Dhorme, E.: Rapport sur les travaux de l'École archéologique française de Jérusalem pendant l'année 1955/1956. — CRAcInscr. 1956, 393—396. [384

Dussaud, R.: L'activité archéologique, en 1956, de l'École biblique et archéologique française à Jérusalem. — Syria 34 (1957), 397—399. [385

Kenyon, K. M.: The British School of Archaeology in Jerusalem, the new school building. — PalExplQu. 89 (1957), 97—100, Abb., 4 Taf. [386

Annual general Meeting (Palestine Exploration Fund), 1956. 1957. — PalExplQu. 89 (1957), 90—91. 156—157. [387

Noth, M.: Das Deutsche Evangelische Institut für Altertumswissenschaft des Heiligen Landes. Lehrkursus 1956. — ZDPV. 73 (1957), 1—58. [388

Italien. Amore, A.: Verbali delle adunanze della Società dei Cultori dell'Archeologia cristiana. Anno 1954/55, 1955/56. — RACrist. 32 (1956), 89—94. [389

Atti del 1º Congresso nazionale di archeologia cristiana. Siracusa 1950. 1952. | Erasmus 10 (1957), 738—741 (H. F. Bouchery). [390

— della seconda riunione del Centro di Studi preistorici e archeologici di Varese, 1956. —Sibrium 3 (1956/57), 105—107. [391

Borrelli Vlad, L.: Attività dell' Istituto all'estero. — BollICR. 27/28 (1956), 182—191, Abb. [392

Deichmann, F. W.: Goethe und das Instituto di corrispondenza archeologica. — Freundesgabe R. Boehringer (Tübingen 1957), 177—191. [393

Delvoye, Ch.: Cours d'art ravennate et byzantin. — Byzantion 25/27 (1955/57), 939—944. [394

Grenier, A.: Rapport sur l'École française de Rome et ses travaux pendant l'année 1955/1956. — CRAcInscr. 1956, 323—333. [395

Herbig, R.: L'Istituto Archeologico Germanico. — StRom. 5 (1957), 732—735. [396

Luijdjens, A. H.: L'Istituto Storico Olandese. — StRom. 5 (1957), 85—88. [397

Pellati: L'Istituto italiano di numismatica s. Nr. 2918.

Stendardo, G.: L'Istituto naz. di Archeologia e Storia dell'Arte. — StRom. 5 (1957), 460—463. [398

Vita dell' Istituto (internaz. di Studi liguri). — RivStudLig. 23 (1957), 149—160. [399

Marokko. I Congreso Arqueologico del Marruecos Español. Tetuan 22—26 junio 1953. Tetuan: Alta Comisaría de España en Marruecos 1954 [1955]. 543 S. [400

Spanien. Pereira, M. H. R.: Reabertura do Instituto Arqueológico Alemão en Madrid. — Humanitas 5/6 (1953/54 [1955]), 209. [401

Pueyo, M.: V Congreso arqueológico nacional, Zaragoza 1957. — Zephyrus 8 (1957), 301—302. [402

Türkei. Akurgal, E.: Activité du Centre de recherches de l'Inst. archéol. de l'Université d'Ankara en Anatolie occidentale. — Anatolia 1 (1956), 1—2, 1 Taf. [403

Lloyd, S.: British Institute of Archaeology at Ankara. Annual report, 1953. — TürkAD. 6, 1 (1956), 29—34. [404

Report of the Council of Management and of the Director for 1956 [Brit. Inst. of Archaeology, Ankara]. — AnatSt. 7 (1957), 3—13. [405

Vereinigte Staaten. Fifty-seventh AIA-Meeting. — Archaeology 10 (1957), 61—62. [406

Detweiler, A. H.: 55th annual report of the President. — BASOR. 148 (1957), 1—4. [407

58th general Meeting of the Archaeological Institute of America (28.—30. XII. 1956). — AJA. 61 (1957), 181—188. [408

Oriental Society Meeting. — Archaeology 10 (1957), 223. [409

Underwood, P. A.: A report on the work of the Byzantine Institute of America, 1954. — TürkAD. 7, 1 (1957), 11—12. [410

II. Örtliche Übersicht

A. Archäologische Ortskunde

1. Allgemeines

Baglio, G.: Odisseo nel mare mediterraneo centrale. Ricerca e coordinazione dei profili di thalasso-geo-etnografia di Omero nei libri V e IX—XII dell'Odissea. Roma: Bretschneider 1957. 82 S. | RevPhil. Sér. 3, 31 (1957), 282 (F. Vian). [411

Bamm, P.: Frühe Stätten der Christenheit. 2. Aufl. 1955. | ThLZ. 82 (1957), 500—502 (F. Ostarhild). [412

— Gli antichi luoghi del cristianesimo. Trad. di M. Merlini. Milano: Garzanti 1957. 271 S., Abb., 20 Taf. [413

Bradford, J.: Ancient landscapes. Studies in field archaeology. London: Bell 1957. XVII, 297 S., Abb., 75 Taf. [414

Breglia, L.: Le antiche rotte del mediterraneo. 1955. | SchwMBll. 7 (1957), 89—90 (C. M. Kraay). [415

Chevallier, R.: Cadastres antiques et photographie aérienne. Essai de méthode. — RAE. 8 (1957), 264—285, Abb. [416

Cottrell, L.: Lost cities. London: Hale 1957. 253 S., 24 Taf. [417

Diller, A.: Pausanias in the middle ages. — TrAPhAss. 87 (1956 [1957]), 84—97. [418

Hennig, R.: Terrae incognitae. 2. Aufl. Bd. 1—3. 1944/1953. | OLZ. 52 (1957), 24—26 (H. Plischke). [419

Kirsten, E.: Kothon in Sparta und Karthago. — Charites [s. Nr. 306], 110—118, Abb., 2 Taf. [420

Lugli, G.: Forma Orbis romani, Tabula imperii romani. — BAcBelg. Ser. 5, 43 (1957), 263—269. [421

Myres, J. L.: Geographical history in Greek lands. 1953. | ClPh. 52 (1957), 46—47 (J. H. Kent). Emerita 25 (1957), 543—544 (A. Montenegro). [422

Shepherd, W. R.: Historical atlas. 8. ed. New York: Barnes & Noble 1956. 226 S. Karten, 115 S. [423

Weber, Sh. H.: Voyages and travels in Greece, the Near East and adjacent regions made previous to the year 1801. 1953. | ArchClass. 9 (1957), 119 (R. A. Staccioli). [424

— Voyages and travels in the Near East made during the XIX. century. 1952. | ArchClass. 9 (1957), 119 (R. A. Staccioli). [425

2. Orient und Ägypten

Caignart de Saulcy, L. F.: Carnets de voyage en Orient (1845/1869), publ. par F. Bassan. Paris: Presses univ. de France 1955. 248 S., 1 Kt. | Syria 34 (1957), 166—167 (A. Parrot). [426

Dussaud, R.: Mission archéologique de M. l'abbé Jules Leroy dans le Proche Orient. — Syria 34 (1957), 216—217. [427

Leclant, J.: The Eastern Mediterranean. New York: French Ambassy, Cultural Division 1956. 84 S., 8 Taf. (French Bibliographical Digest. Ser. 2, 20: Archaeology 1945/1955, P. 1). [428

Pohl, A.: Assyriologische Rundschau. 8. — Orientalia NS. 26 (1957), 357—375. [429

Biblische Archäologie. Albright, W. F.: Die Bibel im Licht der Altertumsforschung. Ein Bericht über die Arbeit eines Jahrhunderts. Übers.: Th. Schlatter. Vorw.: D. Eißfeldt. Stuttgart: Calwer Verl. 1957. 145 S., 1 Taf. [430

Archaeology of the Holy Land: chronological table. — Antiquity and survival 2 (1957), 79—90, Abb. [431

Baly, D.: The geography of the Bible. A study in historical geography. London: Lutterworth Pr. 1957. XIV, 303 S., Abb., Ktn. [432

Bibel-Lexikon, hrsg. v. H. Haag. 1956. | BiOr. 14 (1957), 43—44 (J. J. Koopmans). [433

Blaiklock, E. M.: Out of the earth. The witness of archaeology to the New Testament. London: Paternoster 1957. 80 S. [434

Chronique archéologique. — RBibl. 64 (1957), 218—261. [435

Corswant, W.: Dictionnaire d'archéologie biblique. 1956. | BiOr. 14 (1957), 85—86 (H. J. Franken). ThLZ. 82 (1957), 577 (A. Kuschke). RHPhilos. 37 (1957), 276—277 (E. Jacob). RScRel. 31 (1957), 391—392 (A. Vincent). RHRel. 152 (1957), 96—97 (E. Dhorme). Rev. de théol. et de philos. Ser. 3, 7 (1957), 219—220 (J.-C. Margot). [436

Finegan, J.: Luci del lontano passato. Documenti archeologici della religione ebraica-cristiana. Trad. di G. Cambon. Milano: Martello 1957. XXVII, 484 S., 204 Abb. [437

Galling, K.: Biblische Archäologie. — RGG. 3. Aufl. 1 (1957), 582—585. [438

Grollenberg, L. H.: Atlas of the Bible. Transl. and ed. by J. M. H. Reid and H. H. Rowley. London: Nelson 1956. 165 S., 400 Taf., 35 Ktn. | Hibbert Journal 55 (1957), 413—414 (L. A. Garrard). PalExplQu. 89 (1957), 146—147 (S. H. Hooke). BiOr. 14 (1957), 240—244 (J. Simons). [439

Horn, S. H.: Entdeckungen zwischen Nil u. Euphrat. Erfolgreiche Ausgrabungen bestätigen die Bibel. Zürich: Advent-Verl. (1957). 168 S., 10 Taf. [440

Jirku, A.: Die Welt der Bibel. 5 Jahrtausende in Palästina-Syrien. Stuttgart: Kilpper (1957). 257 S., davon S. 130—240 Abb. (Große Kulturen d. Frühzeit. 6) | RHRel. 152 (1957), 84—86 (E. Dhorme). WZMorg. 54 (1957), 289—290 (F. Hančar). [441

Lemaire, P., D. Baldi: Atlante storico della Bibbia. 1955. | Rev. des sciences relig. 31 (1957), 183—184 (A. V.) BiOr. 14 (1957), 240—244 (J. Simons). [442

Marston, Ch.: La Bible a dit vrai. Éd. rev. par P. Boussel. Trad.: L. Clarence. Paris: Plon 1956. II, 335 S., Abb., 59 Taf., 2 Ktn. (Coll. D'un monde à l'autre). [443

Parrot, A.: De Zondvloed en de ark van Noah. 1955. | BiOr. 14 (1957), 85 (H. A. Brongers). [444

— Le Musée du Louvre et la bible s. Nr. 1591.

Pritchard, J. B.: The ancient Near East in pictures. 1954. | Burlington Mag. 99 (1957), 63 (C. J. Gadd). [445

Réau: Iconographie de l'art chrétien. 2: Iconographie de la Bible s. Nr. 2065.

Schulz, M.: Die Bibel u. das alte Assyrien. Berlin: Evang. Verl. Anst. 1957. 22 S. [446

Svenskt bibliskt Uppslagsverk, utg. av I. Engnell, A. Fridrichsen, B. Reicke. Bd. 1. 2. Gävle: Skolførlaget 1948/52. VIII, 648 S., VIII, 856 S., Taf., Ktn. | BiOr. 14 (1957), 42—43 (A. A. Kampman). [447

Wight, F. H.: Highlights of archaeology in Bible lands. Chicago: Moody Pr. 1955. 243 S., Abb. | BiOr. 14 (1957), 176 (G. Goossens). [448

Wiseman, P. J.: Die Entstehung der Genesis. Das erste Buch d. Bibel im Licht d. archäolog. Forschung. Dt. von E. Rosenbauer. Wuppertal: Verl. Sonne u. Schild 1957. 149 S. [449

Wright, G. E.: Biblical archaeology. London: Duckworth 1957. 288 S., Abb., Taf., Ktn. [450

— F. V. Filson: The Westminster historical atlas to the Bible. Introduction by W. R. Albright. Philadelphia: Westminster Press 1956. 130 S., Abb., 33 Farbtaf. | Syria 34 (1957), 354—355 (A. Parrot). [451

Abu Matar. Perrot, J.: Les fouilles d'Abou Matar près de Beersheba. — Syria 34 (1957), 1—38, Abb., 4 Taf. [452

Abu Roash. Klasens, A.: The excavations of the Leiden Museum of Antiquities at Abu-Roash. Report of the first season, 1957. — OudhMeded. NR. 38 (1957), 58—68, Abb., 11 Taf. [453

— De Nederlandse opgravingen bij Aboe-Roash. — Phoenix 1/3 (1955/57), 106—117, Abb. [454

Abusir. Bissing, F. W. von: La chambre des trois saisons du sanctuaire solaire du roi Rathourès (Ve dynastie) à Abousir. 1955. | BiOr. 14 (1957), 210—214 (L. Keimer). [455

Ricke, H.: Erster Grabungsbericht über das Sonnenheiligtum des Königs Userkaf bei Abusir. — ASAntEg. 54 (1956/57), 75—82, 7 Taf. [456

— Zweiter Grabungsbericht über das Sonnenheiligtum des Königs Userkaf bei Abusir. — ASAntEg. 54 (1956/57), 305—316, Abb., 7 Taf. [457

Ägypten. Bourguet, P. du: Les découvertes d'ordre paléochrétien effectuées en Egypte depuis 1938. — Actes CIAChrét. 5 (1954 [1957]), 83—86. [458

Hermann, A.: Aegyptische Landeskunde. — OLZ. 52 (1957), 197—204. [459

Kusch, E.: Ägypten im Bild. 1955. | ZDMG. 107 (1957), 651—652 (J. Kraemer). [460

Mekhitarian, A.: Introduction à l'Égypte. 1956. | Orientalia NS. 26 (1957), 71 (A. Massart). [461

Montet, P.: Géographie de l'Égypte ancienne. P. 1: To-mehou, la Basse Égypte. Paris: Klincksieck 1957. 226 S., 20 Taf., Abb., Ktn. [462

— Isis. À la recherche de l'Égypte ensevelie. 1956. | Rev. des Sciences rel. 31 (1957), 310—311 (A. Vincent). [463

Vergote, J.: Toponymes anciens et modernes du nome Hermopolite. — Studi Calderini / Paribeni 2, 383—391, Abb. [464

Wit, C. de: Fouilles et travaux. — ChrEg. 32 (1957), 247—248. [465

Afrika. Préaux, C.: Les Grecs à la découverte de l'Afrique par l'Égypte. — ChrEg. 32 (1957), 284—312, Abb. [466

Afula. Dothan, M.: The excavations at 'Afula. — Atiquot 1 (1955), 19—70, Abb., Taf. [467

Akkad. Adams, R. M.: Settlements in ancient Akkad. — Archaeology 10 (1957), 270—273, Abb. [468

Alaka Hüyük. Mellink, M. J.: The royal tombs at Alaca Hüyük and the Aegean world. — The Aegean and the Near East [s. 1956, Nr. 321], 39—58, Abb., 4 Taf. [469

Alexandria. Angiolini, P.: Vecchia Alessandria. Compendio di storia municipale dalle origini ai tempi nostri. Alessandria: Ferrari, Ocella e C. 1956. 175 S., Abb. [470

Amarna. Roeder, G.: Amarna-Blöcke aus Hermopolis. — MDIK. 14 (1956), 160—174, 3 Taf. [471

Amrith. Dunand, M., N. Saliby, A. Khirichian: Les fouilles d'Amrith en 1954. Rapport préliminaire. — AASyr. 4/5 (1954/55), 189—204, 4 Taf. [472

— — Rapport préliminaire sur les fouilles d'Amrith en 1955. — AASyr. 6 (1956), 3—8, 5 Taf. [473

Armant. Gardiner, A. H.: Blocks from the temple of Tuthmosis III at Armant. — Studi Rosellini 2 [s. 1956 Nr. 340], 91—98, 1 Taf. [474

Arsameia. Dörner, F. K.: Arsameia am Nymphaios. — TürkAD. 6, 1 (1956), 66—68. [475

— Eine Königsstadt im Taurosgebirge [Arsameia]. — Mitteil. d. Dt.-Türkischen Gesellschaft Nr. 6 (1955), 1—3, Abb. [476

Assur. Haller, A.: Die Gräber u. Grüfte von Assur. 1954. | Orientalia NS. 26 (1957), 167—170 (H. H. von der Osten). [477

— W. Andrae: Die Heiligtümer des Gottes Assur und der Sin-Samaš-Tempel in Assur. 1955. | OLZ. 52 (1957), 349—352 (E. Heinrich). [478

Preusser, C.: Die Paläste in Assur. 1955. | BiOr. 14 (1957), 83—85 (A. Parrot). [479

— Die Wohnhäuser in Assur. 1954. | Orientalia NS. 26 (1957), 167—170 (H. H. von der Osten). [480

Assyrien. Schulz: Die Bibel u. das alte Assyrien s. Nr. 446.

Soden, W. v., F. M. Th. de Liagre Böhl: Assyrien, Assyriologie. — RGG. 3. Aufl. 1 (1957), 650—660. [482

Atchana. Woolley, L.: Alalakh. 1955. | AJA. 61 (1957), 395—400 (M. J. Mellink). RBibl. 64 (1957), 413—417 (R. de Vaux). JHS. 77 (1957), 355—357 (R. D. Barnett). [483

Babylon. Champdor, A.: Babylone. 40 siècles d'histoire. Paris, Neuchâtel: Attinger 1957. 127 S., Abb., 2 Taf. [484

Parrot, A.: Babylone et l'Ancien Testament. 1956. | Rev. des Sciences rel. 31 (1957), 313—314 (A. Vincent). OLZ. 52 (1957), 431—432 (O. Eißfeldt). [485

— Babylon en het Oude Testament. Vert. door I. S. Herschberg. Nijkerk: Callenbach 1957. 164 S., Abb. (Bijbel en archaeologie. 7). [486

— Babylon u. das Alte Testament s. Nr. 606.

Wetzel, F., E. Schmidt, A. Mallwitz: Das Babylon der Spätzeit. Berlin: Mann 1957. 78 S., Abb., Taf. (Ausgrabungen der Dt. Orient-Ges. in Babylon. 8.) (Wissenschaftl. Veröffentlichung d. Dt. Orient-Ges. 62). [487

Bélus s. *Syrien.*

Berenice Troglodytica. Meredith, D.: Berenice Troglodytica. — JEA. 43 (1957), 56—70, Abb., 4 Taf. [488

Beth Shearim. Avigad, N.: Excavations at Beṭh She'arim, 1955. Preliminary report. — IEJ. 7 (1957), 73—92, 239—255, Abb., Taf. [489

— The Beth-She'arim necropolis. — Antiquity and survival 2 (1957), 244—261, Abb. [490

— Sarcophagi at Beth She'arim. — Archaeology 10 (1957), 266—269, Abb. [491

Byblos. Dunand, M.: Les fouilles de Byblos. T. 2. 1933/38. Texte. Atlas. 1950, 1954. | RBibl. 64 (1957), 466—468 (R. de Vaux). ChrEg. 32 (1957), 75—77 (G. Goossens). [492

— Rapport préliminaire sur les fouilles de Byblos en 1954/55. — BMusBeyr. 13 (1956), 73—86, 12 Taf. [493

Cyrrhus. Frézouls, E.: Recherches historiques et archéologiques sur la ville de Cyrrhus. — AASyr. 4/5 (1954/55), 89—128, 8 Taf. [494

Deir el Bahri. Bruyère, B.: Une nouvelle famille de prêtres de Montou trouvée par Baraize à Deir el Bahri. — ASAntEg. 54 (1956/57), 11—33, 9 Taf. [495

Dendara. Daumas, F.: Le sanatorium de Dendara. — Akten d. 8. Intern. Kongr. f. Papyrologie [s. 1956, Nr. 362], 49, 1 Taf. [496

Dura. Eißfeldt: Die Wandbilder der Synagoge von Dura-Europos s. Nr. 2470.

The Excavations at Dura-Europos. Final Report 8, P. 1: The synagogue, by C. H. Kraeling [u. a.]. 1956. | JRS. 47 (1957), 259—261 (J. M. C. Toynbee). [497

El Kab. Fouilles de El-Kab. Documents. Livr. 3. Bruxelles: Fondation égypt. Reine Élisabeth 1954. S. 73—112, Taf. 41—48. | ChrEg. 31 (1956), 285—288 (J. Vandier). JNES. 16 (1957), 64—65 (H. Goedicke). [498

Emar. Goetze, A.: The Syrian town of Emar. — BASOR. 147 (1957), 22—27. [499

Esna. Abd El Melek Gattas, F.: Découverte d'un ensemble souterrain copte dans le désert d'Esné. — ASAntEg. 54 (1956/57), 245—249, 1 Taf. [500

Sauneron: Le temple d'Esna s. Nr. 3513.

Ezida. Oates, D.: Ezida: the temple of Nabu. — Iraq 19 (1957), 26—39, 1 Taf. [501

Gandhara. Voretzsch, E. A.: Ein römisches Porträt-Medaillon in Afghanistan. — RM. 64 (1957), 8—45, 6 Taf. [502

Gîza. Junker, H.: Gîza. 12. 1955. | DLZ. 78 (1957), 499—502 (O. Firchow). [503

Reisner, G. A., W. St. Smith: A history of the Giza necropolis. Vol. 2. 1955. | Antiquity 31 (1957), 53—54 (W. B. Emery). AOF. 18 (1957), 154—155 (H. Brunner). Chr.Eg 32 (1957), 51—53 (M. Werbrouck). Archaeology 10 (1957), 294 (W. B. Emery). [504

Gözlü Kule. Goldman, H.: Excavations at Gözlü Kule, Tarsus. Vol. 2: From the neolithic through the bronze age. 1956. | EtCl. 25 (1957), 382 (Y. Deplat). Burlington Magaz. 99 (1957), 321 (J. Bradford). AntCl. 26 (1957), 256—258 (G. Goossens). ArchJ. 113 (1956 [1957]), 157—159 (P. J. Parr). AntJ. 37 (1957), 232—233 (J. Mellaart). [505

Gournet-Mourrai. Vandier d'Abbadie, J.: Deux tombes Ramessides à Gournet-Mourrai. 1955. | BiOr. 14 (1957), 31—32 (T. Säve-Söderbergh). [506

Harran. Rice, D. S.: From Sîn to Saladin: excavations in Harran's great mosque. — ILN. 231 (1957), 466—469, Abb. [507

Hazor. Yadin, Y.: Some aspects of the material culture of Northern Israel during the Canaanite and Israelite periods, in the light of excavations at Hazor. — Antiquity and survival 2 (1957), 165—186, Abb. [508

— Excavations at Hazor, 1956. Preliminary communiqué. — IEJ. 7 (1957), 118—123, 6 Taf. [509

— The rise and fall of Hazor. — Archaeology 10 (1957), 83—92, Abb. [510

Hermopolis. Roeder: Amarna-Blöcke aus Hermopolis s. Nr. 471.

Jebel Moya. Addison, F.: Second thoughts on Jebel Moya. — Kush 4 (1956), 4—18, Abb. [511

Mukherjee, R., C. R. Rao, J. C. Trevor: The ancient inhabitants of Jebel Moya. 1955. | BiOr. 14 (1957), 225—226 (G. H. R. von Koenigswald). [512

Jericho. Braidwood, R. J.: Jericho and its setting in Near Eastern history. — Antiquity 31 (1957), 73—81 [Dazu Reply, by K. M. Kenyon, ebd. 82—84]. [513

Franken, H. J.: Jericho in het duister en het licht van het archaeologische onderzoek. — Phoenix 1/3 (1955/57), 62—70, Abb. [514

Gerico. — Sele Arte 6 (1957) Nr. 32, S. 40—45, Abb. [515

Kelso, J. L., D. C. Baramki: Excavations at New Testament Jericho and Khirbet en-Nitla. 1955. | Orientalia NS. 26 (1957), 182—184 (E. Vogt). OLZ. 52 (1957), 241—244 (A. Kuschke). [516

Kenyon, K. M.: Digging up Jericho. London: Benn 1957. 272 S., Abb., 65 Taf., Ktn. [517

— Excavations at Jericho 1957. — PalExplQu. 89 (1957), 101—107, Abb., 3 Taf. [518

Wheeler, M.: Walls of Jericho. 1956. | PalExplQu. 89 (1957), 85—86 (G. M. Routh). Archaeologia Austriaca 22 (1957), 87—88 (R. Pittioni). [519

Jerusalem. Gerusalemme. — Sele Arte 6 (1957), Nr. 32, S. 50—54, Abb. [520

Join-Lambert, M.: Jérusalem. Paris: Guillot 1957. 174 S., 149 Abb., 10 Ktn. (Les Hauts Lieux de l'Histoire. 8). [521

Marie-Aline de Sion: La forteresse Antonia à Jérusalem et la question du prétoire. 1956. | RScRel. 45 (1957), 145—147 (J. Guillet). Orientalia christiana periodica 23 (1957), 469—471 (P. Goubert). REG. 70 (1957), 517—518 (R. Martin). [522

Parrot, A.: The temple of Jerusalem. Transl. by B. E. Hooke. London: S. C. M. Press 1957. 112 S., Abb., 6 Taf. (Studies in bibl. archaeology. 5). [523

— Der Tempel von Jerusalem und Golgatha u. das Heilige Grab. Übers.: E. Jenni. Zollikon-Zürich: Evang. Verl. 1956. 199 S., 15 Taf., Abb. (Bibel u. Archäologie. 2.) | ThLZ. 82 (1957), 692—693 (J. Jeremias). ZDPV. 73 (1957), 110—112 (S. Bülow). [524

Vincent, L.-H.: L'Éléona, sanctuaire primitif de l'ascension. — RBibl. 64 (1957), 48—71. [525

— M. Steve: Jérusalem de l'Ancien Testament. 1—3. 1954/56. | OLZ. 52 (1957), 426—430 (A. Kuschke). RA. Sér. 6, 50 (1957), 93—100 (Marie-Aline de Sion). Syria 34 (1957), 347—354 (A. Parrot). Orientalia NS. 26 (1957), 177—180 (R. North). RBibl. 64 (1957), 269—272 (P. Benoit). ThLZ. 82 (1957), 502—504 (O. Eißfeldt). BiOr. 14 (1957), 172—174 (J. Simons). [526

Irak. Pallis, S. A.: The antiquity of Iraq. A handbook of Assyriology. Copenhagen: Munksgaard 1957. XVI, 815 S., 4 Taf. | BiOr. 14 (1957), 36—38 (A. Parrot). [527

Iran. Ghirshman, R.: Iran from the earliest times to the Islamic conquest. 1955. | Archaeology 10 (1957), 154 (D. N. Wilber). [528

Israel s. *Palästina*

Kalamun. Nasrallah, J.: Le Qalamoun à l'époque romano-byzantine (Étude de topographie). — AASyr. 6 (1956), 63—86, 8 Taf. [529

Karnak. Barguet, P., J. Leclant: Karnak-Nord IV (1949/51). 1954. | JNES. 16 (1957), 63—64 (J. A. Wilson). [530

Christophe, L.-A.: Temple d'Amon à Karnak. Les divinités des colonnes de la grande salle hypostyle. 1955. | ChrEg. 32 (1957), 63—64 (H. de Meulenaere). [531

Hammad, M.: Bericht über die Restaurierung des Barkensockels Ramsess III. im Chonstempel in Karnak. — ASAntEg. 54 (1956/57), 47—49, 8 Taf. [532

Reliefs and inscriptions at Karnak. 3: The Bubastite Portal. 1954. | AOF. 18 (1957), 156—157 (H. Brunner). [533

Kataban. Phillips, W.: Opgravingen in het land van Qataban en Sjeba. Vert. door A. J. ten Diest. Utrecht-Antwerpen: Spectrum 1957. 208 S., Abb. (Prismaboeken. 239). [534

— Qataban and Sheba. Exploring ancient kingdoms on the biblical spice routes of Arabia. 1955. | OLZ. 52 (1957), 52—53 (O. Eißfeldt). AOF. 18 (1957), 160—161 (M. Höfner). [535

Kawa. Macadam, M. F. L.: The temples of Kawa. 2: History and archaeology of the site. 1955. | Orientalia NS. 26 (1957), 376—380 (A. Massart). BiOr. 14 (1957), 223—225 (J. J. Clère). ChrEg. 32 (1957),

70—73 (M. Werbrouck). JNES. 16 (1957), 141—142 (J. A. Wilson). Archaeology 10 (1957), 291—292 (K. Baer). [536

Khargeh-Oase. Sauneron, S.: Les temples gréco-romains de l'Oasis de Khargéh. — BIFAO. 55 (1956), 23—31, Abb., 20 Taf. [537

Khirbet Qumrān. Barthélemy, D., J. T. Milik: Discoveries in the Judaean Desert. 1: Qumran Cave. 1. 1954. | AOF. 18 (1957), 149—152 (K. Elliger). [538

Burchard, Ch.: Bibliographie zu den Handschriften vom Toten Meer. Berlin: Töpelmann 1957. XV, 118 S. (ZatW. Beih. 76). [539

Fritsch, Ch. T.: The Qumrān community. Its history and scrolls. 1956. | ThLZ. 82 (1957), 266—267 (O. Eißfeldt). [540

Vogt, E.: Effossiones Hirbet Qumrân. — Biblica 36 (1955), 266—267, 562—564, 1 Taf. [541

Where the dead sea biblical scrolls were written and hidden: the ruins of Khirbet Qumran. — ILN. 231 (1957), 752—753, Abb. [542

Kom Abu Billo. Badawy, A.: A sepulchral chapel of Greco-Roman times at KomAbu Billo (Western Delta). — JNES. 16 (1957), 52—54, 3 Taf. [543

Kush. Dunham, D.: Nuri. Boston, Mass.: Museum of Fine Arts 1955. XXVII, 300 S., Abb., 142 Taf., 3 Ktn. (The Royal Cemeteries of Kush. 2.). | Orientalia NS. 26 (1957), 69—71 (A. Massart). Antiquity 31 (1957), 114—115 (P. L. Shinnie). ChrEg. 32 (1957), 260—262 (M. Werbrouck). Archaeology 10 (1957), 299—300 (H. J. Kantor). Kush 4 (1956), 88—90 (J. Vercoutter). [544

Libanon. Mouterde-Mondésert: Le progrès des recherches d'archéologie chrétienne en Syrie et au Liban s. Nr. 620.

Mari. Parrot, A.: La dixième campagne de fouilles à Mari (Oct.-Déc. 1954). — AASyr. 4/5 (1954/55), 29—38, 2 Taf. [545

— Mission archéologique de Mari. T. 1: Le Temple d'Ishtar. 1956. | BiOr. 14 (1957), 159—167 (Th. A. Busink). Syria 34 (1957), 343—345 (R. Dussaud). [546

Masada. Avi-Yonah, M., N. Avigad, Y. Aharoni, I. Dunayevsky, S. Gutman: The archaeological survey of Masada, 1955/56. — IEJ. 7 (1957), 1—60, Abb., Taf. [547

Ontdekkingen te Massada: Paleis van Herodes. — Phoenix 1/3 (1955/57), 25—28, Abb. [548

Medinet Habu. Schott, S.: Wall scenes from the mortuary chapel of the Mayor Paser at Medinet Habu. Transl. by E. B. Hauser. Chicago: Univ. Pr. 1957. XI, 21 S., Abb., 3 Taf. (Chicago Univ. Oriental Inst., Studies in ancient oriental civilization. 30). [549

Meir. Blackman, A. M., M. R. Apted: The rock tombs of Meir. 5. 6. 1953. | AOF. 18 (1957), 158—160 (S. Schott). [550

Memphis. Badawi, A.: Das Grab des Kronprinzen Scheschonk, Sohnes Osorkon's II. u. Hohenpriesters von Memphis. — ASAntEg. 54 (1956[57), 153—177, 16 Taf. [551

Dimick, M. T.: Memphis, the city of the white wall. Foreword by F. Rainey. Philadelphia: Univ. Museum 1956. 29 S., Abb. [552

Meser. Dothan, M.: Excavations at Meser, 1956. Preliminary report on the first season. — IEJ. 7 (1957), 217—228, Abb., 4 Taf. [553

Mesopotamien. Buringh, P.: Living conditions in the lower Mesopotamian plain in ancient times. — Sumer 13 (1957), 30—46, 6 Taf. [554

Falkner, M.: Studien zur Geographie des alten Mesopotamien. — AOF. 18 (1957), 1—37, Abb. [555

Kupper: Les nomades en Mésopotamie au temps des rois de Mari s. Nr. 1679.

Lloyd, S.: Foundations in the dust. 1955. | RH. 217 (1957), 180 (M. Lambert). [556

Mallowan, M. E. L.: 25 years of Mesopotamian discovery, 1932/56. 1956. | AJA. 61 (1957), 292—293 (C. K. Wilkinson). PalExplQu. 89 (1957), 151. BiOr. 14 (1957), 156—157 (A. Parrot). [557

Moortgat, A.: Archäolog. Forschungen der Max Freih. v. Oppenheim-Stiftung im nördl. Mesopotamien 1955. Köln u. Opladen: Westdt. Verl. 1957. 24 S., Abb. (Veröffentl. d. Arbeitsgemeinschaft f. Forschung d. Landes Nordrhein-Westfalen. Geisteswissenschaften. 66.) [558

Naharya. Kanaänitisch Heiligdom ten Noorden van Acre in Israël. — Phoenix 1/3 (1955/57), 8—9. [559

Nawa. Abdul-Hak, S.: Rapport préliminaire sur des objets prov. de la nécropole romaine située à proximité de Nawa (Hauran). — AASyr. 4/5 (1954/55), 163—188, 11 Taf. [560

Nazareth. Baldi, D.: Nazaret ed i suoi santuari. — Studii Biblici Franciscani liber annuus 5 (1954/55), 213—260. [561

Nebi Yunus. Nieuw Assyrisch Paleis ontdekt (Nebi Yoenoes). — Phoenix 1/3 (1955/57), 35—36; 123—124. [562

Negeb. Glueck, N.: The fifth season of exploration in the Negeb. — BASOR. 145 (1957), 11—25, Abb. [563

— Five years of archaeol. exploration in the Negeb. — Antiquity and survival 2 (1957), 273—286, Abb. [564

Nimrud. Mallowan, M. E. L.: The excavations at Nimrud (Kalhu), 1956. — Iraq 19 (1957), 1—25, 11 Taf. [565

— Nimrud and »Fort Shalmaneser«. — ILN. 231 (1957), 872—874, Abb.; 934—937, Abb.; 968—971, Abb. [566

Nimroed. — Phoenix 1/3 (1955/57), 12—16, Abb. [567

Nippur. Swindler, D. R.: A study of the cranial and skeletal material excavated at Nippur. Philadelphia: Univ. Museum 1956. V, 40 S., 8 Taf. (Museum Monographs). | BiOr. 14 (1957), 172 (A. de Froe). [568

Nuzi. Lacheman, E. R.: Excavations at Nuzi. Vol. 6: The administrative archives. 1955. | BiOr. 14 (1957), 39 (J. Bottero). ZAssyr. NF. 18 (1957), 334—337 (W. v. Soden). Antiquity 31 (1957), 245—246 (O. R. Gurney). [569

Palästina. Albright, W. F.: L'archéologie de la Palestine. 1955. | OLZ. 52 (1957), 240 (O. Eißfeldt). RScRel. 31 (1957), 390—391 (A. Vincent). [570

— L'archeologia in Palestina. Trad. di M. Bizzarri. Firenze: Sansoni 1957. 347 S., Abb., 8 Taf. (Le piccole storie illustrate. 4). [571

Avi-Yonah, M.: Christian archaeology in Israel 1948/54. — Actes CIAChrét. 5 (1954 [1957]), 117—123, Abb. [572

Bagatti, B.: I battisteri della Palestina. — Actes CIA Chrét. 5 (1954 [1957]), 213—227, Abb. [573

Beauvery, R.: La route romaine de Jérusalem à Jéricho. — RBibl. 64 (1957), 72—101. [574

Benoit, P.: Les découvertes paléochrétiennes en Palestine arabe entre 1939 et 1954. — ActesCIAChrét. 5 (1954 [1957]), 163—168. [575

Isserlin, B. S. J.: Israelite and pre-Israelite place-names in Palestine: a historical and geographical sketch. — PalExplQu. 89 (1957), 133—144, Abb. [576

Schmid, H.: Beobachtungen an Gräbern. — ZDPV. 73 (1957), 59—72. [577

Thomsen, P.: Die Palästina-Literatur. Eine internat. Bibliographie in systematischer Ordnung. Bd. A: Die Literatur der Jahre 1878/94. Lief. 1. Hrsg. v. L. Rost. Berlin: Akad.-Verl. 1957. 272 S. | ZDPV. 72 (1956), 179—180 (M. Noth). OLZ. 52 (1957), 520—521 (G. Wallis). [578

— — Bd. 6, Lief. 1—3. 1953/56. | AOF. 18 (1957), 146—147 (A. Jepsen). BiOr. 14 (1957), 44 (G. A. Barrois). OLZ. 52 (1957), 137—139 (G. Wallis). [579

Persepolis. Barnett, R. D.: Persepolis. — Iraq 19 (1957), 55—77, Abb., 9 Taf. [580

Pope, A. U.: Persepolis as a ritual city. — Archaeology 10 (1957), 123—130, Abb. [581

Schmidt, E. F.: Persepolis. Vol. 1. 1953. | JAOS. 77 (1957), 49—50 (H. H. Paper). AntJ. 37 (1957), 231—232 (R. D. Barnett). [582

— — Vol. 2: Contents of the treasury and other discoveries. Chicago: Univ. Pr. 1957. XX, 167 S., Abb., Taf. (Chicago Univ., Oriental Inst. Publications. 69). [583

Petra. Parr, P. J.: Recent discoveries at Petra. — PalExplQu. 89 (1957), 5—16, 15 Taf. [584

Philistiner. Dothan, T.: Archaeological reflections on the Philistine problem. — Antiquity and survival 2 (1957), 151—164, Abb. [585

Phönizien. Cles-Reden: Die Welt der Phönizier s. Nr. 1217.

Qumran s. *Khirbet Qumrān*.

Râmet el-Halîl. Mader, E.: Mambre. Die Ergebnisse der Ausgrabungen im heiligen Bezirk Râmet el-Halîl in Südpalästina, 1926/32. Textbd. Tafelbd. Freiburg: Wewel 1957. 360 S., Abb.; 103 Taf., 5 Ktn. | REByz. 15 (1957), 277—278 (V. Laurent). [586

Ras Schamra. Kotalik, F.: Ras Šámra-Ugarit. 1955. | BiOr. 14 (1957), 155—156 (J. Sedláková). [587

Schaeffer, C. F.-A.: Le palais royal d'Ugarit. T. 2: Textes en cuneiformes alphab. des archives est, ouest et centrales, par Ch. Virolleaud. Paris: Klincksieck 1957. 242 S., Abb., 26 Taf. (Mission de Ras Shamra. 7). [588

— — T. 3: Textes accadiens et hourrites des archives est, ouest et centrales, par J. Nougayrol. 1. 2. 1955. | Antiquity 31 (1957), 115—116. AOF. 18 (1957), 143—144 (J. Aro). ZAssyr. NF. 18 (1957), 328—333 (A. Alt). AASyr. 4/5 (1954/55), 226—228 (S. A.). [589

— Résumé des résultats de la XVIIIe campagne de fouilles à Ras Shamra-Ugarit, 1954. — AASyr. 4/5 (1954/55), 149—162, 4 Taf. [590

— Ugaritica III. Sceaux et cylindres hittites, épée gravée du cartouche de Mineptah, tablettes chyprominoennes et autres découvertes nouvelles de Ras-Shamra. Paris: Geuthner 1956. XII, 306 S., Abb., 10 Taf. (Inst. franç. d'archéol. de Beyrouth. Bibliothèque archéol. et histor. 64). (Mission de Ras Shamra. 8.). | PalExplQu. 89 (1957), 150—151. REA. 59 (1957), 404—407 (H. Gallet de Santerre). Belleten 21 (1957), 308—314 (F. Kinal). [591

Nieuwe Vondsten te Ras Sjamra — Het oude Oegarit. — Phoenix 1/3 (1955/1957), 2—8, Abb. [592

Saba s. *Kataba.*

Sakhebou. Sauneron, S.: Sakhebou. 3. — BIFAO. 55 (1956), 61—64, Abb., 1 Taf. [593

Sakkara. Emery, W. B.: Excavations at Saqqara: Great tombs of the First Dynasty. 1. 1949. | ChrEg. 32 (1957), 48—50 (P. Gilbert). [594

Goneim, M. Z.: The buried pyramid. 1955. | ArchJ. 113 (1956 [1957]), 159—160 (T. G. H. James). AntJ. 37 (1957), 75 (L. V. Grinsell). [595

— La pyramide ensevelie. Trad. par F. Noël. Paris: Amiot-Dumont 1957. 200 S., Abb., Ktn. (L'Aventure du passé). [596

Kees, H.: Zur Problematik des archaischen Friedhofes bei Sakkara. — OLZ. 52 (1957), 12—20. [597

Klasens, A.: Sakkara, het graf van Koningin Herneith. — Phoenix 1/3 (1955/57), 71—78, Abb. [598

Lauer, J.-Ph.: L'oeuvre d'Imhotep à Saqqarah. — CRAcInscr. 1956, 369—380, Abb. [599

— Rebuilding Imhotep's masterpiece s. Nr. 2090.

— Recherches et travaux effectués à Saqqarah (Déc. 1954—Juin 1955). — ASAntEg. 54 (1956/57), 109—116, 5 Taf. [600

— Travaux divers à Saqqarah (Nov. 1953—Juin 1954). — ASAntEg. 54 (1956/57), 101—107, 6 Taf. [601

Müller-Feldmann, H.: Neue Entdeckungen an der unvollendeten Pyramide König Sechem-Chets (3. Dynastie) in Sakkara. — Atlantis 29 (1957), 95—96, Abb. [602

Sakkara, Graf van Koning Oedimoe(?) gevonden. — Phoenix 1/3 (1955/1957), 17—21, Abb. [603

Samaria. Crowfoot, J. W., G. M. Crowfoot, K. M. Kenyon: The objects from Samaria. London: Palestine Explor. Fund 1957. XVII, 478 S., Abb., 27 Taf., Ktn. (Samaria-Sebaste. Reports of the work in 1931/1933 and 1935. No. 3). [604

Parrot, A.: Samarie, capitale du Royaume d'Israël. 1955. | RBibl. 64 (1957), 305—306 (R. de Vaux). Syria 34 (1957), 164—166 (R. Dussaud). [605

— Samaria, die Hauptstadt des Reiches Israel. — Babylon u. das Alte Testament. Übers. v. M.-R. Jung. Zollikon: Evang. Verlag 1957. 251 S., Abb., 8 Taf. (Bibel u. Archäologie. 3). [606

— Samaria. Hoofstad van het koninkrijk Israël. Vert. door I. S. Herschberg. Nijkerk: Callenbach 1957. 140 S., Abb. (Bijbel en archaeologie. 6). [607

Sichem. Bülow, S.: Der Berg des Fluches. — ZDPV. 73 (1957), 100—107. [608

Nielsen, E.: Shechem. 1955. | OLZ. 52 (1957), 244—247 (M. Noth). [609

Wright, G. E.: The second campaign at Tell Balâtah (Shechem). — BASOR. 148 (1957), 11—28, Abb. [610

Sinai. Aharoni, Y.: Recent discoveries in the Sinai peninsula: a preliminary note. — Antiquity and survival 2 (1957), 287—298, Abb. [611

Sudan. Vycichl, W.: Zur Geschichte und Archäologie des Sudans. Projekte der sudanesischen Altertümerverwaltung zur Erforschung der durch die neuerliche Erhöhung des Staudammes von Aswan bedrohten Gebiete. — Aegyptus 37 (1957), 60—62. [612

Sumer. Kramer: L'histoire commence à Sumer s. Nr. 1677.

Schmökel, H.: Das Land Sumer. 1955. | AOF. 18 (1957), 140—142 (P. Naster). OLZ. 52 (1957), 234—237 (H. Potratz). [613

Surkh Kotal. De Opgravingen van Soerkh Kotal. — Phoenix 1/3 (1955/57), 118—123, Abb. [614

Schlumberger, D.: Les fouilles de Surkh Kotal en Bactriane (IVe, Ve, VIe campagnes). — CRAcInscr. 1957, 176—181, Abb. [615

Susa. Le Breton, L.: The early periods at Susa, Mesopotamian relations. — Iraq 19 (1957), 79—124, Abb., 3 Taf. [616

Susiana. Ghirshman, Y.: Mission de Susiane. Village perse-achéménide. 1954. | AJA. 61 (1957), 94—96 (J. Lines). Orientalia NS. 26 (1957), 82—85 (R. North). OLZ.52(1957),515—517 (A.Moortgat). [617

Syrien. Abdul-Hak, S.: Chronique des monuments historiques. Travaux de restauration des monuments histor. exécutés en 1954 par la Direction génér. des Antiquités. — AASyr. 4/5 (1954/55), 219—224. [618

Baramki, D. C.: Excavations in Coele-Syria. — Archaeology 10 (1957), 141—142. [619

Mouterde, R., C. Mondésert: Le progrès des recherches d'archéologie chrétienne en Syrie et au Liban de 1939 à 1954. — ActesCIAChrét. 5 (1954 [1957]), 169—171. [620

Tchalenko, G.: Villages antiques de la Syrie du Nord. La région de Bélus à l'époque romaine. T. 1. 2. Paris: Geuthner 1953 [1957]. XVII, 422 S.; 16 S., 212 Taf. (Bibliothèque archéol. et histor. 50.) | AASyr. 4/5 (1954/55), 228—229 (S.A.). [621

Tchoga-Zanbil. Ghirshman, R.: Cinquième campagne de fouilles à Tchoga-Zanbil, près Suse (1955/56). Rapport préliminaire. — CRAcInscr. 1956, 335—344, Abb. [622

— The »tower of Babel« now completely excavated: work at the Tchoga-Zanbil Ziggurat. — ILN. 231 (1957), 76—79, Abb. [623

— La ziggourat de Tchoga-Zanbil, près Suse. — RA. Sér. 6, 49 (1957), 1—9, Abb. [624

Mecquenem, R. de, J. Michalon: Recherches à Tchogha Zembil. Paris: Presses univ. de France 1953. IV, 64 S., Abb., 19 Taf. (Mémoires, Mission archéol. en Iran. 33.) | OLZ. 52 (1957), 515—517 (A. Moortgat). [625

Tsjoga-Zanbiel en het geheim der babylonische ziekoerraat. — Phoenix 1/3 (1955/57), 37—50, Abb. [626

Tell Basta. Habachi, L.: Tell Basta. Cairo: Inst. franç. d'archéol. orient. 1957. XVI, 144 S., Abb., 43 Taf., Ktn. (ASAnt-Eg. Suppl. 22). [627

Tell el-Far'ah. Vaux, R. de: Les fouilles de Tell el-Far'ah, près Naplouse. Sixième campagne. — RBibl. 64 (1957), 552—588, 8 Taf., Abb. [628

Theben. Gardiner, A.: The so-called tomb of Queen Tiye. — JEA. 43 (1957), 10—25, Abb. [629

Neubert, O.: The valley of the Kings. London: Hale 1957. 320 S., 16 Taf., Abb. [630

— La valle dei re. Trad. di P. Giani. 4. ed. Milano: Massimo 1956. 356 S., 28 Taf. (Periscopio. 4). [631

— De Vallei der Koningen. Baarn: Uitg. In den Toren 1956. 288 S., 25 Taf., 103 Abb. | BiOr. 14 (1957), 35—36 (J. Zandee). [632

Säve-Söderbergh, T.: Private tombs at Thebes. Vol 1: Four eighteenth dynasty tombs. Oxford: Griffith Inst. 1957. XII, 55 S., 101 Taf. [633

Spiegel: Die Entwicklung der Opferszenen in den Thebanischen Gräbern s. Nr. 3535.

Trugah. Abd El-Mohsen El-Khachab: Les hammams du Kôm Trougah. — ASAntEg. 54 (1956/57), 117—139, 13 Taf., 2 Pläne. [634

Ugarit s. *Ras Schamra.*

Umm-el-Jemal. Corbett, G. U. S.: Investigations at »Julianos' Church« at Umm-el-Jemal. — BSR. 25 (1957), 39—65, Abb., 6 Taf. [635

Ur. Woolley, L.: Ur. Histoire d'une découverte. Trad. par J. Gasser-Demanjon. Préf. par A. Champdor. Paris: Guillot 1957. 164 S., Abb., Taf. (Les Hauts Lieux de l'histoire. 9). [636

— Ur excavations. Vol. 4: The early periods. 1955. | AOF. 18 (1957), 133—135 (E. Heinrich). BiOr. 14 (1957), 157—159 (A. Parrot). AntJ. 37 (1957), 74—75 (M. E. L. Mallowan). [637

Uruk-Warka. Dijk, J. van: Twee campagnes in Oeroek-Warka. — Phoenix 1/3 (1955/57), 78—87, Abb. [638

Lenzen, H.: The Ningišzida temple built by Marduk-Apla-Iddina II at Uruk (Warka). — Iraq 19 (1957), 146—150, 1 Taf. [639

North, R.: Status of the Warka excavation. — Orientalia NS. 26 (1957), 185—256. [640

Ziegler, Ch.: Die Keramik von der Qal'a des Haǧǧi Mohammed. 1953. | ZAssyr. NF. 18 (1957), 354—356 (V. Milojčić). [641

Wüste Juda. Eißfeldt, O.: Handschriftenfunde in der Wüste Juda. — JbMainz 1956, 271—283, 19 Taf. [642

Kahle, P.: Zehn Jahre Entdeckungen in der Wüste Juda. — ThLZ. 82 (1957), 641—650. [643

Milik, J. Th.: Dix ans de découvertes dans le désert de Juda. Préf. de R. de Vaux. Paris: Éd. du Cerf 1957. 123 S., Abb., Ktn. | RBibl. 64 (1957), 633—636 (R. de Vaux). [644

— Dieci anni di scoperte nel deserto di Giuda. Torino: Marietti 1957. 111 S., 10 Taf. (Sintesi dell' Oriente e della Bibbia. 2). [645

3. Griechenland
Donauländer. Kleinasien

Griechenland. Carnoy, A.: Les montagnes de la Grèce et des pays égéens. Essai d'oronymie. — Muséon 70 (1957), 171—207. [646

Chronique des fouilles et découvertes archéologiques en Grèce en 1956. P. 1: L'activité archéologique en Grèce sauf les travaux de l'École française. P. 2: Travaux de l'École française. — BCH. 81 (1957), 496—713, Abb., 12 Taf. [647

Delvoye, Ch.: Fouilles et recherches récentes dans le domaine de l'archéologie grecque. — Phoibos 8/9 (1953/55 [1957]), 41—88, 7 Taf. [648

Grèce. Édit. refondue par F. Baulier. (Guide bleu). 1956. | AntCl. 26 (1957), 269—272 (Ch. Delvoye). [649

Griechenland. Landschaft u. Architektur. Aufn. v. H. Wagner, Einf. von W. Kraiker. 1955. | Gymn. 64 (1957), 282—283 (R. Neumann). [650

Hood, M. S. F.: Archaeology in Greece, 1956. — Archaeol. Reports 1956 (1957), 3—23, Abb., 3 Taf. [651

Jessen, H. B.: Deutsche Betrachter griechischer Landschaft. Roß-Pückler-Stackelberg. — AuA. 6 (1957), 119—141, 8 Taf. [652

Kirsten, E., W. Kraiker: Griechenlandkunde. Ein Führer zu klassischen Stätten. 2. erw. Aufl. 1956. | ByzZ. 50 (1957), 187—188 (F. Dölger). Gymn. 64 (1957), 358—359 (R. Neumann). Gnomon 29 (1957), 305—306 (S. Lauffer). AnzAW. 10 (1957), 269—274 (A. Wotschitzky). [653

— — — 3. durchges. Aufl. Heidelberg: Winter 1957. VIII, 519 S., 126 Abb., 8 Taf., Ktn. [654

Levi: Atti della Scuola archeol. ital. di Atene s. Nr. 375.

Ὀρλάνδος, Ἀ. Κ.: Αἱ δαπάναις τῆς Ἀρχαιολ. Ἑταιρείας ἐκτελεσθεῖσαι ἐργασίαι ἀναστηλώσεως ἀρχαίων καὶ ἱστορικῶν μνημείων. — Πρακτ Ἀρχ-Ἑτ. 1954 (1957), 383—394, Abb. [655

— Rapport sur les monuments paléochrétiens découverts ou étudiés en Grèce de 1938 à 1954. — Actes CIAChrét. 5 (1954 [1957]), 109—116, Abb. [656

Pausanias. Beschreibung Griechenlands. Übers., Einl., Anm. von E. Meyer. 1954. | Gymn. 64 (1957), 275—276 (S. Lauffer). BiOr. 14 (1957), 54—55 (R. Werner). DLZ. 78 (1957), 882—884 (W. H. Groß). [657

Préaux, C.: Le paysage de Grèce vu par les Grecs. — Phoibos 8/9 (1953/55 [1957]), 89—99, 8 Taf. [658

Roux, J. et G.: Grèce. Paris: Arthaud 1957. 260 S., Abb., Kte. (Beaux pays. 141). [659

Sidorova, N.: Nouvelles découvertes archéologiques en Grèce [russ.]. — SovArch. NS. 2 (1957), 278—288, Abb. [660

Sieber, R.: Griechenland. 3. durchges. u. erg. Aufl. Bonn: Schroeder 1957. 332 S., Abb., Ktn., Pläne (K. Schroeders Reiseführer). [661

Stassinopoulu, E.: Scoperte archeologiche in Grecia. — RACrist. 32 (1956), 94—99, Abb. [662

Vanderpool, E.: News letter from Greece. — AJA. 61 (1957), 281—285, Abb., 4 Taf. [663

Donauländer. Abramić, M.: Die christliche Archäologie in Jugoslawien in den letzten zwanzig Jahren. — Actes CIAChrét. 5 (1954 [1957]), 177—183. [664

Baćić, B.: Ilirsko žarno groblje u Kaštellu kraj buja [Die Ausgrabungen der illyrischen Gräberfelder bei Kaštel]. — Jadranski Zbornik 2 (1957), 381—432, Abb. [665

Barnea, I., B. Mitrea, N. Anghelescu: Săpăturile de salvare de la Noviodunum. — MCArh. 4 (1957), 155—174, Abb. [666

Bónis, E. B.: Császárkori halomsíros temetkezés Iváncon [Kaiserzeitliche Hügelgräber von Iváne]. — Folia archaeologica (Budapest) 9 (1957), 67—82, Abb. [667

Bratanič, R.: Prilog k topografiji Poetovija [Beitrag zur Topographie von Poetovio]. — VAHDalm. 56/59 (1954/57), 156—162, Abb. [668

Canarache, V.: Observatii noi cu privire la topografia Histriei [Nouvelles observations rel. à la topographie d'Histria]. — StCIstor. 7 (1956), 289—317, Abb. [669

Chropovský, B.: Rímsky žiarový hrob z Abrahámu [Sépulture à incinération de l'époque romaine d'Abrahám]. — Archeol. Rozhledy 9 (1957), 809—812. [670

Čičikova, M.: Seuthopolis — nowo odkryty gród tracki [Seuthopolis — Neuentdeckung einer thrakischen Burg]. — Z Otchlani Wieków 23 (1957), 269—277, Abb. [671

Condurachi, E.: Histria à l'époque du Bas-Empire d'après les dernières fouilles archéologiques. — Dacia NS. 1 (1957), 245—263, Abb. [672

— [u. a.]: Şantierul arheologic Histria. — MCArh. 4 (1957), 9—101, Abb., Taf. [673

Cremošnik, I.: Dalja istraživanja na rimskom naselju u Lisičićima [Nouvelles fouilles dans l'agglomération romaine de Lisičići]. — GlMSar. NS. 12 (1957), 143—162, Abb., 2 Taf. [674

Daicoviciu, C.: Cetatea dacică de la Piatra Roşie. 1954. | ActMuz. 1955, 147—151 (D. Protase). [675

Danila, S.: Inventarul unor morminte de incineraţie, din sec. al III—II—lea înaintea e. n. — ActMuz. 1955, 89—99, Abb. [676

Denk, S.: Neue römerzeitliche Funde im Erlauf-Gebiet 1953/56. — Unsere Heimat (Wien) 28 (1957), 41—54. [677

Dimitrov, D.: Seutopolis — ville de Thrace près de Koprinka, région de Kasanlyk [russ.]. — SovArch. NS. 1 (1957), 199—216, Abb., 1 Taf. [678

Dombay, J.: Késörómai temetök Baranyában [Spätrömische Friedhöfe im Komitat Baranya]. — A Janus Pannonius Múzeum Évkönyve 1957, 181—330, Abb., 40 Taf. [679

Dyggve, E.: Le baptistère de la »basilica urbana« à Salone d'après les fouilles de 1949. — Actes CIAChrét. 5 (1954 [1957]), 189—198, Abb. [680

Eckstein, M.: Die Anfänge des Christentums im Neuburger Gebiet. — Neuburger Kollektaneenblatt 110 (1957), 100—107, Abb. [681

Egger, R.: Die Ausgrabungen auf dem Magdalensberg. — Bericht üb. d. 4. österr. Historikertag, Klagenfurt 1956 (Wien 1957), 3—6. [682

— Bericht über die altchristlichen Funde in Österreich ab 1938. — Actes CIAChrét. 5 (1954 [1957]), 73—81. [683

— Führer durch die Ausgrabungen u. das Museum auf dem Magdalensberg. 4. verm. Aufl. Klagenfurt: Geschichtsverein f. Kärnten 1957. 48 S., Abb., 1 Plan. [684

Florescu, G.: Einige neue Beobachtungen über den Donaulimes entlang der Dobrudscha. — Dacia NS. 1 (1957), 237—244, Abb. [685

— E. Bujor, A. Matrosenco: Săpăturile de salvare de la Bumbeşti. — MCArh. 4 (1957), 103—118, Abb. [686

Les Fouilles archéologiques dans la République populaire roumaine en 1956. — Dacia NS. 1 (1957), 337—344, Abb. [687

Archäologische Funde in Ungarn. Hrsg. von E. B.-Thomas. 1956. | RA. Ser. 6, 49 (1957), 237—241 (R. Lantier). JRS. 47 (1957), 279—280 (A. A. Barb). ArchErt. 84 (1957), 224—229 (A. Mozsolics). [688

Georgieva-Velkov: Bibliografija na bulgarskata archeologija s. Nr. 20.

Grbić, M.: La Serbie centrale à l'époque romaine. — Matériaux de l'Institut archéol. de l'Acad. Serbe des Sciences 10 (1956), 29—50, Abb., 1 Kte. [689

Hanson: Spuren des Hellenismus in Bulgarien. Neuentdecktes thrazisches Kuppelgrab [Kazanlák bei Plovdiv] s. Nr. 2475.

Hell, M.: Zwei Denkmalsteine aus St. Michael im Lungau. — Mitt. d. Ges. f. Salzburger Landeskunde 97 (1957) [6 S., Abb.]. [690

Horák, B.: Geografický a ethnografický obraz českých zemí v době římského císařství [A geogr. and ethnograph. picture of the Bohemian lands at the time of the Imperium romanum]. Praha 1955. 42 S., 2 Ktn. (Rozpravy Československ. Akad. Věd. 65, 3). [691

Hübener, W.: Ein römisches Gräberfeld in Neuburg a. d. Donau. — BayVBll. 22 (1957), 71—96, Abb., 2 Taf. [692

Jandaurek, H., P. Karnitsch, W. Götting: Ein römisches Bauwerk bei Engelhof. 2. Bericht. — Oberösterr. Heimatblätter 11 (1957), 191—214, Abb., 4 Taf. [693

Jenny, W., H. Vetters, Ä. Kloiber: Die Ausgrabungen in Lauriacum-Enns 1956. — Jb. d. Oberösterr. Musealvereines 102 (1957), 97—103. [694

Intercisa. 2. (Dunapentele). Geschichte der Stadt in d. Römerzeit. Verf.: M. R. Alföldi [u. a.]. Budapest: Akad. Kiadó 1957. 655 S., Abb., 91 Taf. (Archaeologia hungarica. NS. 36). [695

Ivanov, T.: Archäologische Forschungen beim Dorf Sapareva Banja [bulgar. m. dt. Rés.]. — BIBulg. 21 (1957), 211—232, Abb. [696

— Sépultures thraces sous tumuli à Odessos et dans ses environs à l'époque hellénistique [bulgar. m. franz. Rés.]. — BVarna 10 (1956), 87—108, Abb. [697

Kainz, F.: Fundberichte Mautern 1956. — Unsere Heimat (Wien) 28 (1957), 67—69. [698

Karaman, L.: O rimskom zaseoku u Polačama na otoku Mljetu [Röm. Landhaus in Polače, Insel Mljet]. — VAHDalm. 56/59 (1954/57), 102—107, Abb. [699

Kenner, H.: Les fouilles celto-romaines en Autriche depuis 1945 (à l'exclusion de celles de Magdalensberg). — Ogam 9 (1957), 195—202, Abb., 2 Taf. [700

Kiss, A.: A mezöszilasi császárkori halomsirok [Die kaiserzeitlichen Hügelgräber von Mezöszilas]. — ArchErt. 84 (1957), 40—53, Abb. [701

Kloiber, Ä.: Die Gräberfelder von Lauriacum. Das Ziegelfeld. Anhang: H. Deringer: Der Grabstein des Capitonius; H. Vetters: Zu den Spolien aus den Steinkistengräbern des Ziegelfeldes. Linz: Oberösterr. Landesverl. 1957. 208 S., Abb., 81 Taf., Ktn. (Forschungen in Lauriacum. 4/5). [702

Koban, H.: Zur Klärung der Frage über die alten Plöckenpaßstraßen. — Carinthia I 147 (1957), 159—162. [703

Kolník, T.: Výskum rímskej stanice v Milanovciach pri Šuranoch v roku 1956 [Fouilles de la station romaine de Milanovce en 1956]. — Archeol. Rozhledy 9 (1957), 816—827, Abb. [704

Kraskovská, L.: Nové nálezy rímskych pamiatok v Zohore [Nouvelles trouvailles de monuments romains à Zohor]. — Archeol. Rozhledy 9 (1957), 813—814. [705

Leber, P.: Archäologische Kleinigkeiten aus Kärnten. — Carinthia I 147 (1957), 163—180, Abb. [706

Lopac, M.: Bibliografski podaci arheološko-epigrafskih radova o spomenicima Bosne i Hercegovine [Données bibliogr. sur les articles archéol. et épigr. des monuments de Bosnie et l'Herzégovine]. — GlMSar. NS. 12 (1957), 291—341. [707

Mano-Zissi: Les trouvailles de Tekiya s. Nr. 2794.

Marić, R.: Civitas Confluentes. — Bull., Fac. de Philos. de Novi Sad 1 (1956), 5—12. [708

Acad. Republ. Pop. Romîne, Inst. de Arheologie. Materiale și Cercetări arheologice. Vol. 3. 4. București: Acad. R. P. R. 1957. 312 S., Abb., Taf.; 376 S., Abb., Taf. [709

Miltner, F.: Die Grabungen auf dem Kirchbichl von Lavant / Osttirol. Vierter vorläufiger Bericht. — ÖJh. 43 (1956), Beibl. 89—124, Abb., 1 Taf. [710

Mirkovic, L.: La nécropole paléochrétienne de Nis. — Archaeologia Jugoslavica 2 (1956), 85—100, 22 Abb. [711

Mitscha-Märheim, H.: Völkerwanderungszeitliche Gräber aus Mannersdorf am Leithagebirge, N.-Ö. — Archaeologia Austriaca 22 (1957), 45—53, Abb. [712

Mlakar, Š.: Das Amphitheater in Pula. Pula 1957. 23 S., 16 Taf. (Kulturhist. Denkmäler in Istrien. 1.) [713

— Neki novi antikni nalazi u Istri [Archäol. Funde auf dem Gebiet Istriens]. — Jadranski Zbornik 2 (1957), 433—464, Abb., 1 Taf. [714

Mócsy, A.: Zur Geschichte der peregrinen Gemeinden in Pannonien. — Historia 6 (1957), 488—498. [715

Modrijan, W.: Das hallstattzeitliche Gräberfeld von Frög, Kärnten. — Carinthia I 147 (1957), 3—42, Abb., 1 Kte. [716

Morfova, Z.: Un sanctuaire de Zeus et de Héra près de Gaganica [bulgar. m. franz. Rés.]. — BIBulg. 21 (1957), 302—308, Abb. [717

Morton, F.: Weitere Neufunde aus Hallstatt. — Archaeologia Austriaca 22 (1957), 32—38, Abb. [718

Neumann, A.: Die römischen Ruinen unter dem Hohen Markt. 2. verb. Aufl. Wien: Histor. Museum d. Stadt Wien 1957. 56 S., 35 Taf., 1 Kte. (Histor. Museum d. Stadt Wien. Museumsführer). [719

Noll, R.: Altchristliche Funde in Österreich. — ActesCIAChrét. 5 (1954 [1957]), 261—264. [720

— Funde vom Magdalensberg in der Wiener Antikensammlung s. Nr. 1609.

Ondrouch, V.: Bohaté hroby z doby rimskej na Slovensku. Novsie nálezy. [Reiche römerzeitl. Gräber in der Slowakei. Neue Funde.] Bratislava: Vyd. Slov. Akad. Vied 1957. 269 S., 6 Farbtaf., 55 Taf., 1 Kt., Abb. (Archaeologia Slovaca. Monographiae. 1). [721

Parvan, V.: Dacia. Civilizatiile stravechi din regiunile carpato-danubiene. Madrid: Carpatii 1956. XII, 218 S., 1 Kte. [722

Pašalić, E.: Rimska cesta izmede Banjaluke i Bosanske Gradiške [La voi romaine entre Banjaluka et Bosanska Gradiška]. — Naše Starine 4 (1957), 63—74, Abb. [723

Pichlerová, M.: Pohrebisko z doby rímskej v Gbelcoch [Nécropole de l'époque romaine à Gbelce]. — Archeol. Rozhledy 9 (1957), 814—816. [724

Pittioni, R.: Urgeschichte des österreichischen Raumes. 1954. | StEtr. 25 (1957), 607—609 (M. Pallottino). Archaeology 10 (1957), 77 (H. L. Thomas). ArchErt. 84 (1957), 230—232 (I. Bóna). [725

Reinecke, P.: Skelettgräber der frühen Kaiserzeit in Raetien. — BayVBll. 22 (1957), 36—59, Abb. [726

Schober, A.: Die Römerzeit in Österreich und in den angrenzenden Gebieten von Slowenien. 2. Aufl. 1955. | DLZ. 78 (1957), 916—920 (K. Wessel). [727

Stiglitz-Thaller: Hypokaustanlage in Favianis-Mautern s. Nr. 4054.

Szentléleky, T.: Elözetes jelentés a Savariai Isis-szentély 1956. évi ásatásairól [Prelim. report on the excavation of the Isis sanctuary at Savaria in 1956]. — ArchErt. 84 (1957), 78—79. [728

Tichý, R.: Výzkum na pohřebišti z doby římské u Mikulova na Moravě [Fouilles de la nécropole de la période romaine près de Mikulov en Moravie]. — Archeol. Rozhledy 9 (1957), 60—64, Abb. [729

Tigăra, I.: Un cimitir de incinerație din sec. III—IV e. n. de la Soporu de Cimpie. — ActMuz. 1955, 107—115, Abb. [730

Tontcheva, G.: L'influence thrace à Odessos [bulgar. m. franz. Rés.]. — BVarna 10 (1956), 51—64, Abb. [731

Vetters, H.: Neue Ausgrabungen auf dem Georgenberg bei Micheldorf. — Jb. d. Oberösterr. Musealvereines 102 (1957), 94—96. [732

— Dacia Ripensis. 1950. | ArchErt. 84 (1957), 107—108 (A. Radnóti). [733

— Der Georgenberg bei Micheldorf, Oberösterreich. — ÖJh. 43 (1956), Beibl. 123—146, Abb. [734

— Ein Platz mit Siedlungskontinuum auf dem Magdalensberg. — Bericht üb. d. 4. österr. Historikertag, Klagenfurt 1956 (Wien 1957), 48—52, Abb. [735

Kleinasien. Goetze, A.: Kleinasien. 2. neubearb. Aufl. München: Beck 1957. XVI, 228 S., Abb., 20 Taf., 7 Ktn. (Handbuch d. Altertumswiss. Abt. 3, T. 1, 3, Abschn. 3, 1). [736

Keil, J.: Kommission für die archäol. Erforschung Kleinasiens. [Bericht]. — Almanach, Österr. Akad. d. Wiss. 106 (1956 [1957]), 302—306. [737

Lloyd: Early Anatolia. The archaeology of Asia Minor before the Greeks s. Nr. 744.

Mansel, A. M.: Rapport sur les découvertes paléochrétiennes en Turquie de 1939 à 1954. — ActesCIAChrét. 5 (1954 [1957]), 173—176. [738

Monumenta Asiae Minoris antiqua. Vol. 7: Monuments from Eastern Phrygia, ed. by W. M. Calder. 1956. | Gnomon 29 (1957), 549—551 (J. Pouilloux). [739

Summary of archaeological work in Turkey in 1956. — AnatSt. 7 (1957), 15—25. [740

Abderoi. Λαζαρίδης, Δ. 'Ι.: 'Ανασκαφαὶ καὶ ἔρευναι ἐν 'Αβδήροις. — Πρακτ'Αρχ'Ετ. 1955 (1957), 160—172, Abb. [741

Aigion. Γιαλούρης, Ν. Φ.: 'Ανασκαφὴ ἐν Αἰγίῳ. — Πρακτ'Αρχ'Ετ. 1954 (1957), 287—290, Abb. [742

Analepsis. Ῥωμαῖος, Κ. 'Α.: 'Ανασκαφικὴ ἔρευνα κατὰ τὴν 'Ανάληψιν. — Πρακτ'Αρχ'Ετ. 1954 (1957), 270—286, Abb. [743

Anatolien. Lloyd, S.: Early Anatolia. The archaeology of Asia Minor before the Greeks. 1956. | Archaeologia Austriaca 21 (1957), 105 (R. Pittioni). JHS. 77 (1957), 365 (W. Lamb). [744

Osten, H. H. von der: Bemerkungen zu einer Art anatolischer Ruinenstätten, den »Hüyüks«. — JbKlF. 3 (1955), 1—17. [745

Anazarbus. Verzone, P.: Città ellenistiche e romane dell'Asia minore: Anazarbus. — Palladio NS. 7 (1957), 9—25, Abb. [746

Ankara. Koşay: Augustustempel in Ankara s. Nr. 2138.

Aquincum. Pekáry, Th.: Aquincum. — Das Altertum 3 (1957), 104—116, Abb. [747

Szilágyi, J.: Aquincum. 1956. | JbNum. 8 (1957), 194 (P. R. Franke). ArchErt. 84 (1957), 97—100 (A. Mócsy). Archeol. Rozhledy 9 (1957), 433—434. Acta antiqua (Budapest) 5 (1957), 385—388 (Z. Oroszlán). [748

Araphena. Θεοχάρης, Δ. Ρ.: 'Ανασκαφὴ ἐν 'Αραφῆνι. — Πρακτ'Αρχ'Ετ. 1954 (1957), 104—113, Abb. [749

Argos. Courbin, P.: Argos. Fouilles de l'École française d'Athènes. — FA. 10 (1955 [1957]), 135—138, Abb. [750

— Une tombe géométrique d'Argos. — BCH. 81 (1957), 322—386, Abb., 5 Taf., 1 Kte. [751

Roux, G.: Le sanctuaire argien d'Apollon Pythéen. — REG. 70 (1957), 474—487, Abb. [752

Vollgraff, W.: Le sanctuaire d'Apollon pythéen à Argos. 1956. | Mnemosyne Ser. 4, 10 (1957), 359—361 (C. H. E. Haspels). AntJ. 37 (1957), 233 (T. B. L. Webster). [753

Arkadien. Meyer, E.: Arkadisches. — MusHelv. 14 (1957), 81—88. [754

Athen. The Athenian Agora. Results of excavations. Vol. 3 s. Nr. 3017.

Berzine, E.: Fouilles de l'agora d'Athènes en 1946/55 [russ.]. — SovArch. NS. 3 (1957), 305—310, Abb. [755

Beschi, L.: Un disegno veneto dell' acropoli ateniese nel 1670. — Arte Veneta 10 (1956), 136—141, Abb. [756

Harrison, E. B.: The Athenian Agora. 1: Portrait sculpture. 1953. | AnzAW. 10 (1957), 48—49 (A. Wotschitzky). Phoenix 11 (1957), 43—44 (F. E. Winter). [757

Rodenwaldt, G.: L'Acropole. Photogr. de W. Hege. Paris: Arts et métiers graph. 1957. 168 S., davon 112 Taf. [758

— The Acropolis. Photogr. by W. Hege. 2. ed. Oxford: Blackwell 1957. 61 S., Abb., 104 Taf. [759

Setton, K. M.: The archaeology of mediaeval Athens. — Essays in mediaeval life and thought pres. in honor of A. P. Evans 1955, 227—258, 1 Taf. [760

Talcott, L., B. Philippaki, G. R. Edwards, V. R. Grace: Small objects from the Pnyx. 2. 1956. | AntCl. 26 (1957), 258—259 (Ch. Delvoye). [761

Thallon Hill, J.: The ancient city of Athens. 1953. | Erasmus 10 (1957), 743—744 (H. F. Bouchery). AnzAW. 10 (1957), 275—276 (A. Wotschitzky). [762

Thompson, H. A.: Activities in the Athenian Agora: 1956. — Hesperia 26 (1957), 99—107, 6 Taf.; AA. 1956 [1957], 121—128, Abb. [763

Wycherley, R. E.: The Athenian Agora. 3: Literary and epigraphical testimonia. Princeton: Amer. School of Class. Studies at Athens 1957. IX, 259 S., 4 Taf. [764

— The market of Athens. Topography and monuments. — GaR. Ser. 2, 3 (1956), 2—23, Abb. [765

Beycesultan. Beycesoeltan. — Phoenix 1/3 (1955/57), 97—100, Abb. [766

Beycesoeltan — vierde campagne. — Phoenix 1/3 (1955/57), 117—118. [767

Lloyd, S.: Beycesultan excavations 1956. — TürkAD. 7, 1 (1957), 42—43, 1 Taf. [768

— J. Mellaart: An early bronze age shrine at Beycesultan. — AnatSt. 7 (1957), 27—36, Abb., 2 Taf. [769

Opgravingen te Beycesoeltan. — Phoenix 1/3 (1955/57), 28—32, Abb. [770

Boğazköy. Vorläufiger Bericht über die Ausgrabungen in Boğazköy im Jahre 1956 [Beitr. v. K. Bittel, Th. Beran, E.-M. Bossert, F. Fischer, H. Otten]. — MDOG. 89 (1957), 5—80, Abb. [771

Bittel, K.: Bericht über Boğazköy 1953. — TürkAD. 6, 1 (1956), 27—28. [772

Boğazköy III. Funde aus den Grabungen 1952/55. Von K. Bittel, R. Naumann, Th. Beran, R. Hachmann, G. Kurth. Berlin: Mann 1957. 70 S., Abb., 38 Taf. (Ausgrabungen der Dt. Orient-Gesellsch. u. d. Dt. Archäol. Instituts) (Abhandlungen d. Dt. Orient-Gesellschaft. 2). [773

Frankena, R.: De opgravingen te Boğhazköy (Campagne 1954). — Phoenix 1/3 (1955/57), 87—88. [774

Brauron. Στίκας, Ε.: Συνέχισις τῆς ἀνασκαφῆς τῆς παρὰ τὴν Βραυρῶνα βασιλικῆς. — Πρακτ'Αρχ'Ετ. 1954 (1957), 123—126, Abb. [775

Byzanz s. *Istanbul*

Carnuntum. Klima, L., H. Vetters: Das Lageramphitheater von Carnuntum. 1953. | JSR. 47 (1957), 280—281 (J. Reynolds). [776

Kostbarkeiten aus Carnuntum. (2. Aufl.) Wien: Amt d. niederösterr. Landesregierung, Kulturref. 1957. 64 S., davon S. 9—62 Abb. [777

Schwarzenberg, E.: Palastruine 1956. — Carnuntum-Jb. 1956 (1957), 69—72, 1 Taf., 2 Pläne. [778

Swoboda, E.: Carnuntum. 2. Aufl. 1953. | JRS. 47 (1957), 280—281 (J. Reynolds). [779

Swoboda-Milenović, R. M.: Ausgrabungen in der Zivilstadt 1952. — Carnuntum-Jb. 1956 (1957), 31—44, Abb., 4 Taf. [780

— Grabungen 1956. — Carnuntum-Jb. 1956 (1957), 45—64, Abb., 6 Taf., 2 Pläne [dazu A. Betz, Epigraphischer Anhang, ebd. 65—68]. [781

Chios. Κοντολέων, Ν. Μ.: 'Ανασκαφὴ ἐν Χίῳ. — Πρακτ'Αρχ'Ετ. 1954 (1957), 339, Abb. [782

Chirokitia. Dikaios, P.: Khirokitia. 1953. | AJA. 61 (1957), 96—98 (S. S. Weinberg). RA. Ser. 6, 49 (1957), 221—222 (Ch. Picard). [783

Delos. Gallet de Santerre: A propos des cultes déliens: Dodékathéon et Létoon s. Nr. 3339.

Laumonier: Les figurines de terre cuite s. Nr. 2336.

Will, E.: Le Dodékathéon (Explor. archéol. de Délos. 22.) 1955. | ClRev. NS. 7 (1957), 170—171 (H. Plommer). JHS. 77 (1957), 362—363 (R. E. Wycherley). REG. 70 (1957), 513—516 (R. Martin). [784

Delphi. Amandry, P.: La colonne des Naxiens et le portique des Athéniens. (Fouilles de Delphes. 2.). 1953. | ClPh. 52 (1957), 126—127 (O. Broneer). [785

Bousquet, J., Y. Fomine: Le trésor de Cyrène. (Fouilles de Delphes. 2.). 1952. | AJA. 61 (1957), 402—411 (W. B. Dinsmoor). [786

École franç. d'Athènes. Delphes. Photographies de G. de Miré. Texte et notices de P. de La Coste-Messelière. Avant-propos de Ch. Picard. Paris: Hachette 1957. 56 S., Abb., 246 Taf., S. 309—332, Abb. | BBudé Ser. 4 (1957), No. 3, 99 (J. Malye). [787

Heidenreich: Agamedes in Delphi s. Nr. 3369.

Jannoray, J.: Le gymnase. (Fouilles de Delphes. 2.). 1953. | ClPh. 52 (1957), 127—128 (O. Broneer). [788

Delphinion. Boardman, J.: Delphinion in Chios. — BSA. 51 (1956), 41—54, Abb., 2 Taf. [789

Derbe. Ballance, M.: The site of Derbe; a new inscription. — AnatSt. 7 (1957), 147—151, 1 Taf. [790

Dodekanes. Orlandos, A. C.: Les baptistères du Dodécanèse. — ActesCIAChrét. 5 (1954 [1957]), 199—211, Abb. [791

Dodona. Εὐαγγελίδης, Δ.: 'Ανασκαφὴ ἐν Δωδώνῃ. — Πρακτ'Αρχ'Ετ. 1954 (1957), 188—193, Abb. [792

Eleusis. Μύλωνας, Γ. Ε.: 'Ανασκαφὴ νεκροταφείου 'Ελευσῖνος. — Πρακτ'Αρχ'Ετ. 1954 (1957), 50—65, Abb. [793

— The cemeteries of Eleusis and Mycenae. — Proceedings of the Amer. Philos. Soc. 99 (1955), 57—67, Abb. [794

— Excavations at Eleusis, 1956. — Archaeology 10 (1957), 66—67, Abb. [795

Τραῦλος, 'Ι.: 'Ανασκαφαὶ ἐν 'Ελευσῖνι. — Πρακτ'Αρχ'Ετ. 1954 (1957), 66—71, Abb. [796

Ephesos. Oostenrijkse archaeologische Expeditie naar Ephesus. — Phoenix 1/3 (1955/57), 9—10. [797

Keil, J.: Ephesos. Ein Führer durch die Ruinenstätte u. ihre Geschichte. 4. umgearb. u. erw. Aufl. Wien: Österr. Archäol. Inst. 1957. 142 S., Abb., Ktn. [798

Miltner, F.: Die neuen Ausgrabungen in Ephesos. — Mitteilungen, Dt.-türk. Gesellschaft Bonn 15 (1957), 1—5, Abb. [799

— Bericht über die Ausgrabungen in Ephesos 1955. 1956. — TürkAD. 7, 1 (1957), 13—25, 8 Taf. [800

— XXI. vorläufiger Bericht über die Ausgrabungen in Ephesos. — ÖJh. 43 (1956), Beibl., 1—64, Abb. [801

— Ergebnisse der österr. Ausgrabungen in Ephesos im Jahre 1956. — AnzWien 1957, 13—25, Abb., 2 Taf. [802

Eerste Resultaten te Ephesus. — Phoenix 1/3 (1955/57), 102—103, Abb. [803

Epidauros. Oikonomides, A.N.: 'Επίδαυρος. 'Αρχαιολογικὸς ὁδηγός. Athen 1956. 60 S. [804

Ergili. Akurgal: Recherches faites à Cyzique et à Ergili s. Nr. 861.

Exochi. Friis Johansen, K.: Exochi, ein frührhodisches Gräberfeld. — ActaArch. 28 (1957), 1—192, Abb. [805

Fortetsa. Brock, J. K.: Fortetsa. Early Greek tombs near Knossos. Drawings by A. Corbett and U. Brock. Cambridge: Univ. Pr. 1957. XX, 224 S., 210 Taf., Ktn. (Brit. School at Athens. Suppl. Papers. 2.) | EtCl. 25 (1957), 499 (A. Dumont). Times Liter. Suppl. 56 (1957), 790. [806

Gordion. Mellink, M. J.: A Hittite cemetery at Gordion. Philadelphia: Univ. Mus. 1957. XII, 60 S., 30 Taf. | AntJ. 37 (1957), 234—235 (L. Woolley). [807

Young, R. S.: Gordion 1956: Preliminary report. — AJA. 61 (1957), 319—331, 11 Taf. [808

— Gordion excavations, 1956. — TürkAD. 7, 1 (1957), 26—34, 9 Taf. [809

— The royal tomb at Gordion. — Archaeology 10 (1957), 217—219, Abb. [810

Gortyn. Levi, D.: Scuola archeol. ital. di Atene. Gli scavi del 1954 sull' acropoli di Gortina. — ASAtene 33/34 (1955/56 [1957]), 207—288, Abb. [811

Halyke Glyphadas. Παπαδημήτριος, 'Ι.; Μυκηναϊκοὶ τάφοι 'Αλυκῆς Γλυφάδας. — Πρακτ'Αρχ'Ετ. 1954 (1957), 72—88, Abb. [812

Hethiter. Ceram, C. W.: Enge Schlucht und schwarzer Berg. Entdeckung des Hethiter-Reiches. 1955. | Gymn. 64 (1957), 356—357 (H. Philipp). ZAssyr. NF. 18 (1957), 350—352 (Th. Beran). Gnomon 29 (1957), 301—304 (A. Goetze). [813

— El misterio de los Hititas. Trad.: J. Gascón. Barcelona: Destino 1957. 283 S. [814

Gurney, O. R.: Gli Ittiti. Trad. di G. de Caria. Pref.: G. Pugliese Carratelli. Firenze: Sansoni 1957. 327 S., Abb., 16 Taf. (Le piccole storie illustrate. 3). [815

Riemschneider, M.: Die Welt der Hethiter. 1954. | Antiquity 31 (1957), 43—44 (O. G. S. Crawford). Gnomon 29 (1957), 301—304 (A. Goetze). [816

— Il mondo degli Hittiti. Pref. di G. Furlani. Trad. di G. Gentilli. Roma: Principato 1957. 316 S., Taf. [817

Vieyra, M.: Hittite art, 2300—750 b. C. 1955. | AJA. 61 (1957), 94 (J. Lines). WZMorg. 53 (1957), 315—316 (W. von Soden). AOF. 18 (1957), 142—144 (R. D. Barnett). Oriens 10 (1957), 185—186 (R. Naumann). Archaeology 10 (1957), 75—76 (H. G. Güterbock). [818

Horoztepe. Özgüç, T., M. Akok: Objects from Horoztepe. — Belleten 21 (1957), 211—219, 12 Taf. [819

Ilissos. Μηλιάδης, Γ.: 'Ανασκαφή παρά τήν κοίτην τοῦ 'Ιλισοῦ. — Πρακτ'Αρχ'Ετ. 1954 (1957), 41—49, Abb. [820

Istanbul. Guilland, R.: Etudes sur l'hippodrome de Byzance. — Byzantinoslavica 18 (1957), 39—76. [821

— Le grand palais sacré de Byzance: le palais de la Magnaure. — 'Επετ. 27 (1957), 63—74. [822

Janin, R.: Du Forum Bovis au Forum Tauri. Étude de topographie. — REByz. 13 (1955), 85—108, Abb. [823

— La région occidentale de Constantinople. Etude de topographie. — REByz. 15 (1957), 89—122, Abb. [824

Rice, D. T.: Excavations by the Walker Trust (St. Andrews) on the site of the Great Palace, Constantinople. Prelim. report 1952/1953. — TürkAD. 6, 2 (1956), 11—16, 4 Taf. [825

— The great palace of the Byzantine Emperors. — Archaeology 10 (1957), 174—180, Abb. [826

Schneider, A. M.: Konstantinopel. Gesicht und Gestalt einer geschichtlichen Weltmetropole. 1956. | ByzZ. 50 (1957), 186—187 (F. Dölger). Belleten 21 (1957), 497—500 (S. Eyice). [827

Verzone, P.: Il »tetrapilo aureo«. Contributo alla topografia dell' antica Costantinopoli. — MonAnt. 43 (1956), 125—204, Abb., Taf. [828

Voretzsch, E. A.: Byzanz. 1: Archäologisch. — RGG. 3. Aufl. 1 (1957), 1572—1573. [829

Isthmos. Verdelis, N. M.: How the ancient Greeks transported ships over the Isthmus of Corinth. Uncovering the 2555-year-old Diolcos of Periander. — ILN. 231 (1957), 649—651, Abb. [830

Kaikos. Gerkan, A. v.: Die ursprüngliche Mündung des Kaïkos. Göttingen: Vandenhoeck & Ruprecht 1957. S. 283—299. (NGG. 1956, 8). [831

Karatepe. Çambel, H.: Restoration activities at Karatepe (1952/53). — TürkAD. 6, 2 (1956), 29—33, 4 Taf. [832

Riemschneider, M.: Die Bedeutung der Ausgrabungen auf dem Karatepe für die Altertumswissenschaft. — Wissenschaftl. Annalen 6 (1957), 418—429, Abb. [833

Kassope-Prebeza. Δακάρης, Σ. 'Ι.: 'Ανασκαφή εἰς Κασσώπην Πρεβέζης. — Πρακτ 'Αρχ'Ετ. 1954 (1957), 201—209, Abb. [834

Katsampa. 'Αλεξίου, Σ.: 'Ανασκαφαί ἐν Κατσαμπᾷ. — Πρακτ 'Αρχ 'Ετ. 1954 (1957), 369—376, Abb. [835

Kephala. Hutchinson, R. W.: A Tholos tomb on the Kephala. — BSA. 51 (1956), 74—80, Abb., 4 Taf. [836

Kilikien. Forsyth: Architectural notes on a trip through Cilicia s. Nr. 2124.

Klaros. Robert, L.: Fouilles de Klaros et Mission Robert 1954. 1955. — TürkAD. 7, 1 (1957), 5—8, 4 Taf. [837

— Fouilles de Klaros. Rapport sur la campagne de 1953. — TürkAD. 6, 1 (1956), 25—26. [838

— Rapport sur les fouilles de Claros en 1956. — TürkAD. 7, 2 (1957), 12—14, 2 Taf. [839

Knossos. Bartina, S.: Der Name Thutmosis' III. in einem Grab von Knossos. — Orientalia NS. 26 (1957), 42—43. [840

Hood, M. S. F.: Another warrior-grave at Ayios Ioannis near Knossos. — BSA. 51 (1956), 81—99, Abb., 4 Taf. [841

Hutchinson, R. W.: A late Minoan tomb at Knossos. — BSA. 51 (1956), 68—73, Abb., 3 Taf. [842

Pendlebury, J. D. S.: A handbook to the palace of Minos, Knossos, with its dependencies. 1954. | JHS. 77 (1957), 362 (R. W. Hutchinson). [843

Konstantinopel s. *Istanbul*

Korinth. Broneer, O.: The south stoa and its Roman successors. (Corinth 1, 4). 1954. | AJA. 61 (1957), 209—211 (S. S. Weinberg). ClPh. 52 (1957), 65—66 (F. P. Johnson). Mnemosyne Ser. 4, 10 (1957), 361—362 (A. W. Byvanck). [844

Davidson, G. R.: The minor objects. (Corinth. 12). 1952. | ArchClass. 9 (1957), 266—267 (C. Laviosa). [845

Πάλλας, Δ.: 'Ανασκαφή ἐν Παλαιᾷ Κορίνθῳ· —Πρακτ 'Αρχ 'Ετ. 1954 (1957), 210—218, Abb. [846

Scranton, R. L.: Monuments in the lower agora and north of the archaic temple. (Corinth. 13.) 1951. | ArchClass. 9 (1957), 264—266 (C. Laviosa). [847

Stillwell, A. N.: The potters' quarter: The terracottas. (Corinth. 15, 2). 1952. | ArchClass. 9 (1957), 263—264 (C. Laviosa). [848

Stillwell, R.: The theatre (Corinth. 2.). 1953. | Phoenix 11 (1957), 87—90 (F. E. Winter). [849

Korone. Moretti, L.: Κορώνη in Arcadia? — RivFil. NS. 35 (1957), 171—174. [850

Kos. Susini, G.: Nuove scoperte sulla storia di Coo. Bologna: Tecnografica Emiliana 1957. 54 S. (Fac. di Lett. e Filos. dell' Univ. di Bologna. Ist. di Archeol. Studi di archeologia e storia antica. 1.). [851

Kreta. Brock: Fortetsa s. Nr. 806.

Effenterre, H. van: Un voyage archéologique en Crète (11 août—21. septembre 1956.) — RA. Sér. 6, 49 (1957), 10—19, Abb. [852

— Découvertes en Crète: sur un pot de »type de Chamaizi« avec inscription hiéroglyphique s. Nr. 2683.

Faure, P.: Les grottes sacrées de la Crète: trois campagnes d'exploration. — RHRel. 151 (1957), 121—123. [853

Matton, R.: La Crète au cours des siècles. Paris: Klincksieck 1957. 315 S., Abb., 112 Taf., 5 Ktn. (Publ. de l'Inst. franç. d'Athènes). [854

Kültepe. Opgravingen te Kültepe-Kanesj. — Phoenix 1/3 (1955/57), 100—102, Abb. [855

Kyinda. Simpson, R. H.: A note on Cyinda. — Historia 6 (1957), 503—504. [856

Kykladen. Scholes, K.: The Cyclades in the later bronze age: a synopsis. — BSA. 51 (1956), 9—40, Abb., 2 Taf. [857

Kyme. Akurgal: Les fouilles de Phocée et les sondages de Kymé s. Nr. 905.

Kypros. Åström: The Middle Cypriote bronze age s. Nr. 1721.

Megaw, A. H. S.: Archaeology in Cyprus, 1956. — Archaeol. Reports 1956 (1957), 24—31, Abb. [858

Annual Report of the Director of Antiquities for the year 1956. Nicosia: Cyprus Governm. Printing Office 1957. 20 S., 8 Taf. [859

Vessberg, O., A. Westholm: The Swedish Cyprus Expedition. 4, 3: The Hellenistic and Roman periods in Cyprus. Stockholm: The Swedish Cyprus Expedition 1956. XXIV, 264 S., Abb., 24 Taf. | REA. 59 (1957), 453—455 (J. Marcadé). [860

Kyzikos. Akurgal, E.: Recherches faites à Cyzique et à Ergili (au sujet de la date de l'expansion ionienne). — Anatolia 1 (1956), 15—24, 6 Taf. [861

Ashmole, B.: Cyriac of Ancona and the temple of Hadrian at Cyzicus. — JWCI. 19 (1956), 179—191, 6 Taf. [862

Labraunda. Jeppesen, K.: Labraunda. Swedish excavations and researches. Vol. 1, 1: The Propylaea. 1955. | Erasmus 10 (1957), 744—747 (H. Drerup). REG. 70 (1957), 240—241 (G. Roux). REA. 59 (1957), 451—453 (R. Martin). [863

Säflund, G.: The Swedish excavations at Labranda 1953. — TürkAD. 6, 1 (1956), 45—46. [864

Lakonien. Waterhouse, H.: Prehistoric Laconia: a note. — BSA. 51 (1956), 168—171, Abb. [865

Lemnos. Bernabò Brea, L.: Recenti scavi a Poliochni nell' isola di Lemnos (Relazione preliminare). — Bd'A. Ser. 4, 42 (1957), 193—217, Abb., 1 Taf. [866

Lerna. Caskey, J. L.: Excavations at Lerna: 1956. — Hesperia 26 (1957), 142—162, Abb., 12 Taf. [867

— Where Hercules slew the Hydra: a neolithic sculpture of »classic« beauty, and the relics of some 2500 years from Peloponnesian Lerna. — ILN. 230 (1957), 68—71, Abb. [868

Leukadia Nauses. Πέτσας, Φ. Μ.: Ἀνασκαφὴ μεγάλου μακεδονικοῦ τάφου παρὰ τὰ Λευκάδια Ναούσης. — ΠρακτἈρχἙτ. 1954 (1957), 173—187, Abb. [869

Lykien. Stark, F.: The Lycian shore. London: Murray 1956. XI, 204 S., 66 Abb. [870

Magnesia. Staccioli, R. A.: Sulla cosidetta »Caserma« di Magnesia al Meandro. — ArchClass. 9 (1957), 250—256, Abb., 4 Taf. [871

Mağracik. Senyürek, M., E. Bostanci: The excavation of a cave near the village of Mağracik in the vilâyet of the Hatay. Prelim. notice. — Anatolia 1 (1956), 81—83, 4 Taf. [872

Mallia. Dessenne, A.: Des ateliers de pierres gravées à Mallia. — CRAcInscr. 1957, 123—127. [873

Media Atropatene. Grosso, F.: La Media Atropatene e la politica di Augusto. — Athenaeum 35 (1957), 240—256. [874

Milet. Weickert, C.: Die Ausgrabung beim Athena-Tempel in Milet 1955. — IstM. 7 (1957), 102—132, Abb., 27 Taf. [875

Misis s. *Mopsuhestia*

Mopsuhestia. Budde, L.: Die Ausgrabungen in Misis-Mopsuhestia. — Mitteilungen, Dt.-türk. Gesellschaft Bonn 17 (1957), 1—5, Abb. [876

Mpampoi. Γιαλούρης, N. Φ.: 'Ανασκαφὴ εἰς Μπάμπες Μακρυσίων. — Πρακτ 'Αρχ 'Ετ. 1954 (1957), 290—298, Abb. [877

Mykene. Civiltà di Micene. — Sele Arte 6 (1957), Nr. 32, S. 46—49, Abb. [878

Moon: Mycenaean civilization. A bibliography s. Nr. 3701.

Mycenae 1939/1955: P. 1: Wace, A. J. B.: Preliminary report on the excavations of 1955. 2: Wace, A. J. B.: Ephyraean ware. 3: Desborough, V. R. d'A.: Two tombs. 4: Wace, A. J. B.: 'Egyptian' Amphorae, correction. — BSA. 51 (1956), 101—131, Abb., 19 Taf. [879

Mylonas, G. E.: Ancient Mycenae. The capital city of Agamemnon. Princeton: Princeton Univ. Pr. 1957. IX, 201 S., 87 Taf. (The Page-Barbour Lectures for 1955 at the Univ. of Virginia). | AntCl. 26 (1957), 253—256 (P. Hombert). AntJ. 37 (1957), 233—234 (J. Boardman). Minos 5 (1957), 221 (J. Maluquer de Motes). [880

— The cemeteries of Eleusis and Mycenae s. Nr. 794.

Παπαδημήτριος, 'I.: 'Ανασκαφαὶ ἐν Μυκήναις. — Πρακτ 'Αρχ 'Ετ. 1954 (1957), 242—269, Abb. [881

Rutkowski, B.: Mykeny po raz drugi. Nowy okręg grobów szybowych [Mykene zum 2. Mal: neuer Fund eines Rundgrabes]. — Z Otchlani Wieków 23 (1957), 85—92, Abb. [882

Wace, A. J. B.: The last days of Mycenae. — The Aegean and the Near East [s. 1956, Nr. 321], 126—135. [883

— Domestic life in ancient Mycenae: new light on Agamemnon's capital. — ILN. 230 (1957), 179—181, Abb. [884

Webster: Mycenaean records s. Nr. 4017.

Zschietzschmann, W.: Mykenae — Mythos u. Wirklichkeit. — Nachr. d. Gießener Hochschulges. 26 (1957), 227—236. [885

Myrtou-Pigadhes. Du Plat Taylor, J.: Myrtou-Pigadhes. A late bronze age sanctuary in Cyprus. With contrib. by J. M. Birmingham, H. W. Catling, D. H. Gray, M. V. Seton-Williams, W. Taylour. Oxford: Ashmolean Mus., Dept. of Antiqu. 1957. VIII, 118 S., 7 Taf., Abb. [886

Mytilene. Βαρβίτσας, 'A. K.: 'Ανασκαφὴ Κρατήγου Μυτιλήνης. — Πρακτ 'Αρχ 'Ετ. 1954 (1957), 317—329, Abb. [887

Nauplia. Χαριτωνίδης, Σ. 'I.: 'Ανασκαφαὶ Ναυπλίας. — Πρακτ 'Αρχ 'Ετ. 1954 (1957), 232—241, Abb. [888

Naxos. Gentili, G. V.: Naxos alla luce dei primi scavi. — Bd'A. Ser. 4, 41 (1956), 326—333, Abb. [889

Κοντολέων, N. M.: 'Ανασκαφὴ ἐν Νάξῳ. — Πρακτ 'Αρχ 'Ετ. 1954 (1957), 330—338, Abb. [890

Nea Anchialos. Σωτηρίου, Γ. 'A.: 'Ανασκαφαὶ ἐν Νέᾳ 'Αγχιάλῳ. — Πρακτ 'Αρχ 'Ετ. 1954 (1957), 143—152, Abb. [891

Nea Makre. Θεοχάρης, Δ. P.: 'Ανασκαφὴ νεολιθικοῦ συνοικισμοῦ ἐν Νέᾳ Μάκρῃ ('Αττικῆς). — Πρακτ 'Αρχ 'Ετ. 1954 (1957), 114—122, Abb. [892

Nemrud Dagh. Goell, Th.: The excavation of the »Hierothesion« of Antiochus I of Commagene on Nemrud Dagh (1953/1956). — BASOR. 147 (1957), 4—22, Abb. [893

— Report of the preliminary survey of the tomb of Antiochus I King of Commagene conducted by the Amer. Schools of Oriental Research in 1953. — TürkAD. 6, 1 (1956), 62—65. [894

Olympia. Alexandrescu, P.: Olympia. Arheologii în atelierul lui Fidias [Les archéologues dans l'atelier de Phidias]. — StCIstor. 8 (1957), 383—384. [895

Krauss: Die Säulen des Zeustempels von Olympia s. Nr. 2139.

Kunze, E.: Deutsches Archäologisches Institut. V. Bericht über die Ausgrabungen in Olympia. Mit Beiträgen von H.-V. Herrmann u. H. Weber. 1956. | RivFil. NS. 35 (1957), 99—103 (G. Bendinelli). JHS. 77 (1957), 362 (J. Boardman). [896

Pamphylien. Mansel, A. M.: Bericht über Ausgrabungen u. Untersuchungen in Pamphylien in den Jahren 1946/55. — AA. 1956 [1957], 34—120, Abb. [897

— Bericht über die Ausgrabungen in Pamphylien im Jahre 1953. — TürkAD. 6, 1 (1956), 11—12. [898

Paphlagonien. Naumann, R.: Ein römisches Quellheiligtum in Paphlagonien. — RM. 63 (1956 [1957]), 26—31, Abb., 3 Taf. [899

Patmos. Hadjinicolaou-Marava, A.: Πάτμος. Athen: Inst. franç. 1957. 82 S., 116 Taf., Kte. (Collection de l'Inst. franç. d'Athènes. 63). [900

Peloponnes. Meyer, Ernst: Neue peloponnesische Wanderungen. Bern: Francke 1957. 88 S., Abb., 5 Ktn., 42 Taf. (Dissertationes Bernenses. Ser. 1, 8). [901

Perate. Ἰακωβίδης, Σ.: Ἀνασκαφὴ μυκηναϊκῶν τάφων Περατῆς. — Πρακτ'Αρχ'Ετ. 1954 (1957), 89—103, Abb. [902

Perge. Mansel: Bericht über Ausgrabungen u. Untersuchungen in Pamphylien in den Jahren 1946/55 s. Nr. 897.

Phaistos. Graham, J. W.: Phaistos-second fiddle to Knossos? — Archaeology 10 (1957), 208—214, Abb. [903

Pharsalos. Βερδελῆς, Ν. Μ.: Ἀνασκαφὴ Φαρσάλου. — Πρακτ'Αρχ'Ετ. 1954 (1957), 153—159, Abb. [904

Phokäa. Akurgal, E.: Les fouilles de Phocée et les sondages de Kymé. — Anatolia 1 (1956), 3—14, 5 Taf.; TürkAD. 6, 1 (1956), 19—24. [905

Phrygien. Haspels, C. H. E.: Western cognizance of inner Phrygia in earlier days. — The Aegean and the Near East [s. 1956, Nr. 321], 313—322, 2 Taf. [906

Plataiai. Pritchett, W. K.: New light on Plataia. — AJA. 61 (1957), 9—28, 4 Taf. [907

Prusa. Dörner, F. K.: Prusa ad Olympum. — RE. 23, 1 (1957), 1071—1086. [908

Prusias. Dörner, F. K.: Prusias ad Hypium. — RE. 23, 1 (1957), 1128—1148. [909

Pylos. Blegen, C. W.: The palace of Nestor excavations of 1956. — AJA. 61 (1957), 129—135, 8 Taf. [910

Μαρινάτος, Σ. Ν.: Ἀνασκαφαὶ ἐν Πύλῳ. — Πρακτ'Αρχ'Ετ. 1954 (1957), 299—316, Abb. [911

— Excavations near Pylos, 1956. — — Antiquity 31 (1957), 97—100, Abb. [912

— A magnificent find of Homeric gold and gems from an unplundered tomb at Nestor's Pylos. — ILN. 230 (1957), 540—543, Abb. [913

Masterpieces in miniature: gem-seals. Pottery from tombs of Pylos princes. — ILN. 230 (1957), 690—691, Abb. [914

Press, L.: Śladami pieśni Homera (W związku z wykopaliskami w Pylos-Englianos) [Auf den Spuren der homerischen Gesänge. Ausgrabungen in Pylos-Englianos]. — Z Otchlani Wieków 23 (1957), 141—149, Abb. [915

Resafa. Kollwitz, J., W. Müller-Wiener: Die Grabungen in Resafa, Herbst 1952. — AASyr. 4/5 (1954/55), 77—88, 10 Taf. [916

Rhethymna. Πλάτων, Ν.: Ἀνασκαφὴ Ὀνυθὲ Γουλεδιανῶν Ῥεθύμνης. — Πρακτ'Αρχ'Ετ. 1954 (1957), 377—382, Abb. [917

Rhodos. Κόντης, Ἰ. Δ.: Ἀνασκαφικαὶ ἔρευναι εἰς τὴν πόλιν τῆς Ῥόδου (IV). — Πρακτ'Αρχ'Ετ. 1954 (1957), 340—360, Abb., 1 Taf. [918

— Συμβολὴ εἰς τὴν μελέτην τῆς ῥυμοτομίας τῆς Ῥόδου. 1954. | AnzAW. 10 (1957), 170 (E. Stürzl). [919

Krauel, W.: Rhodos — pars pro toto. Ein Vortrag. — Freundesgabe R. Boehringer (Tübingen 1957), 345—364, Abb. [920

Schiering: Werkstätten orientalisierender Keramik auf Rhodos s. Nr. 2709.

Saloniki s. *Thessalonike*

Samos. v. Gerkan: Zum Aschenaltar von Samos s. Nr. 2127.

Reuther: Der Heratempel von Samos s. Nr. 2162.

Ziegenaus, O.: Die Aphrodite- u. Hermestempel im Heraion von Samos. Diss. TH. München 1956. IV, 72 S. [Maschinenschr.]. [921

Samothrake. Lehmann, K.: Samothrace. A guide to the excavations and the museum. 1955. | Mnemosyne Ser. 4, 10 (1957), 67—68 (J. H. Jongkees). Archaeology 10 (1957), 75 (D. B. Thompson). REG. 70 (1957), 516 (R. Martin). [922

Šamuha. Alp, S.: Die Lage von Šamuha. — Anatolia 1 (1956), 77—80. [923

Seteia. Πλάτων, Ν.: Ἀνασκαφαὶ περιοχῆς Σητείας. — Πρακτ'Αρχ'Ετ. 1954 (1957) 361—368, Abb. [924

Side. Mansel, A. M., G. E. Bean, J. Inan: Die Agora von Sîde u. die benachbarten Bauten. Bericht über die Ausgrabungen im Jahre 1948. Ankara: Türk Tarih Kurumu 1956. 96 S., 54 Taf. (Türk Tarih Kurumu Yayinlarindan. 5, 15.) | MusHelv. 14 (1957), 246—247 (K. Schefold). [925

— Bericht über Ausgrabungen und Untersuchungen in Pamphylien in den Jahren 1946/1955 s. Nr. 897.

Sikyon. Ὀρλάνδος, Ἀ. Κ.: Ἀνασκαφὴ Σικυῶνος. — Πρακτ'Αρχ'Ετ. 1954 (1957), 219—231, Abb. [926

Sinope. Akurgal, E.: Die Ausgrabungen von Sinope. — TürkAD. 6, 1 (1956), 54—61. [927

Budde, L.: Kurzer vorläufiger Bericht über die Grabungen in Sinope der Kampagnen 1951/1953. — TürkAD. 6, 2 (1956), 5—10, 3 Taf. [928

Smyrna. Bean, G. E.: The defences of hellenistic Smyrna. — JbKlF. 3 (1955), 43—52. [929

Staccioli, R. A.: Gli edifici sotterranei dell'agorà di Smirne e, ancora, sui criptoportici forensi. — Latomus 16 (1957), 275—292, 7 Taf. [930

Thasos. Pouilloux, J.: Recherches sur l'histoire et les cultes de Thasos. 1. 1954. | AJA. 61 (1957), 98—103 (P. M. Fraser). JHS. 77 (1957), 341 (H. J. Rose). [931

Theben. Champdor, A.: Thèbes aux cent portes. 4e éd. 1955. | RHRel. 151 (1957), 110—111 (F. Daumas). [932

Thessalonike. Dyggve, E.: Fouilles et recherches faites en 1939 et en 1952/53 à Thessaloniki. Recherches sur le palais impérial de Thessalonique: architecture et mosaiques. — Corsi di cultura sull'arte ravennate e bizantina 1957, fasc. 2, 79—88. [933

Troja. Blegen, C. W., J. L. Caskey, M. Rawson: Troy. Vol. 3, 1. 2. 1953. | BiOr. 14 (1957), 235—239 (M. J. Mellink). [934

Spencer: Robert Wood and the problem of Troy s. Nr. 273.

Van. Burney, C. A.: Urartian fortresses and towns in the Van region. — AnatSt. 7 (1957), 37—53, Abb., 4 Taf. [935

Xanthos. Demargne, P.: Fouilles de Xanthos. Rapport sur les résultats de la campagne de l'année 1953. — TürkAD. 6, 1 (1956), 43—44. [936

— — Rapport sur les résultats de la campagne de 1954. — TürkAD. 7, 1 (1957), 9—10, 5 Taf. [937

— — Rapport sur les résultats de la campagne de l'année 1956. — TürkAD. 7, 2 (1957), 5—8, 4 Taf. [938

Yesemek. Bahadir Alkim, U.: Steinbruch u. Skulpturatelier von Yesemek. — Belleten 21 (1957), 377—394, 16 Taf. [939

4. Italien

Balil, A.: Hallazgos, excavaciones y restauraciones en Roma y en el Lacio (otoño 1955 — primavera 1956). — Estudios clasicos 3 (1956), 473—478. [940

Bordenache, G.: Cîteva descoperiri arheologice importante din Italia. [Découvertes archéol. importantes en Italie]. — StClstor. 8 (1957), 375—383, Abb. [941

Bosio, L.: Due tratti di strada romana scoperti nella X Regio. — Aquileia nostra 28 (1957), 29—38, Abb. [942

Bovini, G.: Le ultime scoperte d'antichità cristiane nell'Italia centro-settentrionale. — ActesCIAChrét. 5 (1954 [1957]), 125—146, Abb. [943

Buren, A. W. van: News letter from Rome. — AJA. 61 (1957), 375—386, 10 Taf. [944

Castagnoli, F., F. Pellati, R. A. Staccioli: Archeologia. — StRom. 5 (1957), 696—700 [Lit.-Bericht]. [945

Degrassi, A.: Il confine nord-orientale dell'Italia romana. 1954. | Carinthia I 147 (1957), 897—898 (R. Egger). Erasmus 10 (1957), 342—344 (J. Heurgon). JRS. 46 (1956), 193—194 (G. E. F. Chilver). [946

Ferrua, A.: Scoperte fatte nel Lazio e nell'Italia meridionale. — ActesCIAChrét. 5 (1954 [1957]), 147—158, Abb. [947

Floriani Squarciapino, M.: Recenti scavi di interesse romano in Italia. — StRom. 5 (1957), 445—451. [948

Maiuri, A.: Le ville di Cicerone. — Vie d'Italia 63 (1957), 1399—1410, Abb. [949

Talocchini, A.: Carta archeologica d'Italia al 100.000. — StEtr. 25 (1957), 327—328. [950

Abbiategrasso. Palestra, A.: Storia di Abbiategrasso. Abbiategrasso: Banca popolare 1956. 315 S. | ArchClass. 9 (1957), 136 (R. A. Staccioli). [951

Acitrezza. Rizza, G.: Acitrezza (Catania). Tombe di età bizantina in contrada «Feudo». — NSc. Ser. 8, 11 (1957), 199—200, Abb. [952

Agrigent. Arancio, A.: Uno tra le più suggestive passeggiate archeol. fra l'aurea valle di Febo e i templi agrigentini. 3. ed. Agrigento: Dimora 1954. 42 S., Abb. [953

De Miro, E.: Il quartiere ellenistico-romano in Agrigento. — RendLinc. Ser. 8, 12 (1957), 135—140, 4 Taf. [954

Griffo, P., E. de Miro: Agrigentum. Quartiere ellenistico-romano presso San Nicola e zona dell' Emporium. — FA. 10 (1955 [1957]), 335—338, Abb. [955

— Agrigentum. Scavi e scoperte. — FA. 10 (1955 [1957]), 131—134, Abb. [956

Griffo: Scavi, scoperte, restauri nei territori delle antiche Gela ed Agrigento s. Nr. 1029.

Akrai. Bernabò Brea, L.: Akrai. Roma: Istituto geogr. 1957. 230 S., 190 Abb. (Monografie archeol. della Sicilia). [957

Alba Fucens. Mertens, J.: Alba Fucens. Septième campagne de fouilles. — FA. 10 (1955 [1957]), 338—339, Abb. [958

Visscher, F. de, J. Mertens: Alba Fucense. Notizie sommarie sugli scavi eseguiti nel 1955. — NSc. Ser. 8, 11 (1957), 163—170, Abb. [959

— L'amphithéâtre d'Alba Fucens et son fondateur Q. Naevius Macro, préfet du prétoire de Tibère. — RendLinc. Ser. 8, 12 (1957), 39—49, 1 Taf. [960

Albenga. Lamboglia, N.: Albenga romana e medioevale. Borgo S. Dalmazzo: Ist. graf. Bertello 1957. 161 S., Abb. [961

— La questione della cupola nel Battistero di Albenga. — Studi Calderini/Paribeni 3, 731—746, Abb. [962

Albingaunum. Grosso, G.: Nuovi scavi nell'area urbana di Albingaunum. — Rivista Ingauna e Intemelia NS. 12 (1957), 79—83, Abb. [963

Albintimilium s. *Ventimiglia.*

Alesa Arconidea. Carettoni, G.: Scavi di Alesa Arconidea. — Bd'A. Ser. 4, 42 (1957), 319—325, Abb. [964

Anagni. Cagiano de Azevedo, M.: Circus maritimus anagninus. — Studi Calderini/Paribeni 3, 329—334, Abb., 2 Taf. [965

Ancona. Salinari, M.: Ancona. — Memorie di grografia antropica 10, 2 (1955), 1—169. [S. 34—41: antike Zeit]. [966

Aquileia. Brusin, G.: Aziende imperiali nell'antica Aquileia. — VAHDalm. 56/59 (1954/57), 145—155, 2 Taf. [967

— Il Mausoleo di Aquileia. San Giuliano Milanese 1956. 53 S., Abb. [Beigefügt: V. de Grassi: Relazione tecnico-architettonica sulla costruzione integrale del mausoleo]. [968

— P. L. Zovatto: Monumenti paleocristiani di Aquileia e di Grado. Udine: Doretti 1957. 572 S., 260 Abb., 8 Taf., 11 Ktn. | Aquileia nostra 28 (1957), 64 (I. Furlan). [969

— Gli scavi archeologici di Aquileia nell'anno 1954. — Aquileia nostra 28 (1957), 5—18, Abb. [970

Corbett, G. U. S.: A note on the arrangement of the early christian buildings at Aquileia. — RACrist. 32 (1956), 99—106, Abb. [971

Fink, J.: Der Ursprung der ältesten Kirchen am Domplatz von Aquileja. 1954. | RACrist. 32 (1956), 253—255 (G. C. Menis). [972

Panciera: Vita economica di Aquileia in età romana s. Nr. 3808.

Scrinari, V.: Scavi e scoperte occasionali nell'Aquileiese. — Aquileia nostra 28 (1957), 19—28, Abb. [973

Zovatto, P. L.: Le aule paleocristiane della Basilica di Aquileia e una nuova, ma inconsistente teoria. — Memorie stor. forogiuliesi 42 (1956/57), 177—181. [974

— Il mausoleo di Aquileia s. Nr. 2173.

Ariano Irpino. Trump, D. H.: The prehistoric settlement at La Starza, Ariano Irpino. — BSR. 25 (1957), 1—15, Abb., 2 Taf. [975

Arpi. Bradford, J.: The ancient city of Arpi in Apulia. — Antiquity 31 (1957), 167—169, Abb., 2 Taf. [976

Auximum. Gentili, G. V.: Auximum (Osimo). 1955. | EtCl. 25 (1957), 138—139 (J. van Ooteghem). REL. 34 (1956 [1957]), 417—419 (R. Bloch). ClRev. NS. 7 (1957), 174 (J. M. Reynolds). RBPhil. 35 (1957), 627 (G. Faider-Feytmans). AntCl. 26 (1957), 275—276 (J. Mertens). Latomus 16 (1957), 410—411 (F. Benoit). [977

Grillantini, C.: Storia di Osimo. Vetus Auximon. Vol. 1: Dagli inizi al 1800. Pinerolo: Cottolengo 1957. IX, 504 S., Abb. [978

Bagnoregio. Cagiano de Azevedo, M.: Cività di Bagnoregio. — Miscellanea Giulio Belvederi, Città del Vaticano 1955, 465—472. [979

Bologna. Mansuelli, G. A.: La terza Bologna. — StEtr. 25 (1957), 13—30, Abb. [980

Bubbonia. Adamesteanu, D.: Bubbonia. Scavi e ricerche nell'abitato indigeno. — FA. 10 (1955 [1957]), 197—198, Abb. [981

Butera. Adamesteanu, D.: Butera — a Sicilian town through the ages. — Archaeology 10 (1957), 166—173, Abb. [982

Caere. Pace, B., R. Vighi, G. Ricci, M. Moretti: Caere. 1955. | StEtr. 25 (1957), 597—600 (M. Pallottino). [983

Calabria. Pugliese Carratelli, G.: La Calabria nell'antichità. Visioni e problemi della ricerca moderna. — Atti del I Congresso stor. calabrese, Cosenza 1954 (Roma 1957). [984

Zanotti Bianco, U.: Le ricerche archeol. in Calabria durante l'ultimo cinquantennio. — Atti del I Congresso stor. calabrese, Cosenza 1954 (Roma 1957). [985

Ca'Morta. Rittatore, F.: Tombe preromane scoperte alla Ca'Morta. — RAComo 136/137 (1954/55 [1956]), 33—38, Abb. 138 (1956 [1957]), 5—20, Abb., 8 Taf. [986

Tombe preromane e romane alla Ca'Morta. — RAComo 139 (1957), 37—38. [987

Campania. Gentile, A.: La romanità dell'agro campano. 1955. | Latomus 16 (1957), 387—388 (A. Deman). [988

Maiuri, A.: Passeggiate campane. 3. ed. Firenze: Sansoni 1957. VIII, 502 S., 64 Taf. [989

Casmene. Inglieri, R. U.: Casmene ritrovata? — ArchClass. 9 (1957), 223—233, Abb. [990

Cefalù. Essen, C. C. van: La date du sanctuaire mégalithique de Cefalù. — Mél. 69 (1957), 45—48, 2 Taf. [991

Centumcellae. Bastianelli, S.: Centumcellae (Civitavecchia). Castrum novum (Torre Chiaruccia). 1954. | RBPhil. 35 (1957), 1197 (M. Renard). [992

Cerveteri. Pallottino, M.: La necropoli di Cerveteri. Roma: Istit. poligr. dello Stato 1957. 51 S., 34 Taf. (Itinerari dei musei e monumenti d'Italia. 70.) [993

— The necropolis of Cerveteri. Trad. di M. E. Stanley. Roma: Istit. poligr. dello Stato 1957. 49 S., Abb. (Guide books to the Museums and Monuments of Italy. 70.) [994

Cimitile. Chierici, G.: Cimitile e il medico nolano Ambrogio Leone. — Studi Calderini/Paribeni 3, 705—708. [995

Civitavecchia s. *Centumcellae.*

Cosa. Richardson, jr., L.: Cosa and Rome: comitium and curia. — Archaeology 10 (1957), 49—55, Abb. [996

Taylor: Cosa. Black-glaze pottery s. Nr. 2715.

Cremona. Podestà Alberini, C.: Municipium Cremona. — Bollettino storico Cremonese 19 (1954 [1955]), 3—53. [997

Pontiroli, G.: Rinvenimenti archeologici fatti in Cremona tra il dicembre 1953 e il dicembre 1954. — Bollettino storico Cremonese 19 (1954 [1955]), 169—170. [998

Cuneo. Carducci, C.: Problemi di archeologia nel Cuneese. — Boll. della Società per gli Studi storici, archeol. ed artist. nella Prov. di Cuneo NS. 35 (1955), 51—60. [999

Diano Marina. Lamboglia, N.: La scoperta dei primi avanzi del „Lucus Bormani" (Diano Marina). — Rivista Ingauna e Intemelia NS. 12 (1957), 5—11, Abb. [1000

Emilia. Barocelli, P.: Ancora sul Neolitico e sull' Eneolitico padano. — Studi Calderini/Paribeni 3, 17—33. [1001

Scarani, R.: Etruria Padana. Saggio di una carta pre-protostorica dell'Emilia. — StEtr. 25 (1957), 417—462, Abb. [1002

Etrusker. Amorelli, M. T.: Etruscologia. — StRom. 5 (1957), 192—193 [Lit.-Bericht]. [1003

Bloch, R.: L'art et la civilisation étrusque. 1955. | JRS. 47 (1957), 274—276 (W. L. Brown). RBPhil. 35 (1957), 1194—1195 (M. Theunissen). [1004

— L'art étrusque et son arrière plan historique s. Nr. 2005.

— Le XVIIIe siècle et l'Étrurie s. Nr. 119.

Byvanck, A. W.: Etruskische Kunst. — Italiaans Cultureel Bulletin 10/11 (1955), 1—3. [1005

Cles-Reden, S. v.: Les Étrusques. 1955. | StEtr. 25 (1957), 612—614 (G. Alessio). Zephyrus 8 (1957), 179—180 (J. M. Blazquez). [1006

Devoto, G.: Gli Etruschi nel quadro dei popoli italici antichi. — Historia 6 (1957), 23—33. [1007

Frederiksen, M. W., J. B. Ward Perkins: The ancient road systems of the central and northern Ager Faliscus. (Notes on Southern Etruria. 2.). — BSR. 25 (1957), 67—208, Abb., 31 Taf. [1008

Frova, A.: L'arte etrusca. Milano: Garzanti 1957. 112 S., 24 Taf. (Saper tutto. 99/100.) [1009

Hus, A.: Les Étrusques, peuple secret. Paris: Fayard 1957. 282 S., Kte. (Les temps et les destins). | EtCl. 25 (1957), 386 (F. Denifle). [1010

Maetzke, G.: Rassegna degli scavi e delle scoperte. — StEtr. 25 (1957), 323—326. [1011

Pallottino, M.: The Etruscans. 1955. | JRS. 47 (1957), 274—276 (W. L. Brown). [1012

— Etruscologia. 3. ed. 1955. | RevABM. 63 (1957), 397—399 (A. Balil). BiOr. 14 (1957), 86—88 (A. W. Byvanck). [1013

— — 4. ed. Milano: Hoepli 1957. XI, 394 S., Abb., 67 Taf. [1014

— Introduzione alla civiltà degli Etruschi s. Nr. 3706.

— Etruskische Kunst. Aufn.: W. Dräyer, M. Hürlimann. 1955. | Universitas 12 (1957), 756—757 (H. K. Weinert). [1015

Riis, P. J.: An introduction to Etruscan art. 1953. | StEtr. 25 (1957), 593—596 (M. Pallottino). [1016

Sgobbo, I.: Gli Etruschi in Pompei s. Nr. 1090.

Istituto Lombardo, Accad. di Scienze e Lettere. Tyrrhenica. Saggi di studi etruschi. Pavia: Tipogr. Fusi 1957. 214 S. [1017

Vacano, O. W. von: Die Etrusker, Werden und geistige Welt. 1955. | StEtr. 25 (1957), 614—615 (A. Neppi Modona). BiOr. 14 (1957), 249—250 (C. C. van Essen). AntJ. 37 (1957), 76—77 (J. B. Ward Perkins). Zephyrus 8 (1957), 180—181 (J. M. Blazquez). [1018

— Die Etrusker in der Welt der Antike. Hamburg: Rowohlt 1957. 201 S. (Rowohlts Deutsche Enzyklopädie. 54.) [1019

Ward Perkins, J. B.: Recording the face of ancient Etruria. — ILN. 230 (1957), 774—775, Abb. [1020

— Etruscan and Roman roads in southern Etruria. — JRS. 47 (1957), 139—143, Abb., 1 Taf. [1021

Fiesole. Caputo, G.: Fiesole. Sistemazioni e scavo del santuario. — FA. 10 (1955 [1957]), 202—204, Abb. [1022

Filicaia. Pfanner, L.: Una tomba ligure a cassetta scoperta a Filicaia (Garfagnana). — RivStudLig. 23 (1957), 83—90, Abb.; Giorn. stor. della Lunigiana NS. 8 (1957), 47—49, Abb. [1023

Finale Ligure. Bernabò Brea, L.: Gli scavi della caverna delle Arene Candide (Finale Ligure). P. 1. 1956. | Archaeologia Austriaca 21 (1957), 104—105 (R. Pittioni). [1024

Fondi. Aurigemma-Bianchini-De Santis: Circeo, Terracina, Fondi s. Nr. 1181.

Gaëta. Fellmann, R.: Das Grab des Lucius Munatius Plancus bei Gaëta. Mit einem Beitr. v. G. Gullini. Basel: Inst. f. Ur- u. Frühgeschichte d. Schweiz 1957. 100 S., Abb., 5 Taf. (Schriften d. Inst. f. Ur- u. Frühgesch. d. Schweiz. 11.) [1025

Galeria. Respighi, A. M.: Galeria. Roma: Istituto di Studi Romani 1956. 90 S., 24 Taf. (La regione romana. 1.). | StEtr. 25 (1957), 617—618 (A. Neppi Modona). [1026

Gela. Adamesteanu, D.: Nouvelles fouilles à Géla et dans l'arrière-pays. A: Géla. B: L'arrière-pays. — RA. Sér. 6, 49 (1957), 20—46, Abb.; 147—180, Abb.; Sér. 6, 50 (1957), 80—81. [1027

— New light on classic Greek military architecture: the great wall of Gela and other discoveries. — ILN. 230 (1957), 153—155, Abb. [1028

Griffo, P.: Scavi, scoperte, restauri nei territori delle antiche Gela ed Agrigento (1951/1954). — La Giara, Rassegna Siciliana della Cultura, dell'Arte, della Scuola 1955. 32 S. [Ausz.]. [1029

Orlandini, P.: Gela. Scavi e scoperte. — FA. 10 (1955 [1957]), 147—149, Abb. [1030

— Storia e topografia di Gela dal 405 al 282 A. C. alla luce delle nuove scoperte archeologiche. — Kokalos 2 (1956 [1957]), 158—176, 5 Taf. [1031

— Tipologia e cronologia del materiale archeologico di Gela dalla nuova fondazione di Timoleonte all' età di Ierone II. P. 1. 2. — ArchClass. 9 (1957), 44—75, Abb., 32 Taf.; 153—173, 23 Taf. [1032

Gerace. Oppedisano: Locri antica e Gerace s. Nr. 1044.

Giarratana. Rizza, G.: Giarratana (Ragusa). Resti di fortificazione greca su Monte Casale. — NSc. Ser. 8, 11 (1957), 205—207, Abb. [1033

Grado. Brusin — Zovatto: Monumenti paleo-cristiani di Aquileia e di Grado s. Nr. 969.

Zovatto, P. L.: La Basilica Gradese di Piazza Vittoria. — Memorie stor. forogiuliesi 42 (1956/57), 183—186, Abb., 1 Taf. [1034

Herculaneum. Brisson: La découverte d'Herculanum en 1713 s. Nr. 120.

Corti, E.: Ercolano e Pompei. Morte e rinascità di due città. Pref. di A. Maiuri. Trad. di S. Lupo. Torino: Einaudi 1957. 243 S., Abb., 18 Taf. [1035

— Pompeii en Herculaneum s. Nr. 1080.

Mullett: Englishmen discover Herculaneum s. Nr. 129.

Mustilli, D.: La villa pseudo-urbana ercolanese. — RendAccNapoli 31 (1956 [1957]), 77—97, 2 Taf. [1036

Isole eolie. Cavalier, M.: Civilisations préhistoriques des Iles Eoliennes et du territoire de Milazzo. — RA. Ser. 6, 50 (1957), 123—147, Abb. [1037

Julium Carnicum. Moro, P. M.: Julium Carnicum (Zuglio). 1956. | REL. 34 (1956 [1957]), 416—417 (R. Bloch). Mnemosyne Ser. 4, 10 (1957), 177—178 (C. C. van Essen). JRS. 47 (1957), 278—279 (F. Sartori). AntCl. 26 (1957), 276—277 (J. Mertens). REA. 59 (1957), 178—179 (P. Grimal). RACrist. 32 (1956), 255—257 (G. C. Menis). ArchClass. 9 (1957), 272 (R. A. Staccioli). Latomus 16 (1957), 408—410 (J. Ch. Balty). Memorie stor. forogiuliesi 42 (1956/57), 231—235 (G. Brusin). [1038

Latium. Lombardi, L., A. M. Radmilli, M. Zei: Ricerche preistoriche nel Lazio. —BPI.NS.9 (1954/55), 323—328, Abb. [1039

Lecce. Martines, L.: L'anfiteatro di Lecce. Galatina: Pajano 1957. 31 S., Abb. [1040

Leontini. Rizza, G.: Leontini, scavi e ricerche degli anni 1954/1955. — Bd'A. Ser. 4, 42 (1957), 63—73, Abb. [1041

Licata. Navarra, G.: Importanza archeol. del territorio di Licata. Licata: Vela del Sud 1957. 34 S. [1042

Lilybaeum. Ruggieri: Motya and Lilybaeum s. Nr. 1050.

Locri. De Franciscis, A.: Locri antica. Locri: Assoc. „Pro Locri" 1957. 24 S., Abb. [1043

Oppedisano, A.: Locri antica e Gerace. 2. ed. Locri (Reggio Cal.): Tip. L. Panetta 1956. 148 S. [1044

Lucera. Pallottino: Ancora dell'anfiteatro di Lucera s. Nr. 2156.

Mailand. Calderini, A., G. Chierici, C. Cecchelli: La basilica di S. Lorenzo Maggiore in Milano. 1951. | CArch. 9 (1957), 345—348 (A. Grabar). [1045

Reggiori: Il mosaico della grande abside di Sant'Ambrogio s. Nr. 2600.

Villa, E.: Basilica Apostolorum. Valutazione di alcuni organismi architettonici minori del primo millennio. — Studi Calderini/Paribeni 3, 709—730, Abb. [1046

Mevania. Pietrangeli, C.: Mevania (Bevagna). Regio VI—Umbria. 1953. | RBPhil. 35 (1957), 1196—1197 (M. Renard). [1047

Milazzo. Cavalier: Civilisations préhistoriques des Iles Eoliennes et du territoire de Milazzo s. Nr. 1037.

Monasterace Marina. De Franciscis, A.: Monasterace Marina (Caulonia). Scoperte fortuite. — NSc. Ser. 8, 11 (1957), 184—190, Abb. [1048

Morgantina. Sjöqvist, E.: Morgantina identified. A Greek colony of the sixth century B. C. excavated in the interior of Sicily. — ILN. 231 (1957), 788—791, Abb. [1049

Motye. Ruggieri, G. A.: Motya and Lilybaeum. — Archaeology 10 (1957), 131—136, Abb. [1050

Neapel. Bellucci, A.: Le origini della chiesa di Napoli e nuovi ritrovamenti nel cimitero paleocristiano di San Gennaro extra Moenia. — ActesCIAChrét. 5 (1954 [1957]), 487—504, Abb. [1051

Caterino, A.: Bibliografia sulle catacombe napoletane. Firenze: Sansoni 1957. 54 S. (Biblioteca degli eruditi e dei bibliofili. 29.) [1052

Nemi. Dionisi, F.: Un romanzo archeologico. Le navi sacre di Claudio nel Lago di Nemi. 1956. | AntCl. 26 (1957), 273 (J. Mertens). Archaeologia Austriaca 21 (1957), 117—118 (R. Stiglitz). [1053

Nora. Pesce, G.: Nora. Guida agli scavi. Bologna: S. T. E. B. 1957. 124 S., Abb., 75 Taf. [1054

Norba. Schmiedt, G., F. Castagnoli: L'antica città di Norba. Documentazione aerofotogrammetrica. — L'Universo, Riv. di geografia 37 (1957), 125—148, Abb., Taf., Ktn. [1055

Olbia. Panedda, D.: Olbia nel periodo punico e romano. 1952. | RBPhil. 35 (1957), 1198 (M. Renard). [1056

Osimo s. *Auximum.*

Ostia. Becatti, G.: I mitrei (Scavi di Ostia. 2). 1954. | Archaeology 10 (1957), 224—225 (H. Bloch). [1057

Calza, G., G. Becatti: Ostia. 4. ed. Roma: Istit. poligr. dello Stato 1957. 114 S., Abb., 27 Taf. (Itinerari dei musei e monumenti d'Italia. 1). [1058

Essen, C. C. van: A propos du plan de la ville d'Ostie. — Hommages Deonna [s. Nr. 293, 509—513, Abb. [1059

Le Gall, J.: Sur la publication officielle des fouilles d'Ostie. — RA. Sér. 6, 49 (1957), 60—76, Abb.; Sér. 6, 50 (1957), 82—83. [1060

Scavi di Ostia. Vol. 1. 1953. | JRS. 46 (1956), 190—193 (R. Meiggs). Archaeology 10 (1957), 224—225 (H. Bloch). [1061

Schaal, H.: Ostia, der Welthafen Roms. Bremen: Dorn 1957. 200 S., Abb., 24 Taf. [1062

Padua. Gasparotto, C.: Padova romana. 1951. | RA. Sér. 6, 50 (1957), 104—105 (Ch. Picard). [1063

Paestum. Gerkan, A. v.: Zur Stadtlage von Paestum. — Studi Calderini/Paribeni 3, 211—221, Abb. [1064

Lamb, C.: Die Tempel von Paestum. Geleitw.: L. Curtius. 51.—80. Taus. Leipzig: Insel-Verl. 1957. 63 S., 41 Taf. (Insel-Bücherei. 170). [1065

Neutsch, B.: Τὰς νύνφας ἐμὶ ἰαρόν. Zum unterirdischen Heiligtum von Paestum. Heidelberg: Winter 1957. 30 S., Abb., 8 Taf. (AbhHeid. 1957, 2). [1066

Schläger, H.: Das Westtor von Paestum (Porta Marina). Diss. München, Techn. Hochsch. 1957. 25 S., 1 Taf. [1067

Schmiedt-Castagnoli: Fotografia aerea e ricerche archeologiche. Il complesso urbanistico di Paestum s. Nr. 108.

Sestieri, P. C.: Oude beschavingsmonumenten in Zuid-Italie. — Italiaans Cultureel Bulletin 12/15 (1955), 1—6, Abb. [1068

— Paestum. Scavi e scoperte. — FA. 10 (1955 [1957]), 213—215, Abb. [1069

— Paestum. Tomba di guerriero lucano. — NSc. Ser. 8, 11 (1957), 171—180, Abb. [1070

— Primi resultati degli scavi sistematici a Paestum. — Nuova Antologia 90 (1955), 63—78, 4 Taf. [1071

Paternò. Rizza, G.: Paternò (Catania). Necropoli greca e rinvenimenti vari in contrada Castrogiacomo. — NSc. Ser. 8, 11 (1957), 200—204, Abb. [1072

Perti. Lamboglia, N.: La necropoli romana di Perti (Finale). — Rivista Ingauna e Intemelia NS. 12 (1957), 31—47, Abb. [1073

Pian di Bezzo. Veggiani, A.: La frana di Sorbano e l'interrimento della necropoli romana di Pian di Bezzo. — Studi Sarsinati (Faenza 1957), 239—247, Abb. [1074

Piazza Armerina. L'Orange, H. P.: Il palazzo di Massimiano Erculeo di Piazza Armerina. — Studi Calderini/Paribeni 3, 593—600, Abb. [1075

Pietrasanta. Lopes-Pegna, M.: Pietrasanta (Lucca). Relazione di una ricognizione archeologica nella Versilia Centrale. — NSc. Ser. 8, 11 (1957), 66—71, Abb. [1076

Poggio alla Guardia. Naldi Vinattieri, M.: Il sepolcreto vetuloniese di Poggio alla Guardia ed il problema dei »ripostigli«. — StEtr. 25 (1957), 329—365, Abb. [1077

Pompeji. Boreckij, B.: Zur Wirtschaftsgeschichte Pompejis im I. Jh. n. Chr. [russ.]. — VDI. 57 (1956), 106—119. [1078

Ciprotti, P.: Rassegna bibliografica pompeiana (1946/55). — Studia et documenta historiae et juris 21 (1955), 409—427. [1079

Corti, E. C.: Pompeii en Heraculaneum. Hun ondergang en herrijzenis. Vert. door A. Oosthoek. 4. dr. Utrecht: Oosthoek 1957. XIII, 294 S., 82 Taf. [1080

— Ercolano e Pompei s. Nr. 1035.

Fuchs: Fragmenta Saeptorum. Untersuchungen am sogen. Comitium in Pompei s. Nr. 2126.

Klinkert: Bemerkungen zur Technik der pompejanischen Wanddekoration s. Nr. 2476.

Maiuri, A.: Pompéi. Les fouilles nouvelles. La »Villa dei misteri«. L'Antiquarium. Trad. par Ch. Belin. 7. éd. Roma: Istit. poligr. dello Stato 1957. 190 S., Abb., 33 Taf., 1 Kte. (Itinéraires des Musées et Monuments de l'Italie. 3). [1081

— Pompeii. The new excavations. The »Villa dei misteri«. The Antiquarium. Transl. by V. Priestley. 9. ed. Roma: Istit. poligr. dello Stato 1957. 182 S., Abb., 33 Taf., 1 Kte. (Guide-books to the Museums and Monuments of Italy. 3). [1082

— Pompeji. 7. verm. Aufl. Roma: Istit. poligr. dello Stato 1957. 178 S., Abb., 33 Taf., 1 Kte. (Führer durch die Museen u. Kunstdenkmäler Italiens. 3). [1083

— Pompeya. Las nuevas excavaciones. La Villa de los misterios. El Antiquarium. Trad. por F. Fernández Murga. Roma: Istit. poligr. dello Stato 1957. 186 S., Abb., 33 Taf., 1 Kte. (Itinerarios de los Museos y Monumentos de Italia. 3). [1084

Mullett: Englishmen discover Herculaneum and Pompeii s. Nr. 129.

Neuerburg, N.: Due ninfei pompeiani. — RendAccNapoli 31 (1956 [1957]), 227—233, 6 Taf. [1085

Niebling, G.: Der Tempel u. Altar des Vespasian in Pompeji. — FuF. 31 (1957), 23—29, Abb. [1086

Onorato: Iscrizioni pompeiane. La vita pubblica s. Nr. 3175.

Richardson, jr., L.: Pompeii. The Casa dei Dioscuri and its painters. 1955. | Antiquity 31 (1957), 182 (J. M. C. Toynbee). [1087

Schefold, K.: Pompeii. Zeugnisse griechischer Malerei. Aufn.: W. Dräyer. 1956. | JRS. 47 (1957), 265—266 (M. Robertson). REA. 59 (1957), 135—136 (J. Marcadé). Belleten 21 (1957), 189—190 (A. M. Mansel). REL. 34 (1956 [1957]), 415 (J. Marouzeau). DLZ. 78 (1957), 535 (G. v. Lücken). [1088

— Die Wände Pompejis. Topogr. Verz. d. Bildmotive. Berlin: de Gruyter 1957. XVI, 368 S. | Studia et docum. historiae et juris 23 (1957), 374—378 (P. Ciprotti). [1089

Sgobbo, I.: Gli Etruschi in Pompei alla luce di un nuovo documento. — RendAccNapoli 31 (1956 [1957]), 37—76, Abb., 4 Taf. [1090

Traversi, C.: Umanità di Pompei. — L'Universo 35 (1955), 709—724. [1091

Populonia. De Agostino, A.: Populonia (Livorno). Scoperte archeologiche nella necropoli negli anni 1954/56. — NSc. Ser. 8, 11 (1957), 1—52, Abb. [1092

Primaporta. Gabriel, M. M.: Livia's garden room at Prima Porta. 1955. | Antiquity 31 (1957), 54—55 (R. W. Hutchinson). ClRev. NS. 7 (1957), 151—152 (H. Plommer). [1093

Pyrgi. Castagnoli, F., L. Cozza: Appunti sulla topografia di Pyrgi. — BSR. 25 (1957), 16—21, Abb., 3 Taf. [1094

Pallottino, M.: Scavi nel santuario etrusco di Pyrgi. Relazione preliminare della prima campagna, 1957. — ArchClass. 9 (1957), 206—222, 12 Taf. [1095

Rapino. Cianfarani, V.: Touta Marouca. — Studi Calderini/Paribeni 3, 311—327, Abb. [1096

Ravenna. Bode, A.: Das Rätsel der Basilica di San Vitale in Ravenna. — ZfK. 20 (1957), 52—79, Abb. [Dazu F. W. Deichmann, ByzZ. 50 (1957), 564]. [1097

Bovini, G.: Chiese di Ravenna. Novara: de Agostini 1957. 164 S., 167 Abb., 30 Taf. (Musei e monumenti). [1098

— Die Kunstdenkmäler von Ravenna. Hrsg. vom Verkehrsbureau d. Stadt Ravenna. 4. Aufl. Zürich: Fretz & Wasmuth 1957. 25 S., 58 S. Abb., 4 Taf. [1099

— Note sull'antica decorazione musiva di S. Agata Maggiore a Ravenna s. Nr. 2575.

— Note sulla successione delle antiche fasi di lavoro nella decorazione musiva del Battistero degli Ariani. — Felix Ravenna Ser. 3, 24 (1957), 5—24, Abb. [1100

— San Vitale di Ravenna. Milano: Editoriale d'Arte 1955. 101 S., 69 Abb. [1101

Dupré-Theseider, E.: Ravenna capitale. — Corsi di cultura sull'arte ravennate e bizantina 1957, fasc. 2, 63—66. [1102

Dyggve, E.: Excursus sulla »Basilica Herculis« ricordata da Cassiodoro. — Corsi di cultura sull'arte ravennate e bizantina 1957, fasc. 2, 75—78. [1103

— Mausoleo di Teodorico: le origini della cupola s. Nr. 2120.

— Visione(?) del re dei Goti s. Nr. 2121.

Ferri, S.: Il problema di Ravenna preromana. — Corsi di cultura sull'arte ravennate e bizantina 1957, fasc. 2, 89—113, Abb. [1104

Gotsmich, A.: Das Grabmal Theoderichs in Ravenna. — Universitas 12 (1957), 1183—1194, Abb. [1105

Guida ai mosaici e ai monumenti di Ravenna. Bologna: Alfa 1957. 75 S., Abb. (Guide Jolly. 2). [1106

Mazzotti: La cripta di S. Apollinare in Classe s. Nr. 2150.

Ottolenghi: La cappella arcivescovile in Ravenna s. Nr. 2597.

Randi, A.: La dominazione romana a Ravenna. Ravenna: La Ravegnana 1957. 40 S. [1107

Tea: I committenti d'arte a Ravenna del V e VI secolo s. Nr. 2073.

Rebbio. Bertolone, M.: Tombe protostoriche a Rebbio (Como). — Studi Calderini/Paribeni 3, 103—114, Abb. [1108

Rom. Amore, A.: Note di toponomastica cimiteriale romana. — RACrist. 32 (1956), 59—87. [1109

Audin, A.: La naissance de Rome. — Revue de géographie de Lyon 31 (1956), 21—31. [1110

Badalucchi, U.: Le mausolée d'Hadrien et le château Saint-Ange à Rome. Roma: Terenzi 1956. 112 S., 89 Abb. [1111

Borrelli Vlad: Distacco delle pitture del grande cubicolo della Casa dei Grifi s. Nr. 2463.

Budde: Ara pacis Augustae. Der Friedensaltar des Augustus s. Nr. 2101.

Carettoni, G.: Roma (Palatino). Saggi nell' interno della Casa di Livia. — NSc. Ser. 8, 11 (1957), 72—119, Abb. [1112

— Tomba arcaica a cremazione scoperta sul Palatino. — BPI. NS. 9 (1954/55), 261—276, Abb. [1113

Casini, N.: Le discussioni sull' »Ara Victoriae« nella Curia romana. — StRom. 5 (1957), 501—517, Abb. [1114

Colini, A. M.: Porta Maggiore attraverso i tempi. — Capitolium 32 (1957), Nr. 11, 3—9, Abb. [1115

— La sala rotonda delle Terme di Agrippa s. Nr. 2108.

Curtius, L., A. Nawrath: Das antike Rom. 3. Aufl., neu bearb. v. E. Nash. Wien, München: Schroll 1957. 67 S., 70 Taf. [1116

— Das antike Rom (1944). — Curtius, Torso (Stuttg. 1957), 92—118. [1117

Darsy, F.: Stratigraphie générale de la zone archéologique de Sainte-Sabine sur l'Aventin. — Mélanges M. Andrieu (Strasbourg 1956), 113—126, 3 Taf. [1118

Essen, C. C. van: L'église de Sainte Prisque à Rome. — ActesCIAChrét. 5 (1954 [1957]), 279—282, Abb. [1119

Faccenna, D.: Roma (Via Tiburtina). Sarcofago marmoreo e cippo funerario. — NSc. Ser. 8, 11 (1957), 120—122, Abb. [1120

Formigé, J.: L'emplacement du cirque de Néron à Rome. — BAntFr. 1954/55 (1957), 33—35. [1121

Fuchs: Zur Baugeschichte der Basilica Aemilia in republikan. Zeit s. Nr. 2125.

Gatti, G.: Scoperta di una basilica cristiana presso S. Lorenzo fuori le Mura.

— Capitolium 32 (1957), Nr. 11, 16—20, Abb. [1122

Gerkan, A. v.: Zur Frühgeschichte Roms. — RhM. NF. 100 (1957), 82—97, Abb. [1123

Gjerstad, E.: Early Rome. 1. 1953. | ArchClass. 9 (1957), 134—135 (F. Castagnoli). BPI. NS. 9 (1954/55), 452—453 (S. M. Puglisi). [1124

— Early Rome. 2: The tombs. 1956. | Mnemosyne Ser. 4, 10 (1957), 178—180 (C. C. van Essen). EtCl. 25 (1957), 382—383 (M. Decout). Zephyrus 8 (1957), 313 (J. M. Blazquez). Latomus 16 (1957), 553—554 (Ch. Delvoye). [1125

— La stratigrafia e i più antichi materiali archeologici nella zona dell'Arco di Augusto. — BPI. NS. 9 (1954/55), 277-297, Abb. [1126

Giuliano, A.: Arco di Costantino. 1955. | JRS. 46 (1956), 185—186 (J. B. Ward Perkins). [1127

Grimal, P.: Dans les pas des Césars. 1955. | REA. 59 (1957), 476—477 (J. Audiat). [1128

Hertling, L., E. Kirschbaum: Die römischen Katakomben. 2. Aufl. 1955. | Latomus 16 (1957), 411—413 (Ch. Delvoye). [1129

Lanzara, P.: L'auditorio di Mecenate. — Capitolium 32 (1957), Nr. 8, 25—26, Abb. [1130

Le Gall, J.: Le Tibre dans l'antiquité. 1953. | JRS. 46 (1956), 177—178 (R. Meiggs). [1131

Lugli, J.: Fontes ad topographiam veteris urbis Romae pertinentes. Vol. 4: Libri XII—XIV, Regiones urbis V, VI, VII. Romae: Istit. di topogr. antica 1957. 435 S., 4 Taf. [1132

— Roma antica. Il centro monumentale. Roma: Bardi 1957. 630 S., 188 Abb., 9 Taf. [1133

Lyngby, H. B.: Beiträge zur Topographie des Forum Boarium-Gebietes in Rom. 1954. | Gymn. 64 (1957), 278—282 (H. Riemann). ClRev. NS. 7 (1957), 172—173 (J. M. Reynolds). Emerita 25 (1957), 239—241 (A. Balil). [1134

Marchetti-Longhi, G.: Curia Pompeja. — StRom. 5 (1957), 642—659, 6 Taf. [1135

Matthiae, G.: San Cesario »de Appia«. Roma: Tipografia artist. editr. 1955. 61 S., 30 Taf., Abb. [1136

Nash, E.: Obelisk und Circus. Vortrag. — RM. 64 (1957), 232—259, Abb., 23 Taf. [1137

Picard: La Base de Sorrente et le problème d'un prétendu »temple augustéen de Vesta« sur le Palatin s. Nr. 2381.

Prandi, A.: Il complesso monumentale della Basilica Celimontana dei SS. Giovanni e Paolo. 1953. | ByzZ. 50 (1957), 192—199 (F. W. Deichmann). [1138

Puglisi, S. M.: Sepolcri di incinerati nella valle del Foro Romano. — BPI. NS. 9 (1954/55), 299—322, Abb. [1139

Romanelli, P.: Problemi archeologici e storici di Roma primitiva. — BPI. NS. 9 (1954/55), 257—260, Abb. [1140

Romano, P.: La colonna di Marco Aurelio. — L'Urbe 18, 5 (1955), 26—28; 18, 6 (1955), 27—33. [1141

Stettler: St. Gereon in Köln u. der sog. Tempel der Minerva medica in Rom s. Nr. 1483.

Vangenechten, K.: Het antieke Rome. 1956. | RBPhil. 35 (1957), 1148 (M. van den Bruwaene). [1142

Vighi, R.: Guida del Pantheon. Roma: Typografia Artistica 1955. 31 S., 30 Abb. [1143

Rom. Ausgrabungen unter der Peterskirche.

Bernardi, J.: A propos des ossements de la niche 1. — Vigiliae Christianae 11 (1957), 152—160, Abb. [1144

Chamoux, F.: Paganisme et christianisme. A propos des fouilles du Vatican. — Information littéraire 8 (1956), 101—106. [1145

Griffiths, J. G.: The Vatican excavations and the tomb of St. Peter. — Hibbert Journal 55 (1957), 140—149. [1146

Kirschbaum, E.: Die Gräber der Apostelfürsten. Frankfurt: Scheffler 1957. 254 S., Abb., 66 Taf. [1147

Klauser, Th.: Die römische Petrustradition im Lichte der neuen Ausgrabungen unter der Peterskirche. 1956. | RHRel. 152 (1957), 104—105 (P. Lemerle). [1148

Llorca y Vives, B.: Las excavaciones de San Pedro y la autenticidad de su sepulcro. — Salmanticensis 3 (1956), 474—483. [1149

Rey, E.: Yace San Pedro en el Vaticano? — Razón y Fe 1957, Nr. 710, 277—287. [1150

Ruysschaert, J.: Les documents littéraires de la double tradition romaine des tombes apostoliques. — Rev. d'hist. ecclés. 52 (1957), 791—831. [1151

Sjöqvist, E.: The shrine of St. Peter. A review. — Antiquity 31 (1957), 15—18. [1152

Testini, P.: Le presunte reliquie dell' apostolo Pietro e la traslazione »ad catacumbas«. — ActesCIAChrét. 5 (1954 [1957]), 529—538. [1153

Toynbee, J., J. G. Griffiths: The Vatican excavations and the tomb of St. Peter. — Hibbert Journal 55 (1957), 284—286. [1154

— J. W. Perkins: The shrine of St. Peter and the Vatican excavations. 1956. | Times Liter. Suppl. 56 (1957), 83. ClRev. NS. 7 (1957), 152—154 (G. Woodhead). JRS. 47 (1957), 276—278 (C. A. R. Radford). Latomus 16 (1957), 413—415 (S. J. de Laet). [1155

Rudiae. Bernardini, M.: La Rudiae Salentina. Pref. di P. Romanelli. Lecce: Ed. Salentina 1955. 172 S., Abb., 35 Taf. | ArchClass. 9 (1957), 272—273 (R. A. Stаccioli). [1156

Russi. Bovini, G.: I ritrovamenti archeologici di Russi. — Boll. della Camera di Commercio di Ravenna 1955, No. 5, 3—7. [1157

Sabiner. Rix, H.: Sabini, Sabelli, Samnium. — Beiträge z. Namenforschung 8 (1957), 127—143. [1158

Salento. Bernardini, M.: Panorama archeologico dell' estremo Salento. Bari: Adriatica 1957. 68 S., Abb. | ArchClass. 9 (1957), 272—273 (R. A. Staccioli). [1159

Salina. Cavalier, M.: Salina. A prehistoric village in the Aeolian Islands. — Antiquity 31 (1957), 9—14, Abb. [1160

San Cono. Rizza, G.: S. Cono (Catania). Necropoli in contrada Mola. — NSc. Ser. 8, 11 (1957), 204—205, Abb. [1161

Sarsina. Soc. di Studi romagnoli. Studi Sarsinati, di P. E. Arias [u. a.]. Pref. di A. Campana. Faenza: Lega 1957. VIII, 251 S., Abb. Aus: Studi romagnoli. 5. 1954. [1162

Susini, G.: Poleografia sarsinate. — Studi Sarsinati (Faenza 1957), 185—217, Abb. [1163

Scheria. Pocock, L. G.: Samuel Butler and the site of Scheria. — GaR. Ser. 2, 4 (1957), 125—130, Abb., 1 Taf. [1164

Selinunt. Gabrici, E.: Studi archeologici selinuntini. — MonAnt. 43 (1956), 205—408, Abb., 6 Taf. [1165

Serra Orlando. Stillwell, R., E. Sjöqvist: Excavations at Serra Orlando. Preliminary report. — AJA. 61 (1957), 151—159, 8 Taf. [1166

Sizilien. Bernabò Brea, L.: Sicily before the Greeks. Transl. by C. M. Preston and L. Guido. London: Thames and Hudson 1957. 258 S., Abb., Taf. (Ancient peoples and places). | Zephyrus 8 (1957), 310 (J. Maluquer de Motes). [1167

Brandi, C.: Archeologia siciliana. — BollICR. 27/28 (1956), 93—100. [1168

Devoto: Biagio Pace e gli studi sull' antica Sicilia s. Nr. 224.

Pocock, L. G.: The Sicilian origin of the »Odyssey«. A study of the topographical evidence. Wellington: New Zealand Univ. Press 1957. 12, 79 S., 8 Taf., Abb. | REA. 59 (1957), 413—414 (L. Moulinier). [1169

Sicile grecque. Préf. de J. Bayet. 1955. | Zephyrus 8 (1957), 182 (J. M. Blazquez). [1170

Sora. Lauri, A.: Sora e il suo castello romano-medioevale. Sora: Camastro 1957. 92 S., 8 Taf.

Sorano. Maetzke, G.: Sorano (Grosseto). Tombe etrusche ad ipogeo. — NSc. Ser. 8, 11 (1957), 53—65, Abb. [1172

Spina. Alfieri, N.: La scoperta dell'abitato di Spina. Appendice: Apparecchi e tecnica rel. alle prospezioni aeree che hanno portato alla scoperta della città etrusca di Spina, di V. Valvassori. Tolentino: Filelfo 1957. 22 S., 2 Taf. [1173

Aurigemma — Alfieri: Il Museo nazionale archeol. di Spina in Ferrara s. Nr. 1560.

Ferri, S.: Considerazioni di archeologia protostorica sulla Laguna dei »Sette Mari« (Spina). — Studi class. e orient. 6 (1956 [1957]), 214—224. [1174

Padovani, T.: Spina. — Vie d'Italia 63 (1957), 160—169, Abb. [1175

Pareti, L.: La tradizione antica su Spina. Premessa storica per i prossimi scavi. — StRom. 5 (1957), 125—135. [1176

Stabia. Elia: Pitture di Stabia s. Nr. 2471.

Syrakus. Agnello, G.: Sicilia paleocristiana. Il sepolcro Politi a Siracusa. — Studi Calderini/Paribeni 3, 689—704, Abb. [1177

Agnello, S. L.: Paganesimo e cristianesimo nelle catacombe di S. Lucia a Siracusa. — ActesCIAChrét. 5 (1954 [1957]), 235—243, Abb. [1178

— Scavi recenti nelle catacombe di Vigna Cassia a Siracusa. — RACrist. 32 (1956), 7—27, Abb. [1179

Tarquinia. Romanelli, P.: Tarquinia. La necropoli e il museo. Roma: Ist. poligr. dello Stato 1957. 155 S., 100 Abb. [1180

Terracina. Aurigemma, S., A. Bianchini, A. De Santis: Circeo, Terracina,

Fondi. Roma: Istit. poligr. dello Stato 1957. 111 S., Abb. [1181

Tivoli. Beltrame, G., T. Seppilli: Tivoli. Illustrazione antropologica dei reperti ossei della necropoli di Tivoli (Cartiera Amicucci) del V—IV secolo av. Cr. — NSc. Ser. 8, 11 (1957), 154—162, Abb. [1182

Faccenna, D.: Rinvenimento di una necropoli dell' età del ferro in Tivoli. — BPI. NS. 9 (1954/55), 413—423, Abb. [1183

— Tivoli (Bagni. Località Pantani). Rinvenimento di sculture e di strada romana. — NSc. Ser. 8, 11 (1957), 153. [1184

— Tivoli (Giardino Garibaldi). Resti di costruzione romana; (Via Lucullo). Strada romana e resti di costruzioni romane; (Piazza Filippo Sabucci). Resti di costruzioni romane. — NSc. Ser. 8, 11 (1957), 133—137, Abb. [1185

— Tivoli (Località Granaraccio). Resti della parte rustica di una villa. — NSc. Ser. 8, 11 (1957), 148—153, Abb. [1186

— Tivoli (Piazza D. Tani). Necropoli del V—IV secolo av. Cr., rinvenuta durante i lavori di ampliamento della Cartiera Amicucci. — NSc. Ser. 8, 11 (1957), 123—133, Abb. [1187

— Tivoli (Via del Governo). Muro in opera mista, base onoraria di M. Ulpia Sossia Calligona e tomba con tegole a cappuccina; (Piazza del Comune). Resti di pavimento in signino; (Località Accquoria. Madonna del Giglio). Rinvenimento di un sarcofago di tufo. — NSc. Ser. 8, 11 (1957), 139—143, Abb. [1188

— Tivoli (Vicolo di Santa Croce). Sarcofago di tufo in terreno di proprietà R. Porcari. — NSc. Ser. 8, 11 (1957), 133. [1189

Kähler, H.: Hadrian u. seine Villa bei Tivoli. 1950. | ThLZ. 82 (1957), 57—58 (J. Kollwitz). [1190

Uncovering and restoring the splendours of Hadrian's imperial villa at Tivoli. — ILN. 231 (1957), 552—553, Abb. [1191

Treviso. Berti, L., C. Boccazzi: Scoperte paletnologiche e archeologiche nella provincia di Treviso. Firenze 1956. 82 S., 8 Taf. | Athenaeum 35 (1957), 136—137 (F. Sartori). ArchClass. 9 (1957), 271 (A. Degrassi). [1192

Tyndaris. Barreca, F.: Tindari colonia dionigiana. — RendLinc. Ser. 8, 12 (1957), 125—134, Abb. [1193

Val Belluna. Alpago-Novello, L.: Resti di centuriazione romana nella Val Belluna. — RendLinc. Ser. 8, 12 (1957), 249—269, 6 Taf. [1194

Velia. Sestieri, P. C.: Greek Elea — Roman Velia. — Archaeology 10 (1957), 2—10, Abb. [1195

Venedig. Storia di Venezia. Vol. 1: Dalla preistoria alla storia. Venezia: Centro intern. delle Arti e del Costume 1957. 556 S., Abb., 11 Taf. [Beitr. v. R. Cessi u. G. Brusin]. [1196

Ventimiglia. Lamboglia, N.: Lo scavo del »pulpitum« nel teatro romano di Ventimiglia. — Rivista Ingauna e Intemelia NS. 12 (1957), 84—88, Abb. [1197

Sánchez Real, J.: La aplicación de la estadistica a la excavación de Albintimilium. — Caesaraugusta 7/8 (1957), 83—90. [1198

Via Annia. Degrassi: Un nuovo miliario calabro della Via Popillia e la Via Annia del Veneto s. Nr. 3122.

Via Claudia. Anti, C.: La Via Claudia Augusta ab Altino dalla Priula a Belluno. — Studi Calderini/Paribeni 3, 495—511, Abb. [1199

Via Latina. Cagiano de Azevedo, M.: Una tomba rotonda sulla Via Latina. — VAHDalm. 56/59 (1954/57), 184—187, Abb., 1 Taf. [1200

Via Valeria. Essen, C. C. van: The Via Valeria from Tivoli to Collarmele. — BSR. 25 (1957), 22—38, Abb., 5 Taf. [1201

Vivarium. Courcelle, P.: Nouvelles recherches sur le monastère de Cassiodore. — ActesCIAChrét. 5 (1954 [1957]), 511—528, Abb. [1202

Volterra. Fiumi, E.: Contributo alla datazione del materiale volterrano. Gli scavi della necropoli del Portone degli anni 1873/74. — StEtr. 25 (1957), 367—415, Abb. [1203

5. Nordafrika

Balout, L.: Préhistoire de l'Afrique du Nord. 1955. | ArchClass. 9 (1957), 136—139 (M. Fantoli). REByz. 15 (1957), 224—225 (R. Janin). Archaeology 10 (1957), 298—299 (B. Howe). [1204

Leschi, L.: Études d'épigraphie, d'archéologie et d'histoire africaines. Préf.: J. Lassus. Paris: Arts et métiers graph. 1957. 443 S., Taf., Ktn. (Gouv. gén. de l'Algérie. Service des Antiquités.) | Latomus 16 (1957), 778—779 (M. Renard). [1205

Pflaum, H. G.: Nordafrika u. die Römer. — Annales Univ. Saraviensis 5 (1956), 37—49. [1206

Picard, G.-Ch.: L'archéologie chrétienne en Afrique 1938/53. — ActesCIAChrét. 5 (1954 [1957]), 45—59, Abb. [1207

Teutsch, L.: Das Städtewesen in Nordafrika in der Zeit von C. Gracchus bis zum Tode des Kaisers Augustus. Bd. 1—3. Diss. Freiburg/Br. 1957. 636, 92 Bl., Taf. [Maschinenschr.]. [1208

Algerien. Heurgon, J.: L'oeuvre archéologique française en Algérie. — BBudé Ser. 4 (1956), No. 4, 3—26. [1209

Lassus, J.: 25 ans d'histoire algérienne. Recherches et publications (1931/56). L'antiquité. — Rev. africaine 100 (1956), 81—119. [1210

Leglay, M.: Bibliographie. — Libyca 4 (1956), 345—354 [Berichtszeit: Ende 1955—Januar 1957]. [1211

— Note sur quelques baptistères d'Algérie s. Nr. 2143.

Constantine. Berthier, A., R. Charlier: Le sanctuaire punique des stèles d'El-Hofra à Constantine. 1955. | REByz. 15 (1957), 257—258 (R. Janin). Archaeology 10 (1957), 72—73 (R. M. Haywood). [1212

El Benian. Tarradell Mateu, M.: El Benian. Castellum romano entre Tetuan y Tanger. — Tamuda 1 (1953), 302—309, Abb. [1213

Ghirza. Brogan, O., D. Smith: The Roman frontier settlement at Ghirza: an interim report. — JRS. 47 (1957), 173—184, Abb., 4 Taf. [1214

Karthago. Lézine, A., C. Picard, G.-Ch. Picard: Observations sur la ruine des thermes d'Antonin à Carthage. — CRAcInscr. 1956, 425—430, Abb. [1215

— Palestres ou basiliques? — RA. Sér. 6, 49 (1957), 98—99. [1216

Picard, G.: Das wiederentdeckte Karthago. Mit einem Beitr. v. S. v. Cles-Reden: Die Welt der Phönizier. Frankfurt: Scheffler 1957. 215 S., Abb., 44 Taf., 3 Ktn. [1217

Scullard, H. H.: Carthage. — GaR. Ser. 2, 2 (1955), 98—107, Abb. [1218

Kyrenaika. Cyrenaican Expedition of the University of Manchester, 1952. 1956. | ClRev. NS. 7 (1957), 271 (R. M. Cook). Archaeologia Austriaca 21 (1957), 118 (R. Stiglitz). [1219

Kyrene. Applebaum, S.: A lamp and other remains of the Jewish community of Cyrene. — IEJ. 7 (1957), 154—162, Abb. [1220

Goodchild, R. G.: Cyrene. Excavations and discoveries. — FA. 10 (1955 [1957]), 268—269, Abb. [1221

— The discovery of a huge imperial frieze, unseen since A. D. 365, at Cyrene. — ILN. 230 (1957), 303—305, Abb. [1222

Rowe, A.: An account of the round, rectangular, stepped and rock-cut tombs at Cyrene. Manchester: Univ. Pr. 1956. XI, 59 S., Abb., 6 Taf. | JRS. 47 (1957), 271—274 (R. G. Goodchild, J. Reynolds). [1223

Wright, G. R. H.: Cyrene: a survey of certain rock-cut features to the south of the sanctuary of Apollo. — JHS. 77 (1957), 300—310, Abb. [1224

Leptis Magna. Matthews, K. D.: Cities in the sand: Leptis Magna and Sabratha in Roman Africa. Photogr. by A. W. Cook. Philadelphia: Pennsylvania Univ. Pr. 1957. 160 S., 97 Abb., Ktn. [1225

Libyen. Aurigemma, S.: Sopraluogo alle antichità libiche. — Vie d'Italia 63 (1957), 1559—1569, Abb. [1226

Ward-Perkins, J. B.: The Christian antiquities of Libia since 1938. — ActesCIAChrét. 5 (1954 [1957]), 159—162. [1227

Marokko. Bacaicoa Arnaiz, D.: Ensayo de bibliografia española de arqueologia sobre la zona del Protetorado de España en Marruecos. — I Congreso Arqueologico del Marruecos Español, Tetuan, 1954 [1955], 469—477. [1228

Euzennat, M.: L'activité du Service des Antiquités du Maroc en 1955 et 1956. — CRAcInscr. 1956, 309—310. [1229

Riche, J., O. Lille: Bibliographie marocaine, 1948/51. — Hespéris 42 (1955), 291—708. [1230

Marrakesch. Meunié, J., H. Terrasse, G. Deverdun: Nouvelles recherches archéol. à Marrakech. Paris: Arts et métiers graph. 1957. 131 S., Abb., Taf. (Publications de l'Inst. des hautes études marocaines. 62). [1231

Mila. Lassus, J.: Fouilles à Mila. Campagne préliminaire (juin-juillet 1957). — Libyca 4 (1956), 199—239, Abb., Taf. [1232

Rusguniae. Salama, P.: La colonie de Rusguniae d'après les inscriptions. — Revue africaine 119 (1955), 5—52. [1233

Sabratha. Matthews: Cities in the sand: Leptis Magna and Sabratha s. Nr. 1225.

Pesce, G.: Il tempio d'Iside in Sabratha. 1953. | ClPh. 52 (1957), 62—63 (R. Scranton). [1234

Saint-Leu. Lassus, J.: Le site de Saint-Leu. Portus Magnus (Oran). — CRAcInscr. 1956, 285—293. [1235

Sufetula. Cèbe, J.-P.: Une fontaine monumentale récemment découverte à Sufetula (Byzacène). — Mél. 69 (1957), 163—206, Abb., 1 Pl., 5 Taf. [1236

Tebessa. Lancel, S.: Une nécropole chrétienne à Tébessa. — Libyca 4 (1956), 319—331, Abb. [1237

Thina. Thirion, J.: Un ensemble thermal avec mosaïques à Thina (Tunisie). — Mél. 69 (1957), 207—245, 1 Pl., 6 Taf. [1238

Tigisis. Lancel, S., P. Pouthier: Première campagne de fouilles à Tigisis. — Mél. 69 (1957), 247—253, 1 Pl., 2 Taf. [1239

Tigzirt. Euzennat, M.: Le premier établissement romain de Tigzirt. — Mél. 69 (1957), 75—80, Abb. [1240

Tipasa. Baradez, J.: Le Castellum du Mazafran et la Colonia Aelia Augusta Tipasensium. — Libyca 4 (1956), 265—290, Abb., 1 Taf. [1241

Tunesien. Atlas des centuriations romaines de Tunisie. 1954 [1956]. | Gnomon 29 (1957), 551—552 (J. Bradford). REL. 34 (1956 [1957]), 392—393 (A. Piganiol). [1242

Caillemer, A., R. Chevallier: Die römische Limitation in Tunesien. — Germania 35 (1957), 45—54, Abb., 4 Taf. [1243

6. Gallien

(Belgien, Frankreich, Holland, Luxemburg)

Armand-Calliat—Guey: Un milliaire romain à Corcelle près de Chatenoy-Le-Royal (Saône-et-Loire) s. Nr. 3101.

Aymard, A.: Aperçu bibliographique sur les publications récentes conc. la Gaule antique, 1945 à 1955. Paris: CNRS. 1956. 13 S. (Bibl. annuelle de l'histoire de France. 1955). [1244

Benoît, F., P.-A. Février, J. Formigé, H. Rolland: Villes épiscopales de Provence, Aix, Arles, Fréjus, Marseille et Riez de l'époque gallo-romaine au moyen-âge. 1954. | RAE. 8 (1957), 164—169 (P. Lebel). [1245

Bibliographie régionale. Époque gallo-romaine. — RAE. 8 (1957), 339—344. [1246

Les nouvelles Circonscriptions archéologiques. — Gallia 15 (1957), 179—182, Abb., 349—352, Abb. [1247

Duval, P.-M.: Chronique gallo-romaine. — REA. 59 (1957), 329—376, 1 Taf. [1248

Faider-Feytmans, G.: Les vici du Nord de la Gaule à l'époque romaine. — Annales de la Fédération archéol. et histor. de Belgique 35 (1953 [1955]), 11—16. [1249

Grenier, A.: Sanctuaires celtiques et têtes coupées. — BAntFr. 1954 /55(1957), 30—32. [1250

Hubert, J.: L'archéologie chrétienne en France depuis 1939. — ActesCIAChrét. 5 (1954 [1957]), 97—108, Abb. [1251

Informations. Antiquités historiques. Ire-IIIe, Ve-IXe, XIe Circonscription. — — Gallia 15 (1957), 151—278, Abb. [1252

Mertens, J.: La chaussée romaine de Reims à Trèves. — Le Pays Gaumais 17 (1956), 91—115, Abb. [1253

Wheeler, M., K. M. Richardson: Hill-forts of Northern France. With an appendix on Muri Gallici by M. Aylwin Cotton. Oxford: Soc. of Antiquaries 1957. XVI, 230 S., Abb., 50 Taf. (Soc. of Antiquaries. Reports of the Research Committee. 19.) [1254

Belgien. Mertens, J.: Les routes romaines de la Belgique. Bruxelles 1957. 44 S., Abb., Kte. (Archaeologia Belgica. 33.) [1255

— Les routes romaines en Belgique. — Industrie 9 (1955), 673—683, Abb., 1 Kte. [1256

Alesia. Colbert de Beaulieu, J.-B.: La localisation d'Alésia et la numismatique gauloise. — Ogam 8 (1956), 111—136, Abb., 4 Taf. [1257

Delamarche, L.: «Il n'y a pas de tradition identifiant Alise-Seinte-Reine avec Alésia». Paris 1956. 6 S. Aus: Le Jura français, Okt.-Dez. 1956. [1258

Durand-Lefebvre: Des poteries gallo-romaines trouvées à Alésia. — BAntFr. 1954/55 (1957), 177—183. [1259

Lebel, P., J. Marilier, L. Delamarche: Autour d'Alesia Mandubiorum. — RAE. 8 (1957), 133—138. [1260

Altena s. *Heusden.*

Amiens. Vasselle, F.: Compte-rendu des trouvailles faites à Amiens et dans le Département de la Somme. — Bull. trimestriel de la Société des Antiquaires de Picardie 1955, 16—46, Abb., 6 Taf. [1261

Arles. Benoît, F.: Observations sur les cryptoportiques d'Arles. — RivStudLig. 23 (1957), 107—112, Abb. [1262

Avenches. Grosjean, G.: La limitation romaine autour d'Avenches. Son influence sur le développement et la structure de notre paysage. — Le Globe 95 (1956), 57—74, Taf. [1263

Bavai. Biévelet, H.: L'exploration archéologique de Bavai. Les fouilles de l'Eglise (juillet 1953). — Annales de la Fédération archéol. et histor. de Belgique 35 (1953 [1955]), 37—48, Abb., 2 Taf. [1264

Carcopino, J.: Pour les fouilles de Bavai. Douai 1957. 11 S. [1265

Will, E.: Bavai, cité gallo-romaine. Douai: Lefebvre-Lévêque 1957. 48 S., Abb., Taf. [1266

Boitsfort. Scollar, I.: Hollow ways at Boitsfort, near Brussels. — Antiquity 31 (1957), 100—103, Abb. [1267

Brabers. Braat, W. C.: Brabers, een inheemse nederzetting uit de Romeinse tijd op Schouwen. — OudhMeded. NR. 38 (1957), 84—90, Abb., 3 Taf. [1268

Brüssel. Mariën, M.-E.: La région bruxelloise avant 700. — Cahiers bruxellois 2 (1957), 1—71, Abb., Taf. [S. 39—63: Période romaine]. [1269

Brumath-Stephansfeld. Sauer, C.: Notices archéologiques sur Brumath-Stephansfeld. — CAlsArch. 1957, 83—90, Abb. [1270

Cemenelum. Rigoir, J. et Y.: Tombes romaines découvertes à Cemenelum (Cimiez, Nice). — RivStudLig. 23 (1957), 91—102, Abb. [1271

Châlons-sur-Marne. Lebel, P.: Sur le nom Châlons-sur-Marne et celui des «Champs catalauniques». — RAE. 8 (1957), 350—354. [1272

Charleroi. Salway, P.: A Romano-celtic sanctuary in Belgium. — Antiquity 31 (1957), 103—104. [1273

Châteaumeillant. Gourvest, J., E. Hugoniot: Un emporium gaulois à Châteaumeillant (Cher): l'oppidum de Mediolanum. — Ogam 9 (1957), 343—346, 2 Taf. [1274

Cléden-Cap-Sizun. Merlat, P.: Considérations prélim. sur l'établissement gallo-romain de Trouguer en Cléden-Cap-Sizun (Finistère). — Notices d'archéologie armoricaine 1956, 109—124. [1275

Clerval. Garneret, J.: Un édifice gallo-romain à Clerval (Doubs). — RAE. 8 (1957), 172—182, Abb. [1276

Cluny. Prouvelot, J., P.-M. Duval: Fouilles et aménagements aux thermes de Cluny. — Monuments histor. de la France 50 (1955), 57—64, 8 Taf. [1277

Courtrai. Vierin, J.: Trouvailles gallo-romaines à Courtrai 'Cortoriacum'. — Annales de la Fédération archéol. et histor. de Belgique 35 (1953 [1955]), 81—104, Abb., 8 Taf. [1278

Domburg. Hondius-Crone, A.: The temple of Nehalennia at Domburg. 1955. | Gnomon 29 (1957), 153—154 (E. Gose). ClRev. NS. 7 (1957), 173—174 (E. Birley). Antiquity 31 (1957), 180—181 (J. M. C. Toynbee). RA. Sér. 6, 50 (1957), 117 (R. Lantier). SteMat. 27 (1956), 162—163 (D. Sabbatucci). Archaeology 10 (1957), 152 (S. J. de Laet). [1279

Elst. Bogaers, J. E. A. Th.: De Gallo-Romeinse tempels te Elst in de Over-Betuwe. 1955. | Gnomon 29 (1957), 152—153 (E. Gose). Antiquity 31 (1957), 181 (J. M. C. Toynbee). JRS. 47 (1957), 294 (C. A. R. Radford). AntCl. 26 (1957), 278—280 (P. Hombert). Latomus 16 (1957), 207—208 (G. Faider-Feytmans). [1280

Waele, F. J. de: Over de betekenis van de gallo-romeinse tempels te Elst (Nederland). 1955. | EtCl. 25 (1957), 267—268 (J. van Ooteghem). AntCl. 26 (1957), 280—281 (S. J. de Laet). Latomus 16 (1957), 207—208 (G. Faider-Feytmans). [1281

Ensérune. Jannoray, J.: Ensérune. 1955. | Erasmus 10 (1957), 32—35 (G. M. A. Hanfmann). RivFil. NS. 35 (1957), 103—105 (G. Capovilla). [1282

Entremont. Benoit, F.: Entremont. Aix-en-Provence: Pensée univ. 1957. 62 S., 55 Abb., 2 Taf., Kte. [1283

Fontaine-Valmont. Bertaux, L.: A propos du tumulus de Fontaine-Valmont. — Bull. de la Société paléontologique et archéol. de Charleroi 23 (1954), 49—53, 1 Kte. [1284

Furfooz. Breuer, J.: Les bains romains de Furfooz (près Dinant) et le chauffage dans l'antiquité. — Bull. de Documentation, Bureau d'Études industr. F. Courtoy, Bruxelles 1957, H. 1. [13 S., Abb.]. [1285

Glanum. Rolland, H.: Glanum. Notice archéol. Saint-Remy-de-Provence: Musée 1956. 23 S., Abb., Ktn. [1286

Samson, A.: Glanum. — Hermeneus 27 (1955), 66—69, Abb. [1287

Hatten. Frey, O.-H.: Die Zeitstellung des Fürstengrabes von Hatten im Elsaß. — Germania 35 (1957), 229—249, Abb., 3 Taf. [1288

Heusden. Voogd, H.: Romeinse woongronden in het Land van Heusden en Altena. — Westerheem 4 (1955), 86—91. [1289

Huy. Charles, F. A.: Encore l'Oppidum des Aduatiques. — Parcs nationaux 1956, 127—148. [1290

Joigny. Lacroix, B.: Les thermes gallo-romains d'un centre sidérurgique du IIe siècle à „Haut-le-Pied", lieu-dit de la commune de Joigny, Yonne. Domecy-sur-Cure (Yonne): Selbstverl. 1957. 37 S., 27 Abb., 3 Ktn. [1291

Lançon. Gourvest, J.: L'oppidum de Constantine, commune de Lançon, Bouches-du-Rhône. — Ogam 8 (1956), 51—62, Abb., 3 Taf. [1292

Languedoc. Denizot: Le rivage de Provence et Languedoc au temps des Ligures s. Nr. 1321.

La Roque. Larderet, P.: Les découvertes archéologiques de l'oppidum de La Roque (Hérault). — RivStudLig. 23 (1957), 69—82, Abb. [1293

— L'oppidum préromain de La Roque, commune de Fabrègues (Hérault). — Gallia 15 (1957), 1—39, Abb. [1294

Le Pègue. Perraud, A.: Les fouilles du Pègue. — Bull. de la Société d'archéol. et de statistique de la Drôme 73 (1955), 45—47, 79—80. [1295

Lezoux. Les Découvertes de Lezoux. — Ogam 9 (1957), 147—150, 8 Taf.; 255—260, Abb., 11 Taf.; 374—376, 4 Taf. [1296

Limoges. Perrier, J.: Notes d'archéologie gallo-romaine. — Bull. de la Soc. archéol. et histor. du Limousin 86 (1955), 7—16, Abb., 1 Taf. [1297

Lombez. Mesplé, P.: L'atelier de potier gallo-romain de Galane à Lombez (Gers). — Gallia 15 (1957), 41—62, Abb. [1298

Lyon. Audin, A.: Datation du théâtre de Lugdunum. — Latomus 16 (1957), 225—231, 1 Taf. [1299

— Essai sur la topographie de Lugdunum. 1956. | Latomus 16 (1957), 556—557 (J. Ch. Balty). [1300

Guey, J., A. Audin: L'amphithéâtre des Trois-Gaules et l'Autel de Rome et d'Auguste à Lyon: recherches récentes. — CRAcInscr. 1957, 168—175, Abb. [1301

Les Martyrs lyonnais de l'an 177 périrent dans l'amphithéâtre du Confluent. — RAE. 8 (1957), 348—350, Abb. [1302

Wuilleumier, P.: Lyon, métropole des Gaules. 1953. | Gnomon 29 (1957), 633—634 (R. Nierhaus). [1303

Maastricht. Marres, W.: Nog eens de Romeinse weg Maastricht-Heerlen. — De Maasgouw 74 (1955), 37—43, Abb. [1304

Mackwiller. Hatt, J.-J.: Découverte à Mackwiller d'un sanctuaire de Mithra. — CAlsArch. 1957, 51—81, Abb. [1305

— La station romaine de Mackwiller. Découvertes anciennes et récentes. — Revue d'Alsace 94 (1955), 158—162, 1 Taf. [1306

Mâconnais. Bonnefoy, M., R. Perraud: Nouvelles découvertes gallo-romaines dans le Mâconnais. — La Physiophile, Soc. d'Études d'Hist. naturelle de Montceau-les-Mines 31 (1955), Nr. 44, 61—68. [1307

Mediolanum s. *Châteaumeillant.*

Montignies. Staquet, P.: Le pont romain de Montignies-St. Christophe. Origine et destination. Strée (Hainaut): Dantinne 1957. 24 S., 8 Taf. [1308

Mosel. Lutz, M.: Recherches archéologiques en Moselle. — Annuaire, Soc. d'hist. et d'archéol. de la Lorraine 57 (1957), 131—150, Abb. [1309

Narbonne. Grenier, A.: Les capitoles romains en Gaule et le capitole de Narbonne. — CRAcInscr. 1956, 316—323, Abb. [1310

— La date du Capitole de Narbonne. — Hommages Deonna [s. Nr. 293], 245—248. [1311

Guy, M.: Traces du cadastre romain de quelques colonies de la Narbonnaise. — Études Roussillonnaises 4 (1954/55), 217—238, Abb. [1312

Niederbonn-les-Bains. Wolff, M.: Quelques trouvailles faites à Niederbonn-les-Bains en 1955. — CAlsArch. 1957, 91—93, Abb. [1313

Nijmegen. Sub Aquila: Bijdragen tot de archaeologie en de geschiedenis van Nijmegen. Nijmegen 1955: Janssen. 111 S. [1314

Oise. Chambon, R.: La trouée de l'Oise avant et pendant la domination romaine. — Documents et rapports de la Société archéol. de Charleroi 49 (1951/54 [1955]), 1—64, Abb., 3 Taf. [1315

Paris. Barroux, M.: Les origines légendaires de Paris. — Paris et Ile-de-France 7 (1955), 7—40. [1316

Durand-Lefebvre, M.: Poteries gallo-romaines récemment découvertes dans le Jardin du Luxembourg. — Paris et Ile-de-France, Mém. publ. par la Féd. des Soc. hist. et archéol. de Paris et de l'Ile de France 7 (1955), 41—51, Abb. [1317

Montremy, F. de: Le lieu-dit les Thermes et l'hôtel de Cluny. — Paris et Ile-de-France, Mém. publ. par la Féd. des Soc. hist. et archéol. de Paris et de l'Ile-de-France 7 (1955), 53—148, 15 Taf. [1318

Peyrestortes. Claustres, G., J. Abelanet: Le Peyrestortes gallo-romain. — Études Roussillonnaises 4 (1954/55), 57—68, Abb. [1319

Port-Bail. Boüard, M. de: Le baptistère de Port-Bail (Manche). — CArch. 9 (1957), 1—22, Abb. [1320

Provence. Denizot, G.: Le rivage de Provence et Languedoc au temps des Ligures. — RivStudLig. 23 (1957), 5—50, Abb. [1321

Puys-de-Voingt. Charbonneau, G.: Les ruines gallo-romaines des Puys-de-Voingt (Puy-de-Dôme). — Gallia 15 (1957), 117—128, Abb. [1322

Rémilly. Bergthol, E.: Trois années de recherches archéol. à la nouvelle station historique de Rémilly (Moselle). — Annuaire, Soc. d'hist. et d'archéol. de la Lorraine 57 (1957), 115—130, Abb. [1323

Ribeauvillé. Werner, L.-G.: L'arrondissement de Ribeauvillé à l'époque romaine. — Revue d'Alsace 93 (1954), 7—20, 1 Kte. [1324

Robechies. Spitaels, P.: La nécropole gallo-romaine de Robechies (près Chimay). — AntCl. 26 (1957), 91—124, 6 Taf., Abb. [1325

Saint-Blaise. Rolland, H.: Fouilles de Saint-Blaise, 1951/1956. Paris: Centre nat. de la recherche scientif. 1957. 96 S., Abb., 4 Taf. (Gallia, Suppl. 7.) | EtCl. 25 (1957), 387 (J. van Ooteghem). JSav. 1957, 92—94 (A. Merlin). Latomus 16 (1957), 776—777 (M. Renard). [1326

Saint-Denis. Salin, É.: Sépultures gallo-romaines et mérovingiennes dans la Basilique de Saint-Denis. — MonPiot 49 (1957), 93—128, Abb. [1327

— Les tombes gallo-romaines et mérovingiennes de la Basilique de Saint-Denis. — Inst. de France. Séance publ. annuelle des cinq Académies du 25 oct. 1957 (Paris 1957). [67 S.] [1328

Saint-Maximin (Var). Chatel, E.: Crypte de l'église de Saint-Maximin (Var). — ActesCIAChrét. 5 (1954 [1957]), 335—340, Abb. [1329

Saint-Sernin. Delaruelle, E.: À la recherche du Saint-Sernin gallo-romain. — Actes CIAChrét. 5 (1954 [1957]), 265—278, Abb. [1330

Saône. Armand-Calliat, L.: Trouvailles archéologiques dans la Saône à Anse (Rhône) et aux abords de Chalon. — Gallia 15 (1957), 128—144, Abb. [1331

Seltz. Hatt, J.-J.: Le site gallo-romain de Seltz. — Revue d'Alsace 93 (1954), 105—111, 1 Taf. [1332

Straßburg. Hatt, J.-J.: Fouilles romaines sous l'église Saint-Étienne à Strasbourg. — CRAcInscr. 1956, 476—482, Abb. [1333

— Les fouilles de Strasbourg. — BAntFr. 1954/55 (1957), 74—75. [1334

Taviers. Claes, P.: Découvertes de l'époque romaine à Taviers (Namur). — Annales de la Société archéol. de Namur 47 (1954 [1955]), 225—255, Abb., 2 Taf. [1335

Terre Franche. Vauthey, M., P. Vauthey: Terre Franche. Officine de la céramique rouge de Vichy. — Ogam 9 (1957), 368—373, 3 Taf. [1336

Tongeren. Vanderhoeven, M.: Iets over het Romeins stratennet van Tongeren. Brüssel 1956. 8 S., 6 Abb. (Arch. Belgica. 31.) [1337

Tournai. Amand, M.: Contribution à l'étude de la voirie antique au sud-ouest de Tournai. — Hommages Deonna [s. Nr. 293], 49—58, Abb., 1 Taf. [1338

Vaison-la-Romaine. Samson, A.: Over Vaison. — Hermeneus 27 (1955), 29—32, Abb. [1339

Valence. Blanc, A.: Le baptistère de Valence (Drôme). — Gallia 15 (1957), 87—116, Abb., 2 Taf. [1340

Velsen. Calkoen, H. J., H. van der Wees: Glas, brons en zegelstenen van het Romeinse Castellum bij Velsen. — Westerheem 4 (1955), 97—102, 1 Taf. [1341

Velzeke. Laet, S. J. de, J. A. E. Nenquin: Een Gallo-romeinse vicus te Velzeke-Ruddershove. — Cultureel Jaarboek voor Oost-Vlaanderen 1953 [1955]. 56 S., 17 Abb., 2 Taf. [1342

Vichy. Morlet, A.: Vichy gallo-romain. Mâcon: Buguet-Comptour 1957. VIII, 304 S., Abb. [1343

Wervicq. Carpentier, J.: Wervicq, bourgade belgo-romaine. — Annales de la Fédération archéol. et histor. de Belgique 35 (1953 [1955]), 49—58, 2 Taf. [1344

Zonhoven. Claessen, A.: Romeinen in Zonhoven. — Limburg 34 (1955), 237—241, Abb. [1345

7. Helvetien

Blondel, L.: Chronique archéol. pour 1954 et 1955. Époque romaine et haut moyen âge. — Genava NS. 3 (1955), 117—127, Abb. [1346

Laur-Belart, R., V. v. Gonzenbach, R. Moosbrugger: Römische Zeit. — JbSGU. 25 (1956), 46—68, Abb. [1347

— Die Ausstellung „Die Schweiz zur Römerzeit" s. Nr. 1532.

Die Schweiz zur Römerzeit. Ausstellung zur Feier der vor 2000 Jahren vollzogenen

Gründung der Colonia Raurica. Verf.: R. Fellmann. 2. erw. Aufl. Basel: Inst. f. Ur- u. Frühgesch. d. Schweiz 1957. 168 S., 24 Taf. [1348

Stehlin, K.: Die spätrömischen Wachttürme am Rhein von Basel bis zum Bodensee. Bearb.: V. von Gonzenbach. 1: Untere Strecke von Basel bis Zurzach. Basel: Inst. f. Ur- u. Frühgesch. d. Schweiz 1957. 135 S., Abb., 8 Taf. (Schriften z. Ur- u. Frühgeschichte d. Schweiz. 10.) [1349

Aquae Helveticae. Haberbosch, P.: Aquae Helveticae und Baden im Ergöw. Beitrag zur historischen Geographie der aargauischen Bezirksstadt. — Geographica Helvetica 10 (1955), 81—84, Abb., 1 Farbtaf. [1350

Augst. Laur-Belart, R.: 22. Jahresbericht der Stiftung Pro Augusta Raurica, 1956/1957. — Basler Zs. f. Gesch. u. Altertumskunde 56 (1957), XV—XXII. [1351

Avenches. Biordi, R.: La lupa romana di Aventicum. — Capitolium 32 (1957), Nr. 10, 14—15, Abb. [1352

Basel. Fellmann, R.: Basel in römischer Zeit. 1955. | JbSGU. 25 (1956), 99—101 (E. Ettlinger). [1353

Laur-Belart, R.: Über die Colonia raurica u. den Ursprung von Basel. Basel: Organisationsausschuß 2000 Jahre Basel 1957. 87 S., Abb., 4 Taf. [1354

— Spätrömische u. frühmittelalterliche Gräber in der Aeschenvorstadt, Basel. — Ur-Schweiz 21 (1957), 1—17, Abb. [dazu R. Degen, Katalog der Gräber 285—345, ebd. S. 18—20]. [1355

Bern. Müller-Beck, H.: Das Amphitheater von Bern. — Ur-Schweiz 21 (1957), 29—35, Abb. [1356

— Das Amphitheater auf der Engehalbinsel bei Bern. — Berner Zs. f. Gesch. u. Heimatkunde 1957, 59—67, Abb., 2 Taf. [1357

Colonia Julia Equestris. Kraft, K.: Die Rolle der Colonia Julia Equestris u. die römische Auxiliar-Rekrutierung. — JbZMus Mainz 4 (1957), 81—107. [1358

Olten. Degen, R.: Eine römische Villa rustica bei Olten. — Ur-Schweiz 21 (1957), 36—46, Abb. [1359

Schaan. Beck, D.: Das Kastell Schaan. — Jb. d. Histor. Vereins f. d. Fürstentum Liechtenstein 57 (1957), 233—272, 7 Pläne, 17 Taf. [1360

Vindonissa. Fellmann, R.: Die Principia des Legionslagers Vindonissa. — Jber. Vind. 1956/57 (1957), 5—69, Abb. [dazu H. Lieb: Appendix epigraphica, ebd. 70—74]. [1361

Wallbach. Burkart, H. R.: Die Römerwarte in der «Stelli» bei Wallbach/Aargau. — Vom Jura zum Schwarzwald NF. 31 (1956), H. 1, 1—20, Abb. [1362

8. Iberien

Andujar Polo, D.: Repertorio bibliografico de Arte y Arqueología asturiana. — Boletin del Instituto de Estudios Asturianos 9 (1955), 300—330. [1363

Caro Baroja, J.: España primitiva y romana. Barcelona: Seix Barral 1957. 375 S., Abb., Taf. | Emerita 25 (1957), 549—551 (A. Tovar). Zephyrus 8 (1957), 188—189 (J. Maluquer de Motes). [1364

Inventario nacional de folios arqueológicos: Colonizaciones griega y púnica; Hispanorromano. — NAHisp. 1 (1952 [1953]), 211—233; 2 (1953 [1955]), 204—233. [1365

Nieto, G.: Los hallazgos de Becilla de Valdearaduey y el trazado de la via romana de Asturica a Clunia. — RevABM. 63 (1957), 671—701, 7 Taf., 2 Ktn., 1 Tab. [1366

Palol Salellas, P. de: Los monumentos paleocristianos y visigódos estudiados en España desde el año 1939 a 1954. — Actes CIAChrét. 5 (1954 [1957]), 87—95, Abb. [1367

Schulten, A.: Iberische Landeskunde. Geographie des antiken Spanien. Bd. 2. Straßburg, Kehl: Heitz 1957. S. 469—600. [1368

Wiseman, F. J.: Roman Spain. An introduction to the Roman antiquities of Spain and Portugal. 1956. | Emerita 25 (1957), 242—243 (J. M. Blazquez Martínez). AntCl. 26 (1957), 277—278 (M. Renard). Archaeology 10 (1957), 290—291 (K. Baer). LF. 5 (1957), 295—296 (J. Burian). [1369

Alcazar de San Juan. San Martín, C. M.: Los hallazgos arqueológicos de Alcazar de San Juan y Torre de Juan Abad. — Cuadernos de Estudios Manchegos 6 (1953), 32—40. [1370

Alicante. Lafuente Vidal, J.: Ruinas de la antigua Lucentum. La Alicante de hace veinte siglos. Alicante: Succ. de Reus 1954. 34 S. [1371

Ampurias. Almagro, M.: Ampurias. History of the city and guide to the excavations. Barcelona: Patronato de las excavaciones de Ampurias 1956. 154 S., 4 Ktn., Abb. [1372

— Las necrópolis de Ampurias. Vol. 2: Necrópolis romanas y necrópolis indígenas. 1955. | Gnomon 29 (1957), 238—239 (W. Grünhagen). [1373

Astorga. Luengo, J. M.: Astorga (León). Exploración de las cloacas romanas. — NAHisp. 2 (1953 [1955]), 143—152, Abb. [1374

Asturias. Jorda Cerda, F.: Una „villa" romana en Asturias. Oviedo: Grossi 1957. 59 S., Abb., 4 Ktn., 12 Taf. (Memorias del Servicio de Investigaciones arqueol. 2.) [1375

Bajo Cinca. Pita Mercé, R.: Localizaciones en el Bajo Cinca. — Argensola 6 (1955), 341—348. [1376

Baixo Alentejo. Viana, A.: Notas históricas, arqueológicas e etnográficas do Baixo Alentejo. — Arquivo de Beja 11 (1954), 3—31, 4 Ktn. [1377

Barcelona. Balil: Los sarcofagos paleocristianos de Barcelona s. Nr. 2220.

Beloño. Jorda Cerda, F.: Las Murias de Beloño. Una villa romana en Asturias. Oviedo 1957. 60 S., Abb., Ktn., 12 Taf. (Servicio de Investigaciones arqueol. de la Dip. de Asturias. 2.) | Zephyrus 8 (1957), 186 (J. Maluquer de Motes). [1378

Bracara. Russell Cortez, F.: A Fonte do Idolo e o culto de Asklepius em Brácara. — Bracara Augusta 5 (1954), 90—103. [1379

Cabanes. Andreu Valls, G.: El arco romano de Cabanes. — Boletin de la Sociedad Castellonense de Cultura 31 (1955), 149—164, Abb., 6 Taf. [1380

Cantabria. Tovar, A.: Cantabria prerromana o lo que la lingüistica nos enseña sobre los antiguos Cántabros. Madrid 1955. 46 S. (Publ. dc la Univ. intern. Menéndez Pelayo. 2.) [1381

Cartagena. Cuadrado Díaz, E.: Cartagena (Murcia). — NAHisp. 1 (1952 [1953]), 134—156, Abb. [1382

— Cronica de hallazgos arqueológicos en Cartagena (Murcia). — Noticiario Arqueológico Hispánico 1 (1952 [1955]), 134—157. Abb. [1383

Cetóbriga. Castelo-Branco, F.: O problema da identificação de Cetóbriga com as ruinas de Tróia de Setubal. — Brotéria 58 (1954), 703—709. [1384

Coruña. Monteagudo, L.: Carta de Coruña romana. III: Costa. — Emerita 25 (1957), 14—80, 1 Kte. [1385

Egitânia. Fernando de Almeida, D.: Egitânia. Lisboa: Fac. de Letras da Universidade 1956. 445 S., 188 Taf., 5 Ktn. (Publicação, Fac. de Letras. 2.) | AJPh. 78 (1957), 451—452 (J. H. Oliver). [1386

Elche. Ramos Folqués, A.: Elche (Alicante). La Alcudia (campaña de 1940), excavaciones de 1942, campaña de 1947, campaña de 1948. — NAHisp. 2 (1953 [1955]), 107—133, Abb. [1387

Feira. Sousa, A. de: Unica (Civilizações pré-histórica, proto-histórica, romana e romano - portuguesa da bacia do Uíma, no concelho da Feira. — Arquivo do Distrito de Aveiro 20 (1954), 3—31; 165—191. [1388

Flaviobriga. Gorostiaga, J.: Flaviobriga, colonia romana, hoy Forua-Guernicamen Vizcaya. — Helmantica 3 (1953), 3—28. [1389

Fontalva. Do Paço, A., O. da Veiga Ferreira, A. Viana: Antiguidades de Fontalva. Neo-eneolítico e época romana. — Zephyrus 8 (1957), 111—133, Abb. [1390

Gerona. Oliva Prat, M.: Actividades de la Comisaria Provincial de Excavaciones Arqueológicas de Gerona en 1953. — Anales del Instituto de Estudios Gerundenses 8 (1953 [1955]), 296—327, 16 Taf. [1391

Granja. Manuel Heleno, D.: Notas sobre algumas estações da época lusitano-romana. — APort. NS. 2 (1953 [1957]), 257—260, 2 Taf. [Villa lusitano-romana da Granja (Crato)]. [1392

Huesca. Balaguer, F.: Las termas de Huesca. — Argensola 6 (1955), 263—269, Abb. [1393

Ibiza. Mañá de Angulo, J. M.: Puig des Molins (Ibiza). — NAHisp. 1 (1952 [1953]), 121—125, Abb. [1394

Las Hermitas. Lopez Cuevillas, F., L. Prieto: Restos de una villa romana en Las Hermitas. — Cuadernos de estudios gallegos 11 (1956), 149—151.

Lucentum s. *Alicante.*

Mérida. Almagro, M.: Mérida. Guia de la ciudad y de sus monumentos. Mérida: Dirección gen. de bellas artes 1957. 184 S., 76 Abb. | RevABM. 63 (1957), 400—401 (G. Nieto). [1396

Monchique. Formosinho, J., O. da Veiga Ferreira, A. Viana: Estudos arqueológicos nas Caldas de Monchique. — Trabalhos de Antropologia e Etnologia 14 (1953/54), 66—225, 66 Abb., 33 Taf. [1397

Monte do Padrão. Santarém, C. M. F.: O Castro do Monte do Padrão. Campanhas de 1952-53-54. — O Concelho de Santo

Tirso, Boletim Cultural 3 (1955), 397—429, Abb., 17 Taf. [1398

Portugal. Viana, A.: Notas de corografia arqueológica. — Brotéria 58 (1954), 301—310. [1399

Puig des Molins s. *Ibiza.*

Pyrenäen. Etienne, R.: Les passages transpyrénéens dans l'antiquité. Leur histoire jusqu'en 25 ap. J.-C. — Annales du Midi 67 (1955), 295—312, 1 Kte. [1400

Sanlucar de Barrameda. Esteve Guerrero, M.: Sanlucar de Barrameda (Cádiz). Fábrica de salazón romana en La Algaida. — NAHisp. 1 (1952 [1953]), 126—133, Abb. [1401

Segovia. Molinero Perez, A.: De la Segovia arqueológica. Segovia: Depart. Prov. de Seminarios 1954. 16 S., 8 Taf. [1402

Tartessos. Bartina, S.: Taršiš. — Verbum Domini 34 (1956), 342—348. [1403

Terminus Augustalis. Fernando de Almeida, D.: „Terminus Augustalis" entre Talábriga e Langóbriga. — APort. NS. 2 (1953 [1957]), 209—212, 1 Taf. [1404

Torre de Juan Abad. Ruiz Arguilés, V.: Torre de Juan Abad (Ciudad Real). Descubrimientos arqueológicos. — NAHisp. 2 (1953 [1955]), 138—142, Abb. [1405

Torre de Palma. Sargnon, O.: A la ferme-villa romaine de Torre de Palma (Portugal). — RA. Sér. 6, 50 (1957), 84—88, Abb. [1406

Ventosilla y Tejadilla. Molinero Pérez, A.: Ventosilla y Tejadilla (Segovia). — NAHisp. 2 (1953 [1955]), 156—167, Abb. [1407

Villar del Arzobispo. Llatas Burgos, V.: Carta arqueológica de Villar del Arzobispo y su comarca. — Archivo de prehistoria levantina 6 (1957), 153—186, Abb., 1 Taf. [1408

Villaricos. Astruc, M.: La necrópolis de Villaricos. 1951. | RA. Sér. 6, 49 (1957), 120—122 (Ch. Picard). [1409

9. Britannien. Skandinavien

Archaeological Bibliography for Great Britain and Ireland. 1955. London: Council for Brit. Archaeol. 1957. XIV, 129 S. [1410

Roman Britain in 1955. 1956. 1: Sites explored. — JRS. 46 (1956), 119—146, Abb., 7 Taf.; 47 (1957), 198—226, Abb., 10 Taf. [1411

Britannia romana. — Sele Arte 5 (1957), Nr. 30, 66—70, Abb. [1412

Bruce-Mitford, R. L. S.: Recent archaeological excavations in Britain. 1956. | ArchJ. 113 (1956 [1957]), 161—163 (G. C. Dunning). AntJ. 37 (1957), 85—86 (C. A. Ralegh Radford). [1413

Durant, G. M.: Journey into Roman Britain. London: Bell 1957. VIII, 264 S., Abb., 16 Taf. [1414

Lindsay, J.: The Romans were here. 1956. | JRS. 47 (1957), 295 (C.A.R. Radford). [1415

Margary, I. D.: Roman roads in Britain. Vol. 1. 1955. | JRS. 46 (1956), 198—199 (I. A. Richmond). [1416

— — Vol. 2. London: Phoenix 1957. 320 S., Abb., 17 Taf., Ktn. [1417

The Ordnance Survey Map of Roman Britain. 3. ed. 1956. | ArchJ. 113 (1956 [1957]), 163—164 (E. Birley). [1418

Readers' guide to books on British prehistory and Roman Britain. London: Libr. Association, County Libraries Section 1957. 22 S. (Readers' guides. NS. 36.) [1419

Richmond, I. A.: Roman Britain (Pelican history of England. 1.). 1955. | JRS. 46 (1956), 195 (C. A. R. Radford). Phoenix 11 (1957), 133—134 (F. M. Heichelheim). [1420

— Roman Britain and Roman military antiquities. London: Oxford Univ. Pr. 1957. (Albert Reckitt archaeolog. lecture.) [1421

Schottland. Clarke, J., J. M. Davidson [u. a.]: The Roman occupation of South-Western Scotland. 1952. | JRS. 47 (1957), 282—283 (I. A. Richmond). [1422

Bexley. Taister, P. J., J. E. L. Caiger: Excavations on the site of a Romano-British settlement in Joyden's Wood, near Bexley. — Archaeologia Cantiana 68 (1954 [1955]), 167—183. [1423

Caerleon. Moore, D.: The Roman legionary fortress at Caerleon, Monmouthshire. Notes for the guidance of visitors. Cardiff: Nat. Museum of Wales 1957. 12 S., Abb. [1424

Canterbury. Frere, S.: Roman Canterbury: the city of Durovernum. 2. ed. rev. and enlarged. Canterbury 1957. 27 S., Abb., Kte. (Canterbury Excavation Committee. Roman Canterbury Series. 1.) [1425

— Canterbury excavations, Summer 1946. — Archaeologia Cantiana 68 (1954 [1955]), 101—143, Abb., 1 Taf. [1426

Cantley. Annable, F. K., E. F. Gilmour: The Roman pottery kilns at Cantley Housing Estate. — YorkshAJ. 38 (1955), 403—406, 539—545. [1427

Chalton. Frere, S. S.: Late Roman objects from Chalton, Hants. — AntJ. 37 (1957), 218—220, Abb. [1428

Cumberland. Bellhouse, R. L.: Some Roman roads in Cumberland. — TrCumb. NS. 56 (1957), 37—61, Abb., 3 Taf. [1429

Donaghadee. Jope, E. M., B. C. S. Wilson: A burial group of the first century A. D. near Donaghadee, Co. Down. — Ulster Journal of Archaeol. Ser. 3, 20 (1957), 73—95, Abb., 2 Taf. [1430

Farnham. Lowther, A. W. G.: Report on the excavations, 1946/7, of a Roman site at Farnham, Surrey. — Surrey Archaeological Collections 54 (1955), 47—56, Abb., 7 Taf. [1431

Godmanchester. Green, H. J. M.: Excavating Roman Godmanchester. — ILN. 231 (1957), 842—843, Abb. [1432

Golden Hill. Robertson, A. S.: An Antonine fort, Golden Hill, Duntocher. An account of excavations carried out on the Antonine wall and fort on Golden Hill, Duntocher, Dunbartonshire. Glasgow: University 1957. XI, 134 S., Abb., 10 Taf., Ktn. [1433

Hadrian's Wall. Bruce, J. C.: Handbook to the Roman wall. 11. ed., by I. A. Richmond. Newcastle-upon-Tyne: Reid 1957. VIII, 248 S., Abb., Ktn. [1434

Holborough. Jessup, R. F.: Excavation of a Roman barrow at Holborough, Snodland. — Archaeologia Cantiana 68 (1954 [1955]), 1—61, Abb., 14 Taf. [1435

Lincoln. Thompson, F. H.: Roman Lincoln, 1953 .(1) Defences of the legionary fortress and Colonia in East Bight. (2) A fountain basin at Nos. 291/2 High Street. — JRS. 46 (1956), 22—36, Abb., 3 Taf. [1436

London. Hill, W. Th.: Buried London. Mithras to the middle ages. 1955. | HZ. 184 (1957), 445—446 (I. Maull). JRS. 46 (1956), 227 (E. B.) [1437

Lullingstone. Meates, G. W.: Lullingstone Roman Villa. 1955. | HZ. 184 (1957), 445 (I. Maull). Archaeology 10 (1957), 296 (J. W. Graham). [1438

Northumberland. Pevsner, N.: Northumberland; with notes on the Roman antiquities, by I. A. Richmond. London: Penguin Books 1957. 368 S., Abb., 64 Taf. (Buildings of England Series. 12.) [1439

St. Mawgan-in-Pyder. Threipland, L. M.: An excavation at St. Mawgan-in-Pyder, North Cornwall. — ArchJ. 113 (1956 [1957]), 33—81, Abb., 6 Taf. [1440

Shropshire. Chitty, L. F.: An introduction to Shropshire archaeology. — ArchJ. 113 (1956 [1957]), 178—185. [1441

Silchester. Boon, G. C.: Roman Silchester. The archaeology of a Romano-British town. Introd. by M. Aylwin Cotton. London: Parrish 1957. 245 S., Abb., 9 Taf. [1442

Stamford Bridge. Ramm, H. G.: A Romano-British kiln, and the Roman road at Stamford Bridge. — YorkshAJ. 38 (1955), 552—557. [1443

Stanwick. Wheeler, M.: The Stanwick fortifications, North Riding of Yorkshire. 1954. | JRS. 46 (1956), 226—227 (I. A. Richmond). [1444

Sussex. Wilson, A. E.: Sussex on the eve of the Roman conquest. — Sussex Archaeol. Collections 93 (1955), 59—77. [1445

Troutbeck. Bellhouse, R. L.: The Roman temporary camps near Troutbeck, Cumberland. — TrCumb. NS. 56 (1957), 28—36, Abb., 1 Taf. [1446

Tuna. Stenberger, M.: Tuna in Badelunda. A grave in central Sweden with Roman vessels. — ActaArch. 27 (1956), 1—21, Abb. [1447

Upchurch Marshes. Hume, I. N.: Romano-British potteries on the Upchurch Marshes. — Archaeologia Cantiana 68 (1954 [1955]), 72—90. [1448

Verulamium. Frere, S. S.: Excavations at Verulamium 1956. Second interim report. — AntJ. 37 (1957), 1—15, Abb., 8 Taf. [1449

— Roman and pre-roman St. Albans: Verulamium excavations. — ILN. 230 (1957), 106—108, Abb. [1450

Viroconium s. *Wroxeter.*

Wales. Wheeler, M.: Roman archaeology in Wales. A tribute to V. E. Nash-Williams. London: Brit. Broadcasting Corp. 1957. 32 S., 1 Taf. (Brit. Broadcasting Corp., Welsh Home Service. Annual Lectures. 1957.) [1451

Watermoor. Rennie, D. M.: A section through the Roman defences in Watermoor Recreation Ground, Cirencester. — AntJ. 37 (1957), 206—215, Abb., 1 Taf. [1452

Woodeaton. Goodchild, R., J. R. Kirk: The Romano-Celtic temple at Woodeaton. — Oxoniensia 19 (1954 [1955]), 15—37. [1453

Wroxeter. Webster, G.: Wroxeter: The Roman town and public buildings of Viroconium. — ArchJ. 113 (1956 [1957]), 202—203. [1454

Wyboston. Tebbutt, C. F.: A Belgic and Roman farm at Wyboston, Bedfordshire. — ProcCambr. 50 (1956 [1957]), 75—84, Abb., 1 Taf. [1455

York. Ramm, H. G.: Roman York: Excavations in 1955. — JRS. 46 (1956), 76—90, Abb., 1 Taf. [1456

Wheeler, M.: A short guide to Roman York. 1956. | ArchJ. 113 (1956 [1957]), 165 (S. S. Frere). [1457

Yorkshire. Greene, D., P. H. J. Smedley: The Roman roads in South Yorkshire: the road from Lincoln to Brough. P. 1. — YorkshAJ. 38 (1955), 546—551. [1458

10. Germanien

(Österreich s. Abschn. 3: Donauländer)

Kempf, Th.: Frühchristliche Funde und Forschungen in Deutschland. — ActesCIAChrét. 5 (1954 [1957]), 61—72, Abb. [1459

Kraft, K.: Tougener und Teutonen. — Hermes 85 (1957), 367—378. [1460

Schleiermacher, W.: Zur Raumforschung in den Nordwestprovinzen des Röm. Reiches. Bremen-Horn: Dorn 1956. IX, 154 S., 23 Abb. | Latomus 16 (1957), 523 (S. J. de Laet). [1461

Altenstadt. Schönberger, H.: Das Kastell Altenstadt. Zum äußeren obergermanischen Limes. — Germania 35 (1957), 54—80, Abb. [1462

Augsburg. Hübener, W.: Römisches Brandgräberfeld von Augsburg-Kriegshaber. — Germania 35 (1957), 351—356, Abb. [1463

Ohlenroth, L.: Augsburg (Fundbericht 1954/56). — BayVBll. 22 (1957), 179—211, Abb., Taf. [1464

Bayern. Fundbericht für die Jahre 1950/1953. 1954/56. Römische Kaiserzeit. — BayVBll. 21 (1955/56), 253—316, Abb.; 22 (1957), 178—232, Abb., Taf. [1465

Bratananium. Reinecke, P.: Zur Geschichte von Bratananium. — BayVBll. 22 (1957), 96—99, Abb. [1466

Büdingen. Jorns, W.: Zur Frühgeschichte des Büdinger Landes: Die Römerzeit (83—260 n. Chr.). — Kreis Büdingen. Wesen u. Werden. Bd. 1 (Büdingen 1956). [16 S., Abb.]. [1467

Cambodunum. Fischer: Cambodunumforschungen 1953-2: Keramik aus den Holzhäusern zwischen der 1. u. 2. Querstraße s. Nr. 2685.

Krämer, W.: Cambodunumforschungen. 1953-1: Die Ausgrabung von Holzhäusern zwischen der 1. u. 2. Querstraße. Mit Beiträgen von J. Boessneck, R. Egger, H.-J. Kellner, K. Parlasca, H. v. Petrikovits, W. Schleiermacher u. A. Zippelius. Kallmünz/Opf.: Laßleben 1957. 124 S., Abb., 38 Taf., 8 Pläne. (Materialhefte zur bayer. Vorgesch. 9). [1468

Cassiliacum. Braun, W.: Cassiliacum. Funde aus der Römerzeit im Stadt- und Landkreis Memmingen [Forts.]. — Memminger Geschichtsblätter 1954/56, 13—14, 1 Taf., 1 Kte. [1469

Epfach. Werner, J.: Vorbericht über die Ausgrabungen auf dem Lorenzberg bei Epfach, Ldkr. Schongau (Oberbayern). — Germania 35 (1957), 327—337, Abb., 4 Taf., 1 Kte. [1470

Finthen. Hafemann, D., W. v. Pfeffer, B. Stümpel: Beiträge zur vor- und frühgeschichtlichen Besiedlung der Finther Gemarkung. — Mainzer Zeitschrift 52 (1957), 83—102, Abb. [1471

Gauting. Reinecke: Zur Geschichte von Bratananium s. Nr. 1466.

Heuneburg. Dehn, W.: Die Heuneburg beim Talhof unweit Riedlingen (Kr. Saulgau). Periode IV nach den Ergebnissen der Grabungen 1950 bis 1955. — FBSchwaben NF. 14 (1957), 78—97, Abb., 7 Taf., 1 Kte. [1472

Hofheim. Schoppa, H.: Ein frührömisches Brandgrab aus Hofheim/Maintaunus. — Nassauische Heimatblätter 47 (1957), 27—36, Abb. [1473

Ingolstadt. Reichart, J.: Kaiserzeitliche Germanensiedlungen in der Ingolstädter Gegend. — Sammelblatt d. Histor. Vereins Ingolstadt 66 (1957), 81—90, 3 Taf. [1474

Kellmünz. Kellner, H.-J.: Das spätrömische Kellmünz. Mit einem Beitr. v. F. Wagner. Neu-Ulm 1957. 53 S., Abb., 8 Taf. Aus: Das obere Schwaben. 4. 1957. [1475

Köln. Doppelfeld, O.: Neue Ausgrabungen in Köln. — Vjbll Trier 3 (1957), 33—34. [1476

— Die Domgrabung. 8: Die Ausgrabungen am Petersbrunnen. — Kölner Domblatt 12/13 (1957), 49—85, Abb. [1477

— Ein spätrömisches Oktogon aus Köln. — VAHDalm. 56/59 (1954/57), 211—223, Abb., 2 Taf. [1478

Fremersdorf, F.: Die Anfänge des Christentums im römischen Köln. — VAHDalm. 56/59 (1954/57), 198—210, Abb., 1 Taf. [1479

— Ältestes Christentum. Mit besond. Berücksicht. der Grabungsergebnisse unter der Severinskirche in Köln. — Kölner Jb. f. Vor- u. Frühgesch. 2 (1956 [1957]), 7—26, Abb., 20 Taf. | Archeol. Rozhledy 9 (1957), 862—863 (Bs.). Latomus 16 (1957), 557—558 (Ch. Delvoye). [1480

La Baume, P.: Colonia Claudia Ara Agrippinensium. — Ärztl. Mitt. 42 (1957), H. 18 [4 S., 1 Plan]. [1481

Schmitz, H.: Colonia Claudia Ara Agrippinensium. 1956. | RBPhil. 35 (1957), 440—442 (S. J. de Laet). [1482

Stettler, M.: St. Gereon in Köln u. der sog. Tempel der Minerva medica in Rom. — JbZMusMainz 4 (1957), 123—128, Abb., 1 Taf. [1483

Kreuznach. Stümpel: Bericht der Bodendenkmalpflege in Rheinhessen u. dem Kreis Kreuznach s. Nr. 1494.

Limbach-Kohlhof. Kolling, A.: Eine neue Stätte gallo-römischer Götterverehrung. Überreste von Jupitergigantensäulen in Limbach-Kohlhof (Kr. Homburg/Saar). — Pfälzer Heimat 8 (1957), 121—125, Abb. [1484

Limes. Schoppa, H.: Die Besitzergreifung des Limesgebietes durch die Alamannen. — Nassauische Annalen 68 (1957), 1—13, Abb. [1485

Mußbach. Sartorius, O.: Römerstraßen bei Mußbach. — Pfälzer Heimat 8 (1957), 136. [1486

Neunkirchen. Kolling, A.: Römerzeitliche Felsgräber bei Neunkirchen-Saar (Kr. Ottweiler). — Germania 35 (1957), 122—123, Abb. [1487

Neuß. Petrikovits, H. v.: Novaesium, das römische Neuß. Köln, Graz: Böhlau 1957. 126 S., Abb. (Führer des Rhein. Landesmuseums in Bonn. 3). [1488

Norddeutschland. Müller, A. v.: Formenkreise der älteren röm. Kaiserzeit im Raum zwischen Havelseenplatte u. Ostsee. Berlin: Lehmann 1957. 140 S., Abb., 41 Taf. (Berliner Beiträge zur Vor- u. Frühgeschichte. 1). [1489

Oberstimm. Ulbert, G.: Zum claudischen Kastell Oberstimm (Ldkr. Ingolstadt). — Germania 35 (1957), 318—327, Abb. [1490

Pritzier. Schuldt, E.: Pritzier. Ein Urnenfriedhof der späten römischen Kaiserzeit in Mecklenburg. 1955. | AntCl. 26 (1957), 282—283 (S. J. de Laet). [1491

Püttlingen. Kolling, A.: Römerzeitliches Brandgrab in Püttlingen. — Saarbrücker Hefte 5 (1957). [6 S., Abb., 2 Taf.]. [1492

Rheinhessen. Hafemann, D.: Beiträge zur histor. Geographie des nördl. Rheinhessen. 3: Die ländlichen Siedlungen in römischer Zeit. — Mitteilungsblatt zur rheinhessischen Landeskunde 6 (1957), 37—44. [1493

Stümpel, B.: Bericht der Bodendenkmalpflege in Rheinhessen und dem Kreis Kreuznach für die Zeit vom 1. 4. 1954 — — 31. 3. 1956. — Mainzer Zeitschrift 52 (1957), 103—119, Abb. [S. 110—114: Röm. Zeit]. [1494

Rheinland. Petrikovits, H. v.: Stadt und Land in der römischen Rheinzone. — Bericht üb. d. 23. Versammlung d. dt. Historiker in Ulm 1956 (1957), 77—79. [1495

Tackenberg, K.: Fundkarten zur Vorgeschichte der Rheinprovinz. 1954. | RBPhil. 35 (1957), 438—440 (M. E. Mariën). [1496

Schwaben. Fundschau. Römische Zeit. — FBSchwaben NF. 14 (1957), 195—207. [1497

Trier. Gose, E.: Der Tempelbezirk des Lenus Mars in Trier. 1955. | JRS. 47 (1957), 281—282 (J. Heurgon). AntCl. 26 (1957), 281—282 (S. J. de Laet). [1498

Reusch, W.: L'Aula Palatina de Trèves et le palais préconstantinien qui l'a précédée. — BAntFr. 1954/55 (1957), 127 —131. [1499

— Der Grundriß der konstantinischen Palastaula zu Trier. Alexander Wiltheim u. die neuen Grabungsergebnisse. — VjbllTrier 3 (1957), 21—26, Abb. [1500

— Eine zweigeschossige römische Wandelhalle. Eine neue Sehenswürdigkeit in Trier. — VjbllTrier 3 (1957), 65—68, Abb. [1501

Vorpommern. Schubart, H.: Die Funde der frühen römischen Kaiserzeit in Vorpommern. — Wiss. Zs. d. Univ. Greifswald 4 (1954/55), 53—80. [1502

Weiden. Fremersdorf, F.: Das Römergrab in Weiden bei Köln. Köln: Verl. Der Löwe 1957. 72 S., Abb., 64 Taf. (Kunstdenkmäler d. Landkreises Köln in Einzeldarstellungen. 1). [1503

11. Sowjetunion. Polen

Mongait, A. L.: Archeologija v SSSR. 1955. | ArchErt. 84 (1957), 100—102 (I. Lengyel). [1504

Piotrovsky, B. B., P. N. Schultz, V. A. Golovskina, S. P. Tolstov: Ourartou,

Neapolis des Scythes, Kharezm. 1954. | Muséon 70 (1957), 211—214 (P. Naster). ZDMG. 107 (1957), 642—644 (J. Friedrich). [1505

Bosporus. Sokol'skij, N. I.: Valy v sisteme oborony evropejskogo Bospora [Wälle im Verteidigungssystem des europ. Bosporus]. — SovArch. 27 (1957), 91—106. [1506

Chersonnesos. Belov, G. D.: Das hellenistische Stadtviertel in Chersonnesos [russ.]. — VDI. 57 (1956), 141—151. [1507

Mirmekion. Michalowski, K.: Classical archaeology in the Crimea. A joint Soviet-Polish excavation. — ILN. 230 (1957), 28—29, Abb. [1508

Schwarzmeergebiet. Antičnye Goroda Severnogo Pričernomorja [Antike Städte des nördlichen Schwarzmeergebietes]. 1. Moskau-Leningrad: Akad. d. Wissensch. 1955. 445 S., Abb., Taf. [1509

Labaree, B. W.: How the Greeks sailed into the Black Sea. — AJA. 61 (1957), 29—33, Abb. [1510

Maksimowa, M. I.: Antike Städte des südöstlichen Schwarzmeergebietes: Sinope, Amis, Trapezunt [russ.]. Moskau-Leningrad 1956. 472 S., 49 Abb., 3 Taf., 2 Ktn. [1511

Šelov, D. B.: Antičnyj mir v Severnom Pričernomorie [Antike Welt im Schwarzmeergebiet]. Moskva: Akad. Nauk 1956. 193 S., Abb., Taf. [1512

Werner: Schwarzmeerreiche im Altertum s. Nr. 1816.

Skythen. Phillips, E. D.: New light on the ancient history of the Eurasian Steppe. — AJA. 61 (1957), 269—280. [1513

Rice, T. T.: The Scythians. London: Thames & Hudson 1957. 255 S., Abb., 24 Taf. (Ancient Peoples and Places. 2.) | AntJ. 37 (1957), 235 (C. A. Ralegh Radford). [1514

— Die Skythen. Ein Steppenvolk an der Zeitenwende. Übers.: I. v. Lossow. Köln: Du Mont Schauberg 1957. 262 S., Abb., Taf. (Alte Kulturen u. Völker). [1515

Sulimirski, T.: Scythian notes. — Palaeologia 4 (1955), 280—284. [1516

Taman. Sokolsky, N.: Trouvailles au sommet de la montagne Boris et Gleb sur la presqu'île de Tamane [russ.]. — SovArch. NS. 1 (1957), 244—246, Abb. [1517

Warszawa. Liana, T.: Znaleziska z okresu rzymskiego z terenów między Żeraniem a Bialoleką w Warszawie [Funde aus römischer Zeit in d. Umgebung v. Warschau]. — Wiadomości archeol. 24 (1957), 379—380, Abb. [1518

B. Museen und Ausstellungen

Altorientalische Altertümer in Museen und Privatsammlungen. — AOF. 18 (1957), 163—167, Abb. [1519

Jucker, H.: Die klassisch-archäologischen Sammlungen in Nordeuropa. — Schweizer Monatshefte 36 (1956/57), 696—702. [1520

Pallottino, M.: Mostra dell'arte e della civiltà etrusca. — StEtr. 25 (1957), 581—587. [1521

Polen. Lorentz, St.: Renouveau des Musées en Pologne. — Museum 8 (1955), 35—43, Abb. [1522

Syrien. Abdul-Hak, S.: La campagne internationale des Musées en Syrie. — AASyr. 6 (1956), 173—182, 4 Taf. [1523

Ungarn. Filip, J.: Archeologická musea v Madarsku [Die archäol. Museen in Ungarn]. — Archeol. Rozhledy 9 (1957), 406—412. [1524

Fülep, F.: La reconstruction des Musées hongrois. — Museum 8 (1955), 88—100, Abb. [1525

Vereinigte Staaten. Hanfmann, G. M. A.: Ancient art in American private collections. — ArtQuarterly 18 (1955), 62—66. [1526

Algier. Leglay: La sculpture antique du Musée Stéphane Gsell s. Nr. 2340.

Altenburg. Bielefeld, E.: Griechische u. etruskische Tongefäße im Staatl. Lindenau-Museum. 2. verb. Aufl. Altenburg: Lindenau-Museum 1957. 56 S., 16 Taf. (Veröffentlichungen aus d. Sammlungen d. Stadt Altenburg. 4). [1527

Paul: Griechische Plastik (Staatl. Lindenau-Museum, Altenburg) s. Nr. 2376.

Amsterdam. Janssen, J. M. A.: Egyptische oudheden, verzameld door W. A. van Leer. Opnieuw uitgegeven. Leiden: Brill 1957. 40 S., 18 Taf. (Meded. en Verhandelingen van het Vooraziatisch-Egypt. Genootschap »Ex Oriente Lux«. 12). [1528

Baden (Schweiz). Ettlinger, E.: Die römische Sammlung. — Landvogteischloß u. Museum Baden (Baden 1957), 23—34, 1 Taf. [1529

Hafen, R.: Kurzer Führer durch die Sammlungen. — Landvogteischloß u. Museum Baden (Baden 1957), 35—50. [1530

Baltimore. Hill, D. K.: The Roman collections of the Walters Art Gallery. — Archaeology 10 (1957), 18—24, Abb. [1531

Basel. Laur-Belart, R.: Die Ausstellung »Die Schweiz zur Römerzeit« in Basel. — Ur-Schweiz 21 (1957), 62—76, Abb. [1532

Schefold, K.: Basler Antiken im Bild (Forts.). — Basler Zs. f. Gesch. u. Altertumskunde 56 (1957), 5—23, 8 Taf. [1533

Belgrad. Mano-Zissi, D.: Réorganisation du Musée National, Belgrade. — Museum 8 (1955), 50—63, Abb. [1534

Popovič, L.: Catalogue des objets découverts près de Trebenište. 1956. | SovArch. NS. 3 (1957), 311—312 (V. D. Blavatskij). [1535

Berlin. Anglade, B.: Les musées de Berlin. — GazBA. 49 (1957), 227—238, Abb. [1536

Staatl. Museen zu Berlin. Forschungen u. Berichte. Schriftl.: H. Maedebach, H.-H. Völker, K. Wessel. Bd. 1. Berlin: Akad.-Verl. 1957. 152 S. [1537

Massow, W. v., C. Blümel, E. Rohde: Staatl. Museen zu Berlin. Antiken-Sammlung. 3. Aufl. [Ausstellungskatalog]. Berlin: Staatl. Museen 1957. 131 S., Abb., 1 Taf. [1538

Meyer, G. R.: Durch vier Jahrtausende altvorderasiatischer Kultur. Berlin: Staatl. Museen, Vorderasiat. Museum 1956. 243 S., Abb., 1 Kt. (Katalog des Vorderasiat. Museums Berlin). [1539

Roeder: Ägyptische Bronzefiguren (Berlin, Staatl. Museen) s. Nr. 2202.

Wessel, K.: Staatl. Museen zu Berlin. Rom-Byzanz-Rußland. Ein Führer durch die frühchristl.-byzantin. Sammlung. Berlin: Staatl. Museen 1957. 190 S., 48 S. Abb. [1540

— Die Frühchristl.-byzantin. Sammlung der Staatl. Museen zu Berlin. — Aus der byzantin. Arbeit der DDR. 2 (1957), 346—350. [1541

Besançon. Lerat, L.: Catalogue des collections archéol. de Besançon. 1: Les lampes antiques. 1954. | Latomus 16 (1957), 209 (G. Faider-Feytmans). [1542

— — 2: Les fibules gallo-romaines. Dessins de F. Blind. Paris: Belles Lettres 1957. 100 S., 20 Taf. (Annales littér. de l'Univ. de Besançon 3, 1, Archéologie 3). [1543

Bologna. Zuffa: I frontoni e il fregio di Civitalba nel Museo civico di Bologna s. Nr. 2445.

Boston. Brett, A. B.: Museum of Fine Arts, Boston. Catalogue of Greek coins. 1955. | JHS. 77 (1957), 354 (J. M. F. May). NumChron. Ser. 6, 16 (1956), 361—363 (G. K. Jenkins). [1544

Caskey, L. D., J. D. Beazley: Attic vase paintings in the Museum of Fine Arts, Boston. 2. 1954. | Gnomon 29 (1957), 81—83 (A. Rumpf). ArchClass. 9 (1957), 123 (P. E. Arias). [1545

Cramer: Archäol. u. epigraph. Klassifikation koptischer Denkmäler des Metrop. Museum of Art, New York u. des Museum of Fine Arts, Boston, Mass. s. Nr. 1585.

Brüssel. Van den Berghe, L.: Exposition de bronzes du Luristan aux Musées Roy. (Cinquantenaire) de Bruxelles. — BiOr. 14 (1957), 187. [1546

Verhoogen, V.: La céramique grecque aux Musées Royaux d'Art et d'Histoire. Guide sommaire. 2. éd. Bruxelles: Éditions de la Connaissance 1956. 48 S., Abb. | AntCl. 26 (1957), 267 (L. Lacroix). [1547

— Terres cuites grecques aux Musées Royaux d'Art et d'Histoire. Guide sommaire. Bruxelles: Éditions de la Connaissance 1956. 56 S., Abb., 16 Taf. | AntCl. 26 (1957), 267 (L. Lacroix). [1548

Bryn Mawr. Vermeule: Greek coins in the Elisabeth Washburn King Collection at Bryn Mawr College s. Nr. 2962.

Budapest. Németh, E.: A Történeti Múzeum Központi Régészeti Könyvtárának öt esztendeje [Die Archäolog. Zentralbibliothek des Ungar. Histor. Museums]. — Folia archaeologica (Budapest) 9 (1957), 273—279. [1549

Szilágyi, J. G.: L'exposition des antiquités grecques et romaines. — BMusHongr. 7 (1955), 63—66, Abb. [1550

— L. Castiglione: Griech.-römische Sammlung. Führer. Übers.: H. Kästenbaum. Budapest: Museum d. Bildenden Künste 1957. 66 S., 32 Taf. [1551

Burgos. Osaba y Ruiz de Erenchun, B.: La »Casa de Miranda«, nuevo local del Museo Arqueologico de Burgos. — RevABM. 63 (1957), 251—307, 4 Taf. [1552

Cambridge. Mattingly: Rare and unpublished coins in the Fitzwilliam Museum, Cambridge s. Nr. 2905.

Cambridge, Mass. Ancient Art in American private collections. A loan exhibition at the Fogg Art Museum. 1954. | JHS. 77 (1957), 348 (J. M. T. Charlton). [1553

Chester. Wright, R. P., I. A. Richmond: Catalogue of the Roman inscribed and sculptured stones in the Grosvenor Museum, Chester. 1955. | JRS. 46 (1956), 227 (J. Reynolds). ArchJ. 113 (1956 (1957]), 164—165 (S. S. Frere). [1554

Chiusi. Maetzke, G.: Materiali per un corpus dei bronzetti etruschi: La collezione del Museo archeologico nazionale di Chiusi. — StEtr. 25 (1957), 489—523, Abb. [1555

Como. Zecchinelli, M., F. Frigerio: Curiose vicende di antichi marmi comensi. — Studi Calderini/Paribeni 3, 621—647, Abb. [1556

Corning. Glass from the Corning Museum s. Nr. 2775.

Cortona. Botti, G.: Le antichità egiziane del Museo dell' Accademia di Cortona ordinate e descritte. 1955. | BiOr. 14 (1957), 153 (J. Vandier d'Abbadie). [1557

Dumbarton Oaks. The Dumbarton Oaks Collection, Harvard University. Washington 1955. 164 S., 308 Taf. | REByz. 14 (1956), 298—300 (V. Laurent). [1558

Richter, G. M. A.: Catalogue of Greek and Roman antiquities in the Dumbarton Oaks Collection. 1956. | Gnomon 29 (1957), 76—78 (F. Matz). AJA. 61 (1957), 205—207 (H. Hoffmann). ArchClass. 9 (1957), 120 (A. Giuliano). JRS. 47 (1957), 292 (R. A. Higgins). ClRev. NS. 7 (1957), 272—273 (J. M. C. Toynbee). Latomus 16 (1957), 552—553 (P. P. Bober). [1559

Dunedin. Anderson: Handbook to the Greek vases in the Otago Museum s. Nr. 2499.

Ferrara. Aurigemma, S., N. Alfieri: Il Museo nazionale archeol. di Spina in Ferrara. Roma: Istit. poligr. dello Stato 1957. 83 S., Abb., 30 Taf. (Itinerari dei musei e monumenti d'Italia. 95). [1560

Florenz. Fiumi, E.: Monumenti etruschi ed italici nei musei italiani e stranieri: Materiali volterrani nel Museo archeologico di Firenze. — StEtr. 25 (1957), 463—487, Abb. [1561

Guerini: Le stoffe copte del Museo archeologico di Firenze s. Nr. 2818.

Fulda. Brommer, F.: Antike Kleinkunst im Schloß Fasanerie (Adolphseck). 1955. | DLZ. 78 (1957), 141—143 (E. Bielefeld). [1562

Genf. Sculpture antique. Guide illustré. Genève: Musée d'art et d'histoire 1957. 32 S., Abb. (Guides illustrés. 4). [1563

Gołuchow. Kubczak, J.: Dzieje zbioru naczyń starożytnych z Gołuchowa [Geschichte der Sammlung antiker Vasen in Gołuchow]. — ZOtchlani Wieków 23 (1957), 331—337, Abb. [1564

Hannover. Woldering, I.: Kestner-Museum Hannover. Ägyptische Kunst (Ausgewählte Werke der ägyptischen Sammlung). Hannover 1955. 78 S., 64 Taf. (Bildkataloge des Kestner-Museums Hannover. 1). [1565

Kopenhagen. The Royal Collection of coins and medals. — The National Museum of Denmark (Kopenhagen 1957), 303—323, 10 Taf. [1566

The Department of oriental and classical antiquities. — The National Museum of Denmark (Kopenhagen 1957), 279—301, 7 Taf., 4 Farbtaf. [1567

Koefoed-Petersen, O.: Catalogue des basreliefs et peintures égyptiens. 1956. | BiOr. 14 (1957), 71—72 (H. de Meulenaere). ChrEg. 32 (1957), 64—65 (P. Gilbert). [1568

Kos. Laurenzi: Sculture inedite del Museo di Coo s. Nr. 2337.

Leiden. Gids voor de verzameling van Griekse en Romeinse beeldhouwwerken in het Rijksmuseum van Oudheden te Leiden. 2. druk. 's-Gravenhage: Staatsdrukkerij 1957. 24 S., 16 Taf. [1569

— voor de verzameling van Griekse vazen in het Rijksmuseum van Oudheden te Leiden. 1955. | RBPhil. 35 (1957), 625—626 (Ch. Delvoye). [1570

Lunsingh Scheurleer, D. F.: Rijksmuseum van Oudheden te Leiden. Nieuwe inrichting van zalen met klassieke kunst op de eerste verdieping. — Bull. van den Koninkl. Nederl. Oudheidkundigen Bond Ser. 6, 8 (1955), 37—42, Abb. [1571

Lombardei. Ceruti, F.: I Musei di Lombardia. Pres. di A. Calderini. Pavia: Istit. lombardo di scienze e lettere 1957. XLIV, 252 S., 14 Taf., Abb. [1572

London. Barnett: A catalogue of the Nimrûd ivories, with other examples of ancient Near Eastern ivories in the Brit. Museum s. Nr. 2619.

Higgins, R. A.: Catalogue of the terracottas, Brit. Mus. Vol. 1. 1954. | AJA. 61 (1957), 303—306 (R. V. Nicholls). [1573

Jenkins: Greek coins recently acquired by the Brit. Museum s. Nr. 2887.

Madrid. Perez Alcorta: Las monedas antiguas de Sagunto (Museo Arqueol. Nacional) s. Nr. 2919.

Magdalensberg. Egger: Führer durch die Ausgrabungen u. das Museum auf dem Magdalensberg s. Nr. 684.

Mailand. Belloni, G.: Sculture d'età classica dei Musei d'Arte di Milano rilavorate in epoche posteriori. — Studi Calderini/Paribeni 3, 649—656, Abb. [1574

Pallottino, M.: Mostra dell' arte e della civiltà etrusca. 1955. | Zephyrus 8 (1957), 180 (J. M. Blazquez). [1575

Stenico: Ceramica aretina a rilievo della Coll. Pisani-Dossi del Museo di Milano s. Nr. 2712.

Mainz. Jahrbuch des Röm.-German. Zentralmuseums, Mainz. 1. 2. 1954/55. | Antiquity 31 (1957), 110—111 (H. Case). JbSGU. 25 (1956), 103—104 (W. Drack). [1576

Tätigkeitsbericht des Römisch-german. Zentralmuseums über das Rechnungsjahr 1956/57. — JbZMusMainz 4 (1957), 217—221. [1577

Melbourne. Trendall: Classical sculpture in the National Gallery s. Nr. 2431.

Montbéliard. Jeannin, Y., L. Lerat: Catalogue des collections archéol. de Montbéliard. Paris: Belles lettres 1957. 28 S., Taf. (Annales littér. de l'Univ. de Besançon. Vol. 16, Archéologie. 4). [1578

München. Lullies, R.: Eine Sammlung griechischer Kleinkunst. München: Hirmer 1955. 96 S., 89 Taf. [1579

Murcia. Fernandez de Aviles, A.: El nuevo Museo arqueológico de Murcia. — Zephyrus 8 (1957), 172—174, Abb. [1580

Nancy. Salin, E., A. France-Lanord: Le laboratoire de recherches archéol. du Musée Lorrain à Nancy. — Bull. du Laboratoire du Musée du Louvre 2 (1957), No. 2, 9—21, Abb. [1581

Nasaud. Protase, D.: Materiale arheologice romane in Muzeul din Nasaud. — ActMuz. 1956, 132—134. [1582

Neapel. Maiuri, B.: Museo nazionale di Napoli. Pref. di A. Maiuri. Novara: Istit. geogr. DeAgostini 1957. 164 S., Abb. [1583

— Le pitture di Pompei, Ercolano e Stabia nel Museo naz. di Napoli s. Nr. 2480.

Nemi. Moretti, G., C. Caprino: Il Museo delle navi romane di Nemi. Roma: Istit. poligr. dello Stato 1957. 57 S., Abb. [1584

New York. Bothmer: Greek vases from the Hearst Collection s. Nr. 2506.

Cramer, M.: Archäol. u. epigraph. Klassifikation koptischer Denkmäler des Metrop. Museum of Art, New York u. des Museum of Fine Arts, Boston, Mass. Wiesbaden: Harrassowitz 1957. 39 S., 30 Taf. [1585

Richter, G. M. A.: Catalogue of Greek sculptures in the Metropolitan Museum of Art. 1954. | ArchClass. 9 (1957), 121—122 (M. Floriani Squarciapino). Archaeology 10 (1957), 150—152 (E. B. Harrison). [1586

Five Years of collecting Egyptian art, 1951/56. Catalogue of an exhibition. 1956. | AJA. 61 (1957), 290—291 (C. Aldred). ChrEg. 32 (1957), 263—264 (A. Mekhitarian). [1587

Palermo. Colutta, F.: Rinnovati a Palermo i Musei nazionali. — Vie d'Italia 63 (1957), 56—65, Abb. [1588

Paris. Aulanier, Ch.: Histoire du Palais et du Musée du Louvre. La Salle des Caryatides. Les Salles des Antiquités grecques. Paris: Éd. des Musées nat. 1957. 130 S., Abb., 52 Taf. [1589

Mollard-Besques, S.: Musée National du Louvre. Catalogue raisonné des figurines et reliefs en terre cuite. 1. 1954. | RBPhil. 35 (1957), 1193—1194 (M. Renard). [1590

Parrot, A.: Le Musée du Louvre et la bible. Neuchâtel-Paris: Delachaux & Niestlé 1957. 166 S., Abb., 12 Taf. (Cahiers d'archéol. biblique. 9). [1591

— Acquisitions et inédits du Musée du Louvre s. Nr. 2199.

Perugia. Calzoni, U.: Il Museo preistorico dell' Italia centrale »Giuseppe Bellucci« in Perugia. 2. ed. Roma: Istit. poligr. dello Stato 1956. 74 S., Abb., 43 Taf. (Itinerari dei musei e monumenti d'Italia. 71). [1592

Plovdiv. Vodač za Narodnija Archeologičeski Musei v Plovdiv. Sofija 1957. 56 S., Abb. [1593

Potenza. Sestieri Bertarelli, M.: Il Museo archeol. provinciale di Potenza. Roma: Istituto poligr. dello Stato 1957. 77 S., Abb., Taf. (Itinerari dei musei e monumenti d'Italia. 96). [1594

Poznań. Kostrzewski, B.: Sto lat działalności Muzeum Archeologicznego w Poznaniu [Cent ans d'histoire du Musée archéol. de Poznan]. — Fontes archaeol. posnanienses 7 (1957), 1—30. [1595

— Sprawozdanie z działalności Muzeum Archeologicznego w Poznaniu w latach 1955 i 1956 [Rapport sur l'activité du Musée archéol. de Poznan en 1955 et 1956]. — Fontes archaeol. posnanienses 7 (1957), 154—168. [1596

Śmigielski, W.: Jubileusz Muzeum archeologicznego w Poznaniu. — Z Otchłani Wieków 23 (1957), 222—225, Abb. [1597

Ravenna. Bovini, G.: Catalogo della mostra dei mosaici con scene cristologiche di

S. Apollinare Nuovo di Ravenna. Ravenna, Museo nazionale. Faenza: Lega 1957. 111 S., Abb. | REByz. 15 (1957), 255—256 (P. Lemerle). [1598

Cecchelli: Mostra dei mosaici cristologici di S. Apollinare Nuovo s. Nr. 2581.

Rom. Cagiano de Azevedo: Due falsi dipinti romani del Museo Barracco s. Nr. 2467.

Giuliano: Catalogo dei ritratti romani del Museo profano Lateranense s. Nr. 3604.

Lippold, G.: Die Skulpturen des Vaticanischen Museums. 3, 2. Textbd., Tafelbd. 1956. | Gnomon 29 (1957), 454—459 (J. Charbonneaux). [1599

Pietrangeli, C.: La nuova Galleria lapidaria dei Musei capitolini. — Capitolium 32 (1957), Nr. 11, 10—15, Abb. [1600

Righetti: Le opere di glittica dei Musei annessi alla Biblioteca Vaticana s. Nr. 2814.

Schaffhausen. Kunst u. Kultur der Kelten. Ausstellung 1. August — 3. November 1957. 2. Aufl. Schaffhausen: Museum zu Allerheiligen 1957. 64 S., 24 S. Abb. [1601

Sevilla. Fernandez Chicarro, C.: Museo arqueológico de Sevilla. Madrid: Dir. gen. de Bellas Artes 1957. 122 S., 95 Taf. (Guías de los museos de España. 7.) | RevABM. 63 (1957), 791—792 (G. Nieto). [1602

Sofia. Mikov, V., G. Georgiev, N. Dzambozov: Führer durch das Archäologische Museum. 1: Leben und Kultur der Vor- und Frühklassengesellschaft [bulgar.]. Sofia 1952. 34 S., 17 Taf. [1603

Tarent. Pelagatti: La ceramica laconica del Museo di Taranto s. Nr. 2548.

Tarquinia. Romanelli: Tarquinia s. Nr. 1180.

Toledo. Jorge Aragoneses, M.: Museo arqueológico de Toledo. Madrid: Dir. gen. de Bellas Artes 1957. 180 S., 38 Taf. (Guías de los museos de España. 8.) | RevABM. 63 (1957), 792 (G. Nieto). [1604

Tunis. Picard, C. G.: Catalogue du Musée Alaoui. NS. 1. 1955. | Syria 34 (1957), 181—182 (R. Dussaud). AJA. 61 (1957), 412—414 (M. Bieber). JRS. 47 (1957), 274 (D. B. Harden). [1605

Turin. Lo Porto, F. G.: Collezioni archeologiche di provenienza daunia in Torino. — Studi Calderini/Paribeni 3, 335—352, Abb. [1606

Varese. Bertolone, M.: Scopi e attività di un Museo archeologico provinciale. — Sibrium 3 (1956/57), 209—214. [1607

Varna. Mirtchev: La collection de terres-cuites du Musée de la Ville de Staline s. Nr. 2360.

Viterbo. Foti, G.: Museo civico di Viterbo. Guida delle raccolte archeol. etrusche e romane. Viterbo: Agnesotti 1957. 33 S., Abb., Taf. [1608

Wien. Neumann: Die röm. Ruinen unter dem Hohen Markt (Histor. Museum d. Stadt Wien) s. Nr. 719.

Noll, R.: Funde vom Magdalensberg in der Wiener Antikensammlung. — Carinthia I 147 (1957), 112—139, Abb. [1609

Zaragoza. Beltrán, A.: El Museo arqueológico de Zaragoza. — Caesaraugusta 7/8 (1957), 91—97, 2 Taf. [1610

Zürich. Koptische Gewebe. Textilkunst der ägypt. Frühchristen des 2.—9. Jahrh. Ausstellung 26. Okt.—28. Dez. 1957. Zürich: Kunstgewerbemuseum 1957. 16 S., 16 Taf. (Wegleitung des Kunstgewerbemuseums d. Stadt Zürich. 217). [1611

III. Sachliche Übersicht

A. Allgemeine Kunstgeschichte und Geschichte. Nachleben der Antike

1. Allgemeines

Albright, W. F.: Northeast-Mediterranean dark ages and the early iron age art of Syria. — The Aegean and the Near East [s. 1956, Nr. 321], 144—164. [1612

Aymard, A., J. Auboyer: L'Orient et la Grèce antique. 3. éd. Paris: Presses univ. de France 1957. XII, 703 S., Ktn. (Histoire générale des civilisations. 1). [1613

Behn, F.: Aus europäischer Vorzeit. Grabungsergebnisse. Zürich, Wien: Europa Verl. 1957. 140 S., Abb., 32 Taf. (Urban-Bücher. 23). [1614

Bengtson, H.: Einführung in die Alte Geschichte. 2. Aufl. 1953. | AnzAW. 10 (1957), 137—141 (F. Hampl). [1615

Bibliographie internationale des travaux historiques publiés dans les volumes de Mélanges, 1880—1939, publiée sous la dir. de H. Nabholz, M. Rothbarth et U. Helfenstein, éd. par le Comité internat. des Sciences histor. Paris: Colin 1955. XI, 403 S. [1616

Byvanck, A. W.: De kunst der oudheid. Bd. 3. Leiden: Brill 1957. XII, 490 S., Abb., 80 Taf. [1617

Capovilla, G.: Ricerche di geografia e mito-linguistica protostorica. — Studi in onore di Carlo Castiglione (Milano 1957), 215—264. [1618

— Tra mythos e geolinguistica mediterranea. 1. 2. — RivFil. NS. 35 (1957), 23—46; 261—293. [1619

Geschichte der Alten Welt. Quellensammlung .Hrsg. von W. W. Struwe. 1: Der Alte Orient. 2: Griechenland u. der Hellenismus. 3: Rom. Berlin: Volk und Wissen 1956/57. 464 S.; 452 S.; 420 S. [1620

Historia Mundi. Handbuch der Weltgeschichte. 3. 1954. | DLZ. 78 (1957), 132—136 (O. Eißfeldt). Erasmus 10 (1957), 158—161 (L. Harmand). [1621

— — Bd. 4. 1956. | Anthropos 52 (1957), 958—962 (J. Kraus). DLZ. 78 (1957), 1069—1073 (O. Eißfeldt). [1622

Kirsten, E.: Raum u. Bevölkerung in der Weltgeschichte. Bd. 1, 1: Von der Vorzeit bis zum Mittelalter. Kartenteil gezeichn. v. W. Kircheiss. Würzburg: Ploetz 1956. 444 S., 185 Ktn. [1623

Laviosa Zambotti, P.: Unità della storia e della preistoria. — Nuova Antologia 90 (1955), 541—550. [1624

Martin, K., A. Gromer: Kunst des Abendlandes. 2. Aufl. T. 1. 1956. | Latomus 16 (1957), 570—571 (J. Ch. Balty). [1625

Melchiori, E.: Storia universale. Vol. 1: Il mondo antico. Roma: Curcio 1957. 653 S., 7 Taf. [1626

Narration in ancient art. A symposium. [Beitr. v. C. H. Kraeling, H. J. Kantor, A. Perkins, H. G. Güterbock, G. M. A. Hanfmann, P. H. v. Blanckenhagen, K. Weitzmann]. — AJA. 61 (1957), 43—91, 26 Taf. [1627

Pallottino, M.: Etruria ed Urartu. Nota di aggiornamento. — ArchClass. 9 (1957), 88—96, 2 Taf. [1628

Pirenne, J.: La Grèce et Saba, une nouvelle base pour la chronologie sudarabe. 1955. | Syria 34 (1957), 179—181 (R. Dussaud). ZDMG. 107 (1957), 644—645 (E. Littmann). [1629

Ploetz, K.: Hauptdaten der Weltgeschichte. Neubearb. u. fortgef. v. H. E. Stier [u. a.]. 28. Aufl. Würzburg: Ploetz 1957. VIII, 304 S. [1630

Vogt, J.: Geschichte des Altertums u. Universalgeschichte. Wiesbaden: Steiner 1957. 35 S. (Inst. f. Europ. Geschichte, Mainz. Vorträge. 24.) [1631

2. Orient und Ägypten

Aharoni, Y.: Problems of the Israelite conquest in the light of archaeol. discoveries. — Antiquity and Survival 2 (1957), 131—150, Abb., Taf. [1632

Akurgal, E.: Phrygische Kunst. 1955. | RA. Ser. 6, 49 (1957), 225—228 (Ch. Picard). AJA. 61 (1957), 392—395 (M. J. Mellink). Mitteil. d. Dt.-Türkischen Gesellschaft Nr. 10 (1956), 9—10 (S. v. Cles-Reden). [1633

Albright, W. F.: Further observations on the chronology of Alalakh. — BASOR. 146 (1957), 26—34. [1634

Aldred, C.: The end of the El-Amarna period. — JEA. 43 (1957), 30—41. [1635

— Hair styles and history s. Nr. 4019.

— Year twelve at El-Amarna. — JEA. 43 (1957), 114—117. [1636

Arkell, A. J.: Kur, the title of the king of Cush. — BIFAO. 55 (1956), 123—124. [1637

Babelon, J.: Impératrices syriennes. Paris: Michel 1957. 304 S., 12 Taf. | EtCl. 25 (1957), 503 (A. Dumont). [1638

Baron, S. W.: Histoire d'Israël. Vie sociale et religieuse. 1. Éd. franç. par V. Nikiprowetzky. 1956. | RBPhil. 35 (1957), 436—438 (A. Neher). [1639

— — 2: Les premiers siècles de l'ère chrétienne. Paris: Presses univ. de France 1957. S. 594—1320. | RHRel. 152 (1957), 99—100 (G. Vajda). [1640

Bengtson, H.: Neue Quellen zur Geschichte der neubabylonischen Zeit. — Historia 6 (1957), 499—502. [1641

Blegen, C. W.: The royal bridge. — The Aegean and the Near East [s. 1956, Nr. 321], 32—35. [1642

Braidwood: Jericho and its setting in Near Eastern history s. Nr. 513.

Breccia, A. E.: Egitto greco e romano. 3. ed. Pisa: Nistri-Lischi 1957. 229 S. [1643

Brunner, H., H. Jacobsohn, S. Morenz: Ägypten. — RGG. 3. Aufl. 1 (1957), 105—124. [1644

Capart, J.: Au pays du symbolisme. — ChrEg. 32 (1957), 219—241, Abb. [1645

— Pensées d'éternité sur un mode plaisant. — ChrEg. 32 (1957), 159—177, Abb. [1646

— Dans le studio d'un artiste. — ChrEg. 32 (1957), 199—217, Abb. [1647

Charles, R.-P.: Essai sur la chronologie des civilisations prédynastiques d'Égypte. — JNES. 16 (1957), 240—253. [1648

Christophe, L. A.: La fin de la XIXe dynastie égyptienne. — BiOr. 14 (1957), 10—13. [1649

Le Civiltà dell'Oriente. Storia, letteratura, religioni, filosofia, scienze e arte. Vol. 1:

Storia. Prefaz. e introduzione di G. Tucci. Roma: Casini 1956. XXVII, 1311 S., Abb., 8 Taf. [Beitr. zum Alten Orient von: S. Donadoni, S. Moscati, G. Furlani, S. Mazzarino]. [1650

Danelius, E.: The boundary of Ephraim and Manasseh in the western plain. — PalExplQu. 89 (1957), 55—67, Abb. [1651

Dessenne, A.: Le sphinx. Étude iconographique. 1: Des origines à la fin du second millénaire. Paris: Boccard 1957. 220 S., Taf. (Bibl. des Écoles franç. d'Athènes et de Rome. 186). [1652

Dijk, A. M. van: La découverte de la culture sumérienne et sa signification pour l'histoire de l'antiquité orientale. — L'Ancien Testament et l'Orient (Louvain 1957), 5—28. [1653

Dussaud, R.: La pénétration des Arabes en Syrie avant l'Islam. 1955. | REA. 59 (1957), 126—127 (D. Sourdel). [1654

— Prélydiens, Hittites et Achéens. 1953. | Gnomon 29 (1957), 233—235 (E. Akurgal). [1655

Edzard, D. O.: Die „zweite Zwischenzeit" Babyloniens. Diss. Heidelberg. Wiesbaden: Harrassowitz 1957. XIV, 201 S. [1656

Frankfort, H.: The art and architecture of the ancient Orient. 1955. | OLZ. 52 (1957), 415—420 (E. Heinrich). AntJ. 37 (1957), 74 (M. E. L. Mallowan). [1657

Frye, R. N.: Zur Frage des Falls des Partherreiches [russ.] — VDI. 58 (1956), 113—119. [1658

Galassi, G.: Preistoria e protostoria mediterranea. 1955. | ChrEg. 32 (1957), 249—250 (M. Stracmans). [1659

Gelzer, M. L.: Nekotorye voprosy političeskoj istorii drevnego Alalacha [Einige Fragen zur politischen Geschichte Alt-Alalachs]. — VDI. 57 (1956), 29—36. [1660

Geometria nell'arte egizia. — Sele Arte 5 (1957), 2—9, Abb. [1661

Gilbert, P.: La notation du moment de passage dans l'art pharaonique. — ChrEg. 32 (1957), 17—24, Abb. [1662

Goetze, A.: Alalaḫ and Hittite chronology. — BASOR. 146 (1957), 20—26. [1663

Greenberg, M.: The Hab/piru. 1955. | JNES. 16 (1957), 139—141 (J. A. Wilson). [1664

Hammad, M.: Über die Entdeckung von 4 Blöcken, die neues Licht auf eine wichtige Epoche der Amarnakunst werfen. — ASAntEg. 54 (1956/57), 299—304, Abb., 1 Taf. [1665

Heinrich, E.: Bauwerke in der altsumerischen Bildkunst. Wiesbaden: Harrassowitz 1957. 106 S., Abb. (Schriften d. Max Freih. v. Oppenheim-Stiftung. 2.) | BiOr. 14 (1957), 226—227 (A. Parrot). [1666

Hitti, Ph. K.: History of Syria, incl. Lebanon and Palestine. 2. ed. London: Macmillan 1957. XXV, 750 S., Abb., Taf. [1667

Hyatt, J. Ph.: New light on Nebuchadnezzar and Judean history. — Journal of biblical literature 75 (1956), 277—284. [1668

Jacobsen, Th.: Early political development in Mesopotamia. — ZAssyr. NF. 18 (1957), 91—140. [1669

Janssen: Egyptische oudheden, verzameld door W. A. van Leer s. Nr. 1528.

The Idea of history in the ancient Near East. Ed. by R. C. Dentan. 1955. | AJA. 61 (1957), 192—195 (W. K. Simpson). JNES. 16 (1957), 220—222 (J. W. Swain). [1670

Jelinková-Reymond, E.: Quelques recherches sur les réformes d'Amasis. — ASAntEg. 54 (1956/57), 251—287. [1671

Kahrstedt, U.: Artabanos III. und seine Erben. 1950. | Emerita 25 (1957), 239 (A. Balil). [1672

Kaiser, W.: Studien zur Vorgeschichte Ägyptens. Diss. München 1957. 417 Bl. [Maschinenschr.] [1673

Kienitz, F. K.: Die politische Geschichte Ägyptens vom 7.—4. Jahrh. 1953. | ZDMG. 107 (1957), 198—200 (W. Helck). [1674

Klima, J.: Urukagina, der große Reformer in der mesopotamischen Frühgeschichte. — Das Altertum 3 (1957), 67—78, Abb. [1675

Koolhaas, A. A.: Theocratie en monarchie in Israel. Wageningen: Veenman 1957. 158 S. | BiOr. 14 (1957), 244—245 (H. H. Rowley). [1676

Kramer, S. N.: L'histoire commence à Sumer. Avant-propos de J. Bottéro. Paris: Arthaud 1957. 316 S., 52 Taf., 2 Ktn. [1677

— From the tablets of Sumer: Twenty-five firsts in man's recorded history. 1956. | AJA. 61 (1957), 293—295 (J. Oates). Syria 34 (1957), 345—347 (A. Parrot). [1678

Kupper, J.-R.: Les nomades en Mésopotamie au temps des rois de Mari. Paris: Belles Lettres 1957. XXXII, 283 S. (Bibl. de la Fac. de philos. et lettres, Univ. de Liège, 142). | Muséon 70 (1957), 369—371 (G. Ryckmans). [1679

Lange, K., M. Hirmer: Aegypten. Architektur, Plastik und Malerei in drei Jahrtausenden. 1955. | Erasmus 10 (1957), 747—751 (J. Leibovitch). ChrEg. 32 (1957), 47—48 (A. Mekhitarian). [1680

— — — 2. Aufl. München: Hirmer 1957. 97 S., Abb., 260 Taf. [1681

— — Egypt. Architecture, sculpture, painting in 3000 years. Transl. by R. H. Boothroyd. 2. ed. London: Phaidon-Pr. 1957. VIII, 39 S., 260 Taf. | Burlington Mag. 99 (1957), 212—213 (I. E. S. Edwards). [1682

Lauer, J.-Ph.: Sur le dualisme de la monarchie égyptienne et son expression architecturale sous les premières dynasties. — BIFAO. 55 (1956), 153—171, Abb., 4 Taf. [1683

Leibovitch, J.: Le griffon dans le moyen-orient antique. — Atiquot 1 (1955), 75—88, Abb., Taf. [1684

Lewy, J.: Apropos of a recent study in old Assyrian chronology. — Orientalia NS. 26 (1957), 12—36. [1685

Lindon Smith, J.: Tombs, temples and ancient art, with paintings. Ed. by C. Lindon Smith. Norman: Univ. of Oklahoma Pr. 1956. XVI, 349 S., 47 Taf. | BiOr. 14 (1957), 19 (A. A. Kampman). [1686

Mayani, Z.: Les Hyksos et le monde de la Bible. 1956. | Rev. des Sciences rel. 31 (1957), 311—313 (A. Vincent). ThLZ. 82 (1957), 582—584 (G. Lanczkowski). BiOr. 14 (1957), 216—218 (S. H. Horn). [1687

Mellaart, J.: Anatolian chronology in the early and middle bronze age. — AnatSt. 7 (1957), 55—88. [1688

Montecchi, A.: Un impero scomparso. L'Egitto faraonico. Saggio sintetico della civiltà egiziana dalla sua formazione alla caduta dell'impero sotto il dominio di Roma. Milano: Ceschina 1957. 538 S., Abb. [1689

Moscati, S.: Chi furono i Semiti? Roma: Accad. naz. dei Lincei 1957. 51 S. (MemAccLinc. Ser. 8, 8 fasc. 1). | Aevum 31 (1957), 287. [1690

— Geschichte und Kultur der semitischen Völker. 2. Aufl. 1955. | WZMorg. 53 (1957), 314 (W. von Soden). [1691

— I predecessori d'Israele. Studi sulle più antiche genti semitiche in Siria e Palestina. 1956. | BiOr. 14 (1957), 175—176 (H. Cazelles). [1692

Noth, M.: Geschichte Israels. 2. verb. Aufl. 1954. | ThLZ. 82 (1957), 108—109 (O. Eißfeldt). [1693

Osten, H. H. von der: Die Welt der Perser. 1956. | WZMorg. 54 (1957), 287—288 (F. Hančar). [1694

Parker, R. A., W. H. Dubberstein: Babylonian chronology 626 B. C.—A. D. 75. Providence (Rh. I.): Brown Univ. Pr. 1956. XI, 47 S. (Brown Univ. Studies. 19.) | Muséon 70 (1957), 368—369 (P. Naster). [1695

Pijoan, J.: Summa Artis. Historia general del arte. T. 3: El arte egipcio hasta la conquista romana. 4. ed. Madrid: Espasa-Calpe 1957. 555 S., Abb., Taf. [1696

Porter, B., R. L. B. Moss: Topographical bibliography of ancient Egyptian hieroglyphic texts, reliefs and paintings. 7: Nubia, the deserts and outside Egypt. 1951. | BiOr. 14 (1957), 26—31 (J. Yoyotte). [1697

Posener, G.: Littérature et politique dans l'Égypte de la XIIe dynastie. Paris: Champion 1956. XI, 171 S. (Bibl. des Hautes Études. 307.) | Syria 34 (1957), 369—371 (R. Dussaud). ChrEg. 32 (1957), 53—56 (P. Mertens). JEA. 43 (1957), 122—123 (R. O. Faulkner). JNES. 16 (1957), 275—277 (J. A. Wilson). [1698

Ricciotti, G.: Histoire d'Israël. 1: Des origines à l'exil. Nouv. éd. corr. Trad. de P. Auvray. Paris: Picard 1956. 560 S., Abb., 8 Ktn. [1699

Ryckmans, G.: L'Arabie antique et la Bible. — L'Ancien Testament et l'Orient (Louvain 1957), 89—109. [1700

Schäfer, H.: Das Niederschlagen der Feinde. Zur Geschichte eines ägyptischen Sinnbildes. — WZMorg. 54 (1957), 168—176. [1701

Schmökel, H.: Geschichte des alten Vorderasien. 1956. | DLZ. 78 (1957), 780—783 (O. Eißfeldt). BiOr. 14 (1957), 199—202 (E. Dhorme). WZMorg. 54 (1957), 258—263 (M. Falkner). [1702

— Ur, Assur u. Babylon. 1955. | Antiquity 31 (1957), 43—44 (O. G. S. Crawford). AOF. 18 (1957), 140—142 (P. Naster). Anthropos 52 (1957), 670—671. [1703

— Le monde d'Ur, Assur et Babylone. Trad. par L. Jumel. Paris: Corrêa 1957. 296 S., 120 Taf. (Grandes Civilisations de l'Antiquité). [1704

— Ur, Assur en Babylon. Drie millennia in het twee stromenland. Vert. door F. M. Th. de Liagre Böhl. Amsterdam: Holland 1957. 208 S., 120 Taf. (Grote culturen der oudheid). [1705

— Sumeri, Assiri e Babilonesi. Tre millenni nel paese dei due fiumi. Trad. di G. Gentilli. Revisione scientif. di G. Furlani. Roma: Ed. Primato 1957. 349 S., 118 Taf. (Le grandi civiltà del passato.2). [1706

Seyrig: Antiquités syriennes. 64: Sur une prétendue ère syrienne s. Nr. 339.

Soden, W. v., F. M. Th. de Liagre Böhl: Babylonien. — RGG. 3. Aufl. 1 (1957), 810—827. [1707

Speiser, W.: Vorderasiatische Kunst. 1952. | ZAssyr. NF. 18 (1957), 346—348 (E. Strommenger). [1708

Steindorff, G., K. C. Seele: When Egypt ruled the East. 2. ed. rev. Chicago: Univ. Pr. 1957. XVIII, 289 S., Abb. [1709

Stoebe, H. J.: Die Einnahme Jerusalems und der Sinnôr. — ZDPV. 73 (1957), 73—99, Abb. [1710

Van der Meer, P.: The chronology of ancient Western Asia and Egypt. 2.ed. 1955. | RBibl. 64 (1957), 465—466 (R. de Vaux). [1711

Vandier, J.: Manuel d'archéologie égyptienne. 2, 2. 1955. |BiOr. 14 (1957), 23—24 (I. E. S. Edwards). [1712

— Quelques remarques sur le XVIIIe nome de Haute Égypte. — MDIK. 14 (1956), 208—213. [1713

Váry, H.: Die Bauten u. Feldzüge Assurbanipals, Königs von Assyrien. Diss. Graz 1957. 110 Bl. [Maschinenschr.]. [1714

Vercoutter, J.: L'Égypte ancienne. 3.éd. Paris: Presses univ. de France 1957. 136 S., Abb. (Que sais-je? 247). [1715

Voegelin, E.: Order and history. 1: Israel and revelation. Louisiana: Louisiana State Univ. Pr. 1956. XXV, 533 S. | HZ. 184 (1957), 606—607 (H.-J. Schoeps). [1716

Weigert, H.: Kleine Kunstgeschichte der außereuropäischen Hochkulturen. Stuttgart: Kohlhammer 1957. 420 S., 258 Abb., 65 Taf. (Kleine Kunstgeschichte der Welt. 3.). [1717

Wiseman, D. J.: Chronicles of Chaldaean kings (626—556 B. C.) in the British Museum. 1956. | WZMorg. 53 (1957), 316—321 (W. v. Soden). [1718

Woldering: Ägyptische Kunst (Kestner-Museum) s. Nr. 1565.

Wolf, W.: Die Kunst Ägyptens. Gestalt u. Geschichte. Stuttgart: Kohlhammer 1957. 746 S., 696 Abb., 8 Taf. [1719

Yeivin, S.: The land of Israel and the birth of civilization in the Near East. — Antiquity and survival 2 (1957), 111—120, Abb., Taf. [1720

3. Griechenland und Rom: Allgemeines. Vorgeschichte

Åström, P.: The Middle Cypriote bronze-age. Stockholm: Almqvist & Wiksell 1957. 307 S., Abb., 40 Taf. (Skrifter utg. av Svenska Inst. i Athen. 2, 5). [1721

Bianchi Bandinelli, R.: L'artista nell' antichità classica. — ArchClass. 9 (1957), 1—17. [1722

Cassola, F.: La Ionia nel mondo miceneo. Napoli: Ediz. scientif. ital. 1957. VIII, 376 S. | Riv. stor. ital. 69 (1957), 599—601 (A. Momigliano). [1723

— I problemi della preistoria greca dal periodo neolitico alla fine del terzo millennio. — Nuova Rivista stor. 40 (1956), 189—224. [1724

Coli, U.: Stati-città e unioni etniche nella preistoria greca e italica. — Studi in onore di P. de Francisci 4 (Milano 1956), 505—533. [1725

Cottrell, L.: Il toro di Minosse. Creta, il minotauro e la civiltà micenea. Introd. di A. Wace. Trad. di G. Monicelli. Milano: Martello 1956. 307 S., Abb., 22 Taf. [1726

Curtius, L.: Die antike Kunst in der modernen Welt (1953). — Curtius, Torso (Stuttg. 1957), 43—52. [1727

Huxley, G. L.: Mycenaean decline and the Homeric catalogue of ships. — BICS. 3 (1956), 19—30. [1728

Jucker, I.: Der Gestus des Aposkopein. 1956. | MusHelv. 14 (1957), 246 (F. Wehrli). BAntBeschav. 32 (1957), 70—71 (L. Byvanck-Quarles van Ufford). Latomus 16 (1957), 199—206 (W. Deonna). [1729

Kirsten, E.: Die griechische Polis als historisch-geographisches Problem des Mittelmeerraumes. 1956. | Gnomon 29 (1957), 548—549 (Ernst Meyer). HZ. 184 (1957), 670—671 (H. Philipp). REG. 70 (1957), 246—249 (E. Will). [1730

Langlotz, E.: Antike Klassik in heutiger Sicht. Frankfurt a. M. 1956. 47 S., 12 Taf. [1731

Lauffer, S.: Abriß der antiken Geschichte. 1956. | EtCl. 25 (1957), 261—262 (J. Delande). Gnomon 29 (1957), 632—633 (H. Volkmann). Athenaeum 35 (1957), 141—142 (E. Gabba). Latomus 16 (1957), 758—759 (S. J. de Laet). [1732

Matz, F.: Kreta, Mykene, Troja. Die minoische und die homerische Welt. 1956. | DLZ. 78 (1957), 301—304 (H. Berve). AJA. 61 (1957), 195—196 (M. J. Mellink). WZMorg. 54 (1957), 287 (F. Hančar). [1733

Müri, W.: Die Antike. Untersuchung über den Ursprung u. die Entwicklung der Bezeichnung einer geschichtl. Epoche. Bern: Städt. Gymnasium 1957. 60 S. (Beilage zum Jahresber. üb. d. Städt. Gymnasium, Bern. 1957). [1734

Popovitch, V.: Sur la chronologie de la civilisation protohistorique dans la péninsule des Balkans. P. 1. 2. — RA. Sér. 6, 49 (1957), 129—146, Abb.; Ser. 6, 50 (1957), 1—24, Abb. [1735

Schachermeyr, F.: Dimini und die Bandkeramik. 1954. | JHS. 77 (1957), 353 (S. Benton). [1736

— Die ägäische Frühzeit (Kreta und Mykenai). III. Bericht, die Jahre von 1953 bis 1956 umfassend. — AnzAW. 10 (1957), 65—126. [1737

4. Griechische Geschichte

Accame, S.: La politica estera di Pericle nei primi anni del suo predominio. — Studi Calderini/Paribeni 1, 39—49. [1738

— Il problema della nazionalità greca nella politica di Pericle e Trasibulo. — Paideia 11 (1956), 241—253. [1739

Anderson, J. K.: Note on »Landholders of Pylos«. — AJA. 61 (1957), 174—175 [vgl. 1956 Nr. 1785]. [1740

Andreotti, R.: Die Weltmonarchie Alexanders d. Gr. in Überlieferung u. geschichtl. Wirklichkeit. — Saeculum 8 (1957), 120—166. [1741

Andrewes, A., D. M. Lewis: Note on the peace of Nikias. — JHS. 77 (1957), 177—180. [1742

— The Greek tyrants. 1956. | Hibbert Journal 55 (1957), 314—316 (R. Lunt). ClRev. NS. 7 (1957), 141—142 (R. M. Cook). RivFil. NS. 35 (1957), 198—200 (E. Manni). RevPhil. Sér. 3, 31 (1957), 266 (J. de Romilly). JHS. 77 (1957), 335—336 (A. R. Burn). [1743

Aucello, E.: La politica dei Diadochi e l'ultimatum del 314 av. Cr. — RivFil. NS. 35 (1957), 382—404. [1744

Barbieri, G.: Alcibiade e le strategie dal 411 al 408. — Studi Calderini/Paribeni 1, 51—68. [1745

Barnett, R. D.: Ancient oriental influences on archaic Greece. — The Aegean and the Near East [s. 1956, Nr. 321], 212—238, Abb., 5 Taf. [1746

Bérard, J.: La colonisation grecque de l'Italie méridionale et de la Sicile dans l'antiquité. L'histoire et la légende. 2. éd. Paris: Presses univ. de France 1957. XII, 522 S., 4 Ktn. (Publications de la Fac. des lettres de Paris. 4.). | Aevum 31 (1957), 200. REG. 70 (1957), 524—525 (F. Villard). [1747

— Les Ioniens à Siris. — Charites [s. Nr. 306], 218—222, Abb. [1748

Berve, H.: Dion. Mainz: Akad. d. Wiss. 1957. 141 S. (AbhMainz 1956, 10). [1749

— Dion, der Versuch der Verwirklichung platonischer Staatsgedanken. — HZ. 184 (1957), 1—18. [1750

Bousquet, J.: Les Aitoliens à Delphes au IVe siècle. — BCH. 81 (1957), 485—495, Abb. [1751

Bowra, C. M.: The Greek experience. London: Weidenfeld & Nicolson 1957. XIV, 211 S., 64 Taf. (History of civilization). [1752

Cavaignac, E.: A propos d'un document nouveau: La fin de Thémistocle. — Nouvelle Clio 7/9 (1955/57), 123—125. [1753

Chambers, M. H.: Thucydides and Pericles. — HarvSt. 62 (1957), 79—92. [1754

Chamoux, F.: Cyrène sous la monarchie des Battiades. 1953. | Gnomon 29 (1957), 15—22 (P. M. Fraser). [1755

Chantraine, H.: Syrakus und Leontinoi. Ein numismatisch-historischer Beitrag zur älteren westgriech. Tyrannis. — JbNum. 8 (1957), 7—19. [1756

Charneux, P.: Rome et la confédération achaienne (automne 170). — BCH. 81 (1957), 181—202, Abb. [1757

Cloché, P.: Alexandre le Grand. 1954. |HZ. 183 (1957), 684 (S. Lauffer). [1758

— La coalition de 315—311 av. J.-C. contre Antigone le Borgne. — CRAcInscr. 1957, 130—139. [1759

— Démosthène et la fin de la démocratie athénienne. Paris: Payot 1957. 333 S., 1 Kte. (Bibliothèque historique). [1759a

— Un fondateur d'empire, Philippe II, roi de Macédoine. 1955. | EtCl. 25 (1957), 381 (A. Wankenne). RBPhil. 35 (1957), 1143—1144 (Y. Béquignon). [1760

— El siglo de Pericles. Trad.: R. M. Bofill. Barcelona: Vergara 1957. 137 S. [1761

Daux, G.: Remarques sur la composition du Conseil amphictionique. — BCH. 81 (1957), 95—120. [1762

Den Boer, W.: Laconian studies. 1954. | Gnomon 29 (1957), 7—15 (H. Berve). AnzAW. 10 (1957), 48 (F. Gschnitzer). Mnemosyne Ser. 4, 10 (1957), 61—63 (A. W. Byvanck). [1763

Diem: Alexander d. Gr. als Sportsmann s. Nr. 3906.

Dienelt, K.: Der korinthische Bund.

Problem. — ÖJh. 43 (1956), Beibl. 247—271. [1764

Dorey, T. A.: Aristophanes and Cleon. — GaR. Ser. 2, 3 (1956), 132—139. [1765

Droysen, J. G.: Histoire d'Alexandre le Grand. Trad. par Benoist-Méchin. Éd. revue et corrigée. Paris: Club du meilleur livre 1957. 507 S., Abb., Taf. (Collection Historia. 7). [1766

Ehrenberg, V.: Sophokles und Perikles. 1956. | EtCl. 25 (1957), 263 (A. Dumont). REA. 59 (1957), 417—419 (J. Defradas). Historia 6 (1957), 506—508 (K. F. Stroheker), Athenaeum 35 (1957), 355—359 (F. Sartori). [1767

Forrest, W. G.: Colonisation and the rise of Delphi. — Historia 6 (1957), 160—175. [1768

Forsdyke, J.: Greece before Homer. 1956. | Zephyrus 8 (1957), 310—311 (E. Albarran). [1769

Franke, P. R.: Alt-Epirus und das Königtum der Molosser. 1954. | ClRev. NS. 7 (1957), 59—60 (F. W. Walbank). Mnemosyne Ser. 4, 10 (1957), 172—173 (J. H. Croon). HZ. 184 (1957), 672—673 (S. Lauffer). RevPhil. Sér. 3, 31 (1957), 271—272 (E. Will). [1770

French, A.: Solon and the Megarian question. — JHS. 77 (1957), 238—246. [1771

Giannelli, G.: La terza guerra messenica e l'assedio di Itome. — Studi Calderini/Paribeni 1, 29—37. [1772

Gren, E.: Grekland. Stockholm: Natur och Kultur 1957. 264 S., 9 Ktn., 7 Taf. [1773

Gschnitzer, F.: Abhängige Orte im griechischen Altertum. T. 1: Einzeluntersuchungen. Hab.-Schr. Innsbruck 1957. 181 Bl. [Maschinenschr.]. [1774

Habicht, Ch.: Prusias I.; Prusias II. — RE. 23, 1 (1957), 1086—1127.

Heidbüchel, F.: Die Chronologie der Peisistratiden in der Atthis. — Philologus 101 (1957), 70—89. [1776

Holleaux, M.: Rome et la conquête de l'Orient. Philippe V et Antiochos le Grand. Introd. de L. Robert. Paris: Maissonneuve 1957. 448 S. (Holleaux: Études d'épigraphie et d'histoire grecques. 5, 2). [1777

Jones, A. H. M.: Athenian democracy. Oxford: Blackwell 1957. VIII, 198 S. [1778

Kalléris, J. N.: Les anciens Macédoniens. 1954. | AnzAW. 10 (1957), 145—147 (F. Gschnitzer). [1779

Kanatsulis, D: Μακεδονικὴ προσωπογραφα. 1955. | Gymn. 64 (1957), 277 (G. Soyter). AnzAW. 10 (1957), 254 (E. Stürzl). [1780

Klaffenbach, G.: Der römisch-ätolische Bündnisvertrag vom Jahre 212 v. Chr. 1954. | JRS. 46 (1956), 153—157 (A. H. McDonald). Latomus 16 (1957), 388—389 (A. Deman). [1781

Kordatos, G.: Ἱστορία τῆς ἀρχαίας Ἑλλάδος. Β', Γ'. Athen 1956. 576; 592 S. [1782

Labarbe, J.: La loi navale de Thémistocle. Paris: Belles Lettres 1957. 238 S. (Bibl. de la fac. de philos. et lettres de l'Univ. de Liège. 143). [1783

Laistner, M. L. W.: A history of the Greek world, from 479 to 323 B. C. 3. ed. London: Methuen 1957. XX, 492 S., 2 Taf., Ktn. (History of the Greek and Roman world. 2). [1784

Lévêque, P.: Recherches nouvelles sur l'histoire de l'Épire. — REG. 70 (1957), 488—499. [1785

Mele, A.: La battaglia di Platea. — Annali, Fac. di Lettere, Filos. e Magistero dell' Univ. di Napoli 5 (1955), 5—41. [1786

Moraux, P.: L'établissement des Galates en Asie Mineure. — IstM. 7 (1957), 56—75. [1787

Narain, A. K.: The Indo-Greeks. Oxford: Clarendon Pr. 1957. XVI, 204 S., 9 Taf. [1788

Nenci, G.: Pirro. 1953. | AJPh. 78 (1957), 108—111 (J. V. A. Fine). [1789

Oertel, F.: Alexander der Große in neuer Sicht. — OLZ. 52 (1957), 101—108. [1790

Oliver, J. H.: The peace of Callias and the Pontic expedition of Pericles. — Historia 6 (1957), 254—255. [1791

Papantonios, G. A.: Ὁ μηδισμὸς τῶν Θεσσαλῶν, τῶν Βοιωτῶν καὶ τῶν Φωκέων. — Platon 8 (1956), 18—30. [1792

Pastras, G. K.: Ἡ μάχη τῶν Θερμοπυλῶν. Athen 1956. 58 S. [1793

Pelekidis, C.: L'archonte athénien Démétrios de 159—8(?). — BCH. 81 (1957), 478—484. [1794

Peremans, W., E. van't Dack: Over de buitenlandse bezittingen van de Lagiden. Polybios V 34. Brussel: Paleis d. Acad. 1956. 18 S. (Mededelingen, K. Vlaamse Acad., Kl. d. Letteren, 18, 5). [1795

— — Contenu et disposition de la Prosopographia Ptolemaica. — Akten d. 8. Intern. Kongr. f. Papyrologie [s. 1956 Nr. 362], 97—101. [1796

— — H. de Meulenaere, J. Ijsewijn: Prosopographia Ptolemaica. 3: Le clergé, le notariat, les tribunaux. Leiden: Brill 1957. XXXI, 310 S. (Studia hellenistica. 11.) | JEA. 43 (1957), 127 (E. G. Turner). ChrEg. 32 (1957), 364—366 (C. Préaux). [1797

Pfister, F.: Alexander der Große in den Offenbarungen der Griechen, Juden, Mohammedaner und Christen. 1956. | Gnomon 29 (1957), 317—319 (D. J. A. Roß). [1798

Piraino, M. T.: Antigono Dosone, re di Macedonia. 1954. | ClPh. 52 (1957), 279—280 (Ch. Edson). [1799

Price, P.: Hellenic antecedents of the United Nations. — Otto Weissel, 1875/1955 (Ambilly-Annemasse 1955), 199—210. [1800

Robinson jr., C. A.: The history of Alexander the Great. I 1. 2. 1953. | AnzAW. 10 (1957), 252—253 (F. Schachermeyr). [1801

— The extraordinary ideas of Alexander the Great. — American historical Review 62 (1957), 326—344. [1802

Robinson, C. E.: A history of Greece. 9. ed. London: Methuen 1957. XII, 480 S., 23 Taf., 22 Ktn. [1803

Ryder, T. T. B.: The supposed common peace of 366/5 B. C. — ClQu. NS. 7 (1957), 199—205. [1804

Sanders, G.: La chronologie de Pisistrate. Essai d'interprétation. — Nouvelle Clio 7/9 (1955/57), 161—179. [1805

Savill, A.: Alexander the Great and his time. 2. ed. London: Rockliff (1956). XX, 300 S., 4 Taf., 1 Kt. [1806

Schaefer, H.: Das Eidolon des Leonidas. — Charites [s. Nr. 306], 223—233. [1807

Skeat, Th. C.: The reigns of the Ptolemies. 1954. | DLZ. 78 (1957), 978—980 (Wolfg. Müller). [1808

Sordi: La fondation du collège des naopes et le renouveau politique de l'Amphictionie au IVe siècle s. Nr. 3726.

Swoboda, H.: Historia de Grecia. Trad.: G. Zotter. 2. ed. Barcelona: Labor 1957. 305 S., 32 Taf., Abb., 5 Ktn. [1809

Ténékidès, G.: La notion juridique d'indépendance et la tradition hellénique. Autonomie et fédéralisme aux Ve et IVe siècles av. J.-C. — Mélanges Merlier 3 [s. Nr. 312], 255—468, 16 Taf. [1810

Tibiletti, G.: Rome and the Ager Pergamenus: The Acta of 129 B. C. — JRS. 47 (1957), 136—138. [1811

Vietta, E.: Alexander scheitert an Indien. Auf den Spuren Alexanders vom Punjab bis Istanbul. Bern: Francke 1957. 194 S., 8 Taf. [1812

Wassermann, F. M.: Post-Periclean democracy in action: The Mytilenean debate (Thuc. III 37—48). — TrAPhAss. 87 (1956 [1957]), 27—41. [1813

Wentker, H.: Die Ktisis von Gela bei Thukydides. — RM. 63 (1956 [1957]), 129—139. [1814

— Sizilien und Athen. Die Begegnung der attischen Macht mit den Westgriechen. 1956. | RH. 218 (1957), 119—120 (P. Cloché). RivFil. NS. 35 (1957), 305—308 (E. Manni). Mnemosyne Ser. 4, 10 (1957), 268—270 (J. H. Croon). AntCl. 26 (1957), 234—235 (P. Cloché). RevPhil. Sér. 3, 31 (1957), 267—269 (E. Will). ClRev. NS. 7 (1957), 243—245 (P. A. Brunt). [1815

Werner, R.: Schwarzmeerreiche im Altertum. — WaG. 17 (1957), 221—244. [1816

Will, E.: Doriens et Ioniens. 1956. | RH. 218 (1957), 117—119 (P. Cloché). HZ. 184 (1957), 669 (H. Philipp). Mnemosyne Ser. 4, 10 (1957), 265—266 (W. den Boer). AntCl. 26 (1957), 232—234 (P. Cloché). RevPhil. Sér. 3, 31 (1957), 265—266 (J. Schwartz). REA. 59 (1957), 128—131 (J. Defradas). ClPh. 52 (1957), 275—276 (S. I. Oost). REG. 70 (1957), 525—527 (P. Lévêque). RivFil. NS. 35 (1957), 196—198 (A. Rostagni). [1817

— Korinthiaka. 1955. |ClRev. NS. 7 (1957), 61—64 (A. R. W. Harrison). Mnemosyne Ser. 4, 10 (1957), 59—60 (W. den Boer). RevPhil. 31 (1957), 106—107 (J. Schwartz). JHS. 77 (1957), 333—334 (N. G. L. Hammond). SchwMbll. 7 (1957), 6—7 (G. Le R.). [1818

— Miltiade et Dorieus. — Nouvelle Clio 7/9 (1955/57), 127—132. [1819

Wolski, J.: The decay of the Iranian Empire of the Seleucids and the chronology of the Parthian beginnings. — Berytus 12 (1956/57), 35—52. [1820

Yoyotte, J.: Une étude sur l'anthroponymie gréco-égyptienne du nome Prosôpite. — BIFAO. 55 (1956), 125—140. [1821

5. Griechische Kunst

Angioletti, G. B., P. Bigongiari: Testimone in Grecia. Torino: Ed. Radio Ital. 1955. 240 S., 223 Abb., 12 Taf. [1822

Bargellini, P.: Belvedere. Vol. 1: Arte greca. Firenze: Vallecchi 1957. 380 S., Abb., 16 Taf. [1823

Barnett: Ancient oriental influences on archaic Greece s. Nr. 1746.

Blanco Freijeiro, A.: Arte griego. 1956. | RevABM. 63 (1957), 793—795 (A. Balil). [1824

Bothmer, D. von: Amazons in Greek art. Oxford: Clarendon Pr. 1957. XXVII, 252 S., 90 Taf. (Oxford Monographs on class. archaeology. 5). [1825

Brown, B. R.: Ptolemaic paintings and mosaics and the Alexandrian style. Cambridge, Mass.: Archaeol. Inst. of America 1957. XVIII, 109 S., Abb., 45 Taf. [1826

Budde, L.: Die Entstehung des antiken Repräsentationsbildes. Berlin: de Gruyter 1957. 26 S., 66 Taf. | EtCl. 25 (1957), 264 (J. van Ooteghem). ByzZ. 50 (1957), 191—192 (K. Wessel). [1827

Buschor, E.: Von griechischer Kunst. Ausgew. Schriften. 1956. | Universitas 12 (1957), 1092—1093 (K. Schefold). [1828

Byvanck, A. W.: De beeldende kunst in den tijd van Plato. 1955. | RBPhil. 35 (1957), 624—625 (V. Verhoogen). [1829

Dessenne, A.: Le griffon créto-mycénien: inventaire et remarques. — BCH. 81 (1957), 203—215. [1830

Ferri, S.: L'arte magnogreca e le influenze italiche. — Atti I Congresso stor. calabrese, Cosenza 1954 (Roma 1957). [1831

Gilbert, P.: Influences de l'art égyptien sur l'art grec à Délos. — AIPhOr. 14 (1954/57), 191—204. [1832

Greifenhagen: Griechische Eroten s. Nr. 3357.

Lullies, R.: Griekse Kunst. Van het begin tot het einde van het Hellenisme. Vert. door P. van Schilfgaarde. Zeist: Haan 1957. 88 S., 260 Taf. [1833

Matz, F.: Geschichte der griech. Kunst. 1. 1950. | Art Bulletin 39 (1957), 233—240 (G. M. A. Hanfmann). [1834

Mota, Ch.: Sur les représentations figurées de la mort de Troilos et de la mort d'Astyanax. — RA. Sér. 6, 50 (1957), 25—44, Abb. [1835

Plebe, A.: La nascità del comico nella vita e nell'arte degli antichi Greci. 1956. | AntCl. 26 (1957), 221—222 (C. del Grande). [1836

Poulsen, V.: En graesk Profil. — Meddelelser Ny Carlsberg Glyptotek 14 (1957), 1—15, Abb. [1837

Rau, H.: Griechische Kunst in Sizilien. Stuttgart: Günther 1957. 16 S., 48 S. Abb. (Samml. Parthenon). [1838

Salis, A. v.: Die Kunst der Griechen. 4. Aufl. 1953. | ArchClass. 9 (1957), 125 (P. E. Arias). [1839

Schauenburg: Zu Darstellungen aus der Sage des Admet und des Kadmos s. Nr. 3514.

Stützer, H. A.: Das Abendland in der Kunst. 1: Die Kunst der griech. Antike. 1955. | RBPhil. 35 (1957), 932—934 (Ch. Delvoye). [1840

Tosi, T.: Rappresentanze del sacrifizio d'Ifigenia. — Tosi, Scritti di filol. e di archeol. (Firenze 1957), 115—148. [1841

Webster, T. B. L.: Art and literature in 4th century Athens. 1956. | Mnemosyne Ser. 4, 10 (1957), 77—78 (B. A. van Groningen). EtCl. 25 (1957), 248—249 (F. Charlier). JHS. 77 (1957), 328 (D. M. Lewis). [1842

Wegner, M.: Meisterwerke der Griechen. 1955. | RevABM. 63 (1957), 793 (C. Fernández Chicarro). [1843

Zervos, Ch.: L'art des Cyclades du début à la fin de l'âge du bronze, 2600—1100 av. notre ère. Paris: Cahiers d'art 1957. 80 S., 208 S. Abb., 3 Taf., Ktn. [1844

6. Römische und provinzial-römische Geschichte

Accame, S.: Le origini di Roma. Roma: Libr. cientif. 1957. 340 S. [1845

Adamesteanu, D.: Osservazioni sulla battaglia di Gela del 405 A. C. — Kokalos 2 (1956 [1957]), 142—157, 3 Taf. [1846

Adriani, M.: Pax romana. Figura storica e valore religioso. — StRom. 5 (1957), 377—389. [1847

Altheim, F.: Römische Geschichte. 2. Aufl. 1. 2. 1956. | HZ. 184 (1957), 188—189 (E. Meyer). ClRev. NS. 7 (1957), 268—269 (E. S. Staveley). BAntBeschav. 32 (1957), 66 (W. den Boer). Latomus 16 (1957), 193—194 (M. van den Bruwaene). [1848

Arias, P. E.: Bibliografia e fonti della storia romana. Bologna: Patron 1955. 107 S. [1849

Atti del Convegno di studi per i rapporti scientifici e culturali italo-svizzeri. 1956. Milano: Istit. lombardo di scienze e lettere 1956. 498 S., 25 Taf. [Beitr. zur römischen Zeit von G. Walser und R. Laur-Belart]. [1850

Aymard, A., J. Auboyer: Rome et son empire. 1954. | JRS. 47 (1957), 251 (M. W. Frederiksen). Mnemosyne Ser. 4, 10 (1957), 273—274 (J. H. Croon). [1851

— Les deux premiers traités entre Rome et Carthage. — REA. 59 (1957), 277—293. [1852

Babelon, J.: La jeunesse de Néron. — BAntFr. 1954/55 (1957), 163—164. [1853

Badian, E.: Caepio and Norbanus. Notes on the decade 100—90 B. C. — Historia 6 (1957), 318—346. [1854

Balsdon, J. P. V. D.: Roman history, 58—56 B. C.: three Ciceronian problems. — JRS. 47 (1957), 15—20. [1855

— The veracity of Caesar. — GaR. Ser. 2, 4 (1957), 19—28. [1856

Barbieri, G.: L'albo senatorio da Settimio Severo a Carino. 1952. | Gnomon 29 (1957), 108—113 (F. Vittinghoff). [1857

Barkóczi, L.: Die Naristen zur Zeit der Markomannenkriege. — Folia archaeologica (Budapest) 9 (1957), 91—99. [1858

Bender, P.: Untersuchungen zur Vorgeschichte des 2. punischen Krieges. Diss. Hamburg 1956. 48 Bl. [Maschinenschr.]. [1859

Besnier, R.: La frontière du Rhin dans l'antiquité. — Studi in onore di P. de Francisci 1 (Milano 1956), 249—269. [1860

Bivona, L.: Sui rapporti fra Perseo e la repubblica romana. — Kokalos 2 (1956 [1957]), 50—65. [1861

Bloch, R.: Los origenes de Roma. Trad. R. M. Bofill. Barcelona: Vergara 1957. 162 S. (Nuevos Horizontes). [1862

Brelich, A.: Tre variazioni romane sul tema delle origini. 1955. | REL. 34 (1956 [1957]), 386—388 (J. Bayet). SteMat. 27 (1956), 156—159 (N. Turchi). [1863

Burr, V.: Tiberius Julius Alexander. 1955. | BiOr. 14 (1957), 88—89 (A. Fuks). [1864

Cadoux, T. J.: Marcus Crassus: a revaluation. — GaR. Ser. 2, 3 (1956), 153—161. [1865

The Cambridge Ancient History. Ed. by J. B. Bury [u. a.] Vol. 12: The imperial crisis and recovery, A. D. 193—324. 2. ed. Cambridge: Univ. Pr. 1956. XXVII, 849 S., 12 Taf. [1866

Capovilla, G.: Influssi orientalizzanti nell'area sabino-laziale. — RendIst Lomb. 89 (1956), 213—312. [1867

— Lazio prelatino e problema ligure-siculo laziale. — RendIstLomb. 89 (1956), 505—558. [1868

Carson, R.A.G.: Caesar and the monarchy. — GaR. Ser. 2, 4 (1957), 46—53, 1 Taf. [1869

Cavaignac, E.: Observations sur l'indemnité de guerre imposée à Carthage en 241. — BBudé Ser. 4 (1956), No. 3, 44—48. [1870

Ceruti, F.: I Greci d'Asia nella politica romana (Dai primi rapporti alla pace di Apamea). — Epigraphica 17 (1955 [1957]) 113—142. [1871

Caio Giulio Cesare. [Beitr. v. M. Borda, G. Funaioli, L. Pareti, A. Valori]. Roma: Istit. di Studi rom. 1957. 81 S., 11 Taf. [1872

Chilver, G. E. F.: The aftermath of Caesar. — GaR. Ser. 2, 4 (1957), 71—77. [1873

Christ, K.: Zur römischen Okkupation der Zentralalpen und des nördlichen Alpenvorlandes. — Historia 6 (1957), 416—428. [1874

Clercq, V. C. de: Ossius of Cordova. 1954. | Latomus 16 (1957), 764—766 (J. P. Brisson). [1875

Clerici, A., A. Olivesi: La République romaine. 1955. | RBPhil. 35 (1957), 601—602 (A. Deman). [1876

Cohen, D.: The origin of Roman dictatorship. — Mnemosyne Ser. 4, 10 (1957), 300—318. [1878

Combet Farnoux, B.: Cumes, l'Étrurie et Rome à la fin du VIe siècle et au début du Ve siècle. Un aspect des premiers contacts de Rome avec l'hellénisme. — Mél. 69 (1957), 7—44. [1879

Cuff: Caesar the soldier s. Nr. 3757.

De Regibus, L.: Storia romana. Genova: Bozzi 1957. 237 S. [1880

De Sanctis, G.: Storia dei Romani. 1: La conquista del primato in Italia. 2. ed. 1956. | EtCl. 25 (1957), 383 (M. Walbrecq). Latomus 16 (1957), 762 (M. Fiévez). [1881

— — 4. 2. 1953. | Emerita 25 (1957), 544—545 (A. Montenegro). [1882

Di Vita, A.: La penetrazione siracusana nella Sicilia sud-orientale alla luce delle più recenti scoperte archeologiche. — Kokalos 2 (1956 [1957]), 177—205, 2 Taf. [1883

Ekholm, G.: Die absolute Chronologie der römischen Kaiserzeit. Eine Erwiderung. — JbZMusMainz 4 (1957), 119—122 [zu Eggers, JbZMusMainz 2, 1955, 208ff.]. [1884

Ferri, S.: Coincidenze cronologiche etrusco-romane. — Studi class. e orient. 6 (1956 [1957]), 225—230. [1885

Fraccaro, P.: The history of Rome in the regal period. — JRS. 47 (1957), 59—65. [1886

— Opuscula. 1956. | JRS. 47 (1957), 249—250 (M. Gelzer). [1887

Frankfort, Th.: Trajan Optimus. Recherche de chronologie. — Latomus 16 (1957), 333—334. [1888

Franzero, C. M.: Kleopatra. Ihr Leben u. ihre Zeit. Übertr. v. R. M. Baring. München: Winkler 1957. 339 S., 8 Taf. [1889

— The life and times of Cleopatra. London: Redman 1957. 299 S., 10 Taf. [1890

Friedenthal, M.: Seian. Eine Studie zur Regierung des Tiberius. Diss. Heidelberg 1957. 110 Bl. [Maschinenschr.]. [1891

Friezer, E.: De ordening van Servius Tullius. Diss., 's-Gravenhage: Excelsior 1957. 143 S. [1892

Fritz, K. v.: Tacitus, Agricola, Domitian, and the problem of the principate. — ClPh. 52 (1957), 73—97. [1893

Garcia y Bellido, A.: Las primeras invasiones moras (época romana) en España. — Archivos del Instituto de Estudios Africanos 8, 33 (1955), 31—39. [1894

Garnot, M.: La Gaule à l'époque de la conquête romaine. Discours. Rouen: Poullard 1957. 26 S. [1895

Garzetti, A.: La data dell' incontro all' Eufrate di Artabano III e L. Vitellio legato di Siria. — Studi Calderini/Paribeni 1, 211—229. [1896

— A. Lappio Massimo prefetto d'Egitto sotto Domiziano? — Aegyptus 37 (1957), 65—70. [1897

Gerkan: Zur Frühgeschichte Roms s. Nr. 1123.

Giannelli, G.: La repubblica romana. 2. ed. 1955. | RevPhil. Sér. 3, 31 (1957), 339 (R. Bloch). Latomus 16 (1957), 176—177 (M. van den Bruwaene). [1898

Görlitz, W.: Marc Aurel. Kaiser und Philosoph. 1954. | ThLZ. 82 (1957), 200—201 (J. Mau). [1899

Grant: Roman history from coins: some uses of the imperial coinage to the historian s. Nr. 2878.

Gross, K.: Domitianus. — RAC. Lief. 25 (1957), 91—109. [1900

Grosso, F.: Aspetti della politica orientale di Domiziano. II. — Epigraphica 17 (1955 [1957]), 33—78. [1901

— M. Ulpio Traiano, governatore di Siria. — RendIstLomb. 91 (1957), 318—342. [1902

Gwatkin jr., W. E.: Some reflections on the battle of Pharsalus. — TrAPhAss. 87 (1956 [1957]), 109—124, Abb. [1903

Hahn, H.: Untersuchungen zur Autobiographie des Kaisers Augustus. Diss. Leipzig 1957. IX, 79 Bl. [Maschinenschr.]. [1904

Hammond, M.: Composition of the senate, A. D. 68—235. — JRS. 47 (1957), 74—81. [1905

Heurgon, J.: Le passage des Alpes par les Gaulois (Tite-Live, V, 34, 8). — RÉL. 34 (1956 [1957]), 84—88. [1906

Hoffmann, W.: Hannibal und Rom. — AuA. 6 (1957), 7—26. [1907

Hohl, E.: Kaiser Commodus und Herodian. 1954. | AnzAW. 10 (1957), 255—257 (A. Betz). [1908

Hubaux, J.: Sur la mort de Jules César. — BAcBelg. Ser. 5, 43 (1957), 76—87. [1909

Huré, J.: Histoire de la Sicile. Paris: Presses univ. 1957. 128 S. (Coll. „Que sais-je?"). [1910

Instinsky, H. U.: Das Jahr der Geburt Christi. Eine geschichtswissenschaftliche Studie. München: Kösel 1957. 73 S. [1911

Ivánka, E. v.: Zur Selbstdeutung des röm. Imperiums. — Saeculum 8 (1957), 17—31. [1912

Kienast, D.: Cato der Zensor. 1954. | RBPhil. 35 (1957), 1148—1149 (J.-G. Préaux). [1913

Körner, G.: Zur Chronologie der römischen Kaiserzeit im freien Germanien. — JbZMusMainz 4 (1957), 108—118. [1914

Koestermann, E.: Die Feldzüge des Germanicus 14—16 n. Chr. — Historia 6 (1957), 429—479. [1915

Kotula, T.: De bellis quae Africanae gentes cum Romanis recentiore Caesarum aetate gesserunt [poln. m. lat. Rés.]. — Meander 11 (1956), 3—14; 138—151. [1916

Kovalëv, S. I.: K voprosu o datirovke načala vosstanija Spartaka [Zum Datum des Beginns des Spartacus-Aufstands]. — VDI. 56 (1956), 12—17. [1917

Lambert, J. N.: Les origines de Rome à la lumière du droit comparé. Romulus. — Studi in onore di P. de Francisci 1 (Milano 1956), 337—360. [1918

Lambrechts, P.: Les empereurs romains et leur politique religieuse. — RBPhil. 35 (1957), 495—511. [1919

Lepper, F. A.: Some reflections on the 'Quinquennium Neronis'. — JRS. 47 (1957), 95—103. [1920

Lévêque, P.: Pyrrhos. Paris: Boccard 1957. 736 S., Abb., 6 Taf. (Bibliothèque des Écoles franç. d'Athènes et de Rome. 185.) [1921

Levi, M. A.: La politica di Giulio Cesare. Rassegna bibliografica. — AeR. NS. 2 (1957), 1—8. [1922

— Il tempo di Augusto. 1951. | JRS. 46 (1956), 171—172 (J. Reynolds). [1923

Lewis, D. M.: The Deme Ikarion. — BSA. 51 (1956), 172. [1924

Lietzmann, H.: Zeitrechnung der römischen Kaiserzeit, des Mittelalters u. der Neuzeit f. d. Jahre 1—2000 n. Chr. 3. Aufl. durchges. v. K. Aland. Berlin: de Gruyter 1957. 130 S. (Sammlung Göschen. 1085.) [1925

Lissner, I.: Les Césars. Trad. par P. Vertut. Paris: Corréa 1957. 416 S., 60 Taf. [1926

Lübtow, U. von: Das römische Volk. Sein Staat und sein Recht. 1955. | DLZ. 78 (1957), 304—307 (E. Seidl). Gnomon 29 (1957), 273—278 (L. Wickert). [1927

McAlindon, D.: Claudius and the senators. — AJPh. 78 (1957), 279—286. [1928

Macgregor, M.: De geschiedenis van Rome. Vert. door J. Franke. 2. dr. Bussum: Dishoeck 1957. 318 S., Abb. [1929

MacKendrick, P.: Roman colonization and the frontier hypothesis. — Social Education (Washington) 20 (1956), 356—360; 370. 21 (1957), 11—13. [1930

Macrea, M.: Apărarea graniţei de vest şi nord-est a Daciei pe timpul împăratului Caracalla [La défense des frontières ouest et nord-est de la Dacie au temps de l'empereur Caracalla]. — StCIstor. 8 (1957), 215—251, Abb. [1931

— Les Daces à l'époque romaine à la lumière des récentes fouilles archéologiques. — Dacia NS. 1 (1957), 205—220, Abb. [1932

Majak, I. L.: Charakter und Rolle der „Colonia Romana" bei der Ausdehnung der römischen Macht auf der Apenninen-Halbinsel [russ.]. — VDI. 56 (1956), 145—153. [1933

Marin, D.: L'opposizione sotto Augusto e la datazione del »Saggio sul Sublime«. — Studi Calderini/Paribeni 1, 157—185. [1934

Maschkin, N. A.: Geschichte des Alten Rom. 1953. | Emerita 25 (1957), 245—246 (A. Balil). [1935

— Zwischen Republik u. Kaiserreich. 1954. | HZ. 183 (1957), 344—347 (H. Volkmann). Latomus 16 (1957), 391 (R. Verdière). [1936

Momigliano, A.: Perizonius, Niebuhr and the character of early Roman tradition. — JRS. 47 (1957), 104—114. [1937

Mommsen, Th.: Historia de Roma. Trad.: A. García Moreno. 2. ed. T. 2. Madrid: Aguilar 1957. 1110 S. [1938

Müller, W.: Zur Örtlichkeit der Varusschlacht. — Das Altertum 3 (1957), 223—234, Abb. [1939

Norman, A. F.: The Illyrian prefecture of Anatolius. — RhM. NF. 100 (1957), 253—259. [1940

Olivesi, A.: Manius Curius Dentatus et le mouvement démocratique à Rome au début du IIIe siècle av. J.-C. — Information historique 18 (1956), 85—90. [1941

Oost, S. I.: Amynander, Athamania, and Rome. — ClPh. 52 (1957), 1—15. [1942

Ooteghem, J. van: Pompée le Grand, bâtisseur d'empire. 1954. | Gymn. 64 (1957), 286—287 (H. Volkmann). [1943

Opelt, I.: Die Seeschlacht vor Massilia bei Lucan.—Hermes 85 (1957), 435—445. [1944

Paladini, M. L.: A proposito del ritiro di Tiberio a Rodi e della sua posizione prima dell'accessione all' impero. — Nuova Riv. stor. 41 (1957), 1—32. [1945

Pallottino, M.: La prima Roma. — StRom. 5 (1957), 256—268. [1946

Parain, Ch.: Marc-Aurèle. Paris: Club franç. du livre 1957. 230 S., Abb. (Portraits de l'histoire. 12.) [1947

Pareti, L.: Basi e sviluppo della «tradizione» antica sui primi popoli della Sicilia. — Kokalos 2 (1956 [1957]), 5—19. [1948

— A proposito di una recente ipotesi sulle origini del popolo etrusco. — StEtr. 25 (1957), 537—540. [1949

— Storia di Roma e del mondo romano. 3. 1953. | JRS. 47 (1957), 248—249 (H. H. Scullard). [1950

Paribeni, R.: Storia di Roma. 1. 1954. | StEtr. 25 (1957), 617 (A. Neppi Modona). [1951

Pavan, M.: Storia romana antica. — StRom. 5 (1957), 590—595 [Lit.-Bericht]. [1952

— Storie dell'impero romano. — Riv. stor. ital. 69 (1957), 584—598. [1953

Perl, G.: Kritische Untersuchungen zu Diodors römischer Jahrzählung. Berlin: Akad.-Verl. 1957. VII, 174 S. (Dt. Akad. d. Wiss., Schriften d. Sektion f. Altertumswissenschaft. 9.) [1954

Pernoud, R.: Les Gaulois. Paris: Éd. du Seuil 1957. 192 S., Abb. (Le temps qui court. 1.). | RAE. 8 (1957), 152—153 (R. Joffroy). [1955

Perowne, St.: The life and times of Herod the Great. 1956. | RBibl. 64 (1957), 306 (L.-H. Vincent). [1956

— Herodes der Große, König in der Zeitenwende. Übertr. v. H. Schmökel. Stuttgart: Kilpper 1957. 244 S., 14 Taf. [1957

Pezzella, F.: L'imperatore Tiberio e la psico-patologia. 1956. | Latomus 16 (1957), 521—522 (S. J. de Laet). [1958

Pflaum, H. G.: Les gouverneurs de la province romaine d'Arabie de 193 à 305. — Syria 34 (1957), 128—144, Abb. [1959

— Nordafrika u. die Römer s. Nr. 1206.

Piganiol, A.: Histoire romaine (1951/1955). P. 1. — RH. 218 (1957), 310—342 [Literaturbericht]. [1960

Pippidi, D. M.: Beiträge zur römischen Prosopographie des 3. Jahrh. — Philologus 101 (1957), 148—162. [1961

Raubitschek, A. E.: Brutus in Athens. — Phoenix 11 (1957), 1—11. [1962

Richmond: The archaeology of the Roman Empire s. Nr. 2009.

Säflund, G.: Über den Ursprung der Etrusker. — Historia 6 (1957), 10—22. [1963

Salmon, E. T.: A history of the Roman world, from 30 B. C. to A. D. 138. 3. ed. London: Methuen 1957. XIII, 365 S., 2 Taf., Ktn. (History of the Greek and Roman world Series). [1964

— Hannibal's march on Rome. — Phoenix 11 (1957), 153—163. [1965

— The resumption of hostilities after the Caudine Forks. — TrAPhAss. 87 (1956 [1957]), 98—108, Abb. [1966

Sander, E.: Zur Varusschlacht. — Archiv f. Kulturgesch. 38 (1956), 129—151. [1967

Schäfer, M.: Cicero und der Prinzipat des Augustus. — Gymn. 64 (1957), 310—335. [1968

Schmitt, H. H.: Rom and Rhodos. München: Beck 1957. XVI, 223 S. (Münchener Beiträge zur Papyrusforschung). | Latomus 16 (1957), 763 (S. J. de Laet). [1969

Seston, W.: Diocletianus. — RAC. 3 (1957), 1036—1052. [1970

Sherwin-White, A. N.: Caesar as an imperialist. — GaR. Ser. 2, 4 (1957), 36—45. [1971

— Violence in Roman politics. — JRS. 46 (1956), 1—9. [1972

Smallwood, E. M.: The chronology of Gaius' attempt to desecrate the temple. — Latomus 16 (1957), 3—17. [1973

Smith, R. E.: The conspiracy and the conspirators. — GaR. Ser. 2, 4 (1957), 58—70. [1974

— The failure of the Roman republic. 1955. | ClRev. NS. 7 (1957), 68—70 (H. H. Scullard). HZ. 183 (1957), 687—688 (H. G. Gundel). JRS. 46 (1956), 167 (G. E. F. Chilver). [1975

Stauffer, E.: Jerusalem u. Rom im Zeitalter Jesu Christi. Bern: Francke 1957. 164 S. (Dalp-Taschenbücher. 331.) [1976

Stein, A.: Die Praefekten von Aegypten in römischer Zeit. 1950. | Emerita 25 (1957), 237—238 (A. Balil). Athenaeum 35 (1957), 130—133 (F. Sartori). [1977

Stiehl, R.: Der Vertrag zwischen Römern u. Aitolern vom Jahre 212 v. Chr. — Wiss. Zs. d. Univ. Leipzig 5 (1955/56), 289—294. [1978

Stier, H. E.: Roms Aufstieg zur Weltmacht u. die griech. Welt. Köln, Opladen; Westdt. Verl. 1957. 218 S. (Arbeitsgemeinschaft f. Forschung d. Landes Nordrhein/Westf., Geisteswissenschaften. 11.) [1979

Susini, G.: Profilo di storia romana della Romagna. La cronologia dei centri romani della Romagna e la fondazione di Faenza. — Studi Romagnoli 8 (1957), 1—45. [1980

Syme, R.: Some Pisones in Tacitus. — JRS. 46 (1956), 17—21. [1981

— Antonine relatives: Ceionii and Vettuleni. — Athenaeum 35 (1957), 306—315. [1982

— Die römische Revolution. Übers. v. F. W. Eschmann u. H. G. Degen. Stuttgart: Klett 1957. 548 S. [1983

— C. Vibius Maximus, prefect of Egypt. — Historia 6 (1957), 480—487. [1984

Szilágyi, J.: Luttes intérieures et incursions des „barbares" dans la région d'Aquincum [russ. m. franz. Rés.]. — Acta antiqua (Budapest) 5 (1957), 309—322. [1985

Tarkov, P. N.: Zu einem Periodisierungsversuche der römischen Geschichte [russ.]. — VDI. 58 (1956), 130—138. [1986

Tarradell Mateu, M.: La crisis del siglo III d. J. C. en Marruecos. — Tamuda 3 (1955), 75—105, Abb., 1 Taf. [1987

Taylor, L. R.: The rise of Julius Caesar. — GaR. Ser. 2, 4 (1957), 10—18. [1988

Tessmann, F.: Tridentum — Anagnis — Anaunia. — Schlern 31 (1957), 361—372. [1989

Thompson, E. A.: The settlement of the barbarians in Southern Gaul. — JRS. 46 (1956), 65—75. [1990

Uttschenko, S. L.: Der weltanschaulich-politische Kampf in Rom am Vorabend des Sturzes der Republik. 1956. | Gnomon 29 (1957), 599—602 (J. Béranger). [1991

Valensi, L.: Quelques réflexions sur le pouvoir impérial d'après Ammien Marcellin. — BBudé Ser. 4 (1957), No. 4, 62—107. [1992

Valgiglio, E.: Silla e la crisi repubblicana. 1956. | Athenaeum 35 (1957), 138—141

(E. Gabba). RBPhil. 35 (1957), 867—869 (M. Fiévez). Latomus 16 (1957), 517 (S. J. de Laet). [1993

Visscher, F. de: La carrière et le testament d'un préfet du Prétoire de Tibère. — BAcBelg.Ser.5,43(1957),168—179. [1994

Vogt, J.: Struktur der antiken Sklavenkriege. Mainz: Akad. d. Wiss. 1957. 57 S. (AbhMainz 1957, 1.) [1995

Volkmann, H.: Kleopatra. Politik und Propaganda. 1953. | JRS. 46 (1956), 167—169 (T. J. Cadoux). [1996

— Cléopâtre. Trad. de R. Chevallier. Préf. de A. Piganiol. Paris: Domat 1956. VIII, 296 S., 8 Taf. [1997

— Caesars letzte Pläne im Spiegel der Münzen s. Nr. 2965.

Vries, J. de: Cimbres, Teutons et Celtes. — Ogam 9 (1957), 273—285. [1998

Waele, F. J. de: Marcus Ulpius Traianus. Veldheer, bouwheer, rijksheer. Nijmegen: Selbstverl. 1956. VII, 77 S., Abb. (Grepen uit de Beschaving der Oudheid. 17.) | AntCl. 26 (1957), 241—242 (Th. Frankfort). [1999

Walbank, F. W.: Some reflections on Hannibal's pass. — JRS. 46 (1956), 37—45. [2000

Walser, G.: Caesar und die Germanen. 1956. | Gnomon 29 (1957), 278—285 (F. Hampl). Latomus 16 (1957), 518—521 (A. Deman). [2001

Walter, G.: Caesar. 1955. | Gymn. 64 (1957), 381—383 (W. Jäkel). [2002

Wheeler, M.: Rome beyond the imperial frontiers. 1954. | Hibbert Journal 55 (1957), 314—316 (R. Lunt). [2003

Zennari, J.: I Vercelli dei Celti nella Valle Padana e l'invasione cimbrica della Venezia. Cremona 1956. 80 S. (Annali della Biblioteca govern. e libreria civ. di Cremona. 4, 3.) [2004

7. Römische und provinzialrömische Kunst

Bloch, R.: L'art étrusque et son arrière plan historique. — Historia 6 (1957), 53—62, 2 Taf. [2005

Borda, M.: Lineamenti di cultura artistica nella Roma del periodo regio. — Capitolium 32 (1957) Nr. 10, 8—13, Abb. [2006

Haberl: Lebensbaum u. Vase auf antiken Denkmälern Österreichs s. Nr. 3363.

Kenner, H.: La civilisation et l'art celtique en Carinthie. — Ogam 8 (1956), 181—198, Abb. [2007

Korošec, J.: Roman family tombs in Yugoslavia. — Archaeology 10 (1957), 117—122, Abb. [2008

Richmond, I. A.: The archaeology of the Roman Empire. A scheme of study. Inaug. lecture. Oxford: Clarendon Pr. 1957. 21 S. (Oxford Univ. Inaug. Lectures. 1957.) [2009

Richter, G. M. A.: Ancient Italy. 1956. | ClRev. NS. 7 (1957), 66—68 (R. M. Cook, J. M. C. Toynbee). AJPh. 78 (1957), 223—224 (J. H. Young). Antiquity 31 (1957), 245 (J. Boardman). Gnomon 29 (1957), 602—606 (A. Andrén). JHS. 77 (1957), 365—366 (S. Haynes). Archeol. Rozhledy 9 (1957), 863—864 (R. Haken). AntJ. 37 (1957), 77—78 (J. M. Cook). Burlington Magaz. 99 (1957), 350 (M. Robertson). [2010

Schauenburg, K.: Zur Symbolik unteritalischer Rankenmotive. — RM. 64 (1957), 198—221, 13 Taf. [2011

Schoppa, H.: Die Kunst der Römerzeit in Gallien, Germanien u. Britannien. Aufn.: H. Schmidt-Glassner. München-Berlin: Dt. Kunstverl. 1957. 68 S., 144 Taf. [2012

Stützer, H. A.: Die Kunst der Etrusker. 1956. | Latomus 16 (1957), 206 (A. Hus). [2013

Toynbee, J. M. C.: The Ara Pacis reconsidered and historical art in Roman Italy. 1954. | JRS. 46 (1956), 182—183 (M. Robertson). [2014

Tudor, D.: Răscoale şi Atacuri »barbare« in Dacia romana. (Sec. II-III e. n.). Bukureşti: Edit. ştiintifica 1957. 98 S., Abb. [2015

Varagnac, A.: L'art gaulois. Paris 1956. 331 S., 130 Taf., 1 Kte. [2016

Vermaseren: The Suovetaurilia in Roman art s. Nr. 3918.

8. Spätantike. Urchristentum. Byzanz. Nachleben

Aland, K.: Die religiöse Haltung Kaiser Konstantins. — Studia Patristica 1 (1957), 549—600. [2017

— Kaiser u. Kirche von Konstantin bis Byzanz s. Nr. 3628.

Alföldi, A.: A conflict of ideas in the late Roman Empire. The clash between the Senate and Valentinian I. 1952. | AnzAW. 10 (1957), 259—260 (E. Swoboda). [2018

Bach, E.: Théodoric, Romain ou Barbare? — Byzantion 25/27 (1955/57), 413—420. [2019

Baradez, J., M. Leglay: La croix-trophée et le reliquaire d'Aïoun-Berich (Région d'Aïn-Beïda, département de Constantine). — CArch. 9 (1957), 73—88, Abb. [2020

Bauer, J. B.: Tacitus und die Christen (Ann. 15, 44). — Gymn. 64 (1957), 497—503. [2021

Bettini, S.: Gli studi sull'arte bizantina. — Annali della Scuola superiore di Pisa Ser. 2, 23 (1954), 13—32. [2022

Bolgar, R. R.: The classical heritage and its beneficiaries. 1954. | AJPh. 78 (1957), 307—313 (R. P. Oliver). ClPh. 52 (1957), 122—123 (T. Silverstein). [2023

Brezzi, P.: Appunti sul problema dei rapporti tra cristianesimo ed Impero romano. — StRom. 5 (1957), 660—663. [2024

Bruyne, L. de: La décoration des baptistères paléochrétiens. — ActesCIA Chrét. 5 (1954 [1957]), 341—369. [2025

Burckhardt, J.: L'età di Costantino il Grande. Vers. di E. Dupré Theseider. Firenze: Sansoni 1957. XL, 494 S., 123 S. Abb. (Classici della storia moderna). [2026

Cecchelli, C.: Per una comprensione integrale della iconografia cristiana (con particolare riguardo ai battisteri). — ActesCIAChrét. 5 (1954 [1957]), 371—379. [2027

Ceresa-Gastaldo, A.: A proposito di un importante rassegna di studi bizantini. — Orpheus 3 (1956), 83—85. [zu Dölger-Schneider, Byzanz. 1952]. [2028

Corsi di cultura sull'arte ravennate e bizantina. Ravenna, 31 marzo—13 aprile 1957. Fasc. 2. Ravenna: Azienda auton. di soggiorno e turismo 1957. 115 S., Abb. [2029

Courtois, Ch.: Les Vandales et l'Afrique. 1955. | RH. 217 (1957), 344—345 (J.-R. Palanque). JSav. 1957, 39—41 (R. Lantier). DLZ. 78 (1957), 904—908 (W. Enßlin). RBPhil. 35 (1957), 442—444 (J. Le Gall). JRS. 46 (1956), 161—166 (W. H. C. Frend). Archaeology 10 (1957), 227 (R. M. Haywood). [2030

Daniélou, J.: Bulletin d'histoire des origines chrétiennes. 1: La synagogue hellénistique. 2: Archéologie et théologie. 3: Manuels, mélanges, collections. — RScRel. 45 (1957), 571—627 [Literaturbericht]. [2031

Diehl, Ch.: Byzantium. Greatness and decline. Transl. by N. Walford. New Brunswick: Rutgers Univ. Pr. 1957. XVIII, 366 S. | ByzZ. 50 (1957), 456—457 (F. Dölger). REByz. 15 (1957), 221 (R. Janin). [2032

— I grandi problemi della storia bizantina. Introd. di A. Saitta. Trad. di F. Gaeta. Bari: Laterza 1957. 237 S. (Biblioteca di cultura moderna. 524). [2033

Dieter, H.: Zur Frage des Unterganges des weströmischen Imperiums. — Wiss. Zs. d. Pädag. Hochschule Potsdam 3 (1956/57), 29—39. [2034

Dinkler, E.: Altchristliche Kunst. — RGG. 3. Aufl. 1 (1957), 276—280. [2035

Dölger, F.: Byzanz u. die europäische Staatenwelt. 1953. | DLZ. 78 (1957), 980—983 (G. Moravcsik). [2036

— Ἰχθύς. Fotomechan. Nachdr. Bd. 5: Die Fisch-Denkmäler in der frühchristl. Plastik, Malerei u. Kleinkunst. Lief. 9/10 [Schluß]. Münster: Aschendorff 1943 (1957). S. 642—795, XXI S. | Orientalia christiana periodica 23 (1957), 469 (I. Ortiz de Urbina). [2037

Dörries, H.: Konstantin d. Gr. Stuttgart: Kohlhammer 1957. 160 S., 32 Abb. (Urban-Bücher. 29.). [2038

Fabricius, U.: Die Legende im Bild des 1. Jahrtausends der Kirche. 1956. | ByzZ. 50 (1957), 188—191 (K. Wessel). [2039

Février, P.-A.: Les quatres fleuves du Paradis. — RACrist. 32 (1956), 179—199, Abb. [2040

Fischer, J.: Oriens — Occidens — Europa. Begriff u. Gedanke „Europa" in der späten Antike u. im frühen Mittelalter. (Diss., Göttingen). Wiesbaden: Steiner 1957. 151 S. (Veröffentlichungen d. Inst. f. Europäische Geschichte. 15.) [2041

Fremersdorf: Ältestes Christentum. Mit bes. Berücks. der Grabungsergebnisse unter der Severinskirche in Köln s. Nr. 1480.

Giunta, F.: I Vandali e la »Romania«. — Kokalos 2 (1956 [1957]), 20—36. [2042

Grabar, A.: L'imago clipeata chréitenne. — CRAcInscr. 1957, 209—213. [2043

Grube, E.: Majestas u. Crucifix. Zum Motiv des Suppedaneums. — ZfK. 20 (1957), 268—287, Abb. [2044

Helbling, H.: Goten und Wandalen. Wandlungen der historischen Realität. 1954. | Riv. stor. ital. 69 (1957), 140—142 (A. Momigliano). [2045

Hussey, J. M.: The Byzantine world. London: Hutchinson 1957. 191 S. (Hutchinson Univ. Library). | ByzZ. 50 (1957), 457—458 (E. v. Ivánka). Orientalia christiana periodica 23 (1957), 464 (J. Gill). [2046

Instinsky, H. U.: Bischofsstuhl u. Kaiserthron. 1955. | HZ. 183 (1957), 122—123 (F. G. Maier). ByzZ. 50 (1957), 263—264 (F. Dölger). [2047

Jones, A. H. M.: The decline and fall of the Roman empire. — History 40 (1955), 209—226. [2048

Kaltz, S.: The decline of Rome and the rise of medieval Europe. Ithaca: Cornell Univ. Pr. 1955. X, 164 S., 2 Ktn. | REA. 59 (1957), 207—211 (E. Demougeot). [2049

Koch, H.: Constantin le Grand. — Byzantion 25/27 (1955/57), 457—472. [2050

Kollwitz, J.: Byzantinische Kunst. — RGG. 3. Aufl. 1 (1957), 1560—1569. [2051

Kraft, H.: Kaiser Konstantin u. das Bischofsamt. — Saeculum 8 (1957), 32—42. [2052

Laurent, M.: L'art chrétien primitif des origines à Justinien. Nouv. éd. posthume, publ. par M. S. Clerckx-Lejeune, H. Dantine, M. J. Squilbeck. Bruxelles: Leclercq 1957. 280 S., 109 Taf. [2053

Leroy, A.: Nascita dell'arte cristiana dalle origini all'anno mille. Trad. di M. Benedetti. Catania: Ed. paoline 1957. 151 S. (Enciclopedia cattol. dell' uomo d'oggi. Sez. 12, 122). [2054

Maier, F. G.: Augustin und das antike Rom. 1955. | ThLZ. 82 (1957), 277—279 (R. Lorenz). [2055

Martin, Ch.: L'empereur Constantin fut-il un chrétien sincère? — Nouv. Rev. théol. 88 (1956), 952—954. [2056

Mattingly, H.: Christianity in the Roman Empire. Otago, New Zealand: Univ. 1955. 100 S., 3 Taf. | JRS. 47 (1957), 259 (R. L. P. Milburn). NumChron. Ser. 6, 15 (1955), 268—270 (J. M. C. Toynbee). [2057

Momigliano, A.: Cassiodorus and Italian culture of his time. Oxford: Univ. Pr. 1957. 29 S. Aus: Proc. of the Brit. Acad. 51. (Brit. Acad., Italian Lecture. 1955.) [2058

Newskaja, W. P.: Byzanz in der klassischen und hellenistischen Epoche. 1955. | Gnomon 29 (1957), 154—155 (F. Hampl). [2059

Nordström, C. O.: Some Jewish legends in Byzantine art. — Byzantion 25/27 (1955/57), 487—508, 9 Taf. [2060

Ostrogorsky, G.: Geschichte des byzantinischen Staates. 2. Aufl. 1952. | REByz. 14 (1956), 283—284 (R. Janin). Erasmus 10 (1957), 488—491 (H. F. Schmid). [2061

Parker, T. M.: Christianity and the state in the light of history. 1955. | HZ. 183 (1957), 441—442 (Th. Schieffer). [2062

Réau, L.: Iconographie de l'art chrétien. 1. 1955. | ThLZ. 82 (1957), 286—290 (K. Wessel). Revue d'hist. ecclés. 52 (1957), 501—504 (J. Lavalleye). [2063

— — 2, 1. 1956. | RBArch. 26 (1957), 127—128 (J. Squilbeck). Rev. d'hist. ecclés. 52 (1957), 907—909 (J. Lavalleye). RHRel. 152 (1957), 105—106 (A. Frolow). ThLZ. 82 (1957), 863—867 (K. Wessel). [2064

— — T. 2: Iconographie de la Bible. 2: Nouveau Testament. Paris: Presses univ. de France 1957. 772 S., 48 Taf. [2065

Renard, M.: Note d'iconographie paléochrétienne. — Latomus 16 (1957), 293—313, 3 Taf. [2066

Ricciotti, G.: L'imperatore Giuliano l'Apostata secondo i documenti. Milano: Mondadori 1956. 346 S., Abb., 4 Ktn. [2067

Rice, D. T.: The beginnings of Christian art. London: Hodder & Stoughton 1957. 223 S., Abb., Taf. [2068

Rosenfeld, H.: Ost- und Westgoten. — WaG. 17 (1957), 245—258. [2069

Rumpf, A.: Stilphasen der spätantiken Kunst. Ein Versuch. Köln, Opladen: Westdt. Verlag 1957. 52 S., 20 Taf. (Veröffentlichungen d. Arbeitsgemeinschaft f. Forschung d. Landes Nordrhein-Westfalen. Geisteswissenschaften. 44.) | ByzZ. 50 (1957), 550—551 (F. W. Deichmann). BAntBeschav. 32 (1957), 69—70 (A. W. Byvanck). GazBA. 99 (1957), 365—366 (J. Marcadé). [2070

Sordi, M.: I primi rapporti fra lo stato romano e il cristianesimo e l'origine delle persecuzioni. — RendLinc. Ser. 8, 12 (1957) 58—93. [2071

Stuiber: Refrigerium Interim s. Nr. 3544.

Tamassia, A. M.: Visioni di antichità nell'opera del Mantegna. — RendPont-Acc. 28, 3/4 (1955/56 [1957]), 213—249, Abb. [2072

Tea, E.: I committenti d'arte a Ravenna del V e VI secolo. — Studi Calderini/Paribeni 3, 747—751. [2073

Van der Meer, F.: De beeltenis der Moeder Gods. — Nederlandse katholieke Stemmen 50 (1954), 138—159, Abb., 3 Taf. [2074

Voelkl, L.: Der Kaiser Konstantin. Annalen einer Zeitenwende. München: Prestel 1957. 296 S., 40 Bl. Abb., 1 Kte. [2075

Wessel, K.: Vom Wesen justinianischer Kunst. — Aus der byzant. Arbeit der DDR 2 (1957), 96—109, Abb. [2076

— Christliche Archäologie s. Nr. 113.

— Rom — Byzanz — Rußland s. Nr. 1540.

B. Architektur

1. Allgemeines

Atti del V Convegno nazionale di storia dell'architettura, Perugia 1948. Firenze: Noccioli 1957. XV, 602 S. [2077

Dernöi, L. A.: Tipi di abitazioni nei paesi antichi del mediterraneo. — Palladio NS. 7 (1957), 1—8, Abb. [2078

Dyggve, E.: Archäologie und Statik. Mit einem Anhang von R. Egger. — ÖJh. 43 (1956), Beibl. 77—90, Abb. [2079

Hager, W.: Über Raumbildung in der Architektur u. in den darstellenden Künsten. — Studium generale 10 (1957), 630—645. [2080

Heinrich, E.: Der Architekt von heute u. die Baukunst der Vergangenheit. Festrede. Berlin 1956. 23 S., Abb. (Schriftenreihe des Architekten- und Ingenieur-Vereins zu Berlin. 8.) [2081

Hiorns, F. R.: Town-building in history. An outline review of conditions, influences, ideas, and methods affecting 'planned' towns through five thousand years. London: Harrap 1956. 443 S., Abb., Ktn. [2082

Major, M.: Geschichte der Architektur. Übers. a. d. Ungar. v. G. Nádas. Bd. 1: Die Architektur der Urgemeinschaften und Sklavenhaltergesellschaften. Berlin: Henschel 1957. 400 S., Abb., 2 Ktn. [2083

Plommer, H.: Ancient and classical architecture. 1956. | REA. 59 (1957), 402—404 (R. Martin). [2084

2. Orient und Ägypten

Badawy, A.: Philological evidence about methods of construction in ancient Egypt. — ASAntEg. 54 (1956/57), 51—74. [2085

Bindel, E.: Die ägyptischen Pyramiden als Zeugen vergangener Mysterienweisheit. [Nachdr.]. Stuttgart: Freies Geistesleben 1957. 320 S., Abb. [2086

Bosticco, S.: Frammento inedito dell' obelisco campense. — Aegyptus 37 (1957), 63—64, 1 Taf. [2087

Chevrier, H.: Chronologie des constructions de la salle hypostyle. — ASAntEg. 54 (1956/57), 35—38. [2088

Cottrell: De bergen van Pharao s. Nr. 124.

Galling, K.: Baukunst in Israel. — RGG. 3. Aufl. 1 (1957), 930—932. [2089

Heinrich: Bauwerke in der altsumerischen Bildkunst s. Nr. 1666.

Lauer, J.-Ph.: Rebuilding Imhotep's masterpiece. — Archaeology 10 (1957), 274—279, Abb. [2090

— Sur le dualisme de la monarchie égyptienne et son expression architecturale s. Nr. 1683.

Leclant, J.: Les colonnades-propylées de la XXVe dynastie à Thèbes. — Cahiers techn. de l'art 4 (1957), 27—45, Abb., 14 Taf. [2091

Michalowski, K.: Der Schöpfer des Kanons der ägyptischen Tempel [russ.]. — VDI. 58 (1956), 119—130. [2092

Van de Walle, B.: Le temple égyptien d'après Strabon, XVII, 28. — Hommages Deonna [s. Nr. 293], 480—508, 1 Taf. [2093

Žába, Z.: L'orientation des temples égyptiens de l'époque gréco-romaine et une nouvelle interprétation d'un attribut peu connu du dieu Thowt. — Akten d. 8. Intern. Kongr. f. Papyrologie [s. 1956 Nr. 362], 155. [2094

3. Griechenland und Rom

Agnello, G.: Rilievi strutturali e sepolcri a baldacchino nelle catacombe di Sicilia. — ActesCIAChrét. 5 (1954 [1957]), 291—301, Abb. [2095

Ashmole: Cyriac of Ancona and the temple of Hadrian at Cyzicus s. Nr. 862.

Audin, A.: Éléments d'une architecture gallo-grecque dans le bassin inférieur du Rhône. — RAE. 8 (1957), 315—318, Abb. [2096

Aurigemma, S.: I mausolei sarsinati a cuspide piramidale e alcuni monumenti a cuspide nei territori di Aquileia e di Pola. — Studi Sarsinati (Faenza 1957), 17—27, Abb. [2097

Belloni, G.: Capitelli della raccolta archeologica di Milano .— RAComo 136/137 (1954/55 [1956]), 39—44, Abb. 138 (1956 [1957]), 63—64, Abb. [2098

Bendinelli, G.: Prospettive e architetture templari nell'arte imperiale romana. — Studi Calderini/Paribeni 3, 553—568, Abb. [2099

Bode: Das Rätsel der Basilica di San Vitale in Ravenna s. Nr. 1097.

Boysal, Y.: Die korinthischen Kapitelle der hellenist. Zeit Anatoliens. — Anatolia 2 (1957), 123—132, 8 Taf. [2100

Budde, L.: Ara pacis Augustae. Der Friedensaltar des Augustus. Hannover: Tauros-Presse (1957). 13 S., 18 Taf. (Das Meisterwerk). [2101

— Pontische Königsgräber. — Mitteil. d. Dt.-Türkischen Gesellschaft Nr. 8 (1955), 1—4, Abb. [2102

Bundgaard, J. A.: Mnesicles. A Greek architect at work. Oslo: Gyldendal 1957. 272 S., Abb. [2103

Castagnoli, F.: Ippodamo di Mileto e l'urbanistica a pianta ortogonale. 1956. | REA. 59 (1957), 445—449 (R. Chevallier). [2104

Čičikova, M.: Auftreten u. Verwendung des Backsteins als Baumaterial bei den Thrakern vom Ende des 4. bis Ende des 3. Jahrh. [bulgar. m. dt. Rés.]. — BIBulg. 21 (1957), 129—152, Abb. [2105

Ciprotti, P.: Urbanistica e piano regolatore nell'antichità. — Studia et docum. historiae et iuris 23 (1957), 334—345. [2106

Coelho, J.: Três templos romanos. — Associação Portuguesa para o Progresso das Ciências, XIII Congresso, 8 (1950 [1954]), 359—372, Abb. [2107

Colini, A. M.: La sala rotonda delle Terme di Agrippa. — Capitolium 32 (1957), Nr. 9, 6—14, Abb. [2108

Crema, L.: Osservazioni sull'architettura tardo-romana. — Studi Calderini/Paribeni 3, 569—592, Abb. [2109

De Franciscis, A., R. Pane: Mausolei romani in Campania. Napoli: Ediz. scientif. ital. 1957. 129 S., Abb. [2110

Deichmann, F. W.: Baptisterium. — RGG. 3. Aufl. 1 (1957), 867—869. [2111

— Basilika. — RGG. 3. Aufl. 1 (1957), 910—912. [2112

— Caratteristiche dell'architettura bizantina in oriente. — Corsi di cultura sull' arte ravennate e bizantina 1957, fasc. 2, 47—51. [2113

— Caratteristiche dell'architettura protobizantina in occidente. — Corsi di cultura sull'arte ravennate e bizantina 1957, fasc. 2, 53—56. [2114

— Copertura delle basiliche paleocristiane. — Felix Ravenna Ser. 3, 24 (1957), 63—73, Abb. [2115

— Untersuchungen zu Dach und Decke der Basilika. — Charites [s. Nr. 306], 249—264. [2116

Delvoye, Ch.: Recherches récentes sur les origines de la basilique paléochrétienne. — AIPhOr. 14 (1954/57), 205—228. [2117

Doppelfeld: Ein spätrömisches Oktogon aus Köln s. Nr. 1478.

Drerup, H.: Zum Ausstattungsluxus in der römischen Architektur. Ein formgeschichtlicher Versuch. Münster: Aschendorff 1957. 38 S., 7 Taf. (Orbis antiquus. 12.) [2118

— Die römische Villa der Antike. — VjbllTrier 3 (1957), 15—16. [2119

Dyggve, E.: Mausoleo di Teodorico: le origini della cupola. — Corsi di cultura sull'arte ravennate e bizantina 1957, fasc. 2, 67—73. [2120

— Visione (?) del re dei Goti. — Studi Calderini/Paribeni 3, 765—773, Abb. [2121

— Le baptistère de la «basilica urbana» à Salone d'après les fouilles de 1949 s. Nr. 680.

Enking, R.: Zur Orientierung der etruskischen Tempel. — StEtr. 25 (1957), 541—544. [2122

Essen: L'église de Sainte Prisque à Rome s. Nr. 1119.

Finamore, N.: Mausolei a cuspide della necropoli sarsinate. Problemi e ipotesi. — Studi Sarsinati (Faenza 1957), 109—124, Abb. [2123

Forsyth, G. H.: Architectural notes on a trip through Cilicia. — Dumbarton Oaks Papers 11 (1957), 223—236, 12 Taf. [2124

Fuchs, G.: Zur Baugeschichte der Basilica Aemilia in republikan. Zeit. — RM. 63 (1956 [1957]), 14—25, Abb., 1 Taf. [2125

— Fragmenta Saeptorum. Untersuchungen am sogenannten Comitium in Pompei. — RM. 64 (1957), 154—197, Abb., 8 Taf. [2126

— Architekturdarstellungen auf römischen Münzen: Republik s. Nr. 2863.

Fustel de Coulanges: La cité antique s. Nr. 3670.

Gerkan, A. v.: Zum Aschenaltar von Samos. — Charites [s. Nr. 306], 12—17, Abb. [2127

Gotsmich: Das Grabmal Theoderichs in Ravenna s. Nr. 1105.

Grabar, A.: Le baptistère paléochrétien. Les problèmes que pose l'étude des baptistères paléochrétiens. — Actes CIAChrét. 5 (1954 [1957]), 187—188. [2128

— Basilique et baptistère groupés de part et d'autre de l'atrium. — VAHDalm. 56/59 (1954/57), 224—230, Abb. [2129

Graham, J. W.: The central-court as the Minoan bull-ring. — AJA. 61 (1957), 255—262, 4 Taf. [2130

Grenier: Les capitoles romains en Gaule et le capitole de Narbonne s. Nr. 1310.

Heimann, K.: Der christliche Altar. Übersicht über seinen Werdegang im Laufe der Zeiten. 1954. | ThLZ. 82 (1957), 454—457 (K. Wessel). [2131

Hommel, P.: Giebel u. Himmel. — IstM. 7 (1957), 11—55, 6 Taf. [2132

Kähler, H.: Die Gebälke des Konstantinsbogens. 1953. | Mnemosyne Ser. 4, 10 (1957), 188—189 (A. W. Byvanck). [2133

Khatchatrian, A.: Le baptistère de Nisibis. —ActesCIAChrét. 5 (1954 [1957]), 407—421, Abb. [2134

Koch, H.: Von jonischer Baukunst. 1956. | EtCl. 25 (1957), 378—379 (J. Streignart). [2135

— Studien zum Theseustempel in Athen. 1955. | Gnomon 29 (1957), 33—38 (H. Plommer). [2136

Κοντολέων, N. M.: Μέγαρον. — Mélanges Merlier 1 [s. 1956 Nr. 332], 293—316. [2137

Koşay, H.: Augustustempel in Ankara. — Anatolia 2 (1957), 137—138, 7 Taf. [2138

Krauss, F.: Die Säulen des Zeustempels von Olympia. — Freundesgabe R. Boehringer (Tübingen 1957), 365—369, 17 Taf. [2139

Krautheimer, R.: Corpus Basilicarum Christianarum Romae. Le basiliche cristiane antiche di Roma. Vol. I, 4. 1953. | ByzZ. 50 (1957), 199—202 (F. W. Deichmann). [2140

— Il transetto nella basilica paleocristiana. — ActesCIAChrét. 5 (1954 [1957]), 283—290. [2141

Lamb: Die Tempel von Paestum s. Nr. 1065.

Lamboglia: La questione della cupola nel Battistero di Albenga s. Nr. 962.

Lawrence, A. W.: Greek architecture. Harmondsworth: Penguin books 1957. XXXIV, 327 S., 152 Taf. (Pelican histories of art series. 11.) | Times Liter. Suppl. 56 (1957), 741. [2142

Leglay, M.: Note sur quelques baptistères d'Algérie. — ActesCIAChrét. 5 (1954 [1957]), 401—406, Abb. [2143

Liversidge, J.: Kitchens in Roman Britain. — ANL. 6 (1955/58), 83—85. [2144

Lugli, G.: La tecnica edilizia romana con particolare riguardo a Roma e Lazio. Vol. 1: Testo. Vol. 2: Tavole. Roma: Bardi 1957. 743 S., 151 Abb.; 210 Taf., 19 S. [2145

Luiks, A. G.: Cathedra en Mensa. 1955. | BiOr. 14 (1957), 185—187 (F. van der Meer). [2146

Maiuri: Le ville di Cicerone s. Nr. 949.

Martienssen, R. D.: The idea of space in Greek architecture. With special reference to the Doric temple and its setting. Johannesburg: Witwatersrand Univ. Pr. 1957. XV, 191 S., Abb. | JHS. 77 (1957), 347—348 (H. Plommer). [2147

Martin, R.: Sur deux expressions techniques de l'architecture grecque. — RevPhil. 31 (1957), 66—81. [2148

Matthiae, G.: Basiliche paleocristiane con ingresso a polifora. — Bd'A. Ser. 4, 42 (1957), 107—121, Abb. [2149

— San Cesario „de Appia" s. Nr. 1136.

Mazzotti, M.: La cripta di S. Apollinare in Classe. — RACrist. 32 (1956), 201—218, Abb., 1 Kte. [2150

Mingazzini, P.: Sulla datazione di alcuni monumenti comunemente assegnati ad età augustea. — ArchClass. 9 (1957), 193—205, 4 Taf. [2151

— Il Pantheon ed i cosiddetti Ninfei; l'origine del nome Museum. — ArchClass. 9 (1957), 108—110. [2152

Naumann, R.: Architektur Kleinasiens von ihren Anfängen bis zum Ende der hethitischen Zeit. 1955. | RA. Ser. 6, 49 (1957), 222—225 (Ch. Picard). DLZ. 78 (1957), 915—916 (E. Schaffran). [2153

Orlandos, A. K: Ἡ ξυλόστεγος παλαιοχριστιανικὴ βασιλικὴ τῆς μεσογειακῆς λεκάνης. 1. 2. 1952/1954. | RBibl. 64 (1957), 107—112 (L.-H. Vincent). [2154

— Ἡ ξυλόστεγος παλαιο-χριστιανικὴ βασιλική. Εὑρετήριον τοῦ Α' καὶ τοῦ Β' τόμου. Ἐν Ἀθήναις: Ἀρχαιολ. Ἑταιρεία 1956 [1957]. 136 S. (Βιβλιοθήκη τῆς ἐν Ἀθήναις Ἀρχαιολ. Ἑταιρείας. 25.) [2155

— Les baptistères du Dodécanèse s. Nr. 791.

Pallottino, M.: Ancora dell'anfiteatro di Lucera. — ArchClass. 9 (1957), 116—118, Abb. [2156

Parnicki-Pudelko, S.: Agora. La genèse et développement du marché grec [poln. m. frz. Auszug]. Warschau 1957. 161 S., 67 Abb. (Bibl. Arch. 8.). [2157

Plessner, H.: Sterngeborenes Olympia. Die Entstehung des sakralen Maßes. 1956. | Gymn. 64 (1957), 359—364 (A. v. Gerkan). [2158

Prandi, A.: Questioni vecchie e nuove su alcuni tipi di basiliche paleocristiane. — Byzantion 25/27 (1955/57), 539—580. [2159

Ratschow, C. H., K. Galling: Altar. — RGG. 3. Aufl. 1 (1957), 251—255. [2160

Rau, H.: Kretische Paläste, mykenische Burgen. Stuttgart: Günther 1957. 15 S., Abb., 48 Taf. (Sammlung Parthenon). [2161

Reuther, O.: Dt. Archäol. Institut. Der Heratempel von Samos. Der Bau seit der Zeit des Polykrates. Berlin: Mann 1957. 75 S., Abb., 11 Falttaf., 24 S. Abb., 26 Taf., 2 Ktn. [2162

Rodenwaldt, G.: Griechisches und Römisches in Berliner Bauten des Klassizismus. 1956. | Gnomon 29 (1957), 544—545 (H. v. Einem). [2163

Sauneron: Les temples gréco-romains de l'Oasis de Khargéh s. Nr. 537.

Schefold, K.: Neues vom klassischen Tempel. — MusHelv. 14 (1957), 20—32. [2164

Schläger: Das Westtor von Paestum s. Nr. 1067.

Schrot, G.: Wasserversorgung und Kanalisation im antiken Rom. — Wiss. Zeitschr. d. Univ. Leipzig, Ges.- u. sprachwiss. R. 6 (1956/57), 285—294, Abb. [2165

Scrinari, V.: I capitelli romani della Venezia Giulia e dell'Istria. 1. 1956. | JRS. 47 (1957), 266—267 (D. Strong). [2166

Smith, E. B.: Architectural symbolism of imperial Rome and the middle ages. 1956. | Kunstchronik 10 (1957), 163—165 (Th. Bogyay). REByz. 14 (1956), 288—291 (P. Lemerle). GazBA. 6, 50 (1957), 238—239 (L. H.). [2167

Staccioli: Sulla cosidetta »Caserma« di Magnesia al Meandro s. Nr. 871.

— Gli edifici sotterranei dell'agorà di Smirne s. Nr. 930.

Tamassia: Vitruvio e la decorazione parietale s. Nr. 2495.

Vetters, H.: A propos des Oppida celtiques. Contribution à l'étude des caractères de l'implantation des Celtes. — Ogam 8 (1956), 199—242, Abb. [2168

Villa: Basilica Apostolorum. Valutazione di alcuni organismi architettonici minori s. Nr. 1046.

Vollet, H.: Maßuntersuchungen an griech. Tempelbauten. Unters. d. Maß- u. Zahlbeziehungen für d. Cerestempel von Paestum, den Aphaiatempel von Aigina, den Tempel d. Juno Lacinia von Agrigent u. den Poseidontempel v. Paestum. Diss. München, Techn. Hochsch. 1956. 75 Bl., Abb. [Maschinenschr.]. [2169

Wegner, M.: Ornamente kaiserzeitlicher Bauten Roms. Soffitten. Köln, Graz: Böhlau 1957. 109 S., Abb., 32 Taf. (Münstersche Forschungen. 10). [2170

Windfeld-Hansen, H.: Édifices antiques à plan central d'après les architectes de la renaissance et baptistères paléochrétiens. — ActesCIAChrét. 5 (1954 [1957]), 391—399, Abb. [2171

Woodward: Greek building records s. Nr. 3095.

Zinserling, G.: Kultbild-Innenraum-Fassade. Eine Untersuchung zum mutterländisch-dorischen Tempel des 5. Jahrh. — Altertum 3 (1957), 18—34, Abb. [2172

Zovatto, L. P.: Il mausoleo di Aquileia. — Aquileia nostra 28 (1957), 91—98, Abb. [2173

C. Plastik

(Porträts s. Abschn. I)

1. Allgemeines. Orient und Ägypten

Amandry: Chaudrons à protomes de taureau en Orient et en Grèce s. Nr. 2617.

Bartina, S.: Dos chuabtis en el Museo nac. de cerámica, de Valencia. — Archivo de prehistoria levantina 6 (1957), 45—46, 1 Taf. [2174

Belloni, G.: Un frammento di alto-rilievo palmireno del Civico Museo di Varese. — Sibrium 3 (1956/57), 215—219, 7 Taf. [2175

Bosticco, S.: Un frammento di statuetta saitica dell'Antiquarium comunale di Roma. — Studi Rosellini 2 [s. 1956 Nr. 340], 1—7, 2 Taf. [2176

— Ricostruzione parziale di una stele egiziana. — Bd'A. Ser. 4, 42 (1957), 173—175, Abb. [2177

Cook, J. M.: The reliefs of »Sesostris« in Ionia. — TürkAD. 6, 2 (1956), 59—65, 2 Taf. [2178

Desroches Noblecourt, Ch.: Un petit monument de théologie memphite. — RArts 7 (1957), 177—178, Abb. [2179

— La statue-cube du Prince Ramsès-Si-Ptah. — RArts 7 (1957), 20—21, Abb. [2180

— La statuette d'Osiris. — RArts 7 (1957), 178—179, Abb. [2181

Dolzani, C.: Due sarcofaghi egiziani in pietra del Civico Museo di Storia ed Arte di Trieste. — Studi Calderini/Paribeni 2, 57—73, Abb. [2182

Donadoni, S.: Una statuetta egiziana da Ostia. — Studi Rosellini 2 [s. 1956 Nr. 340], 59—71. [2183

Fischer, H. G.: A god and a general of the oasis on a stela of the late middle kingdom. — JNES. 16 (1957), 223—235 Abb., 4 Taf. [2184

Gilbert, P.: La date du buste de femme en calcaire n. 5626 et de la tête d'homme en granit n. 6316 dans la collection égypt. du Musée archéol. de Florence. — Studi Rosellini 2 [s. 1956 Nr. 340], 99—104, 2 Taf. [2185

Hanfmann, M. A., P. Hansen: Hittite bronzes and other Near Eastern figurines in the Fogg Art Museum of Harvard Univ. — TürkAD. 6, 2 (1956), 43—58, 5 Taf. [2186

Hansen, D. P.: A bronze in the Semitic Museum of Harvard University. — BASOR. 146 (1957), 13—19, Abb. [2187

Hornemann, B.: Types of ancient Egyptian statuary. Vol. 2. 3. Kopenhagen:

Munksgaard 1957. 60 S., 241 Taf.; 259 Taf. [2188

Kákosy, L.: Les nouvelles statuettes de serviteurs égyptiennes du Musée des Beaux-Arts. — BMusHongr. 8 (1956), 3—11, Abb. [2189

Klasens, A.: A magical statue basis (Socle Béhague) at Leiden. 1952. | JEA. 43 (1957), 124 (K. A. Kitchen). [2190

Komorzynski, E.: Eine bisher unveröffentlichte Scheintürtafel aus der ägyptischen Sammlung in Wien. — WZMorg. 54 (1957), 101—108, Abb., 1 Taf. [2191

Lange, K.: Ägyptische Bildnisse. München: Piper 1957. 33 S. Abb. m. Text (Piper-Bücherei. 103). [2192

Lauer, J.-Ph.: Remarques sur les stèles fausses-portes de l'Horus Neterikhet (Zoser) à Saqqarah. — MonPiot 49 (1957), 1—15, Abb., 3 Taf. [1293

Morehart, M.: Early sculpture at Palmyra. — Berytus 12 (1956/57), 53—83, Abb. [2194

Müller, H. W.: Der Torso einer Königsstatue im Museo archeol. zu Florenz. Ein Beitr. z. Plastik d. ägypt. Spätzeit. — Studi Rosellini 2 [s. 1956 Nr. 340], 181—221, 16 Taf. [2195

Nougayrol, J.: Portrait d'une Semiramis au Musée du Louvre. — RArts 7 (1957), 98—104, Abb. [2196

Özgüç, N.: Ein hethitischer Stierkopf aus Tokat. — Anatolia 1 (1956), 56—58, 1 Taf. [2197

Özgüç, T.: The Bitik vase. — Anatolia 2 (1957), 57—78, Abb., 6 Taf. [Hethitische Reliefvase]. [2198

Parrot, A.: Acquisitions et inédits du Musée du Louvre. 6: Sculpture mésopotamienne. — Syria 34 (1957), 223—231, Abb., 4 Taf. [2199

Ranke, H.: Eine spätägyptische Schutzstatue in Cleveland. — Studi Rosellini 2 [s. 1956 Nr. 340], 239—248, 1 Taf. [2200

Riis, P. J.: Sculptured alabastra. — Acta Arch. 27 (1956), 23—33, Abb. [2201

Roeder, G.: Ägyptische Bronzefiguren. Textbd., Tafelbd. Berlin: Staatl. Museen 1956. 567 S., 791 Abb.; 91 Taf. (Mitteilungen aus d. ägypt. Sammlung. 6). [2202

— Ägyptische Bronzefiguren. — FuF. 31 (1957), 55—59, Abb. [2203

Rowland, B.: Gandhara, Rome and Mathura: the early relief style. — Archives of the Chinese Art Society of America 10 (1956), 8—17, Abb. [2204

Sauneron, S.: Une statue du vizir Pasar adorant Rehorakhty. — BIFAO. 55 (1956), 149—152, Abb., 2 Taf. [2205

Schulman: Egyptian representations of horsemen and riding s. Nr. 3917.

Seyrig, H.: Bronzes hittites ou bronzes syriens? — Syria 34 (1957), 397. [2206

Smith, W. S.: Fragments of a statuette of Chephren. — WZMorg. 54 (1957), 186—190, Abb. [2207

Stricker: De heilige nil s. Nr. 3542.

Unger, E.: Die Wiederherstellung der Statue des Königs Salmanassar III. von Assyrien. — TürkAD. 7, 2 (1957), 42—48. [2208

Uphill, E. P.: The stela of 'Ankhefenmut. — JEA. 43 (1957), 1—2, 1 Taf. [2209

Van de Walle, B.: L'identification d'un fragment de bas-relief prov. du tombeau de Kharouef (Thèbes, No. 192). — Studi Rosellini 2 [s. 1956 Nr. 340], 281—288, 1 Taf. [2210

Wit, C. de: Sur un buste extraordinaire du Musée égyptien de Florence. — Studi Rosellini 2 [s. 1956 Nr. 340], 289—292, 1 Taf. [2211

2. Griechenland und Rom

Agnello, S. L.: Il sarcofago di Adelfia. Città del Vaticano 1956. VI, 105 S., 38 Abb. (Collezione »Amici delle Catacombe« 25). [2212

Alscher, L.: Griechische Plastik. Bd. 4: Hellenismus. Berlin: Dt. Verl. d. Wissenschaften 1957. 253 S., 54 Taf. [2213

Amandry, P.: A propos de Polyclète: Statues d'Olympioniques et carrière de sculpteurs. — Charites [s. Nr. 306], 63—87. [2214

Andronikos, M.: Λακωνικὰ ἀνάγλυφα. — Πελοποννησιακά 1 (1956), 253—314, Abb. [2215

Anti, C.: Frammento di stele attica nel Museo delle Antichità della Università di Padova. — Charites [s. Nr. 306], 95—100, 1 Taf. [2216

Arias, P. E.: L'Attis di Sarsina. — Studi Sarsinati (Faenza 1957), 3—16, Abb. [2217

— Skopas. 1952. | ArchClass. 9 (1957), 128—129 (T. Coco). [2218

Aurigemma, S.: Sculture a Villa Adriana. — Nuova Antologia 90 (1955), 45—54, 4 Taf. [2219

Bahadir Alkim: Steinbruch u. Skulpturatelier von Yesemek s. Nr. 939.

Balil, A.: Los sarcofagos paleocristianos de Barcelona. Estudio historico-topografico sobre las necropolis de la Barcino cristiano. — Studi Calderini/Paribeni 3, 667—687, Abb. [2220

Banti, L.: Bronzi arcaici etruschi: i tripodi Loeb. — Tyrrhenica (Milano 1957), 77—92, 9 Taf. [2221

Becatti, G.: Una copia Giustiniani del Mitra di Kriton. — Bd'A. Ser. 4, 42 (1957), 1—6, Abb. [2222

— Letture pliniane: le opere d'arte nei Monumenta Asini Pollionis e negli Horti Serviliani. — Studi Calderini/Paribeni 3, 199—210. [2223

— I Tirannicidi di Antenore. — ArchClass. 9 (1957), 97—107, 1 Taf. [2224

Belloni: Sculture d'età classica dei Musei d'Arte di Milano rilavorate in epoche posteriori s. Nr. 1574.

Bendinelli, G.: La genesi del sarcofago Albani con le nozze di Peleo e Tetide. — RM. 64 (1957), 92—97, 1 Taf. [2225

— Un problema inerente al gruppo delle »Danzatrici« della Colonna in Delfi. — Hommages Deonna [s. Nr. 293], 103—115, 2 Taf. [2226

Benoit, F.: Antéfixes d'Artémis persique en Narbonnaise. — Studi Calderini/Paribeni 3, 305—310, Abb. [2227

— Un autel des Dioscures au fouet à Domazan (Gard). — Ogam 9 (1957), 249—254, 4 Taf. [2228

— La »Dama de Elche« aux pavots. — Archivo de prehistoria levantina 6 (1957), 149—152, Abb. [2229

— Le »dieu accroupi« de Mayence. — Ogam 9 (1957), 11—12, 1 Taf. [2230

— Nouveau document d'époque chrétienne sur l'illumination. — Latomus 16 (1957), 348—349, 1 Taf. [2231

— L'Épona de Braga. — BAntFr. 1954/55 (1957), 59—60. [2232

— Les sarcophages paléochrétiens. — ActesCIAChrét.5(1954[1957]),229—234.[2233

— Sarcophages paléochrétiens d'Arles et de Marseille. 1954. | JRS. 46 (1956), 186—187 (M. Lawrence). [2234

— Traditions païennes dans l'iconographie romane: Epona au tabouret. — Hommages Deonna [s. Nr. 293], 116—121, Abb., 1 Taf. [2235

Berthier, A.: Renier. Bas-relief figurant Mercure. — Libyca 4 (1956), 337—338, Abb. [2236

Bieber, M.: A bronze statuette in Cincinnati and its place in the history of the Asklepios types. — Proceedings, Amer. Philos. Soc. 101 (1957), 70—92, Abb. [2237

— The sculpture of the Hellenistic age. 1954. | ArtB. 39 (1957), 67—73 (R. Carpenter). AJA. 61 (1957), 298—303 (E. B. Harrison). RBPhil. 35 (1957), 322—323 (M. Renard). Gymn. 64 (1957), 284—286 (T. Dohrn). AJPh. 78 (1957), 330—332 (J. H. Young). Phoenix 11 (1957), 129—132 (F. E. Winter). Archaeology 10 (1957), 146—147 (C. Vermeule). Burlington Magaz. 99 (1957), 428—429 (M. Robertson). [2238

Bielefeld, E.: Zum Problem der kontinuierenden Darstellungsweise. — AA. 1956 [1957], 29—34. [2239

Blümel, C.: Die Behandlung der Perspektive an attischen Reliefs der Parthenonzeit. — Protokoll d. Eröffnungstagung, Inst. f. griech.-röm. Altertumskunde (Berlin 1957), 44—54. [2240

— Phidiasische Reliefs und Parthenonfries. Berlin: Akad.-Verl. 1957. 33 S., Abb., 11 Taf. (Schriften d. Sektion f. Altertumswissenschaft. 10). [2241

Bober, P. P.: Drawings after the antique by Amico Aspertini. Sketchbooks in the British Museum. London: The Warburg Inst.; Univ. of London 1957. XIV, 108 S., 64 Taf. (Stud. of the Warburg Inst. 21). [2242

Boehringer, M.: Neu gefundene Replik des Homer Epimenides-Typus(?). — Freundesgabe R. Boehringer (Tübingen 1957), 113—118, Abb. [2243

Bonacasa, N.: Bronzetti da Satricum. — StEtr. 25 (1957), 549—565, Abb. [2244

v. Bothmer: Amazons in Greek art s. Nr. 1825.

Boube, J.: Les sarcophages paléochrétiens de Martres-Tolosane (Haute-Garonne). — CArch. 9 (1957), 33—72, Abb., 1 Kte. [2245

Bovini, G.: Sarcofagi paleocristiani di Ravenna. 1954. | JRS. 46 (1956), 187—188 (M. Lawrence). [2246

Brommer, F.: Athena Parthenos. Bremen: Dorn 1957. 19 S., 7 Taf. (Opus nobile. 2.). | ArchClass. 9 (1957), 261 (P. E. Arias). [2247

— Neue Forschungen über die Parthenongiebel. — Atlantis 27 (1955), 368—371, Abb. [2248

— Eine Metope des Parthenon. — Atlantis 29 (1957), 378—380, Abb. [2249

Brunnsåker, S.: The tyrant-slayers of Kritios and Nesiotes. 1955. | Gnomon 29 (1957), 459—463 (G. Hafner). [2250

Budde, L.: Severisches Relief im Palazzo Sacchetti. 1955. | Latomus 16 (1957), 404—407 (J. Ch. Balty). [2251

Byvanck, A. W.: La sculpture hellénistique. — BAntBeschav. 32 (1957), 13—33, Abb. [2252

Byvanck-Quarles van Ufford, L.: L'aurige de Delphes. — BAntBeschav. 32 (1957), 40—47, Abb. [2253

Cagiano de Azevedo: Una tomba rotonda sulla Via Latina s. Nr. 1200.

Campbell, L.: Typology of mithraic tauroctones. 1954. | Syria 34 (1957), 388—393 (E. Will). [2254

Caprino, C. [u. a.]: La colonna di Marco Aurelio. 1955. | RevPhil. 31 (1957), 144—145 (A. Ernout). ClRev. NS. 7 (1957), 85—86 (J. M. Reynolds). JRS. 46 (1956), 183—185 (F. A. Lepper). BBudé Ser. 4 (1957), No. 2, 99—100 (M. D. S. G.). [2255

Caputo, G.: Thusnelda combattente, non Medea. — PP. 12 (1957), 60—65, Abb. [2256

Carettoni, G.: Rilievo con il supplizio di Marsia. — BollMC. 3 (1956), 45—47, Abb. [2257

Casini, N.: Il sarcofago di Apricula. — ArchClass. 9 (1957), 76—87, 2 Taf. [2258

Castiglione, L.: Deux nouveaux exemplaires de l'Aphrodite d'Alexandrie. — BMusHongr. 9 (1956), 12—21, Abb. [2259

Chamoux, F.: L'Athéna mélancolique. — BCH. 81 (1957), 141—159, Abb. [2260

— L'aurige. (Fouilles de Delphes. 4, 5.) 1955. | Mnemosyne Ser. 4, 10 (1957), 160—161 (G. van Hoorn). AJA. 61 (1957), 296—298 (E. B. Harrison). HZ. 184 (1957), 672 (E. Homann-Wedeking). JHS. 77 (1957), 363—364 (D. E. L. Haynes). LF. 5 (1957), 286 (J. Frel). RevABM. 63 (1957), 795—796 (A. Balil). [2261

— Du bas-relief attique connu sous le nom de l'Athéna mélancolique. — REL. 34 (1956 [1957]), 43—44. [2262

— Bulletin archéologique. Sculpture, statuaire, des origines jusqu'à la fin du Ve siècle. — REG. 70 (1957), 427—473. [2263

Charbonneaux, J.: Bronzes (Couvercle de miroir grec; Anneau de situle). — RArts 7 (1957), 26—27, Abb. [2264

— Plusieurs sculptures antiques provenant du Musée archéologique de Nîmes. — BAntFr. 1954/55 (1957), 154—155. [2265

Chassaing: »Le clou et l'ancre« du Dispater de Viège s. Nr. 3274.

Chéhab, M.: Les terres cuites de Kharayeb. Vol. 1. 2. 1954. | RA. Ser. 6, 49 (1957), 250—254 (Ch. Picard). [2266

Choux, J.: Deux stèles provenant de Scarpone (Meurthe-et-Moselle). — Gallia 15 (1957), 149—150, Abb. [2267

Clark, A. M.: Two ancient sculptures: an introd. note. — Bull. of Rhode Island School of Design 43 (1956/57), 4—7, Abb. [Etrusk. Bronze-Kouros, hellenist. Frauenkopf]. [2268

Coche de la Ferté, E.: Une tête syrienne. — RArts 7 (1957), 124, Abb. [2269

Colini, A. M.: Resurrezione di un'antica statua. — Capitolium 32 (1957), Nr. 6, 14—16, Abb. [2270

Condurachi, E.: Bronze antique du Musée d'Art de Bucarest. Une nouvelle réplique d'Atalante? — Hommages Deonna [s. Nr. 293], 142—148, 1 Taf. [2271

Coupry, J.: Le Maître du Ciel et la Dame de Vie? — Gallia 15 (1957), 146—148, Abb. [Relief, Museum von Hyères]. [2272

Cravayat, P.: Une représentation perdue du Dieu à la Roue. — Ogam 9 (1957), 75—78. [2273

Curtius, L.: Bronzenes Pferd im Metropolitan Museum in New York (1927). — Curtius, Torso (Stuttg. 1957), 53—67. [2274

De Franciscis, A.: Note all' acrolito di Cirò. — RM. 63 (1956 [1957]), 96—101, 4 Taf. [2275

Deonna, W.: Tête caricaturale en bronze à »cucullus« et à oreilles animales. — Genava NS. 4 (1956), 5—10, Abb. [2276

Deringer, H.: Neue Bronzestatuette einer Fortuna. — Oberösterr. Heimatblätter 11 (1957), 220—223, Abb., 1 Taf. [2277

— Eine Pferde-Terrakotte aus Lauriacum-Enns. — ÖJh. 43 (1956), Beibl. 147—170, Abb. [2278

Diez, E.: Ein Medicus in Flavia Solva. — ÖJh. 43 (1956), Beibl. 179—188, Abb. [2279

Dohrn, T.: Attische Plastik vom Tode des Phidias bis zum Wirken der großen Meister des 4. Jh. v. Chr. Krefeld: Scherpe 1957. 292 S., 31 Taf. [2280

Durand-Lefèvre: Une statue du Musée d'Albi. — BAntFr. 1954/55 (1957), 61—62. [2281

Durliat, M.: Quelques sarcophages inédits. — CArch. 9 (1957), 23—31, Abb. [2282

Eckstein, F.: Der »Adorant« von Karl Stauffer-Bern u. sein antikes Vorbild. — Mitteilungen, Berner Kunstmuseum 16 (Sept. 1957), 1—5, Abb. [2283

Fernandez-Chicarro, C.: La Venus de Itálica y los poetas. — RevABM. 63 (1957), 329—335, 3 Taf. [2284

Ferri, S.: Apollo Sminteo e Apollo di Vei. — Hommages Deonna [s. Nr. 293], 215—219, 2 Taf. [2285

Ferrua, A.: Il sarcofago lateranese 148 del Presepio. — RACrist. 32 (1956), 159—178, Abb. [2286

Festugière: La mosaïque de Philippopolis et les sarcophages au »Prométhée« s. Nr. 2582.

An immense Find of Greek statuary — perhaps by the sculptors of Laocoon. — ILN. 231 (1957), 711, Abb. [2287

Striking new Finds in the Sperlonga grotto: Ganymede, and a scylla group. — ILN. 231 (1957), 1132—1133, Abb. [2288

Fitz, J.: Kiadatlan Hercules dombormüvek Fejér megyében [Bas-reliefs d'Hercule inédits dans le Comitat de Fejér]. Székesfehérvár 1957. 19 S., 2 Taf. (István király Muzeum Közleményei. A, 2). [2289

Florescu, G.: Contribution à l'éclaircissement du problème du médaillon dans l'art gréco-romain. — Hommages Deonna [s. Nr. 293], 220—225, 1 Taf. [2290

Floriani Squarciapino, M.: Il fregio del tempio del Divo Giulio. — RendLinc. Ser. 8, 12 (1957), 270—284, 4 Taf. [2291

— Problemi della gigantomachia di Leptis Magna. — RendPontAcc. 28, 3/4 (1955/1956 [1957]), 169—179, Abb. [2292

Forlati Tamaro, B.: La replica dell' Adorante al Museo Archeologico di Venezia. — Studi Calderini/Paribeni 3, 155—169, Abb. [2293

Fossard, D.: La chronologie des sarcophages d'Aquitaine. — ActesCIAChrét. 5 (1954 [1957]), 321—333, Abb. [2294

Fouet, G.: La figuration anthropomorphe de Labouret. — Revue de Comminges 68 (1955), 31—35, Abb. [2295

Francovich, G. de: I primi sarcofagi cristiani di Ravenna. — Corsi di cultura sull' arte ravennate e bizantina 1957, fasc. 2, 17—46. [2296

Fraser, P., T. Rönne: Boeotian and West Greek tombstones. Lund: Gleerup 1957. XV, 229 S., 32 Taf., 2 Ktn. (Skrifter utg. av Svenska Inst. i Athen. Ser. in 4°, Vol. 1, 6). [2297

Frel, J.: Un document nouveau sur l'Apollon de Kalamis [bulgar. m. franz. Rés.]. — BIBulg. 21 (1957), 203—209, Abb. [2298

— Torso Herma [Un petit torse de Hermès]. — Umĕni 3 (1955), 159—160. [2299

Frenkian, A. M.: Die typenbildende Geistesart der Hellenen in der Plastik und Literatur. — Altertum 3 (1957), 131—144, Abb. [2300

Fuchs, W.: Eine Bronzestatuette des strengen Stiles im Lateran. Anhang: Die Verseuchung des Wassers in Selinus und die Tat des Empedokles. — RM. 64 (1957), 222—231, 2 Taf. [2301

— Die verschollene Kleinbronze aus Tegea. — AA. 1956 [1957], 1—10, Abb. [2302

— Zu den Metopen des Heraion von Selinus. — RM. 63 (1956 [1957]), 102—121, 8 Taf. [2303

Garana, O.: Due sarcofagi palermitani ritenuti erroneamente cristiani. — ActesCIAChrét. 5 (1954 [1957]), 257—260, Abb. [2304

Gien, P.: L'influence hellénistique et la sculpture antique dans la vallée rhodanienne. — Rhodania 31 (1956), 32—36. [2305

Giuliano, A.: Due frammenti di rilievi postfidiaci. — ASAtene 33/34 (1955/56 [1957]), 53—57, Abb. [2306

— Un sarcofago di Eleusi con il mito di Meleagro. — ASAtene 33/34 (1955/56 [1957]), 183—205, Abb. [2307

Gottlieb, C.: The pediment sculpture and acroteria from the Hephaisteion and temple of Ares in the Agora at Athens. — AJA. 61 (1957), 161—165, 1 Taf. [2308

Graham, J. W.: A torso of Venus. — Bull. of the R. Ontario Museum of Archaeology No. 20 (1955), 5—8. [2309

Grenier: Sanctuaires celtiques et têtes coupées s. Nr. 1250.

Hafner, G.: Anakreon u. Xanthippos. — JdI. 71 (1956 [1957]), 1—28, Abb. [2310

Hanfmann, G. M. A.: Etruskische Plastik. 1956. | Zephyrus 8 (1957), 182—183 (J. M. Blazquez). [2311

Hatt, J.-J.: Esquisse d'une histoire de la sculpture régionale de Gaule romaine, principalement dans le Nord-Est de la Gaule. — REA. 59 (1957), 76—107, 16 Taf. [2312

— Junon, figure de la stèle à quatre dieux de la Place Kléber. — CAlsArch. 1957, 82, Abb. [2313

— Observations sur quelques sculptures gallo-romaines du Musée de Strasbourg. Essai sur les rapports techniques et stylistiques entre oeuvres d'art savantes et sculptures populaires. 3. — RAE. 8 (1957), 74—87, Abb. [2314

Haynes, D. E. L.: Philo of Byzantium and the Colossus of Rhodes. — JHS. 77 (1957), 311—312. [2315

Heintze, H. v.: Juno Ludovisi. Bremen: Dorn 1957. 20 S., 4 Taf. (Opus nobile. 4.) [2316

— Studien zu den Porträts des 3. Jhs. n. Chr. 4: Der Feldherr des großen ludovisischen Schlachtsarkophages s. Nr. 3609.

Herbig, R.: Die Terrakottagruppe einer Diana mit dem Hirschkalb. Heidelberg: Winter 1956. 32 S., 37 Taf. (AbhHeid. 1956, 3.). | REA. 59 (1957), 450 (J. Marcadé). [2317

Jones, F. F.: Three Mycenaean figurines. — The Aegean and the Near East [s. 1956, Nr. 321], 122—125, 1 Taf. [2318

Karusos, Ch.: Ein lakonischer Apollon. — Charites [s. Nr. 306], 33—37, 2 Taf. [2319

Kenner, H.: Zwei Marmorköpfe aus Kärnten. — Bericht üb. d. 4. österr. Historikertag, Klagenfurt 1956 (Wien 1957), 52—55. [2320

Kern, J. H. C.: An Etruscan bronze discus-thrower of the 5th century B. C. — OudhMeded. NR. 38 (1957), 45—52, Abb., 1 Taf. [2321

Kleiner, G.: Helios und Sol. — Charites [s. Nr. 306], 101—104, 1 Taf. [2322

— Hellenistische Sarkophage in Kleinasien. — IstM. 7 (1957), 1—10, 7 Taf. [2323

Klemenc, J.: Das erste Baldachin auf dem römischen Civilfriedhof im Šempeter im Sanntale. — Hommages Deonna [s. Nr. 293], 292—299, 3 Taf. [2324

— Beg Ifigenije s Tauride na šempetrskem reliefu [Die Flucht Iphigenies aus Tauris auf dem Relief von Šempeter]. — Arheol. Vestnik 8 (1957), 26—31, Abb. [2325

Koch, H.: Eine Vermutung über den Künstler Pasiteles. — VAHDalm. 56/59 (1954/57), 169—172, 2 Taf. [2326

Kollwitz, J.: Die Statue des Guten Hirten im Seminar für christl. Archäologie. — Kunstwerke im Besitz d. Univ. Freiburg/Br. (Freiburg 1957), 7—12, Abb. [2327

Kraus, Th.: Die Ranken der Ara Pacis. 1953. | AnzAW. 10 (1957), 276—278 (A. Wotschitzky). [2328

Kukahn, E.: Anthropoide Sarkophage in Beyrouth. 1955. | Zephyrus 8 (1957), 312 (J. M. Blazquez). [2329

Labrousse, M.: Antéfixes en terre cuite du Quercy. — Hommages Deonna [s. Nr. 293], 300—308, 1 Taf. [2330

Langlotz, E.: Aphrodite in den Gärten. 1954. | DLZ. 78 (1957), 723—727 (F. Eckstein). [2331

— Ein neuerworbener Niobidentorso. — BerlMus. NF. 7 (1957), 2—5, Abb. [2332

Lantier, R.: Une nouvelle image d'Epona. — Hommages Deonna [s. Nr. 293], 334—337, 1 Taf. [2333

Lauer, J.-Ph.: Autour des Sirènes—musiciennes du Sarapiëion de Memphis. Addendum: Une nouvelle tête de Sirène memphite. — RA. Sér. 6, 50 (1957), 45—57, Abb. [2334

— Ch. Picard: Les statues ptolémaiques du Sarapieion de Memphis. 1955. | Gnomon 29 (1957), 84—93 (F. Matz). AJA. 61 (1957), 211—215 (M. Bieber). RA. Ser. 6, 49 (1957), 241—247 (J. Leclant). JSav. 1957, 69—83 (Y. Béquignon). ChrEg. 32 (1957), 69—70 (P. Gilbert). JEA. 43 (1957), 128—129 (B. Ashmole). [2335

Laumonier, A.: Les figurines de terre cuite. Text. Taf. Paris: Boccard 1956. 320 S.; 106 Taf. (Exploration archéol. de Délos. 23.) [2336

Laurenzi, L.: Sculture inedite del Museo di Coo. — ASAtene 33/34 (1955/56 [1957]), 59—156, Abb. [2337

— Sculture di scuola rodia dell'ellenismo tardo. — Studi Calderini/Paribeni 3, 183—189, Abb. [2338

Lebel, P.: Une statue de divinité fontainière à Salives (Côte-d'Or)? — RAE. 8 (1957), 355—358, Abb. [2339

Leglay, M.: La sculpture antique du Musée Stéphane Gsell. Alger: Impr. offic. 1957. 47 S., Abb. (Les Conférences-Visites du Musée Stéph. Gsell. 1955/56.) [2340

Lehmann, K.: Kallistratos meets a centaur. — AJA. 61 (1957), 123—127, 2 Taf. [2341

Lissi, E.: Di un frammento marmoreo rinvenuto presso il tempio di Antonio e Faustina. — RendLinc. Ser. 8, 12 (1957), 50—57, 3 Taf. [2342

Loeffler, E. P.: A famous antique: A Roman sarcophagus at the Los Angeles Museum. — ArtB. 49 (1957), 1—7, 6 Taf. [2343

Lullies, R.: Griechische Plastik. 1956. | ArchClass. 9 (1957), 262 (P. E. Arias). Zephyrus 8 (1957), 181—182 (J. M. Blazquez). [2344

— Greek sculpture. Photogr. by M. Hirmer. Transl. by M. Bullock. London: Thames & Hudson 1957. 88 S., Abb., 264 Taf. [2345

— M. Hirmer: La scultura greca dagli inizi fino alla fine dell' ellenismo. Trad. di M. L. Bazzi. Firenze: Sansoni 1957. 103 S., Abb., 264 Taf. [2346

Maetzke, G.: Materiali per un corpus dei bronzetti etruschi s. Nr. 1555.

Majewski, K.: Une terre cuite du helladique récent au Musée hongrois des Beaux-Arts. — BMusHongr. 9 (1956), 5—11, Abb. [2347

Mallardo, D.: Sarcofago paleocristiano dell'Isola d'Ischia. — ActesCIAChrét. 5 (1954 [1957]), 245—255, Abb. [2348

Mansel, A. M.: Ein Ixion-Relief aus dem Nymphaeum von Side. — Anatolia 2 (1957), 79—88, 4 Taf. [2349

— Untersuchungen über einen Sarkophag aus dem Arsenal von Istanbul u. über eine Istanbuler Sarkophaggruppe. — Belleten 21 (1957), 421—427, 10 Taf. [2350

Mansuelli, G. A.: Leoni-capri. — PP. 11 (1956), 456—466, Abb. [2351

— Leoni funerari Emiliani. — RM. 63 (1956 [1957]), 66—89, 8 Taf. [2352

— Genesi e caratteri della stele funeraria padana s. Nr. 3165.

Marcadé, J.: Le groupe d'Hélios au fronton est du Parthénon. — GazBA. Ser. 6, 49 (1957), 65—72, Abb. [2353

— Deux notes parthénoniennes. — BCH. 81 (1957), 76—94, Abb. [2354

— Recueil des signatures de sculpteurs grecs. 1953. | Mnemosyne Ser. 4, 10 (1957), 270—271 (A. W. Byvanck). [2355

— — Livr. 2. Paris: Boccard 1957. IV, 142 S., Abb., Taf. [2356

— Sculptures argiennes. — BCH. 81 (1957), 405—474, Abb., 2 Taf. [2357

Matz, F.: An Endymion sarcophagus rediscovered. — BMetrMus. 15 (1956/57), 123—128, Abb. [2358

Mingazzini, P.: Una proposta. — ArchClass. 9 (1957), 257—260, 2 Taf. [Ergänzung farbiger Augen bei antiken Bildwerken]. [2359

Mirtchev, M.: La collection de terres-cuites du Musée de la Ville de Staline [bulgar. m. franz. Rés.]. — BVarna 10 (1956), 1—50, Abb. [2360

Möbius, H.: Zur Problematik des Bostoner Throns. — Charites [s. Nr. 306], 47—58. [2361

Mollard-Besques, S.: Gargouille en forme de tête de lion, prov. de Corinthe. — RArts 7 (1957), 179—180, Abb. [2362

Mylonas, G. E.: Cycladic and Mycenaean figurines. — Bull. of the City Art Museum of St. Louis 40 (1955), 1—14. [2363

— Seated and multiple Mycenaean figurines in the National Museum of Athens, Greece. — The Aegean and the Near East [s. 1956, Nr. 321], 110—121, 4 Taf. [2364

Neutsch, B.: Weibliche Gewandstatue im römischen Kunsthandel. — RM. 63 (1956 [1957]), 46—55, 8 Taf. [2365

Niebling: Der Tempel u. Altar des Vespasian in Pompeji s. Nr. 1086.

Nieto, G.: Bronce ibérico encontrado en Cehegin (Murcia). — RevABM. 63 (1957), 323—327, 1 Taf. [2366

Özgüç, N.: Marble idols and statuettes from the excavations at Kültepe. — Belleten 21 (1957), 71—80, 11 Taf. [2367

Ohly, D.: Δῖα Γυναικῶν. — Freundesgabe R. Boehringer (Tübingen 1957), 433—448, 12 Taf. [2368

Ortmayr, P.: Der Römerstein an der Stadtpfarrkirche zu Eferding. — Oberösterr. Heimatblätter 11 (1957), 143—146, Abb. [2369

Pace, B.: Ex voto bronzei da Apamea Kibotos. — Studi Calderini/Paribeni 3, 191—197, Abb. [2370

Pallottino, M.: A proposito di una nuova pubblicazione sulla Diana del Museo di St. Louis. — ArchClass. 9 (1957), 111—115, 1 Taf. [zu Herbig, oben Nr. 2317]. [2371

— Scavi nel santuario etrusco di Pyrgi s. Nr. 1095.

Paoletti, A.: Gruppi omerici-Scilla. Perugia: Grafica 1956. 26 S., Abb. [2372

— Sarcofago con caccia al leone in Spoleto. Perugia: Grafica 1957. 14 S., Abb. [2373

Papaspyridi-Karusu, S.: Ein phidiasisches Motiv. — Charites [s. Nr. 306], 88—94, 2 Taf. [2374

Paribeni, E.: Due figurine bronzee da un tripode. — Bd'A. Ser. 4, 42 (1957), 218—221, Abb. [2375

Paul, E.: Griechische Plastik. Zu Gipsabgüssen im Staatl. Lindenau-Museum. Altenburg: Staatl. Lindenau-Museum 1957. 108 S., 24 Taf. (Veröffentlichungen aus d. Samml. d. Stadt Altenburg. 8.) [2376

Pesce, G.: Sarcofagi romani di Sardegna. Roma: L'Erma di Bretschneider 1957. 135 S., 25 Taf. | EtCl. 25 (1957), 389—390 (H. Mollart). RivFil. NS. 35 (1957), 214—217 (G. Bendinelli). Gnomon 29 (1957), 634—635 (F. Matz). REA. 59 (1957), 477—479 (J. Marcadé). ArchClass. 9 (1957), 270 (S. Ferri). Latomus 16 (1957), 555—556 (F. Benoit). AeR. NS. 2 (1957), 248—250 (G. Becatti). [2377

— Due statue scoperte a Nora. — Studi Calderini/Paribeni 3, 289—304, Abb. [2378

Petrikovits, H. v.: Ein römischer Wasserspeier. — Gymn. 64 (1957), 353—354, 1 Taf. [2379

Pfeffer: Neugefundener Grabstein eines arabisch-parthischen Reiters s. Nr. 3176.
Picard, Ch.: L'Anubis alexandrin du Musée d'Alger. — Studi Calderini/Paribeni 3, 171—181, Abb. [2380
— La Base de Sorrente et le problème d'un prétendu «temple augustéen de Vesta» sur le Palatin. — RA. Sér. 6, 49 (1957), 91—94, Abb. [2381
— Sur un bas-relief votif du Musée des Beaux-Arts, à Budapest. La sphinge tricéphale, dite d'Amphipolis. — Acta antiqua (Budapest) 5 (1957), 229—239, Abb. [2382
— Le châtiment de Tarpeia (?) et les frises historico-légendaires de la Basilique Aemilia, à Rome. — RA. Sér. 6, 49 (1957), 181—188, Abb. [2383
— Chronique de la sculpture étrusco-latine (1940/1955). [Suite]. — REL. 34 (1956 [1957]), 268—321. [2384
— Du nouveau sur le critique d'art et sculpteur Xénocratès (d'Athènes). — RA. Sér. 6, 50 (1957), 81—82. [2385
— Hésiode et les reliefs dits du Duc de Loulé à Lisbonne. — O Instituto 115 (1953 [1955]), 449—461. [2386
— Manuel d'archéologie grecque. La sculpture. Période classique. IVe siècle. Tome 3, 1. Vol. 1. 2; Tome 4, 2, Vol. 1. 1948. 1954. | Gnomon 29 (1957), 363—369 (T. Dohrn). RBPhil. 35 (1957), 930—932 (Ch. Delvoye). [2387
— Sur un „naiskos" inédit de Cybèle, au Musée du Caire. — MonPiot 49 (1957), 41—65, Abb., 1 Taf. [2388
— Le grand perirrhantérion archaïque du temple de Poseidon Isthmios à Corinthe. — RA. Sér. 6, 49 (1957), 84—86, Abb. [2389
— La sphinge tricéphale, dite «Panthée», d'Amphipolis, et la démonologie égypto-alexandrine. — CRAcInscr. 1957, 35—45, Abb. [2390
— D'un tesson arrétin trouvé à St. Bertrand de Comminges à l'un des skyphoi d'argent du Trésor d'Hoby (Copenhague). — Hommages Deonna [s. Nr. 293], 371—384, 2 Taf. [2391
Pietrangeli, C.: La fonte di Marforio. — Capitolium 32 (1957), Nr. 2, 8—12, Abb. [2392
Pinkerfeld, J.: Two fragments of a marble door from Jaffa. — Atiquot 1 (1955), 89—94, Abb., Taf. [2393
Poinssot, C.: Statues du temple de Saturne (Thugga). — Karthago 6 (1955), 32—76, Abb., 6 Taf. [2394
Poulsen, V.: Die Amazone des Kresilas. Bremen: Dorn 1957. 14 S., 7 S. Abb. (Opus nobile. 1.). | ArchClass. 9 (1957), 261 (P. E. Arias). [2395
Richter, G. M. A.: Was there a vertical support under the Nike of the Athena Parthenos? — Studi Calderini/Paribeni 3, 147—153, Abb. [2396
Riis, P. J.: The bigger bronze kore from Rimini. — StEtr. 25 (1957), 31—38, Abb., 1 Taf. [2397
Robertson, M.: Europa. — JWCI. 20 (1957), 1—3, 1 Taf. [2398
Rowland jr., B.: Hellenistic sculpture in Iran. — Art Quarterly 18 (1955), 171—179, 3 Taf. [2399
— The vine-scroll in Gandhāra. — Artibus Asiae 19 (1956), 353—361, 1 Taf. [2400
Salomonson, J. W.: Telephus u. die römischen Zwillinge. Zwei figürliche Darstellungen in gegenseitiger Beziehung am Panzerschmuck der Leidener Trajanstatue. — OudhMeded. NR. 38 (1957), 15—44, Abb. [2401
Schaffran, E.: Eine völkerwanderungszeitliche Bronzestatuette eines christlichen Herrschers. — RACrist. 32 (1956), 243—249, Abb. [2402
Schefold, K.: Agorakritos als Erbe des Pheidias. — Freundesgabe R. Boehringer (Tübingen 1957), 543—572, Abb. [2403
— Die Dichter und Weisen im Serapieion. — MusHelv. 14 (1957), 33—38. [2404
— Vom Ursprung und Sinn „römischer" Reliefkunst. — Charites [s. Nr. 306], 187—196. [2405
Schneider-Herrmann, G.: Athena im Gigantenkampf. Elfenbeingruppe aus Paestum. — BAntBeschav. 32 (1957), 33—39, Abb. [2406
Schober, A.: Der „norische Krieger" von Celje. — VAHDalm. 56/59 (1954/57), 192—197, 2 Taf. [2407
Schuchhardt, W.-H.: Zur Athena-Gigantengruppe aus Laurion. — Charites [s. Nr. 306], 59—62, 1 Taf. [2408
— Die eleusinischen Kopien nach Parthenonskulpturen. — Festschrift Kurt Bauch (München: Dt. Kunstverl. 1957), 21—28, Abb. [2409
— Archaische Plastik der Griechen. Stuttgart: Günther 1957. 15 S., Abb., 48 Taf. (Sammlung Parthenon). [2410
Sculpture antique (Genève: Musée d'art et d'histoire) s. Nr. 1563.
Sergejevski, D.: Nadgrobni reljef iz Višnjice [Spätantikes Relief aus Viš-

njica]. — VAHDalm. 56/59 (1954/57), 108—114, Abb., 1 Taf. [2411

Sichtermann, H.: Laokoon. Bremen: Dorn (1957). 27 S., 4 Taf. (Opus nobile. 3.) [2412

Simon, E.: Zur Augustusstatue von Prima Porta. — RM. 64 (1957), 46—68, 3 Taf. [2413

— Beobachtungen zum Apollon Philesios des Kanachos. — Charites [s. Nr. 306], 38—46, 2 Taf. [2414

Simon, M.: Symbolisme et tradition d'atelier dans la première sculpture chrétienne. — ActesCIAChrét. 5 (1954 [1957]), 307—319; Mélanges M. Andrieu (Strasbourg 1956), 445—456. [2415

Speier, H.: Ein griechisches Original aus den Vatikanischen Museen. — Freundesgabe R. Boehringer (Tübingen 1957), 605—623, Abb. [2416

Staccioli, R. A.: Un bronzetto di Ercole dal territorio ferrarese e il tipo dell' «Herakles Dexioumenos». — ArchClass. 9 (1957), 26—43, Abb., 4 Taf. [2417

Stern, H.: Un sarcophage de La Gayole découvert par Peiresc. — Gallia 15 (1957), 73—85, Abb. [2418

Stevens, G. P.: How the Parthenos was made. — Hesperia 26 (1957), 350—361, Abb., 1 Taf. [2419

Stommel, E.: Die Entwicklung der „Hahnszene" auf den Sarkophagen des IV. Jahrhunderts. — ActesCIAChrét. 5 (1954 [1957]), 303—306. [2420

Stucchi, S.: Una recente terracotta siciliana di Atena ergane ed una proposta intorno all'Atena detta di Endoios. — RM. 63 (1956 [1957]), 122—128, Abb., 2 Taf. [2421

Tarradell Mateu, M.: Dos bronces de Lixus. Los grupos de Hércules y Anteo y Teseo y el Minotauro. — Tamuda 1 (1953), 59—81, Abb. [2422

Taylor, M. V.: A Roman bronze statuette from Northamptonshire. — AntJ. 37 (1957), 71—72, 1 Taf. [2423

Thevenot, É.: Le dieu à la lance et aux épis de Dijon. Figurations composites dans l'iconographie religieuse gallo-romaine. — RAE. 8 (1957), 101—108, Abb. [2424

— Sur les figurations du «dieu au tonneau». — RAE. 8 (1957), 311—314. [2425

Thimme, J.: Chiusinische Aschenkisten und Sarkophage der hellenistischen Zeit. Ein Beitrag zur Chronologie der etruskischen Kunst. 2. Teil. — StEtr. 25 (1957), 78—160, Abb., 4 Taf. [2426

Thompson, D. B.: Three centuries of Hellenistic terracottas. P. 2: The early third century B. C. — Hesperia 26 (1957), 108—128, 4 Taf. [2427

Thouvenot, R.: Buste de Sérapis trouvé en Maurétanie Tingitane. — Hommages Deonna [s. Nr. 293], 450—455, 1 Taf. [2428

Toynbee, J.: The Flavian reliefs from the Palazzo della Cancelleria in Rome. London: Oxford Univ. Pr. 1957. 24 S., 1 Taf. (Charlton Lectures on art. 39.) [2429

Toynbee, J. M. C.: Genii Cucullati in Roman Britain. — Hommages Deonna [s. Nr. 293], 456—469, 5 Taf. [2430

Trendall, D.: Classical sculpture in the National Gallery. — Bull. of the National Gallery of Victoria 8, 4 (1954), 1—4. [2431

Tusa, V.: I sarcofagi romani in Sicilia. Palermo: Accad. di Scienze, Lettere ed Arti 1957. 223 S., Taf. [2432

Vermaseren, M. J.: Sole o Medusa? Un intarsio romano. — Hommages Deonna [s. Nr. 293], 514—516, 2 Taf. [2433

Vermeule, C. C.: Herakles crowning himself: new Greek statuary types and their place in Hellenistic and Roman art. — JHS. 77 (1957), 283—299, Abb., 4 Taf. [2434

Walter, O.: Ein Kybelerelief im Museum von Theben. — VAHDalm. 56/59 (1954/57), 173—176, Abb. [2435

Ward Perkins, J. B.: The Hippolytus sarcophagus from Trinquetaille. — JRS. 46 (1956), 10—16, 3 Taf., Abb. [2436

Weinberg, S. S.: Terracotta sculpture at Corinth. — Hesperia 26 (1957), 289—319, 12 Taf. [2437

Will, E.: Les panneaux figurés du pilastre de la Porte Noire à Besançon. — RA. Ser. 6, 49 (1957), 189—204, Abb. [2438

— Le relief cultuel gréco-romain. Contribution à l'histoire de l'art de l'Empire romain. 1956. | REL. 34 (1956 [1957]), 413—414 (P.-M. Duval). Gnomon 29 (1957), 369—376 (C. Vermeule). JRS. 47 (1957), 262—264 (J. M. C. Toynbee). REA. 59 (1957), 171—178 (J. Marcadé). Latomus 16 (1957), 402—404 (J. Le Gall). [2439

Willemsen, F.: Aktaionbilder. — JDI. 71 (1956 [1957]), 29—58, Abb. [2440

Wroncka, T.: De artis antiquae exemplari quodam [en polon., avec résumé en lat.]. — Meander 11 (1956), 259—262. [Aphrodite im Museum Czartoryski, Krakau]. [2441

Wunder, R. P.: Addenda to Elaine Loeffler's „A famous antique". — ArtB. 39

(1957), 291—292 [vgl. oben Nr. 2343]. [2442

Young, J. H., S. H. Young: Terracotta figurines from Kourion in Cyprus. 1955. | Gnomon 29 (1957), 248—251 (E. Gjerstad). JHS. 77 (1957), 350—351 (R. A. Higgins). [2443

Zovatto, P. L.: Una scultura trecentesca tratta da un monumento romano. — Studi Calderini/Paribeni 3, 657—665, Abb. [2444

Zuffa, M.: I frontoni e il fregio Civitalba nel Museo Civico di Bologna. Prospettive critiche di un restauro. — Studi Calderini/Paribeni 3, 267—288, Abb. [2445

D. Malerei und Zeichnung. Mosaiken

1. Allgemeines. Orient und Ägypten

Bosticco, S.: Due frammenti di un papiro funerario nel Museo egizio di Firenze (inv. n. 11912 a-b). — Aegyptus 37 (1957), 71—76, 1 Taf. [mit 2 Zeichnungen]. [2446

Botti, G.: Vasetto in rame con iscrizione demotica del Museo egizio di Torino. — Atti e Mem., Accad. toscana La Colombaria 21 (1956 [1957]), 27—29, 1 Taf. [2447

Brunner-Traut, E.: Die altägyptischen Scherbenbilder (Bildostraka) der deutschen Museen und Sammlungen. 1956. | AJA. 61 (1957), 291—292 (W. C. Hayes). DLZ. 78 (1957), 912—915 (G. Roeder). BiOr. 14 (1957), 148—151 (L. Keimer). ChrEg. 32 (1957), 59—63, Abb. (A. Mekhitarian). JEA. 43 (1957), 124—125 (C. H. S. Spaull). [2448

Champdor, A.: Die altägyptische Malerei. Leipzig: Seemann 1957. XII, 200 S., Abb. [2449

Davies, N. M., A. H. Gardiner: La peinture égyptienne ancienne. 1—5. 1953/54. | OLZ. 52 (1957), 343—345 (H. Kees). [2450

Leroy, J.: Mosaïques funéraires d'Édesse. — Syria 34 (1957), 306—342, Abb., 2 Taf. [2451

Mekhitarian, A.: Egyptian painting. 1954. | BiOr. 14 (1957), 24—26 (C. Aldred). [2452

— La peinture égyptienne. 1954. | OLZ. 52 (1957), 345—349 (E. Brunner-Traut). Erasmus 10 (1957), 35—36 (A. Abubakr). [2453

Säve-Söderbergh, T.: Eine ramessidische Darstellung vom Töten der Schildkröte. — MDIK. 14 (1956), 175—180, Abb. [2454

Varga, E.: La représentation de la création du monde sur un fragment de cercueil au Musée des Beaux-Arts. — B-MusHongr. 7 (1955), 3—9, Abb. [2455

2. Griechenland und Rom

Allgemeines. Wandmalerei

Andreae, B.: Ein Amazonengemälde. — RM. 63 (1956 [1957]), 32—45, Abb., 1 Taf. [2456

Augusti, S.: La technique de la peinture pompéienne. Napoli: Ediz. tecniche 1957. 20 S. [2457

Becatti, G., F. Magi: Tarquinii, fasc. 3—4 (La pittura etrusca). 1955. | REL. 34 (1956 [1957]), 419—423 (R. Bloch). Gnomon 29 (1957), 93—98 (R. Herbig). JRS. 47 (1957), 264—265 (M. Robertson). [2458

Bergström, I.: Revival of antique illusionistic wall-painting in renaissance art. Stockholm: Almqvist & Wiksell 1957. 58 S., Abb. (Göteborgs Univ. Årsskrift. 63, 1.) [2459

Beyen, H. G.: The wall-decoration of the Cubiculum of the villa of P. Fannius Synistor near Boscoreale in its relation to ancient stage-painting. — Mnemosyne Ser. 4, 10 (1957), 147—153. [2460

Bianchi Bandinelli, R.: Hellenistic-byzantine miniatures of the Iliad (Ilias Ambrosiana). 1955. | ByzZ. 50 (1957), 482—487 (H. Gerstinger). Gnomon 29 (1957), 606—616 (K. Weitzmann). JHS. 77 (1957), 351 (D. T. Rice). CArch. 9 (1957), 349—353 (A. Grabar). [2461

Borrelli Vlad, L.: Distacco della parete absidata dell'Aula isiaca. — BollICR. 27/28 (1956), 143—147, Abb. [2462

— Distacco delle pitture del grande cubicolo della Casa dei Grifi. — BollICR. 27/28 (1956), 132—140, Abb. [2463

— Il distacco di due pitture della Domus transitoria con qualche notizia sulla tecnica di Fabullus. — BollICR. 29/30 (1957), 30—37, Abb. [Dazu Appendice, di A. Capasso, S. 38—40]. [2464

— Un nuovo frammento dei „paesaggi dell' Odissea". — Bd'A. Ser. 4, 41 (1956), 289—300, Abb. [2465

Byvanck, A. W.: La peinture grecque et l'art romain. — BAntBeschav. 32 (1957), 47—49. [2466

Allgemeines. Wandmalerei

Cagiano de Azevedo, M.: Due falsi dipinti romani del Museo Barracco. — BollICR. 27/28 (1956), 179—181, Abb. [2467

— Un piccolo dipinto romano nel Museo Barracco. — BollMC. 3 (1956), 41—44, Abb. [2468

Eckstein, F.: Dt. Archäol. Institut. Untersuchungen über die Stilleben aus Pompeji u. Herculaneum. Berlin: Mann 1957. 74 S., 4 Taf. [2469

Eißfeldt, O.: Die Wandbilder der Synagoge von Dura-Europos. — FuF. 31 (1957), 241—249. [2470

Elia, O.: Pitture di Stabia. Napoli: Banco di Napoli 1957. 74 S., Abb., 47 Taf. [2471

Fischer, J. A.: The Synagogue paintings at Dura Europos. — Catholic biblical Quarterly 17 (1955), 189—195. [2472

Fuchs, G.: Zur Wanddekoration der Casa del bell'impluvio in Pompeji. — AA. 1956 [1957], 10—29, Abb. [2473

Gabra, S., E. Drioton: Peintures à fresques et scènes peintes à Hermoupolis-Ouest (Touna el-Gebel). 1954. | OLZ. 52 (1957), 33—35 (K. Parlasca). [2474

Hanson, H.: Spuren des Hellenismus in Bulgarien. Neuentdecktes thrazisches Kuppelgrab [Kazanlák bei Plovdiv]. — Mitteilungen, Inst. f. Auslandsbeziehungen 7 (1957), 94—95, Abb. [2475

Klinkert, W.: Bemerkungen zur Technik der pompejanischen Wanddekoration. — RM. 64 (1957), 111—148, Abb. [2476

Lasareff, V. N.: Gli affreschi di Castelseprio. — Sibrium 3 (1956/57), 87—102, 12 Taf. [2477

Leisinger, H.: Pittura etrusca. Ediz. ital.: Aldo Neppi Modona. Firenze: Barbera 1953. 27 S., 102 Abb. | StEtr. 25 (1957), 610—612 (L. Banti). [2478

Lepik-Kopaczyńska, W.: Perspektiwa liniowa w praktyce antycznego malarza. — Meander 11 (1956), 239—258. [2479

Maiuri, A.: Le pitture di Pompei, Ercolano e Stabia nel Museo naz. di Napoli. Milano: Martello 1957. 13 S., Taf. [2480

Moretti, M.: Lastre dipinte inedite da Caere. — ArchClass. 9 (1957), 18—25, Abb., 8 Taf. [2481

Allgemeines. Wandmalerei

Nordhagen, P. J.: Die Fresken in Castelseprio u. der frühmittelalterliche „Hellenismus" [norweg.]. — Kunst og Kultur 40 (1957), 79—94, Abb. [2482

Parlasca, K.: Römische Wandmalereien in Augsburg. 1956. | MusHelv. 14 (1957), 250 (K. Schefold). [2483

Pfuhl, E.: Masterpieces of Greek drawing and painting. New ed. 1955. | Burlington Mag. 99 (1957), 284—285 (M. Robertson). [2484

Picard, Ch.: Au «triclinium d'été» de la villa dite de P. Fannius Synistor, près de Boscoreale. La décoration pariétale: religion ou histoire? 1. 2. — JSav. 1957, 49—68; 102—119, Abb. [2485

Reusch, H.: Ein Frauenfries der kretisch-mykenischen Epoche aus dem böotischen Theben. — FuF. 31 (1957), 82—87, Abb. [2486

— Die zeichnerische Rekonstruktion des Frauenfrieses im böotischen Theben. 1956. | Gnomon 29 (1957), 533—537 (S. Marinatos). [2487

Ruyt, F. de: Deux tombes à fresques de Tarquinia (Auguri-Orco) et l'originalité de l'art étrusque. — Reflets du Monde 1955, 7, 10—18, Abb., 2 Taf. [2488

Salis, A. v.: Lutrophorie? — Charites [s. Nr. 306], 197—205. [2489

Schapiro, M.: Notes on Castelseprio. — ArtB. 39 (1957), 292—299. [2490

Schefold, K.: Zur Chronologie der Dekorationen im Haus der Vettier. — RM. 64 (1957), 149—153, 6 Taf. [2491

— Die Wände Pompejis s. Nr. 1089.

Sgatti, G.: Caratteri della «natura morta» pompeiana. L'interpretazione dello spazio. — ArchClass. 9 (1957), 174—192, 6 Taf. [2492

Sichtermann, H.: Zur Achill und Chiron-Gruppe. — RM. 64 (1957), 98—110, Abb., 4 Taf. [2493

Staccioli, R. A.: Nella tomba françois di Vulci. L'antica storia di Roma. — Capitolium 32 (1957), Nr. 9, 1—5, Abb. [2494

Tamassia, A. M.: Vitruvio e la decorazione parietale. — Aevum 31 (1957), 367—370. [2495

Tosi, T.: Tazza attica frammentaria con scena di ratto. — Tosi, Scritti di filol. e di archeol. (Firenze 1957), 168—173, 1 Taf. [2496

Weis, A.: Die Verteilung der Bildzyklen des Paulin von Nola in den Kir-

Allgemeines. Wandmalerei

chen von Cimitile (Campanien). — RQu. 52 (1957), 129—150, 3 Taf. [2497

White, J.: Perspective in ancient drawing and painting. London: Soc. for the Promotion of Hellenic Studies 1956. 87 S., Abb., 12 Taf. | GazBA. 6, 50 (1957), 239 (J. Marcadé). [2498

Vasenmalerei

(Keramik, Töpfereien s. Abschn. E).

Anderson, J. K.: Handbook to the Greek vases in the Otago Museum. Dunedin 1955. 61 S., 16 Taf. | JHS. 77 (1957), 350 (B. B. Shepton). [2499

Beazley, J. D.: Marpessa. — Charites [s. Nr. 306], 136—139, 1 Taf. [2500

— Attic black-figure vase-painters. 1955. | ClRev. NS. 7 (1957), 49—50 (R. M. Cook). ArtB. 39 (1957), 147 (F. P. Johnson). Antiquity 31 (1957), 179 (J. Boardman). ArchClass. 9 (1957), 130—131 (P. E. Arias). JHS. 77 (1957), 349—350 (M. Robertson). Zephyrus 8 (1957), 183 (J. M. Blazquez). [2501

Benson, J. L.: Corinthian vase-painters. — AJA. 61 (1957), 175—176. [2502

Bielefeld, E.: Götterstatuen auf attischen Vasenbildern. Eine religionsgeschichtl.-archäolog. Studie. — Wiss. Zs. d. Univ. Greifswald 4 (1954/55), 379—403. [2503

— Griechische u. etruskische Tongefäße im Staatl. Lindenau-Museum s. Nr. 1527.

Blázquez Martinez, J. M.: La urna de Galera. — Caesaraugusta 7/8 (1957), 99—107, 7 Taf. [2504

Bothmer, D. v.: A lekythos by the Pan Painter. — Bull. of Rhode Island School of Design 43 (1956/57), Nr. 4, 1—3, Abb. [2505

— Greek vases from the Hearst Collection. — BMetrMus. 15 (1956/57), 165—180, Abb. [2506

Brommer, F.: Vasenlisten zur griechischen Heldensage. 1956. | AJA. 61 (1957), 103—110 (D. v. Bothmer). ArchClass. 9 (1957), 131—132 (P. E. Arias). [2507

Capps, E. jr.: A red-figured pitcher by Douris. — Allen Memorial Art Museum Bulletin 13, 1 (1955), 4—10. [2508

Charitonides, S.: More geometric from the Corinthia. — AJA. 61 (1957), 166—171, 1 Taf. [2509

Vasenmalerei

Cianfarani, V.: Rhyton della collezione Gorga. — Bd'A. Ser. 4, 42 (1957), 104—106, Abb. [2510

Clairmont, C.: Greek pottery from the Near East. 1955. | JHS. 77 (1957), 357—358 (J. Boardman). [2511

— Studies in Greek mythology and vase-painting s. Nr. 3276.

Colloque intern. sur le Corpus Vasorum Antiquorum (Lyon, 1956). Compte rendu rédigé par Ch. Dugas avec le concours de H. Metzger. Notes de J. D. Beazley, H. Bloesch, D. v. Bothmer. Paris: Centre nat. de la recherche scientif. 1957. 52 S. [2512

Comfort, H.: Attic and South Italian painted vases at Haverford College. 1956. | AJA. 61 (1957), 309—310 (D. v. Bothmer). [2513

Corpus Vasorum Antiquorum. Danemark. 10: Copenhague, Musée National, fasc. 7, par N. Breitenstein u. K. Friis Johansen. 1956. | EtCl. 25 (1957), 263—264 (W. Vanneste). ArchClass. 9 (1957), 124—125 (P. E. Arias). JHS. 77 (1957), 350 (J. M. Cook). [2514

— Deutschland. 8: Karlsruhe, Bad. Landesmus. Bd. 2, bearb. von G. Hafner. 1952. | Gnomon 29 (1957), 394—395 (D. A. Amyx). ArchClass. 9 (1957), 124 (P. E. Arias). [2515

— Deutschland. 10: Heidelberg, Universität. 1. Bearb. v. K. Schauenburg. 1954. | DLZ. 78 (1957), 721—723 (E. Bielefeld). AntCl. 26 (1957), 262—264 (V. Verhoogen). [2516

— Deutschland. 11: Schloß Fasanerie (Adolphseck) 1. Von F. Brommer. 1956. | AJA. 61 (1957), 110—111 (J. D. Beazley). Gnomon 29 (1957), 236—238 (H. Metzger). DLZ. 78 (1957), 712—723 (E. Bielefeld). AntCl. 26 (1957), 264—267 (V. Verhoogen). [2517

— Deutschland. 12: München, Museum antiker Kleinkunst. Bd. 4. Bearb. von R. Lullies. 1956. | EtCl. 25 (1957), 263—264 (W. Vanneste). DLZ. 78 (1957), 721—723 (E. Bielefeld). Gnomon 29 (1957), 475—476 (F. Villard). [2518

— France, fasc. 18: Louvre, fasc. 11. Par F. Villard. 1954. | AJA. 61 (1957), 306—309 (E. Kunze). [2519

— Great Britain. 12: Univ. of Reading, fasc. 1, by P. N. and A. D. Ure. 1954. | Burlington Magaz. 99 (1957), 319 (M. Robertson). [2520

Vasenmalerei

— Great Britain. 13: Brit. Museum, fasc. 8, by R. M. Cook. 1954. | Burlington Magaz. 99 (1957), 319 (M. Robertson). JHS. 77 (1957), 350 (M. Robertson). [2521

— Italia. Vol. 25: Adria, Museo civico. Fasc. 1. A cura di G. Riccioni. Roma: Istit. poligr. dello Stato 1957. 52 S., 22 Taf. [2522

— Italia. Vol. 27: Bologna, Museo civico. Fasc. 4. A cura di G. Bermond Montanari. Roma: Istit. poligr. dello Stato 1957. 20 S., 22 Taf. [2523

Del Chiaro, M. A.: The Genucilia group: a class of Etruscan red-figured plates. Berkeley, Los Angeles: Univ. of California Pr. 1957. S. 243—372, Taf. 18—32. (Univ. of California Publications in class. archaeol. 3, 4.) [2524

Devambez, P.: Cratère à figures rouges. — RArts 7 (1957), 123, Abb. [2525

— Les hydries de Caeré. — RArts 7 (1957), 2—8, Abb. [2526

Dugas, Ch.: Corpus Vasorum Antiquorum. — BAcBelg. Ser. 5, 43 (1957), 241—245. [2527

Edwards, G. R.: Panathenaics of Hellenistic and Roman times. — Hesperia 26 (1957), 320—349, 13 Taf. [2528

Ehlich, W.: Bild u. Rahmen im Altertum. Die Geschichte des Bilderrahmens. Leipzig: Seemann 1955. 292 S., Abb., 44 Taf. | Erasmus 10 (1957), 730—731 (F.-G. Pariset). [2529

Haken, R.: Řecké vázy s dětskými motivy v českých sbírkách [Greek vases with children's motives in Czech collections]. — LF. 5 (1957), 174—178, Abb. [2530

Hausmann, U.: Akropolisscherben und Eurymedonkämpfe. — Charites [s. Nr. 306], 144—151, 1 Taf. [2531

Hemelrijk, J. M.: De Caeretaanse hydriae. 1956. | BAntBeschav. 32 (1957), 71 (A. W. Byvanck). [2532

Hus, A.: Amphore étrusque à figures noires du „Peintre du Vatican 265". — Latomus 16 (1957), 326—328, 1 Taf. [2533

Johannowsky, W.: Frammenti di un dinos di Sophilos da Gortina. — ASAtene 33/34 (1955/56 [1957]), 45—51, Abb. [2534

Karageorghis, V.: Deux peintres de vases «mycéniens». — Syria 34 (1957), 81—92, Abb. [2535

— The Mycenaean «window-crater» in the British Museum. — JHS. 77 (1957), 269—271, Abb. [2536

Vasenmalerei

Karouzou, S.: The Amasis painter. 1956. | AJA. 61 (1957), 207—208 (E. Vanderpool). Gnomon 29 (1957), 538—541 (D. v. Bothmer). ClRev. NS. 7 (1957), 271—272 (R. M. Cook). Athenaeum 35 (1957), 129 (L. Polacco). [2537

Kern, J. H. C.: Two Attic black-figured skyphoi in Leiden, Holland. — Hommages Deonna [s. Nr. 293], 286—291, 2 Taf. [2538

Langlotz, E.: Vom Sinngehalt attischer Vasenbilder. — Freundesgabe R. Boehringer (Tübingen 1957), 397—421, Abb. [2539

Levi, M. A., A. Stenico: Pittura greca (disegno vascolare). 1956. | JHS. 77 (1957), 348 (G. M. A. Richter). [2540

Lullies, R.: Die Spitzamphora des Kleophrades-Malers. Bremen: Dorn 1957. 20 S., 5 Taf. (Opus nobile. 5.) [2541

Maetzke, G.: Tre nuove kylikes etrusche di fabbrica chiusina. — Studi Calderini/Paribeni 3, 249—266, Abb. [2542

— Tazza del „Falmouth Painter" nel Museo Archeologico di Firenze. — Bd'A. Ser. 4, 42 (1957), 317—319, Abb. [2543

Metzger, H.: Les représentations dans la céramique attique du IVe siècle. 1951. | ArchClass. 9 (1957), 132—133 (P. E. Arias). [2544

Morlet, A.: A propos de quelques vases grecs trouvés à Vichy. — Ogam 9 (1957), 377—380, 2 Taf. [2545

Mylonas, G.: Une amphore du peintre de la Chimère. — Hommages Deonna [s. Nr. 293], 357—362, 1 Taf. [2546

Nenci, G.: Del termine Αὐτοποσία su un' hydria a figure rosse (British Museum E. 223). — AttiAccTorino 89 (1954/55), 433—442. [2547

Pelagatti, P.: La ceramica laconica del Museo di Taranto. — ASAtene 33/34 (1955/56 [1957]), 7—44, Abb. [2548

Picard, Ch.: La coupe de Nestor et l'inscription d'un vase de la nécropole de Pithékoussai (Baie de Naples). — RA. Sér. 6, 49 (1957), 82—83. [2549

Richter, G. M. A.: A lekythos by the Brygos painter. — Charites [s. Nr. 306], 140—143, 2 Taf. [2550

Schauenburg, K.: Bellerophon in der unteritalischen Vasenmalerei. — JdI. 71 (1956 [1957]), 59—96, Abb. [2551

— Dionysiaka s. Nr. 3515.

Vasenmalerei

— Zu einigen bötischen Vasen des 6. Jahrhunderts. — JbZMusMainz 4 (1957), 63—72, 8 Taf. [2552

Seyrig, H.: Scène d'offrande funèbre sur un lécythe blanc. — Mélanges Merlier 2 [s. 1956 Nr. 332], 351—353, 4 Taf. [2553

Simon, E.: Prokris. Aschaffenburg 1957. 9 S., 2 Taf. (Wiss. Beilage zum Jahresbericht 1956/57 d. Hum. Gymnasiums Aschaffenburg). [2554

Skoudnova, V.: Les coupes de Chios trouvées lors des fouilles dans l'île de Bérêzane [russ.]. — SovArch. NS. 4 (1957), 128—139, Abb. [2555

Szilágyi, J. G.: Un maître corinthien. — BMusHongr. 11 (1957), 11—16, Abb. [2556

— Une „olpé" attique. — BMusHongr. 7 (1955), 9—18, Abb. [2557

Tomasello, E.: Una oinochoe attica di Spina con scena di gineceo. — ArchClass. 9 (1957), 145—152, 5 Taf. [2558

Touchefeu-Meynier, O.: Amphore attique du Musée de Nantes: Thésée et le Minotaure. — BCH. 81 (1957), 714—718, Abb. [2559

Trendall, A. D.: Three vases in Sydney. — Charites [s. Nr. 306], 165—169, 4 Taf. [2560

— Vasi italioti ed etruschi a figure rosse. 2. 1955. | AJA. 61 (1957), 111—113 (A. Cambitoglou). Zephyrus 8 (1957), 183—184 (J. M. Blazquez). [2561

Ure, A. D.: A Boeotian krater in Trinity College, Cambridge. — JHS. 77 (1957), 314—315. [2562

Villard, F.: Une amphore géométrique attique au Musée du Louvre. — MonPiot 49 (1957), 17—40, Abb., 1 Taf. [2563

— Céramiques antiques (Musée du Louvre). — RArts 7 (1957), 22—25, Abb. [2564

— Les vases grecs. 1956. | ArchClass. 9 (1957), 129—130 (G. Quattrocchi). [2565

Vučković-Todorović, D.: Une hydrie du peintre attique Meidias. — Archaeologia Iugoslawica 2 (1956), 31—38, Abb. [2566

— Les vases grecs de Demir Kapija. — Bull. de l'Acad. Serbe des Sciences, Sect. des sciences sociales NS. 19 (1957), 17—18. [2567

Williams, R. T.: Notes on some Attic black-figure vases with ship representations. — JHS. 77 (1957), 315—316, Abb. [2568

Mosaiken

Allais, Y.: Mosaïque du Musée de Djémila (Cuicul). La toilette de Vénus. — Actes 79e Congr. nat. des Sociétés savantes, Alger 1954 (Paris 1957), 67—84, Abb. [2569

Aurigemma, S.: Mosaico di Baccano, con scena del mito di Marsia. — Studi Calderini/Paribeni 3, 519—526, Abb. [2570

Balbiani, A.: Il musaico romano di Lierna e le tombe recentemente trovate nel Mandellasco. — RAComo 139 (1957), 17—21, Abb. [2571

Borrelli Vlad, L.: Il restauro di un mosaico lunense. — BollICR. 27/28 (1956), 149—153, Abb. [2572

Bovini, G.: Mosaïques de Ravenne. Paris: Plon 1957. 60 Taf. [2573

— Ravenna mosaics. Transl. by G. Scagha. London: Rainbird 1957. 65 S., 47 Taf. [2574

— Note sull'antica decorazione musiva di S. Agata Maggiore a Ravenna. — Studi Calderini/Paribeni 3, 753—763, Abb. [2575

— Note sul presunto ritratto musivo di Giustiniano in S. Apollinare Nuovo di Ravenna. — Annales Univ. Saraviensis 5 (1956 [1957]), 50—53, Abb. [2576

— Catalogo della mostra dei mosaici con scene cristologiche di S. Apollinare Nuovo di Ravenna s. Nr. 1598.

Brusin, G.: Contributo all'interpretazione dei mosaici cristiani nella zona della basilica di Aquileia. — ActesCIAChrét. 5 (1954 [1957]), 433—455, Abb. [2577

Budde, L.: Die rettende Arche Noes. — RACrist. 32 (1956), 41—58, Abb. [Mosaik in Misis]. [2578

Castiglione, L.: Griechisch-ägypt. Studien. (1.) Beiträge zur Deutung des Mosaiks von Praeneste. (2.) Beitrag zu dem griech.-ägypt. Privatkult. — Acta antiqua (Budapest) 5 (1957), 209—227, Abb. [2579

Cecchelli, C.: I mosaici della Basilica di Santa Maria Maggiore. Torino: I. L. T. E. 1956. 342 S., 88, 85 Taf. | Palladio NS. 7 (1957), 47—48 (G. Zander). [2580

— Mostra dei mosaici cristologici di S. Apollinare Nuovo. — Felix Ravenna Ser. 3, 23 (1957), 64—82, Abb. [2581

Festugière, A.-J.: La mosaïque de Philippopolis et les sarcophages au

Mosaiken

„Prométhée.“ — RArts 7 (1957), 194—202, Abb. [2582

Floriani Squarciapino, M.: A proposito di un mosaico di El-Djem. — ArchClass. 9 (1957), 245—249, 1 Taf. [2583

Forlati Tamaro: Nuovo metodo per il consolidamento di mosaici s. Nr. 60.

Foucher, L.: La mosaïque dionysiaque de Themetra. — Mél. 69 (1957), 151—161, 4 Taf. [2584

— Navires et barques figurés sur des mosaïques découvertes à Sousse et aux environs. Tunis: Inst. nat. d'Archéol. et Arts 1957. 43 S. (Musée Alaoui. Notes et documents. 15.) [2585

Fremersdorf, F.: Dionysos-Mosaik in dem römischen Haus vor dem Südportal des Kölner Domes. 3. Aufl. Köln 1957. 16 S., 16 Taf. [2586

Frova, A.: I mosaici romani di Cremona. — Bd'A. Ser. 4, 42 (1957), 325—334, Abb. [2587

Gentili, G. V.: Le gare del circo nel mosaico di Piazza Armerina. — Bd'A. Ser. 4, 42 (1957), 7—27, Abb., 1 Taf. [2588

Gil Farrés, O.: Hallazgo de un mosaico romano en Cabañas de la Sagra (Toledo). — NAHisp. 1 (1952 [1953]), 168—169. [2589

Ginouvès, R.: La mosaïque des mois à Argos. — BCH. 81 (1957), 216—268, Abb. [2590

Goodchild, R.: The finest Christian mosaics in Libya, in perfect condition and with a unique picture of the Pharos of Alexandria. — ILN. 231 (1957), 1034, Suppl., Abb. [2591

Lassus, J.: Réflexions sur la technique de la mosaïque. Alger: Impr. offic. 1957. 42 S., Abb. (Les Conférences-Visites du Musée Steph. Gsell. 1955/56.) [2592

Maculevič, L. A.: Die Entdeckung eines Mosaik-Fußbodens im alten Pityus. [russ.]. — VDI. 58 (1956), 146—153. [2593

Mansuelli, G.: Mosaici sarsinati. — Studi Sarsinati (Faenza 1957), 151—183, Abb. [2594

Marcillet-Jaubert, P.: Francis Garnier. Mosaïque géométrique. — Libyca 4 (1956), 339—341, Abb. [2595

Moreau, J.: Essai d'interprétation de la mosaïque du Kornmarkt, à Trèves. — REL. 34 (1956 [1957]), 73—74. [2596

Mosaiken

— Die Wasserorgel auf dem röm. Mosaik von Nennig s. Nr. 3933.

Oliver: Symmachi, Homo Felix s. Nr. 3174.

Ottolenghi, L.: La cappella arcivescovile in Ravenna. — Felix Ravenna Ser. 3, 22 (1957), 5—31, Abb. [2597

Pace, B.: I mosaici di Piazza Armerina. 1955. | ArchStorSicilia Ser. 4, 8/9 (1955/56 [1957]), 206—208 (P. E. Arias). [2598

Picard, G.-Ch.: Une mosaïque pythagoricienne à El Djem. — Hommages Deonna [s. Nr. 293], 385—393, 3 Taf. [2599

Reggiori, F.: Il mosaico della grande abside di Sant'Ambrogio alla luce di recentissime osservazioni. — Studi Calderini/Paribeni 3, 799—817, 3 Taf., Abb. [2600

Seston, W.: Une mosaïque découverte à Carthage. — BAntFr. 1954/55 (1957), 36—37. [2601

Stern, H.: Le décor des pavements et des cuves dans les baptistères paléochrétiens. — ActesCIAChrét. 5 (1954 [1957]), 381—390, Abb. [2602

— Une mosaïque d'Orphée découverte en 1858 à Blanzy-lès-Fismes (Aisne). — BAntFr. 1954/55 (1957), 119—120. [2603

— Recueil général des mosaïques de la Gaule. 1: Prov. de Belgique. 1: Partie ouest. Préf. de A. Merlin. Paris: Centre nat. de la recherche scientif. 1957. 112 S., Taf. (Gallia. Suppl. 10.) [2604

Thirion, J.: Mosaïque aux pugilistes de Massongex en Valais (Suisse). — REL. 34 (1956 [1957]), 36—37. [2605

— La mosaïque aux pugilistes des thermes de Massongex. — Vallesia 11 (1956), 1—15, 4 Taf. [2606

Uehli, E.: Die Mosaiken von Ravenna. 4. Aufl. Basel: Schwabe 1957. 84 S., 32 Taf. [2607

Zovatto, P. L.: Mosaici opitergini e aquileiesi con scene all'aria aperta. — Atti del III Congresso intern. di estetica, Venezia 1956 (Torino 1957). [2608

— Scene di caccia e di uccellagione nei mosaici opitergini. — Il Noncello 7 (1956). [22 S., Abb.] [2609

Spiegel

Amorelli, M. T.: Nota su di uno specchio etrusco. — StEtr. 25 (1957), 545—548, Abb. [2610

Spiegel

Charbonneaux, J.: Miroir grec à manche. — RArts 7 (1957), 85—86, Abb. [2611

Graham, J. W.: A Greek bronze mirror. — Archaeology 10 (1957), 286, Abb. [2612

Panseri, C., M. Leoni: Esame di specchi bronzei, ritrovati in sepolcreti romani dell'alta Lombardia del I e II sec. d. C. — Sibrium 3 (1956/57), 179—183, 7 Taf. [2613

— — Sulla tecnica della fabbricazione degli specchi di bronzo etruschi. — StEtr. 25 (1957), 305—319, Abb. [2614

Renard, M.: Miroir étrusque inédit de la Collection P. Desneux. — Hommages Deonna [s. Nr. 293], 411—417, 1 Taf. [2615

E. Kunstgewerbe und Kleinkunst

(Figürliche Kleinplastik s. Abschn. C, Medaillons s. Abschn. F)

1. Allgemeines. Orient und Ägypten

Albright, W. F.: The seal impression from Jericho and the treasurers of the second temple. — BASOR. 148 (1957), 28—30. [2616

Amandry, P.: Chaudrons à protomes de taureau en Orient et en Grèce. — The Aegean and the Near East [s. 1956, Nr. 321], 239—261, 9 Taf. [2617

Amiran, R. B. K.: The story of pottery in Palestine. — Antiquity and survival 2 (1957), 187—207, Abb. [2618

Barnett, R. D.: A catalogue of the Nimrud ivories, with other examples of ancient Near Eastern ivories in the Brit. Museum. London: Brit. Museum 1957. 252 S., Abb., 135 Taf. [2619

— A Syrian silver vase. — Syria 34 (1957), 243—248, 2 Taf. [2620

Basmachi, F.: Two stamp seals, the largest specimens in the collections of the Iraq Museum. — Sumer 13 (1957), 58, 2 Taf. [2621

Benson, J. L.: Aegean and near eastern seal impressions from Cyprus. — The Aegean and the Near East [s. 1956, Nr. 321], 59—79, Abb., 2 Taf. [2622

Beran, Th.: Assyrische Glyptik des 14. Jahrhunderts. — ZAssyr. NF. 18 (1957), 141—215, Abb. [2623

Bosticco, S.: Due frammenti di orologi solari egiziani. — Studi Calderini/Paribeni 2, 33—49, Abb. [2624

Buren, E. D. van: The drill-worked Jamdat Nasr seals. — Orientalia NS. 26 (1957), 289—305, 2 Taf. [2625

Decamps de Mertzenfeld, Ch.: Inventaire commenté des ivoires phéniciens et apparentés découverts dans le Proche-Orient. 1954. | Gnomon 29 (1957), 29—33 (M. J. Mellink). AOF. 18 (1957), 147—149 (M. Falkner). AJA. 61 (1957), 96 (E. Kohler). HZ. 183 (1957), 432—433 (E. Homann-Wedeking). [2626

Delougaz, P.: Pottery from the Diyala Region. 1952. | ZAssyr. NF. 18 (1957), 342—346 (A. Falkenstein). [2627

Desroches Noblecourt, Ch.: Le collier à clochettes du roi Pinedjem. — RArts 7 (1957), 19—20, Abb. [2628

Dittmann, K. H.: Die Bedeutungsgeschichte des aegypt. Klappstuhls. — Studi Rosellini 2 [s. 1956 Nr. 340], 43—56, 3 Taf. [2629

Dossin, G.: Le sceau-cylindre de Dêr-Khabiyeh. — AASyr. 4/5 (1954/55), 39—44, Abb. [2630

Drioton, É.: Maximes morales sur des scarabées égyptiens. — Hommages Deonna [s. Nr. 293], 197—202, Abb. [2631

— Voeux inscrits sur des scarabées. — MDIK. 14 (1956), 34—41, Abb. [2632

Erlenmeyer, M.-L., H. Erlenmeyer: Cerviden-Darstellungen auf altorientalischen und ägäischen Siegeln. 2. — Orientalia NS. 26 (1957), 321—339, 18 Taf. [2633

Gardin, J.-C.: Céramiques de Bactres. Paris: Klincksieck 1957. 129 S., Abb., 24 Taf. (Mémoires de la Délégation archéol. franç. en Afghanistan. 15.) [2634

Grace, V. R.: The Canaanite jar. — The Aegean and the Near East [s. 1956, Nr. 321], 80—109, Abb., 4 Taf. [2635

Hammond jr., Ph. C.: Nabataean new year lamps from Petra. — BASOR. 146 (1957), 10—13, Abb. [2636

— A note on a seal impression from Tell Es-Sultân. — BASOR. 147 (1957), 37—39, Abb. [2637

— A note on two seal impressions from Tell Es-Sultân. — PalExplQu. 89 (1957), 68—69, 2 Taf. [2638

Hrouda, B.: Die bemalte Keramik des 2. Jahrtausends in Nordmesopotamien u. Nordsyrien. Berlin: Mann 1957. 69 S., 17 Taf. (Istanbuler Forschungen. 19.) [2639

Ingholt, H., H. Seyrig, J. Starcky, A. Caquot: Recueil des tessères de Palmyre. 1955. | Orientalia NS. 26 (1957), 85

(R. North). DLZ. 78 (1957), 199—200 (W. Baumgartner). AOF. 18 (1957), 152 (K. Elliger). JRS. 46 (1956), 226 (A. H. M. Jones). [2640

Junker, H.: Weta u. das Lederkunsthandwerk im Alten Reich. Wien: Rohrer 1957. 33 S., Abb., 1 Taf. (SBWien. 231, 1.) [2641

Kahane, P. P.: Some aspects of ancient glass from Israel. — Antiquity and survival 2 (1957), 208—224, Abb. [2642

Kantor, H. J.: Achaemenid jewelry in the Oriental Institute. — JNES. 16 (1957), 1—23, Abb., 12 Taf. [2643

— A „Syro-Hittite" treasure in the Oriental Institute Museum. — JNES. 16 (1957), 145—162, Abb., 6 Taf. [2644

Kosay, H. Z.: Allgemeines über die Schmucksachen der älteren Bronzeperiode von Alaca Höyük. — The Aegean and the Near East [s. 1956, Nr. 321], 36—38, 2 Taf. [2645

Leclant, J.: Une coupe hathorique au nom de Montouemhat (British Museum 1292). — WZMorg. 54 (1957), 109—118, 3 Taf. Abb. [2646

Leibovitch, J.: Description of the scarabs found in a cemetery near Tel Aviv. — Atiquot 1 (1955), 13—18, Abb. [2647

Lenzen, H. J.: Ein Goldkranz aus Warka. — Sumer 13 (1957), 205—206, 1 Taf. [2648

Moustafa, A. Y.: Reparation and restoration of antiques. The golden belt of Prince Ptah-Shepses. — ASAntEg. 54 (1956/57), 149—151, 8 Taf. [2649

Nagel, W.: Ein altassyrisches Königssiegel. — AOF. 18 (1957), 97—103, Abb. [2650

Osten, H. H. von der: Altorientalische Siegelsteine der Sammlung Hans Silvius v. Aulock. Uppsala: Almqvist & Wiksell 1957. 234 S., Abb., 7 Taf. (Studia ethnographica Upsaliensia. 13.) [2651

Porada, E.: A lyre player from Tarsus and his relations. — The Aegean and the Near East [s. 1956, Nr. 321], 185—211, Abb., 2 Taf. [Siegelbilder]. [2652

— Syrian seal impressions on tablets dated in the time of Hammurabi and Samsu-Iluna. — JNES. 16 (1957), 192—197, Abb., 2 Taf. [2653

Potratz, J. A.: Vorgeschichtliche Geräte. Eine kleine Formenfibel der vorgeschichtl. Archäologie. Textzeichn.: H. Fuchs. Murnau-Basel: Lux 1957. 82 S., Abb. (Orion-Bücher. 105.) [2654

Prausnitz, M.: Note on a cylinder seal impression. — Atiquot 1 (1955), 139, Abb. [2655

Schott, S.: Wörter für Rollsiegel und Ring. — WZMorg. 54 (1957), 177—185. [2656

Siviero, R.: Gli ori et le ambre del Museo naz. di Napoli. 1954. | JRS. 46 (1956), 188—189 (D. E. L. Haynes). [2657

Stenico, A.: Un cilindretto-sigillo orientale al Museo di Pavia. — Boll. della Soc. Pavese di Storia patria 1957. [10 S., 1 Taf.] [2658

Stronach, D. B.: The development and diffusion of metal types in early bronze age Anatolia. — AnatSt. 7 (1957), 89—125, Abb., 2 Taf. [2659

Turner, W. E. S.: Ancient sealing-wax red glasses. — JEA. 43 (1957), 110—112. [2660

Weidner, E.: Ein Siegelzylinder aus der Zeit des Jagit-Lim. — AOF. 18 (1957), 122—124, Abb. [2661

Wessetzky, G.: Remarques sur la question des formes des vases canopes. — BMusHongr. 11 (1957), 3—10, Abb. [2662

Wróblewski, T.: Starożytne krosna egipskie [Altägyptische Webstühle]. — Z Otchlani Wieków 23 (1957), 196—204, Abb. [2663

2. Griechenland und Rom

Allgemeines und Verschiedenes

Benoit, F.: Deux énigmes archéologiques: dodécaèdre perlé d'Arles, et anneau octogonal bouleté de Vichy. — Ogam 9 (1957), 105—114, Abb., 4 Taf. [2664

Brown: Ptolemaic paintings and mosaics and the Alexandrian style s. Nr. 1826.

Feinblatt, E.: The Stowe marble vase. — Los Angeles County Museum Bulletin 7 (1955), 3—6. [2665

Lacroix, L.: Ikmalios. — Hommages Deonna [s. Nr. 293], 309—321. [2666

Lullies: Eine Sammlung griech. Kleinkunst s. Nr. 1579.

Keramik, Töpfereien

Asche, L.: Der Kantharos. Studien zu Form u. Bedeutung von den Anfängen bis zum Ende d. geometr. Zeit. Diss. Mainz 1956. 80; 75 Bl. [Maschinenschr.] [2667

Astruc, M.: Exotisme et localisme. Étude sur les coquilles d'oeufs d'autruche décorées d'Ibiza. — Archivo de prehistoria levantina 6 (1957), 47—112, Abb., 1 Taf. [2668

Bairrão Oleiro, J. M.: Elementos para o estudo da 'terra sigillata' em Portugal. 2. Vaso Dragendorff 37 de fabricação hispânica, procedente de Conimbriga. — Humanitas 5/6 (1953/54 [1955]), 76—85, Abb. [2669

— O estudo de terra sigillata como auxiliar das investigações sobre a romanização do território português. — Associaçao Portuguesa para o Progresso das Ciências, XIII Congresso, 8 (1950 [1954]), 315—322. [2670

Balil, A.: Notas sobre terra sigillata hispánica. — RevABM. 63 (1957), 711—722. [2671

Biancofiore, F.: La ceramica della Puglia protostorica. — RendAccNapoli 31 (1956 [1957]), 99—115, 7 Taf. [2672

Biévelet, H.: L'exploration archéologique de Bavai. Poteries nerviennes à visage. — Hommages Deonna [s. Nr. 293], 122—130, Abb., 2 Taf. [2673

Bittel, K.: Eine prähistorische Vase aus Mysien. — Charites [s. Nr. 306], 9—11, 1 Taf. [2674

Boardman, J.: Chian and Naucratite. — BSA. 51 (1956), 55—62. [2675

Boulter, C. G.: Pottery from Periclean Athens. — Archaeology 10 (1957), 191—197, Abb. [2676

Byvanck-Quarles van Ufford, L.: A propos d'un vase à Heidelberg. — BAntBeschav. 32 (1957), 62—65, Abb. [2677

Canarache, V.: Importul amforelor stampilate la Istria [Der Import von Amphoren mit Stempeln nach Histria] (rumän. m. frz. Ausz.]. Bukarest: Acad. rom. 1957. 446 S., Abb. [2678

Charleston, R. J.: Roman pottery. 1955. | Syria 34 (1957), 191—192 (P. Devambez). JRS. 46 (1956), 189—190 (D. B. Harden). [2679

Clairmont, C.: Greek pottery from the Near East. 2: Black vases. — Berytus 12 (1956/57), 1—34, Abb., 7 Taf. [2680

Desborough, V. R. d'A.: A group of vases from Amathus. — JHS. 77 (1957), 212—219, Abb. [2681

Ducat, J.: Le vase dit «d'Apriès» et la série des vases plastiques en forme de tête casquée. — REA. 59 (1957), 233—249, Abb., 2 Taf. [2682

Effenterre, H. van: Découvertes en Crète (août-sept. 1956): sur un pot du «type de Chamaizi» avec inscription hiéroglyphique. — RA. Ser. 6, 49 (1957), 205—208, Abb. [2683

Elia, O.: Le coppe ialine di Stabiae. — Bd'A. Ser. 4, 42 (1957), 97—103, Abb., 1 Taf. [2684

Fischer, U.: Cambodunumforschungen 1953-2: Keramik aus den Holzhäusern zwischen der 1. u. 2. Querstraße. Kallmünz/Opf.: Laßleben 1957. 67 S., Abb., 37 Taf. (Materialhefte zur bayer. Vorgesch. 10.) [2685

Flavigny, R.-C.: Deux vases de style grec conservées au Musée dép. des Antiquités de la Seine-Maritime à Rouen. — Revue des Sociétés sav. de Haute Normandie 6 (1957), 59—62, Abb. [2686

Forno per ceramica di Roncolo (Reggio Emilia). — Sibrium 3 (1956/57), 185—202, 12 Taf. [2687

Gavelle, R.: Protohistoire et Gaule romaine. Sur un vase de Saint-Bertrand-de-Comminges. — Revue de Comminges 68 (1955), 181—189, Abb. [2688

Gillam, J. P.: Types of Roman coarse pottery vessels in Northern Britain. — AAel. 35 (1957), 180—251, Abb. [2689

Gourvest, J.: Un vase en terre sigillée tardo-italique à la Madrague de Saint-Cyr-sur-Mer (Var). — RivStudLig. 23 (1957), 103—106, Abb. [2690

Grbić, M.: Preclassical pottery in the Central Balkans. Connection and parallels with the Aegean, the Central Danube area and Anatolia. — AJA. 61 (1957), 137—149, 6 Taf. [2691

Hampe, R.: Attische Tontafel des 8. Jahrhunderts v. Chr. — Charites [s. Nr. 306], 105—109, 1 Taf. [2692

Hanfmann, G. M. A.: On some eastern Greek wares found at Tarsus. — The Aegean and the Near East [s. 1956, Nr. 321], 165—184, Abb. [2693

Hugues, C.: La pénétration de la poterie grise dite phocéenne dans les Cévennes et le Gévaudan. — Rhodania 31 (1956), 30—31. [2694

Hull, M. R.: A Samian potter's punch from Colchester. — AntJ. 37 (1957), 222—224, 1 Taf. [2695

Karnitsch, P.: Ein konischer Becher mit eingestempelten Verzierungen aus einer pannonischen Töpferei (Museum Hallstadt). — Oberösterr. Heimatblätter 11 (1957), 48—51, Abb. [2696

— Ein Gefäßbruchstück mit eingestempelten Verzierungen aus einer pannonischen Töpferei. — Germania 35 (1957), 115—116, Abb. [2697

Keramik. Töpfereien

— Die verzierte Sigillata von Lauriacum (Lorch-Enns). 1955. | AJA. 61 (1957), 411—412 (H. Comfort). ArchErt. 84 (1957), 108—109 (B. E. Vágó). LF. 5 (1957), 306 (Z. Zlatuška). [2698

Kern, J. H. C.: An Attic "Feeding bottle" of the 4th century B. C. in Leyden. — Mnemosyne Ser. 4, 10 (1957), 16—21, Abb. [2699

— An Attic miniature lekanis-pyxis from Cyrenaica. — OudhMeded. NR. 38 (1957), 53—57, Abb., 1 Taf. [2700

Kirsten: Kothon in Sparta u. Karthago s. Nr. 420.

Laet, S.-J. de: Bol en terre sigillée trouvé à Lyon et conservé à la Walters Art Gallery de Baltimore. — Hommages Deonna [s. Nr. 293], 163—168, Abb., 2 Taf. [2701

Lane, A.: Greek pottery. 2. impr. London: Faber 1953. XV, 62 S., 96 Taf. | Zephyrus 7 (1956), 105—106 (A. Serrano). [2702

Lenger: Anses d'amphores et tuiles timbrées de Thasos s. Nr. 3048.

Maksimova, M. I.: Pitoi iz Kelermesa. [Trinkgefäße aus Kelermes]. — SovArch. 25 (1956), 215—235, Abb. [2703

Morel, Ch.: Quelques aspects des céramiques gallo-romaines de Banassac (Lozère). — Rhodania 31 (1956), 54—62. [2704

Morlet, A.: Libertus, Cinnamus et d'autres potiers de Lezoux — ont-ils travaillé à Vichy? —Ogam 9 (1957), 264—266, Abb., 2 Taf. [2705

Oswald, F.: Arretine and early South Gaulish potters. — JRS. 46 (1956), 107—114, Abb. [2706

Pittioni, R.: Kleinklein (Steiermark) und die Situlenkunst Norditaliens. — Archaeologia Austriaca 22 (1957), 39—44. [2707

Poupé: L'aryballe de bucchero de Cerveteri s. Nr. 3011.

Schaetzen, Ph. de: Index des terminaisons des marques de potiers gallo-romains sur terra sigillata. 1956. | REL. 34 (1956 [1957]), 424—425 (R. Lantier). RevPhil. 31 (1957), 160 (A. Ernout). ClRev. NS. 7 (1957), 270—271 (R. P. Wright). [2708

Schiering, W.: Dt. Archäol. Inst. Werkstätten orientalisierender Keramik auf Rhodos. Berlin: Mann 1957. VII, 151 S., Abb., Taf. | Zephyrus 8 (1957), 311—312 (J. M. Blazquez). [2709

Keramik, Töpfereien

Scrinari, V.: Apporto aquileiese ai problemi della terra sigillata. — Studi Calderini/Paribeni 3, 465—470, Abb. [2710

Simpson, G.: Metallic black slip vases from central Gaul with applied and moulded decoration. — AntJ. 37 (1957), 29—42, Abb., 2 Taf. [2711

Stenico, A.: Ceramica aretina a relievo della Coll. Pisani-Dossi del Museo di Milano. — Studi Calderini/Paribeni 3, 413—464, 8 Taf. Sep.: Varese-Milano 1955. 62 S., 8 Taf. [2712

— Frammento di »T. S. Tardo-Italica« del Civico Museo di Lodi. — Archivio stor. Lodigiano Ser. 2, 3 (1955), 3—12, Abb. [2713

— Problemi archeol. e storico-artistici dei vasi aretini. — Atti e Mem., Accad. Petrarca di Arezzo NS. 36 (1952/53 [1955]). [29 S.] [2714

Taylor, D. M.: Cosa: black-glaze pottery. — MemAmAc. 25 (1957), 65—193, Abb., 44 Taf. [2715

Toynbee, J. M. C.: Fragments of Italian red-gloss ware from the Domus aurea, Rome. — Latomus 16 (1957), 18—22, 5 Taf. [2716

Zadoks-Josephus Jitta, A. N.: From western wine-cup into eastern censer. — BAntBeschav. 32 (1957), 60—61, Abb. [2717

Lampen, Geräte, Fibeln

Bearzi, B.: La corrosione dei bronzi antichi. — Sibrium 3 (1956/57), 175—177. [2718

Bernhard, M. L.: Muzeum Narodowe w Warszawie. Lampki starozytne. 1955. | ArchClass. 9 (1957), 133—134 (A. Stenico). [2719

Blavatsky, V.: Le fauteuil de marbre de la Panticapée [russ.]. — SovArch. NS. 2 (1957), 247—250, Abb. [2720

Buchem, H. J. H. van: Bij de kruisboogfibula van Ockenburg. — Westerheem 4 (1955), 2—4, 1 Taf. [2721

Cart, G.: Lampe romaine de terre cuite. — RArts 7 (1957), 86—87, Abb. [2722

Cheng, C. F., C. M. Schwitter: Nikkel in ancient bronzes. Appendix: Carroll, K. G.: Chemical analysis by X-ray fluorescence. – AJA. 61 (1957), 351—365, 2 Taf. [2732

Lampen, Geräte, Fibeln

Cuadrado, E.: La fíbula anular hispánica y sus problemas. — Zephyrus 8 (1957), 5—76, Abb. [2724

— Problemas de la fíbula anular hispánica. Salamanca: Universidad 1957. 76 S., Abb. (Monografías del Seminario de Arqueología. 4). [2725

Dauvois, M.: Une fibule gallo-romaine trouvée à Bazoches-les-Hautes (Eure-et-Loire). — RAE. 8 (1957), 359—360, 1 Taf. [2726

Den Boesterd, M. H. P.: The bronze vessels in the Rijksmuseum G. M. Kam at Nijmegen. 1956. | BAntBeschav. 32 (1957), 72 (A. W. Byvanck). [2727

Drescher, H.: Die Technik der germanischen Rollenkappenfibeln. — Germania 35 (1957), 80—95, Abb. [2728

Ettlinger, E.: Römische Fibeln aus Besançon. — Ur-Schweiz 21 (1957), 46—48. [2729

Faider-Feytmans, G.: Objets de bronze découverts à Maestricht. — Hommages Deonna [s. Nr. 293], 209—214, Abb., 1 Taf. [2730

— Recueil des bronzes de Bavai. Préf. de H. Biévelet. Paris: Centre nat. de la recherche scient. 1957. 144 S., 57 Taf., 2 Ktn. (Gallia, Suppl. 8). [2731

Ferreira de Almeida, J. A.: Introdução ao estudo das lucernas romanas em Portugal. — APort. NS. 2 (1953 [1957]), 5—208, 48 Taf. [2732

Ferri, S.: Sulla struttura originaria delle »spade« sarde. — RendLinc. Ser. 8, 12 (1957), 353—360, Abb. [2733

France-Lanord, A.: La reconstitution du char de Vix. — CRAcInscr. 1957, 110—113, Abb. [2734

Franz, L.: Eine Fibel aus Sanzeno. — Schlern 31 (1957), 423—425, Abb. [2735

Frova, A.: Bronzi antichi in Lombardia. — Studi Calderini/Paribeni 3, 235—248, Abb. [2736

Giuliani-Pomes, M. V.: Cronologia delle situle rinvenute in Etruria. P. 2. — StEtr. 25 (1957), 39—85. [2737

Hafner, G.: Die Hydria des Telestas. — Charites [s. Nr. 306], 119—126, Abb., 2 Taf. [2738

Hencken, H.: Horse tripods of Etruria. — AJA. 61 (1957), 1—4, 4 Taf. [2739

Herbig, R.: Etruskische Rekruten? — Charites [s. Nr. 306], 182—186, 1 Taf. [etrusk. Bronzeciste]. [2740

Lampen, Geräte, Fibeln

Higgins, R.: The archaeological background to the furniture tablets from Pylos. — BICS. 3 (1956), 39—44, 3 Taf. [2741

Hoffmann, H.: A bronze fulcrum in Providence. — AJA. 61 (1957), 167—168, 2 Taf. [2742

Jacobstahl, P.: Greek pins and their connexions with Europe and Asia. 1956. | ArchClass. 9 (1957), 128 (B. L. Fasani). Gnomon 29 (1957), 541—544 (P. J. Riis). JHS. 77 (1957), 352—353 (J. Boardman). Archeol. Rozhledy 9 (1957), 121—122. AntJ. 37 (1957), 75—76 (N. K. Sandars). [2743

Jantzen, U.: Griechische Greifenkessel. 1955. | Gymn. 64 (1957), 377—380 (H.-V. Herrmann). Gnomon 29 (1957), 241—248 (G. M. A. Hanfmann). AJA. 61 (1957), 400—402 (J. L. Benson). JHS. 77 (1957), 361 (J. M. Cook). [2744

Jarreau, F.: Note sur les clés gallo-romaines dont le manche de bronze figure une main. P. Lebel: Note complémentaire. — RAE. 8 (1957), 326—332, Abb. [2745

Joffroy, R.: Le char de Vix et les tombes à char. — CRAcInscr. 1957, 113—118, Abb. [2746

Labrousse, M.: Quelques lampes romaines du Musée de Brive. — Bull. de la Société scientif., histor. et archéol. de la Corrèze 76 (1954), 87—92, Abb. [2747

Lamboglia, N.: Un'àncora romana all'Isola Gallinaria. — Rivista Ingauna e Intemelia NS. 12 (1957), 83, Abb. [2748

Lerat, L.: Les fibules gallo-romaines de Mandeure. Paris: Belles Lettres 1957. 28 S., 9 Taf. (Catalogue des collections archéol. de Montbéliard). [2749

— Catalogue des collections archéol. de Besançon. 2: Les fibules s. Nr. 1543.

Liversidge, J.: Furniture in Roman Britain. 1955. | Archaeology 10 (1957), 147 (D. K. Hill). [2750

Mutz, A.: Eine selten große römische Glocke aus Augst. — Ur-Schweiz 21 (1957), 48—52, Abb. [2751

Neumann, G.: Zur Frage der Bronzefibeln mit Bügelplatte. — Germania 35 (1957), 28—32, Abb. [2752

Ohlenroth, L.: Anhänger mit rechteckigem Bügel? — Germania 35 (1957), 126—127. [2753

Reggiori, A., L. Vianello: Esame di alcuni bronzi antichi. — Sibrium 3 (1956/57), 161—166, 15 Taf. [2754

Lampen, Geräte, Fibeln

Richter, G. M. A.: Were there Greek Armaria? — Hommages Deonna [s. Nr. 293], 418—423, 2 Taf. [2755

Rumpf, A.: Krater Lakonikos. — Charites [s. Nr. 306], 127—135. [2756

Schulze Elmenhorst, J.: Griechische Sessel. Ein Beitrag z. Geschichte d. antiken Mobiliars. Diss. Münster 1956. XIV, 65 Bl. [Maschinenschr.]. [2757

Stenico, A.: Un vaso bronzeo d'arte ionico-etrusca trovato presso Lodi, attualmente disperso. — Archivio stor. Lodigiano Ser. 2, 3 (1955), 13—15. [2758

Venedikov, I.: Le mors thrace. [bulgar. m. franz. Rés.]. — BIBulg. 21 (1957), 153—201, Abb. [2759

Werner, J.: Zwei gegossene koptische Bronzeflaschen aus Salona. — VAHDalm. 56/59 (1954/57), 115—128, Abb., 1 Taf. [2760

Willemsen, F.: Dt. Archäol. Institut. Dreifußkessel von Olympia. Alte u. neue Funde. Berlin: de Gruyter 1957. 193 S., 95 Taf. (Olympische Forschungen. 3). [2761

Rüstung, Waffen, Heeresgerät

Blazquez, J. M.: Cascos ineditos, italicos, griegos y romanos, en el Museo Arqueológico Nacional. — Zephyrus 8 (1957), 146—156, Abb. [2762

Borrelli Vlad, L.: Elmo con iscrizione in caratteri greci del Museo Poldi Pezzoli. — ArchClass. 9 (1957), 234—242, Abb., 3 Taf. [2763

Breitenstein, N.: Et Italisk pragtskjold. — Fra Nationalmuseets Arbejdsmark 1957, 63—74, Abb. [2764

Coghlan, H. H.: Etruscan and Spanish swords of iron. — Sibrium 3 (1956/1957), 167—171, 7 Taf. [2765

Egger, R.: A propos de deux armes des Celtes orientaux. — Ogam 8 (1956), 171—177. [2766

Klumbach, H.: Bruchstücke eines römischen Helmes von Faurndau (Kr. Göppingen). — FBSchwaben NF. 14 (1957), 107—112, Abb., 3 Taf. [2767

Kühn, W.: Rüstungsszenen bei Homer u. Vergil. — Gymn. 64 (1957), 28—59. [2768

La-Chica, G. de: El armamento de los Iberos. — RevABM. 63 (1957), 309—321, Abb. [2769

Reinecke, P.: Ein neuer Helm der Negauer Reihe aus Unterkrain. — VAHDalm. 56/59 (1954/57), 72—75, 4 Taf. [2770

Gläser

Chambon, R.: L'histoire de la verrerie en Belgique. 1955. | AntJ. 37 (1957), 80—81 (M. R. Holmes). [2771

Dusenbery, E. B.: The Chalifoux gift of Roman glass. — Smith College Museum of Art, Bulletin (Northampton, Mass.) 35/36 (1954/55), 35—38. [2772

Ekholm, G.: Orientalische Gläser in Skandinavien während der Kaiser- und frühen Merowingerzeit. — ActaArch. 27 (1956), 35—59, Abb. [2773

Fremersdorf, F.: Wie wurden die römischen Diatretgläser hergestellt? Eine Entgegnung. — Kölner Jb. f. Vor- u. Frühgesch. 2 (1956 [1957]), 27—40, Abb., 5 Taf. [2774

Glass from the Corning Museum of Glass: a guide to the Collections, Corning Glass Center, Corning. New York 1955. 77 S., Abb. [2775

Isings, C.: Roman glass from dated finds. Groningen: Wolters 1957. 186 S., Abb. (Archaeologica traiectina. 2). [2776

Reinecke, P.: Zu den Glasperlen des Schatzfundes von Allendorf. — Germania 35 (1957), 18—22. [2777

Roller, O.: Eine römische Glashütte in der Pfalz. — Pfälzer Heimat 8 (1957), 60—61, Abb. [2778

Simon, E.: Die Portlandvase. Mainz: Röm.-german. Zentralmuseum 1957. 87 S., Abb., 38 Taf. | Burlington Magaz. 99 (1957), 391 (D. E. L. Haynes). [2779

Sunkowsky, R.: Antike Gläser in Carnuntum und Wien. 1956. | Germania 35 (1957), 357—363 (F. Fremersdorf). [2780

Vermaseren, M. J.: Zwei Bruchstücke eines Glastellers aus der Werkstatt des Kölner Lynkeus-Meisters. — Kölner Jb. f. Vor- u. Frühgesch. 2 (1956 [1957]), 41—42, Abb., 1 Taf. [2781

Zadoks-Josephus Jitta, A. N.: De laatromeinse glazen ring uit de wierde van Westerwijtwerd. —Varia bio-archaeologica 4 (Groningen 1957), 163—164, 1 Taf. [2782

Schmuck, Schatzfunde, Elfenbein

Becatti, G.: Oreficerie antiche dalle minoiche alle barbariche. 1955. | Gnomon 29 (1957), 23—29 (P. Amandry). AJA. 61 (1957), 201—202 (M. A. DelChiaro). JHS. 77 (1957), 348—349 (R. A. Higgins). [2783

Belloni, G.: Avori tardo-classici e alto-medioevali. Milano: Martello 1956. 16 S., 22 Taf. [2784

Schmuck, Schatzfunde, Elfenbein

Bernabo Brea, L.: A gold-treasure comparable with the »great treasure« of Troy: a remarkable discovery on the isle of Lemnos. — ILN. 231 (1957), 197—199, Abb. [2785

Bovini, G.: La cattedra eburnea del Vescovo Massimiano di Ravenna. Faenza: Lega 1957. 32 S., 21 Abb. [2786

Chantraine, P., A. Dessenne: Sur quelques termes mycéniens relatifs au travail de l'ivoire, et notamment qe-qi-no-me-no et qe-qi-no-to. — REG. 70 (1957), 301—311. [2787

Coche de la Ferté, E.: Les bijoux antiques. 1956. | JHS. 77 (1957), 348—349 (R. A. Higgins). [2788

Ferri: San Vito di Luzzi (Cosenza). Frammenti di laminette auree inscritte s. Nr. 3032.

Green, H. J. M.: Romano-British hoard from Godmanchester. — ProcCambr. 50 (1956 [1957]), 85—88, 2 Taf. [2789

Higgins, R.: The Aegina treasure reconsidered. — BICS. 4 (1957), 27—41, Abb. [2790

Huls, Y.: Ivoires d'Étrurie. Bruxelles-Rome 1957. 238 S., 53 Taf., 1 Kte. (Études de philologie, d'archéol. et d'hist. anciennes, publ. par l'Inst. histor. belge de Rome. 4). [2791

Jucker, I.: Antike Goldgefäße in Bulgarien. — Atlantis 29 (1957), 137—142, Abb. [2792

Keim, J., H. Klumbach: Der röm. Schatzfund von Straubing. 1951. | ArchErt. 84 (1957), 106—107 (L. Barkóczi). [2793

Mano-Zissi, D.: Les trouvailles de Tekiya. Beograd: Musée nat. 1957. 127 S., 27 Taf. (Musée nat., Beograd. Antiquité. 2). [2794

Manuel Heleno, D.: O tesouro da Borralheira (Teixoso). — APort. NS. 2 (1953 [1957]), 213—226, 8 Taf. [2795

Natanson, J.: Early Christian ivories. London: Tiranti 1957. 40 S., 56 Taf. (Chapters in art series. 21.) | ZSchwArch. 17 (1957), 119 (D. Schwarz). [2796

Popescu, D.: The treasure-trove of Sîncrăeni. — Antiquity and survival 2 (1957), 21—28, 2 Taf. [2797

Sprincz, E.: Római borostyánkö gyürük a Nemzeti Múzeumban [Anelli d'ambra nel Museo naz. ungherese]. — Folia archaeologica (Budapest) 9 (1957), 101—117, Abb. [2798

Schmuck, Schatzfunde, Elfenbein

Svoboda, B., D. Zontschew: Neue Denkmäler antiker Toreutik. 1956. | AJA. 61 (1957), 389—392 (H. Hoffmann). StCIstor. 8 (1957), 393—395 (P. Alexandrescu). [2799

Szilágyi, J. G.: Some problems of Greek gold diadems. — Acta antiqua (Budapest) 5 (1957), 45—93, Abb. [2800

Wessel, K.: Das Diptychon Andrews. — ByzZ. 50 (1957), 99—126. [2801

Zadoks-Josephus Jitta, A. N.: The late Roman gold hoard of Beilen. — Palaeohistoria 4 (1955), 103—111, Abb., 2 Taf. [2802

Zontschew, D.: Der Goldschatz von Panagjurischte. — Altertum 3 (1957), 150—159, Abb. [2803

Glyptik, Medaillons, Amulette

Alföldi, A.: Zu den Glasmedaillons der militärischen Auszeichnungen aus der Zeit des Tiberius. — Ur-Schweiz 21 (1957), 80—96, Abb. [2804

Babelon, J.: Le grand camée de la Sainte-Chapelle. — BAntFr. 1954/55 (1957), 22—25. [2805

Biesantz, H.: Kretisch-mykenische Siegelbilder. 1954. | OLZ. 52 (1957), 209—219 (H. Reusch). JHS. 77 (1957), 360—361 (M. S. F. Hood). [2806

Coche de la Ferté, E.: Le camée Rothschild, un chef-d'oeuvre du IVe siècle après J.-C. Paris: Tisné 1957. 73 S., Abb. [2807

Czakò, E. M., D. Ohly: Griechische Gemmen. Ernst Buschor zum 70. Geburtstag. Wiesbaden: Insel-Verl. 1957. 6 Bl. Text, 27 Bildtaf. (Insel-Bücherei. 612). [2808

Gerra, C.: »Arca . . . gemmis quae compta coruscat«. — Studi Calderini/Paribeni 3, 775—798, Abb. [2809

Kent, J. P. C.: An unpublished silver medallion of Constantius II. — NumChron. Ser. 6, 15 (1955), 237—238, Abb. [2810

Masson, O.: Cylindres et cachets chypriotes portant des caractères chypro-minoens. — BCH. 81 (1957), 6—37, Abb. [2811

Richter, G. M. A.: Metrop. Museum of Art, New York. Catalogue of engraved gems, Greek, Etruscan and Roman. 1956. | REL. 34 (1956 [1957]), 425—426 (A. Blanchet). EtCl. 25 (1957), 264—265 (A. Dumont). AJA. 61 (1957), 202—205 (C. Vermeule). Mnemosyne Ser. 4, 10

Glyptik, Medaillons, Amulette

(1957), 272—273 (A. W. Byvanck). REA. 59 (1957), 136—138 (J. Marcadé). Athenaeum 35 (1957), 130 (L. Polacco). Latomus 16 (1957), 416—420 (M. Leglay). BBudé Ser. 4 (1957), No. 1, 123 (M. D. S. G.). ClPh. 52 (1957), 213 (R. Scranton). REG. 70 (1957), 508—510 (F. Chamoux). [2812

—Unpublished gems in various collections. — AJA. 61 (1957), 263—268, 3 Taf. [2813

Righetti, R.: Le opere di glittica dei Musei annessi alla Biblioteca Vaticana. — RendPontAcc. 28, 3/4 (1955/56 [1957]), 279—348, Taf. A—R, 18 Taf. [2814

Ross, M. C.: Two gem carvings of the 4. century A. D. — AJA. 61 (1957), 173—174, 1 Taf. [2815

Suić, M.: Novo o Kairosu [Du nouveau sur Kairos]. — VAHDalm. 56/59 (1954/57), 1—5, Abb. [2816

Textilien

Capasso, A.: Descrizione ed analisi di campioni di tele contenute in un sarcofago egizio. — BollICR. 29/30 (1957), 83—86, Abb. [2817

Koptische Gewebe. Textilkunst der ägypt. Frühchristen des 2.—9. Jh. s. Nr. 1611.

Guerrini, L.: Le stoffe copte del Museo archeologico di Firenze (Antica collezione). Roma: »L'Erma« di Bretschneider 1957. 109 S., 114 Abb. auf 39 Taf. (Ist. di Archeologia. Univ. d. Studi di Milano. Tesi di Laurea. 2). [2818

La Baume, W.: Die Entwicklung des Textilhandwerks in Alteuropa. 1955. | DLZ. 78 (1957), 653—654 (W. Frenzel).

F. Numismatik und Metrologie

1. Numismatik

Congrès internat. de Numismatique. Actes. Publ. par J. Babelon et J. Lafaurie. Paris: Comm. intern. de Numismatique 1957. X, 656 S., Abb., Taf. (Congrès intern. de Numismatique 5, 1953, T. 2). | REA. 59 (1957), 386—388 (E. Will). [2820

Allin, E. J., W. P. Wallace: Impurities in Euboean monetary silver. New York: Amer. Numism. Soc. 1954. S. 35—67, 4 Taf. Aus: Museum Notes. 6. | RivItNum. Ser. 5, 4 (1956), 171—174 (L. Brunetti). [2821

Allouche-le Page, M.-Th.: L'art monétaire des royaumes bactriens. Essai d'interprétation de la symbolique religieuse gréco-orientale du IIIe au Ier siècle av. J.-C. Paris: Didier 1957. 248 S., 15 Taf. [2822

Annali dell' Istituto ital. di Numismatica. 3. 1956. | ArchStorCalabria 26 (1957), 449—451 (A. De Franciscis). [2823

Babelon, J.: Sur un tétradrachme de Gortyne. — Hommages Deonna [s. Nr. 293], 61—66, 1 Taf. [2824

Balog, P.: Notes on ancient and medieval minting technique. — NumChron. Ser. 6, 15 (1955), 195—202, 1 Taf. [2825

Bărcăcilă, A.: Tezaurul de monede romane de la Siseşti (Reg. Craiova) [Trésor de monnaies rom. de Sisesti]. — StCNum. 1 (1957), 413—416. [2826

Beltrán Martinez, A.: El mapa numismático de la Hispania antigua. — Bol. de la R. Sociedad geográfica 1954, 604—615. [2827

Berghaus, P.: Der römische Goldmünzenfund von Ellerbeck, Lkr. Osnabrück. 1956. | RivItNum. Ser. 5, 4 (1956), 175—177 (O. U. B.). [2828

Bertelè, T.: L'imperatore alato nella numismatica bizantina. 1951. | StCNum. 1 (1957), 482—483 (I. Băncilă). [2829

Bond, S. M.: The coinage of the early Roman Empire. — GaR. Ser. 2, 4 (1957), 149—159, 2 Taf. [2830

Boon, G. C.: Hoards of Roman coins in the Reading Museum and Art Gallery. — Oxoniensia 19 (1954 [1955]), 38—44. [2831

Brajčevskij, M. Ju.: Ein neuer Fund römischer Münzen aus dem Dorfe Turija [russ.]. — VDI. 58 (1956), 153—156. [2832

Bruck, G.: Der Schatzfund römischer Goldmünzen Villach 1955. — Bericht üb. d. 4. österr. Historikertag, Klagenfurt 1956 (Wien 1957), 199—204. [2833

Burg, A.-M.: Monnaies romaines trouvées à Surbourg. — CAlsArch. 1957, 95—96. [2834

Buttrey, Th. V.: The triumviral portrait gold of the »quattuorviri monetales« of 42 B. C. New York: Amer. Numism. Society 1956. X, 69 S., 9 Taf. (Numism. Notes and Monographs. 137). [2835

Cahn, H. A.: Die Trierer Antoniane der Tetrarchie. — SchwNumR. 37 (1955), 5—22, 2 Taf. [2836

— Die archaischen Silberstatere von Lindos. — Charites [s. Nr. 306], 18—26, 2 Taf. [2837

Caley, E. R.: Chemical composition of Parthian coins. 1955. | NumChron. Ser. 6, 15 (1955), 271—272 (F. C. Thompson). [2838

Canarache, V.: Monede autonome inedite din Dionysopolis şi cronologia lor relativă [Monnaies autonomes inédites de Dionysopolis et leur chronologie]. — StCNum. 1 (1957), 61—78, Abb. [2839

Carson, R. A. G.: Alleged Antoniniani of Severus Alexander. — NumChron. Ser. 6, 15 (1955), 230—231, Abb. [2840

— Rare coins of the late Roman Empire. — BrMQu. 21 (1957), 44—46. [2841

— Roman coins from the excavations at Camerton, near Bath. 3. — NumChron. Ser. 6, 15 (1955), 232—234. [2842

— J. P. C. Kent: Constantinian hoards and other studies in the later Roman bronze coinage. — NumChron. Ser. 6, 16 (1956), 83—161, 3 Taf. [2843

Carter, G. E. L.: A sestertius of Divus Antoninus. — NumChron. Ser. 6, 15 (1955), 229, Abb. [2844

Cawkwell, G. L.: A note on the Heracles coinage alliance of 394 B. C. — NumChron. Ser. 6, 16 (1956), 69—75. [2845

Cesano, S. L.: Medaglione aureo inedito di Gordiano Pio. — Studi Calderini/Paribeni 3, 541—551. [2846

Chantraine, H.: Peloponnes. — JbNum. 8 (1957), 61—120, Abb. [Literaturbericht]. [2847

— Syrakus und Leontinoi s. Nr. 1756.

Christ, K.: Zur Chronologie der syrakusanischen Münzprägung des 4. Jahrhunderts v. Chr. — JbNum. 8 (1957), 21—29, 1 Taf. [2848

— Die antiken Münzen als Quelle der westfälischen Geschichte. — Westfalen 35 (1957), 1—32. [2849

— Antike Siegesprägungen. — Gymn. 64 (1957), 504—533, 7 Taf. [2850

Cohen, H., F. Feuardent: Description historique des monnaies frappées sous l'Empire romain communément appelées médailles impériales. 2. éd. [Nachdr.] T. 1—9. Graz: Akad. Druck- u. Verlagsanst. 1955/1957. [2851

Colbert de Beaulieu: La localisation d'Alésia et la numismatique gauloise s. Nr. 1257.

The Royal Collection of coins and medals. National Museum of Denmark, Copenhagen s. Nr. 1566.

Condurachi, E.: Der Beitrag der Münzfunde von Istros zur Kenntnis des Waren- und Geldumlaufes an der unteren Donau im vorrömischen Zeitraum. — Wiss. Annalen 6 (1957), 289—304. [2852

Congresso internazionale di numismatica (1953). — RivItNum. Ser. 5, 5 (1957), 136—139. [2853

Cox, D. H.: A third century hoard of tetradrachms from Gordion. 1953. | ClPh. 52 (1957), 281 (Ch. Edson). [2854

Cristu, V.: Monede din timpul republicii romane descoperite la Nedeia (Reg. Craiova) [Monnaies rom. républ. découvertes à Nedeia]. — StCNum. 1 (1957), 467—468. [2855

Curtis, J. W.: Coinage of Pharaonic Egypt. — JEA. 43 (1957), 71—76, 1 Taf. [2856

De Ciccio, G.: Gli aurei siracusani di Cimone e di Eueneto. Nuova ediz. Roma: Santamaria 1957. 54 S., Abb., 3 Taf. (Collana di studi numismatici. 4.) [2857

Del Rivero, C. M.: Numismática Dionisiaca. — Numisma 3, 9 (1953), 9—34, Abb., 2 Taf. [2858

Dimitriu, S.: O monedă divizionară din Cyzic, la Histria [Une monnaie divisionnaire de Cyzique, trouv. à Histria]. — StClstor. 8 (1957), 103—112, Abb. [2859

Dufert, P.-J., J. Gourvest: Une monnaie à „l'hippocampe" attribuée aux Arvernes, trouvée sur l'oppidum de Constantine. — Cahiers ligures de préhistoire et d'archéol. 6 (1957), 192—195, Abb. [2860

Franke, P. R.: Argissa. Ein Nachtrag. — SchwMbll. 7 (1957), 55—57. [2861

— Zur Finanzpolitik des makedonischen Königs Perseus während des Krieges mit Rom 171—168 v. Chr. — JbNum. 8 (1957), 31—50, 3 Taf. [2862

Fuchs, G.: Architekturdarstellungen auf römischen Münzen: Republik. Diss. Göttingen 1957. 102 Bl. [Maschinenschr.]. [2863

Gaettens, R.: Inflationen. 1955. | Gnomon 29 (1957), 546—547 (F. M. Heichelheim). JbNum. 8 (1957), 194—195 (H.-J. Kellner). [2864

Gansbeke, P. van: Les trésors d'époque romaine en Belgique. — RBNum. 101 (1955), 5—44, 12 Ktn. [2865

Gautier, P.: Alger. Une monnaie de Cléopâtre VII. — Libyca 4 (1956), 335—336, Abb. [2866

Gerassimov, Th.: Nouvelles tétradrachmes de la Thrace du Ier siècle av. la nouvelle ère [bulgar. m. franz. Rés.] — BVarna 10 (1956), 79—86, Abb. [2867

— Trésor de tétradrachmes de Mesembria

Pontica et d'Odessos [bulgar. m. franz. Rés.]. — BVarna 10 (1956), 65—78, Abb. [2868

— Trésors de monnaies découvertes en Bulgarie au cours de l'année 1955 [bulgar. m. franz. Rés.] — BIBulg. 21 (1957), 323—327. [2869

Göbl, R.: Einführung in die Münzprägung der römischen Kaiserzeit. Wien: Münzhandlung Herinek 1957. 72 S., 6 Taf., 2 Tab. | JbNum. 8 (1957), 191—192 (K. Kraft). [2870

— Forschungsbericht zur antiken Numismatik Mittelasiens. — Numism.Zs. (Wien) 77 (1957), 18—27. [2871

— Die Verwendung der antiken Münzen im Unterricht der Mittelschulen. — Bericht üb. d. 4. österr. Historikertag, Klagenfurt 1956 (Wien 1957), 207—210. [2872

Görlich, W.: Der Münzfund von Villach. — Carinthia I 147 (1957), 140—155, Abb. [2873

Golenko, K. V.: Kobuletskij klad serebrjanych monet serediny IV v. do n. e. [Der kobuletische Schatz von Silbermünzen aus d. 4. Jh.]. — SovArch. 27 (1957), 290—298, Abb. [2874

Grant, M.: The six main aes coinages of Augustus. 1953. | ClPh. 52 (1957), 64—65 (L. L. Howe). [2875

— The coinage of Tiberius in Cyprus. Melbourne 1957. 6 S., 1 Taf. (Publication, Univ. of Melbourne Cyprus Expedition. 1.) [2876

— The distribution of Nero's copper asses. — NumChron. Ser. 6, 15 (1955), 21—37, 1 Taf. [2877

— Roman history from coins: some uses of the imperial coinage to the historian. London: Cambridge Univ. Pr. 1957. 64 S., 32 Taf., Abb., 2 Ktn. [2878

— The mints of Roman gold and silver in the early principate. — NumChron. Ser. 6, 15 (1955), 39—54. [2879

— Roman imperial money. 1954. | Emerita 25 (1957), 540—541 (A. Montenegro). NumChron. Ser. 6, 15 (1955), 266—268 (R. A. G. Carson). [2880

Gray, P. H. K.: Roman coins found on the Upchurch Marshes. — NumChron. Ser. 6, 15 (1955), 234—235. [2881

Hamburger, H.: Minute coins from Caesarea. — Atiquot 1 (1955), 115—138, Abb. [2882

Hamilton, J. R.: T. Didius and the Villa publica. — NumChron. Ser. 6, 15 (1955), 224—228. [2883

Herbig, R.: Aes signatum. — RM. 63 (1956 [1957]), 1—13, 7 Taf. [2884

Hill, Ph. V.: Barbarous Roman coins. — NumChron. Ser. 6, 15 (1955), 1—3, 1 Taf. [2885

Jenkins, G. K.: Recent acquisitions of Greek coins. — BrMQu. 21 (1957), 38—41, 1 Taf. [2886

— Greek coins recently acquired by the Brit. Museum. — NumChron. Ser. 6, 15 (1955), 131—156, 2 Taf. [2887

Joos, L.: Überblick über die Münzgeschichte und die wichtigsten Münzfunde von Graubünden. — Jahresbericht der histor.-antiquarisch. Gesellschaft von Graubünden 86 (1956 [1957]), 99—138, Abb., 1 Plan. [2888

Kadman, L.: The coins of Aelia Capitolina. Jerusalem 1956. 191 S., 17 Taf. (Corpus Nummorum Palaestinensium. 1.) | JbNum. 8 (1957), 188 (H. Küthmann). IEJ. 7 (1957), 268—272 (B. Kanael). [2889

Kapanadze, D.: Les aurei de la nécropole d'Armaz [russ.]. — SovArch. NS. 3 (1957), 159—175, 2 Taf. [2890

Karichkovsky, P.: Découverte de monnaies romaines dans la Transcarpathie [russ.]. — SovArch. NS. 2 (1957), 250—253, Abb. [2891

Kariškoviskij, P. J.: Aus der Geschichte des Münzwesens und des Münzumlaufs in Olbia. — Archeologija (Kiew) 11 (1957), 45—69, 4 Taf. [2892

Kindler, A.: Coins as documents for Israel's ancient history. — Antiquity and survival 2 (1957), 225—236, Abb. [2893

Kraay, C. M.: The Aes coinage of Galba. 1956. | ClRev. NS. 7 (1957), 248—250 (R. A. G. Carson). JbNum. 8 (1957), 189 (H.-J. Kellner). [2894

— The chronology of the coinage of Colonia Nemausus. — NumChron. Ser. 6, 15 (1955), 75—87. [2895

— Epis de Métaponte — un supplément. — SchwMbll. 7 (1957), 73—77, Abb. [2896

— The archaic owls of Athens: classification and chronology. — NumChron. Ser. 6, 16 (1956), 43—68, 1 Taf. [2897

Kraft, K.: Zu einigen Fälschungen griechischer Gold- und Silbermünzen. — JbNum. 8 (1957), 51—60, 2 Taf. [2898

— Der goldene Kranz Caesars und der Kranz um die Entlarvung des »Tyrannen«. 1955. | JRS. 47 (1957), 267 (A. A. Barb). [2899

— Die Ziele der kritischen Neuaufnahme der Münzfunde der römischen Zeit in

Deutschland. — Bericht üb. d. 23. Versammlg. d. dt. Historiker in Ulm 1956 (1957), 79—81. [2900
Křížek, F.: Italské aes grave [Aes grave italique]. — Numismatické Listy 10 (1955), 13—20, 64. [2901
Küthmann, H.: Actiaca. — JbZMusMainz 4 (1957), 73—80, 1 Taf. [2902
Labrousse, M.: Note complémentaire sur les monnaies et les marques de potiers trouvées à Galane. — Gallia 15 (1957), 62—71, Abb. [2903
Magnaguti, A.: Una pagina sul denaro di M. Junio Bruto. — RivItNum. Ser. 5, 5 (1957), 3—5, Abb. [2904
Mattingly, H.: Rare and unpublished coins in the Fitzwilliam Museum, Cambridge. — NumChron. Ser. 6, 16 (1956), 163—177, 1 Taf. [2905
— The denarius of Sufenas and the Ludi Victoriae. — NumChron. Ser. 6, 16 (1956), 189—203. [2906
— A fourth-century Roman hoard from Egypt. — NumChron. Ser. 6, 16 (1956), 179—188. [2907
Mauny, R.: Monnaies antiques trouvées en Afrique au sud du limes romain. — Libyca 4 (1956), 249—261, 1 Taf. [2908
Mazard, J.: Corpus nummorum Numidiae Mauretaniaeque. 1956. | REL. 34 (1956 [1957]), 426—427 (A. Blanchet). JRS. 47 (1957), 267—269 (R. A. G. Carson). SchwMbll. 7 (1957), 61—62 (G. Le R.) Latomus 16 (1957), 415—416 (R. Thouvenot). RevABM. 63 (1957), 798—799 (A. Balil). [2909
— Portraits monétaires des princes de la dernière dynastie maurétanienne. — Numisma 1954, 73—85. [2910
Merrifield, R.: An unpublished portion of the Lime Street hoard found in 1882, reconstructed from the Collection and records of Guildhall Museum. — NumChron. Ser. 6, 16 (1956), 247—254. [2911
Mititelu, I.: Două tezaure de monede imperiale romane găsite la Gura Ialomiței [Deux trésors de monnaies impér. rom. prov. de Gura Ialomitei]. — StCNum. 1 (1957), 133—147. [2912
Mitrea, B.: Descoperirile de monede romane din așezarea geto-dacă de la Poiana și importanța lor istorică [Les monnaies rom. découvertes dans l'établissement géto-dace de Poiana et leur importance historique]. — StCIstor. 8 (1957), 165—182. [2913
— La migration des Goths reflétée par les trésors de monnaies romaines enfouis en Moldavie. — Dacia NS. 1 (1957), 229—236, Abb. [2914
— Cu privire la tezaurul monetar de la Flămînda-Cremenari (Argeș) [A propos du trésor monétaire de Flaminda-Cremenari]. — StCNum. 1 (1957), 407—410. [2915
Nau, E.: Funde antiker Münzen in Württemberg und Hohenzollern. 35. Nachtrag zu Nestle, Funde antiker Münzen im Königreich Württemberg 1893. — FBSchwaben NF. 14 (1957), 225—234. [2916
Noe, S. P.: Two hoards of Persian Sigloi. New York: Amer. Numism. Soc. 1956. 44 S., 15 Taf. (Numismatic Notes and Monographs. 136.) | JbNum. 8 (1957), 187—188 (R. Göbl). [2917
Pellati, F.: L'Istituto italiano di numismatica. — StRom. 5 (1957), 463—465. [2918
Perez Alcorta, M. C.: Las monedas antiguas de Sagunto según la colección del Museo Arqueol. Nacional. — Numario hispánico 4 (1955), 265—303, 3 Taf. [2919
Petrović, J.: Numizmatički izvještaj [Numismatische Berichte] (Forts.). — GlMSar. NS. 12 (1957), 173—183, 3 Taf. [2920
Piccione, M.: La numismatica. Riedizione con prefaz. e note di C. Gamberini di Scarfèa. Bologna: Studio numism. di C. Gamberini di Scarfèa 1957. 134 S., Abb. [2921
Pink, K.: Die keltischen Münzen vom Magdalensberg. — Bericht üb. d. 4. österr. Historikertag, Klagenfurt 1956 (Wien 1957), 55—59, Abb. [2922
— Die Münzstätte Siscia unter Carus u. seinen Söhnen. — VAHDalm. 56/59 (1954/57), 88—94, 1 Taf. [2923
— Der Turnierreiter. Eine päonisch-makedonische Tetradrachme mit illyrischer Inschrift. — Numism. Zs. (Wien) 77 (1957), 7—17, 1 Taf. [2924
Preda, C.: Tezaurul monetar de la Dîmbău, Reg. Stalin, și tulburările pricinuite de Daci în anul 143, sub Antonin Piul [Trésor monétaire de Dimbau et les troubles fomentés par les Daces en 143]. — StCNum. 1 (1957), 113—131. [2925
Probszt, G.: Der Münzfund von Kristendorf. — Carinthia I 147 (1957), 156—158. [2926
— Zur Pflege der Numismatik in Kärnten. — Carinthia I 147 (1957), 695—716. [2927
Protase, D.: Tezaurul de monede imperiale romane de la Nireș (R. Dej, Reg. Cluj) [Trésor de monnaies impér. rom. de

Nireş]. — StCNum. 1 (1957), 149—171, Abb. [2928

Ramires, M.: Tesouro monetário de Friume. — Nummus 2 (1954), 74—80, 1 Taf. [2929

Raymond, D.: Macedonian regal coinage to 413 B. C. 1953. | ClPh. 52 (1957), 280—281 (Ch. Edson). [2930

Regler, H.: Der Sesterz des Britannicus aus der Sammlung Niessen. — Kölner Jb. f. Vor- u. Frühgesch. 2 (1956 [1957]), 43—46, Abb., 2 Taf. [2931

Revellio, P.: Ein Fund römischer Münzen bei Furtwangen, Kr. Donaueschingen. — Germania 35 (1957), 124—126, Abb. [2932

Robinson, E. S. G.: The date of the earliest coins. — NumChron. Ser. 6, 16 (1956), 1—8. [2933

— Some early nineteenth-century forgeries of Greek coins. — NumChron. Ser. 6, 16 (1956), 15—18, 1 Taf. [2934

— The Libyan hoard (1952). Addenda, and the Libyan coinage in general. — NumChron. Ser. 6, 16 (1956), 9—14, 1 Taf. [2935

Rogalski, A.: L'effigie d'Artémis sur des monnaies de Callatis [bulgar. m. franz. Rés.]. — BVarna 10 (1956), 119—123, Abb. [2936

Salomonson, J. W.: De afspiegeling van een politiek conflict op Romeinse denariën uit het jaar 53 v. Chr. — Jaarboek voor Munt-en Penningkunde 41 (1954 [1955]), 1—10, Abb. [2937

Sardo, B.: Le cosidette monete „campano-tarentine" nella storia di Taranto. — Kokalos 2 (1956 [1957]), 66—78. [2938

Schelow, D. B.: Münzkunde des Bosporus vom 6.—2. Jahrh. 1956. | SchwMbll. 7 (1957), 61 (K. Welz). [2939

Scheu, F.: The earliest coins of the Bruttians. — NumChron. Ser. 6, 15 (1955), 101—112. [2940

Schlumberger, D.: L'argent grec dans l'Empire Achéménide. 1953. | AnzAW. 10 (1957), 155—156 (K. Pink). SchwMbll. 7 (1957), 7—8 (G. Le R.). [2941

Schwabacher, W.: Satrapenbildnisse. Zum neuen Münzporträt des Tissaphernes. — Charites [s. Nr. 306], 27—32, 1 Taf. [2942

— Ein Silberstater der Stadt Tlos in Lykien. — SchwMbll. 7 (1957), 3—6, Abb. [2943

Schwartz, J.: Monnaie en or (solidus) trouvée à Huttenheim. — CAlsArch. 1957, 50. [2944

— Trouvailles monétaires et invasions germaniques sous Magnence et Décence. Examen des trésors de Strasbourg, de Villing et de Mackwiller. — CAlsArch. 1957, 33—49, Abb. [2945

Seltman, Ch.: Greek coins. 2. ed. 1955. | ClRev. NS. 7 (1957), 51—52 (R. J. Hopper). Gnomon 29 (1957), 98—103 (W. Schwabacher). NumChron. Ser. 6, 15 (1955), 262—266 (G. K. Jenkins). [2946

Seyrig, H.: Antiquités syriennes. 65: Les trouvailles de monnaies péloponésiennes en Syrie. — Syria 34 (1957), 249—259, Abb. [2947

— Irenopolis-Neronias-Sepphoris. An additional note. — NumChron. Ser. 6, 15 (1955), 157—159. [2948

Simonetta, B.: A note on Vologeses V, Artabanus V and Artavasdes. — NumChron. Ser. 6, 16 (1956), 77—82, Abb. [2949

Sutherland, C. H. V.: Art in coinage. 1955. | NumChron. Ser. 6, 15 (1955), 259—261 (C. C. Vermeule). [2950

— A second »Cinna« denarius. — NumChron. Ser. 6, 15 (1955), 222—223, Abb. [2951

— The folles of Cyzicus down to A. D. 306. — NumChron. Ser. 6, 15 (1955), 71—74. [2952

Swoboda, E.: Rex Qvadis datus. — Carnuntum-Jb. 1956 (1957), 5—12, 1 Taf. [2953

Sylloge Nummorum Graecorum. Vol. 3: The Lockett collection. P. 1: Spain-Italy (gold and silver). P. 2: Sicily-Thrace (gold and silver). P. 5: Lesbos-Cyrenaica: Addenda (gold and silver). 2. impr. London: Brit. Academy 1957. 52 S., 12 Taf.; 28 S., 12 Taf.; 64 S., 16 Taf. [2954

— — The Royal Collection of coins and medals, Danish Nat. Museum. P. 34: Cyprus-Cappadocia. Uncertain coins. Imperial cistophori. Kopenhagen: Munksgaard 1957. 51 S., 12 Taf. [2955

Thompson, F. C.: The use of the microscope in numismatic studies. — NumChron. Ser. 6, 16 (1956), 329—338, 5 Taf. [2956

Thomsen, R.: Early Roman coinage. A study of the chronology. Vol. 1: The evidence. Kopenhagen 1957. 251 S., Abb. (Nationalmuseets Skrifter. Arkaeol.-histor. Raekke. 5.) | RivItNum. Ser. 5, 5 (1957), 135—136. [2957

Tocchi: Il culto seculare dei Gemini ed i tipi monetari severiani con Bacco ed Ercole s. Nr. 3550.

Tod, M. N.: Epigraphical notes on Greek coinage: addenda. — NumChron. Ser. 6, 15 (1955), 125—130. [2958

Traversari, G.: Monete commemorative dei »Ludi Saeculares septimi« con scena a siparia. — RivItNum. Ser. 5, 4 (1956), 21—30. [2959

Ulrich-Bansa, O.: Monete rinvenute nelle necropoli di Ornavasso (I denari della repubblica Romana nelle tombe di S. Bernardo). — RivItNum. Ser. 5, 5 (1957), 6—69, Abb., 1 Taf. [2960

Vermeule, C. C.: A bibliography of applied numismatics in the fields of Greek and Roman archaeology and the fine arts. 1956. | Gnomon 29 (1957), 157—158 (K. Christ). AJA. 61 (1957), 317 (J. V. Noble). REA. 59 (1957), 382 (J. Marcadé). [2961

— Greek coins in the Elisabeth Washburn King Collection at BrynMawrCollege. — NumChron. Ser. 6, 16 (1956), 19—41, 10 Taf. [2962

— Eastern influences in Roman numismatic art A. D. 200—400. — Berytus 12 (1956/57), 85—99, 4 Taf. [2963

— Minting Greek and Roman coins. — Archaeology 10 (1957), 100—107, Abb. [2964

Volkmann, H.: Caesars letzte Pläne im Spiegel der Münzen. — Gymn. 64 (1957), 299—309, 2 Taf. [2965

Wallace, W. P.: The Euboian league and its coinage. 1956. | Gnomon 29 (1957), 376—379 (K. Christ). SchwMbll. 7 (1957), 40—41 (G. Le R.). [2966

Walser, G.: Zwei griechische Münzen. — Jb. des Bernischen Histor. Museums in Bern 35/36 (1955/56 [1957]), 83—85, Abb. [2967

Welz, K.: Griechenmünzen vom Schwarzen Meer. — SchwMbll. 7 (1957), 25—31, Abb. [2968

— Unedierte u. seltene Münzen aus dem griech. Westen. — SchwMbll. 7 (1957), 77—81, Abb. [2969

Whitting, P. D.: An overstriking of Justinian I at Rome. — NumChron. Ser. 6, 15 (1955), 238—240, Abb. [2970

Winkler, J.: Tezaurul de monede romane republicane de la Satu-Nou (Reg. Oradea) [Trésor de monnaies rom. républ. de Satu-Nou]. — StCNum. 1 (1957), 79—112, Abb., Taf. [2971

Wolczyk, S.: Moneta rzymska, znaleziona w Nowej Hucie koło Krakowa [Römische Münze, gefunden bei Nowy Huc b. Krakau]. — Wiadomości archeol. 24 (1957), 139—140, Abb. [2972

Zadoks-Josephus Jitta, A. N.: Een aureus van keizer Nero uit Warffum. — Varia bio-archaeologica 4 (Groningen 1957), 160—162, 1 Taf. [2973

— De consecratio-munten van Marciana. — Jaarboek voor Munt- en Penningkunde 41 (1954 [1955]), 87—90, Abb. [2974

— De Romeinse muntschat van Balloo. — Nieuwe Drentse Volksalmanak 75 (1957), 68—71. [2975

— Muntvondsten. 1: Bylandse Waard. 2. Bargercompascuum. — Jaarboek voor Munt- en Penningkunde 41 (1954 [1955]), 107—110. [2976

Zograph, A. N.: Die Münzen von Tyra [russ.]. Hrsg.: A. N. Kasamanowa. Moskau: Akad. d. Wiss., Inst. f. Gesch. der materiellen Kultur 1957. 129 S., 10 Taf. | SchwMbll. 7 (1957), 91 (W. Schwabacher). [2977

2. Metrologie

Ciezkowska Marciniak, W.: De Graecorum et Romanorum mensuris et ponderibus mercatoriis [en polon., avec résumé en lat.]. — Meander 11 (1956), 40—56. [2978

Forrest, W. G.: A Chian wine-measure. — BSA. 51 (1956), 63—67, Abb., 1 Taf. [2979

Hallock, R. T.: The Nuzi measure of capacity. — JNES. 16 (1957), 204—206. [2980

Kisch, B.: Two remarquable Roman stone weights in the Edward C. Streeter Collection at the Yale Medical Library. — Journal of the history of medicine 11 (1956), 97—100. [2981

Kurzweil, F.: Das Pentagondodekaeder des Museum Carnuntinum u. seine Zweckbestimmung. — Carnuntum-Jb. 1956 (1957), 23—29, Abb. [Geodätisches Meßinstrument]. [2982

Moisil, C.: Ponduri inedite sau puţin cunoscute din Histria, Callatia şi Tomi [Poids inédits ou peu connus d'Histria, Callatis et Tomis]. — StCNum. 1 (1957), 247—295, Abb., 10 Taf. [2983

Preda, C.: Ponduri antice inedite de la Callatis şi Histria [Poids antiques inédits prov. de Callatis et d'Histria]. — StCNum. 1 (1957), 297—306, Abb. [2984

Prell, H.: Die Stadienmaße des klassischen Altertums in ihren wechselseitigen Beziehungen. — Wiss. Zeitschr. d. T. H. Dresden 6 (1956/57), 549—563. [2985

G. Epigraphik

1. Allgemeines

Barnea, I.: Quelques considérations sur les inscriptions chrétiennes de la Scythie Mineure. — Dacia NS. 1 (1957), 265—288, Abb. [griech. u. lat.] [2986

Burzachechi: Sull'uso pre-costantiniano del monogramma greco di Cristo s. Nr. 3261.

Calderini, A.: I lavori del III Congresso Internazionale di epigrafia greca e latina (Roma, 4—8 sett. 1957). — Epigraphica 17 (1955 [1957]), 165—166. [2987

Egger, R.: Allerlei aus Inschriften. — VÁHDalm. 56/59 (1954/57), 129—135, 2 Taf. [2988

Firchow, O.: Griechisch-römische Tempelinschriften. Heft 1: Thebanische Tempelinschriften der griechisch-römischen Zeit. Berlin: Akad.-Verlag 1957. 152 S. [2989

Jalabert, L., R. Mouterde: Inscriptions grecques et latines de la Syrie. 3, 2. 1953. | REByz. 14 (1956), 253—256 (V. Grumel). [2990

— — C. Mondésert: Inscriptions grecques et latines de la Syrie. 4. 1955. | ThLZ. 82 (1957), 200 (O. Eißfeldt). Syria 34 (1957), 172—174 (J. Pouilloux). AJPh. 78 (1957), 221—223 (C. B. Welles). JHS. 77 (1957), 337—338 (W. M. Calder). REByz. 14 (1956), 253—256 (V. Grumel). [2991

Keil, J.: Der III. Internat. Kongreß f. griech. u. latein. Epigraphik in Rom vom 4.—8. Sept. 1957. — AnzWien 1957, 297—300. [2992

Krischan: Beziehungen zwischen Grabschutzformeln und den gesetzlichen Bestimmungen gegen Gräberschädigung s. Nr. 3888.

Luzzatto, G. I.: Rassegna epigrafica greco-romana. 4 (1950/1954). — Jura 7 (1956), 537—616. [2993

Merlin, A.: Revue des publications épigraphiques relatives à l'antiquité romaine. 1957. — RA. Ser. 6, 50 (1957), 151—264, Abb. [2994

Res gestae Divi Augusti. Das Monumentum Ancyranum. Hrsg. u. erkl. v. H. Volkmann. Berlin: de Gruyter 1957. 63 S. (Kleine Texte f. Vorlesungen u. Übungen. 29/30.) [2995

2. Nichtgriechisch-römische Inschriften

Bennett jr., E. L.: The Pylos tablets. Text of the inscriptions. 1955. | Antiquity 31 (1957), 112—113 (T. B. L. Webster). Gnomon 29 (1957), 113—115 (L. R. Palmer). RevPhil. 31 (1957), 93—95 (P. Chantraine). Syria 34 (1957), 188—191 (O. Masson). JHS. 77 (1957), 342—343 (T. B. L. Webster). JNES. 16 (1957), 131—134 (D. W. McPheeters). ClPh. 52 (1957), 189—192 (J. Whatmough). [2996

Chadwick, J.: Minoan linear B: a reply. — JHS. 77 (1957), 202—204. [2997

Finley: The Mycenaean tablets and econ. history s. Nr. 3796.

Gălăbov, I.: Eine in Burgas (Bulgarien) gefundene minoische Inschrift [russ.]. — VDI. 57 (1956), 151—157. [2998

Georgiev, V.: Le déchiffrement des inscriptions crétoises en linéaire A. — La position du dialecte crétois des inscriptions en linéaire A. Sofia: Acad. des Sciences de Bulgarie 1957. 8; 24 S. | REA. 59 (1957), 407—408 (M. Lejeune). [2999

The Knossos tablets. A rev. transliteration. By E. L. Bennett jr., J. Chadwick, M. Ventris. 1956. | Gnomon 29 (1957), 115—117 (L. R. Palmer). JHS. 77 (1957), 342—343 (T. B. L. Webster). RevPhil. 31 (1957), 96—97 (O. Masson). [3000

Lur'e, S. Ja.: Krito-mikenskie nadpisi in Gomer. [Die kretisch-mykenischen Inschriften und Homer]. — VDI. 58 (1956), 3—12. [3001

Masson, O.: Les inscriptions étéo-chypriotes. 2. Le texte des inscriptions d'Amathonte. 3. Documents divers. 4. Quelques essais d'interprétation. Appendice: Les formes du signe »so« dans le syllabaire chypriote. — Syria 34 (1957), 61—80, Abb., 1 Taf. [3002

— Répertoire des inscriptions chypro-minoennes.—Minos 5 (1957), 9—27, 5 Taf. [3003

— Cylindres et cachets chypriotes portant des caractères chypro-minoens s. Nr. 2811.

Mayr, K. M.: Hirschhornvotive mit rätischen Inschriften aus Meclo (Mechel) am Nonsberg. — Schlern 31 (1957), 230—231, 1 Taf. [3004

— Reitia-Inschrift vom Piperbühel bei Klobenstein am Ritten. — Schlern 31 (1957), 275, Abb. [3005

Mentz, A.: Die sogenannten eteokyprischen Inschriften. — Nouvelle Clio 7/9 (1955/57), 5—61, Abb. [3006

Must, G.: The problem of the inscription on Helmet B of Negau. — HarvSt. 62 (1957), 51—59. [3007

Pallottino, M.: Rivista di epigrafia etrusca. — StEtr. 25 (1957), 525—535, Abb. [3008

Pisani, V.: Zu einigen messapischen Inschriften. — RhM. NF. 100 (1957), 236—242. [3009

Pope, M.: Cretan axe-heads with linear A inscriptions. — BSA. 51 (1956), 132—135, Abb., 2 Taf. [3010

Poupé, J.: L'aryballe de bucchero de Cerveteri. — Nouv. Clio 7/9 (1955/1957), 495—502, 1 Taf. [etrusk. Inschrift]. [3011

Pugliese Carratelli, G.: Sulle epigrafi in lineare A di carattere sacrale. — Minos 5 (1957), 163—173, Abb. [3012

Renard, M.: Inscription étrusque inédite du Musée de Courtrai. — Latomus 16 (1957), 429—432. [3013

Scardigli, P. G.: Studi sulla terza e quarta tavola di Gubbio. — StEtr. 25 (1957), 267—301. [3014

Snell: Die ältesten europäischen Urkunden von Kreta u. vom Peloponnes s. Nr. 4006.

Stoltenberg, H. L.: Die wichtigsten etruskischen Inschriften. 1956. | StEtr. 25 (1957), 630—631 (M. Pallottino). Latomus 16 (1957), 170—171 (L. Deroy). [3015

Ventris, M., J. Chadwick: Documents in Mycenaean Greek. 1956. | EtCl. 25 (1957), 246—247 (J. Delande). AJA. 61 (1957), 196—201 (E. T. Vermeule). Emerita 25 (1957), 223—225 (F. R. Adrados). MusHelv. 14 (1957), 241—242 (E. Risch). Gnomon 29 (1957), 561—581 (L. R. Palmer). RevPhil. Sér. 3, 31 (1957), 239—246 (P. Chantraine). ClPh. 52 (1957), 186—189 (J. Whatmough). Language 33 (1957), 553—568 (E. L. Bennett jr.). Minos 5 (1957), 218—220 (M. Lejeune). Archaeologia Austriaca 22 (1957), 73—74 (W. Merlingen). [3016

3. Griechische Inschriften

The Athenian Agora. Results of excavations. Vol. 3: Literary and epigraphical testimonia, by R. E. Wycherley. Princeton, N. J.: Amer. School of Class. Studies 1957. X, 259 S., 4 Taf. [3017

Aharoni, Y.: Three new boundary-stones from the Western Golan. — Atiquot 1 (1955), 109—114. [3018

Amyx, D. A.: Inscribed sherds from the Amyklaion. — AJA. 61 (1957), 168—169, 1 Taf. [3019

Bagatti, B.: Un'iscrizione del tempio di Giove Areio a Pella (Giordania). — Studi Calderini/Paribeni 3, 359—363, Abb. [3020

Ballance: The site of Derbe; a new inscription s. Nr. 790.

Bean, G. E.: Epitaphs at Alabanda. — JbKlF. 3 (1955), 52—53. [3021

— Notes and inscriptions from the Cibyratis and Caralitis. — BSA. 51 (1956), 136—156, Abb., 5 Taf. [3022

Beazley, J.: Some inscriptions on vases. 7. — AJA. 61 (1957), 5—8, 2 Taf. [3023

Beleckij, A. A.: Die Inschrift des Polymedes aus Olbia [russ.]. — VDI. 57 (1956), 137—141. [3024

Bernard, A., O. Masson: Les inscriptions grecques d'Abou-Simbel. — REG. 70 (1957), 1—46, Abb. [3025

Bon, A.-M., A. Bon: Les timbres amphoriques de Thasos. Catalogue établi avec la collaboration de V. Grace. Paris: Boccard 1957. 543 S., Abb. (École franç. d'Athènes. Études thasiennes. 4.) [3026

Borrelli Vlad: Elmo con iscrizione in caratteri greci s. Nr. 2763.

Botušarova, L.: Une inscription récemment découverte à Plovdiv [bulgar. m. franz. Rés.]. — BIBulg. 21 (1957), 308—311, Abb. [3027

Charneux, P.: M. Vettulenus Civica Barbarus. — BCH. 81 (1957), 121—140, Abb. [3028

Coleiro, E.: A Greek inscription found in Malta. — JHS. 77 (1957), 312—313, Abb. [3029

Cormack, J. M. R.: Notes on the history of the inscribed monuments of Aphrodisias. 1955. | ClRev. NS. 7 (1957), 171—172 (G. Woodhead). JHS. 77 (1957), 363 (P. M. Fraser). [3030

Crosby, M.: More fragments of mining leases from the Athenian Agora. — Hesperia 26 (1957), 1—23, 3 Taf. [3031

Dienelt: Der korinthische Bund s. Nr. 1764.

Dimitrov: Neuentdeckte epigraphische Denkmäler über die Religion der Thraker in der frühchristlichen Epoche s. Nr. 3301.

Ferri, S.: San Vito di Luzzi (Cosenza). Frammenti di laminette auree inscritte. — NSc. Ser. 8, 11 (1957), 181—183, Abb. [3032

Forbes, K.: Some Cyrenean dedications. — Philologus 100 (1956), 235—252. [3033

Fraser, P. M.: Bibliography: Graeco-Roman Egypt. Greek inscriptions (1956). — JEA. 43 (1957), 101—109. [3034

— Mark Antony in Alexandria. A note. — JRS. 47 (1957), 71—73, Abb. [3035

Fraser-Rönne: Boeotian and West Greek tombstones s. Nr. 2297.

Frend, W. H. C.: A third-century inscription relating to Angareia in Phrygia. — JRS. 46 (1956), 46—56, Abb., 2 Taf. [3036

Frye, R. N., J. F. Gilliam, H. Ingholt, C. B. Welles: Inscriptions from Dura-Europos. 1955. | Syria 34 (1957), 364—367 (J. Starcky). [3037

Gagé, J.: L'horoscope de Doura et le culte d'Alexandre sous les Sévères. — Bull. de la Fac. des Lettres de Strasbourg 33 (1954/55), 151—168. [3038

Guarducci, M.: Un'antica offerta alla Era di Samo. — Studi Calderini/Paribeni 1, 23—27, Abb. [3039

Habicht, Ch.: Eine Urkunde des akarnanischen Bundes. — Hermes 85 (1957), 86—122, 3 Taf. [3040

Healy, J. F.: Notes on the monetary union between Mytilene and Phokaia. — JHS. 77 (1957), 267—268. [3041

Holleaux: Rome et la conquête de l'Orient. Philippe V et Antiochos le Grand s. Nr. 1777.

Jeffery, L. H.: The courts of justice in archaic Chios. — BSA. 51 (1956), 157—167, Abb., 1 Taf. [3042

Inscriptiones Graecae, cons. et auctor. Acad. Scientiarum German. editae. Vol. IX: Inscriptiones Graeciae septentrionalis voll. VII et VIII non comprehensae. P. 1, fasc. 2: Inscriptiones Acarnaniae. Ed. altera, ed. G. Klaffenbach. Berlin: de Gruyter 1957. XXXI, 98 S., 5 Taf. [3043

— Graecae in Bulgaria repertae, ed. G. Michailov. Vol. 1. 1956. | SovArch. NS. 2 (1957), 293—296 (T. V. Blavatskaja). LF. 5 (1957), 292—293 (L. Vidman). Dacia NS. 1 (1957), 357—359 (D. M. Pippidi). [3044

Klaffenbach, G.: Griech. Epigraphik. Göttingen: Vandenhoeck & Ruprecht 1957. 107 S. (Studienhefte zur Altertumswissenschaft. 6). | DLZ. 78 (1957), 685—689 (A. E. Raubitschek). AnzAW. 10 (1957), 247—249 (F. Gschnitzer). RivFil. NS. 35 (1957), 431—433 (L. Moretti). LF. 5 (1957), 302—303 (L. Vidman). [3045

Lang, M.: Herodotos and the Abacus. — Hesperia 26 (1957), 271—287. [3046

Lauffer, S.: Prosopographische Bemerkungen zu den attischen Grubenpachtlisten. — Historia 6 (1957), 287—305. [3047

Lenger, M.-Th.: Anses d'amphores et tuiles timbrées de Thasos (Trouvailles des années 1955 et 1956). — BCH. 81 (1957), 302—321, Abb. [3048

— Timbres amphoriques trouvés à Argos. (Deuxième Série). — BCH. 81 (1957), 160—180, Abb. [3049

Lichtheim, M.: Demotic ostraca from Medinet Habu. Chicago: Univ. Pr. 1957. XIII, 87 S., 53 Taf. (Chicago Univ. Oriental Inst. Publications. 80). [3050

Luria: Vorgriech. Kulte in den griech. Inschriften s. Nr. 3437.

Matthiessen, K.: Das Gedicht Sapphos auf der Scherbe. (Sappho Frgm. 5/6 D. 2 LP. Literaturbericht). — Gymn. 64 (1957), 554—564, 1 Taf. [3051

Meredith, D.: Inscriptions from amethyst mines at Abu Diyeiba (eastern desert of Egypt). — Eos 48, 2 (1956 [1957]), 117—119, 5 Taf. [3052

Meritt, B. D.: The archonship of Symmachos. — AJPh. 78 (1957), 375—381. [3053

— Epigrams from the battle of Marathon. — The Aegean and the Near East [s. 1956, Nr. 321], 268—280, Abb., 1 Taf. [3054

— M. L. Lethen, G. A. Stamires: Greek inscriptions. — Hesperia 26 (1957), 24—97, 24 Taf. [3055

— A. G. Woodhead, G. A. Stamires: Greek inscriptions. — Hesperia 26 (1957), 198—270, Abb., 14 Taf. [3056

— H. T. Wade-Gery, M. F. McGregor: The Athenian tribute lists. 3. 4. 1950. 1953. | JHS. 77 (1957), 334—335 (A. Andrewes). LF. 5 (1957), 286—290 (J. Pečírka). [3057

Merkelbach, R.: Das Epigramm auf Krateros. — Studi Calderini/Paribeni 1, 79—80. [3058

Mirtchev, M.: Monuments épigraphiques de la ville de Varna et de son département [bulgar. m. franz. Rés.]. — BVarna 10 (1956), 125—141, Abb. [3059

Mitford, T. B., K. Nikolaou: An inscription from Karpasia in Cyprus. — JHS. 77 (1957), 313—314, Abb. [3060

Moretti, L.: Iscrizioni agonistiche greche. 1953. | Mnemosyne Ser. 4, 10 (1957), 69—70 (H. W. Pleket). [3061

Mouterde, R., C. Mondésert: Deux inscriptions grecques de Hama. — Syria 34 (1957), 278—287, Abb., 2 Taf. [3062

Müller, W.: Griechische Ostraka aus Elephantine/Syene I. — Mitteil. d. Inst. f. Orientforsch. d. Dt. Akad. d. Wiss. zu Berlin 5 (1957), 1—9. [3063

Oliver, J. H.: On I. G., II², 3194. — AJPh. 78 (1957), 35. [3064

Orlandini, P.: Nuovi graffiti dagli scavi di Gela. — RM. 63 (1956 [1957]), 140—154, Abb., 2 Taf. [3065

Pagliaro, A.: Osservazioni sul ΔΙΑΓΡΑΜΜΑ di Cirene. — Studi Calderini/Paribeni 1, 101—109. [3066

Peek, W.: Attische Grabschriften. 2: Unedierte Grabinschriften aus Athen u. Attika. Mit einem Anh.: Nichtattische Inschriften im Athener Epigraph. Museum. Attische Fluchtafeln. Berlin: Akad.-Verl. 1957. 67 S., 4 Taf. (AbhBerl. 1956, 3). [3067

— Ein Orakel des Gryneischen Apollon. — Philologus 100 (1956), 139—140. [3068

— Griechische Vers-Inschriften. 1: Grab-Epigramme. 1955. | Gymn. 64 (1957), 375—377 (H. J. Mette). ClRev. NS. 7 (1957), 115—118 (G. Woodhead). SteMat. 27 (1956), 155—156 (L. Moretti). [3069

— Verzeichnis der Gedicht-Anfänge u. vergleichende Übersicht zu den griech. Vers-Inschriften. 1. Berlin: Akad.-Verl. 1957. 44 S. [3070

Pelekidis: L'archonte athénien Démétrios s. Nr. 1794.

Petsas, P.: Ἄρτεμις Ἀγροτέρα Γαζωρεῖτις καὶ Βλουρεῖτις. — BCH. 81 (1957), 387—390, 1 Taf. [3071

Picard, Ch.: D'Ephèse à la Gaule, et de Stobi (Macédoine) à Claros. — REG. 70 (1957), 108—117. [3072

— La coupe de Nestor et l'inscription d'un vase de la nécropole de Pithékoussai (Baie de Naples) s. Nr. 2549.

Pippidi, D. M.: Die Herkunft des Beschlusses zu Ehren des Epikrates, Sohnes des Nikoboulos (Syll.^{3} 707). — ÖJh. 43 (1956), Beibl. 63—76, Abb. [3073

— Notes d'épigraphie pontique. 1: La date du décret histrien pour Aristagoras, fils d'Apatourios (Syll.^{3}, 708). — Dacia NS. 1 (1957), 165—177, Abb. [3074

— Provenientia inscripției grecești de la Mănăstirea Dragomirna [La provenance de l'inscription grecque du Monastère de Dragomirna]. — StClstor. 8 (1957), 125—135, Abb. [3075

Pleket, H. W.: Three epigraphic notes. — Mnemosyne Ser. 4, 10 (1957), 141—146. [3076

Préaux, C.: Sur les ostraca grecs d'époque romaine de la Bibliothèque Bodléenne à Oxford. — Akten d. 8. Intern. Kongr. f. Papyrologie [s. 1956 Nr. 362], 103—110. [3077

Pugliese Carratelli, G.: Nuovo supplemento epigrafico rodio. — ASAtene 33/34 (1955/56 [1957]), 157—181, Abb. [3078

Raubitschek, A. E.: Das Datislied. — Charites [s. Nr. 306], 234—242, Abb., 1 Taf. [3079

Robert, L.: Une épigramme de Carie. — RevPhil. 31 (1957), 7—22. [3080

— Deux inscriptions d'Iasos. — REG. 70 (1957), 361—375. [3081

— Inscriptions et institutions agonistiques. — Eos 48, 2 (1956 [1957]), 229—238, 1 Taf. [3082

Robinson, D. M.: A lost Cretan decree found. — Hommages Deonna [s. Nr. 293], 424—427, 1 Taf. [3083

Russu, I. I.: Le décret de Callatis en l'honneur d'Isagoras. — Dacia NS. 1 (1957), 179—190, Abb. [3084

Sauciuc-Săveanu, T.: Vibius Severus, speculator pontic [Vibius Severus »speculator« pontique]. — StClstor. 8 (1957), 205—213. [3085

Sealey, R.: IG. II^2 1609 and the transformation of the second Athenian sea-league. — Phoenix 11 (1957), 95—111. [3086

Seyrig, H.: Antiquités syriennes. 66: Sur trois inscriptions du Hedjaz. — Syria 34 (1957), 259—261. [3087

Sokolowski, F.: On the Lex Sacra of Tymnos. — TrAPhAss. 87 (1956 [1957]), 47—50. [3088

Supplementum epigraphicum Graecum. Vol. 11, 2. 12. 1954/55. | ClRev. NS. 7 (1957), 136—139 (P. M. Fraser). [3089

— — Redig. cur. A. G. Woodhead, adiuv. M. N. Tod et A. M. Woodward. Vol. 13. 14. Leiden: Sijthoff 1956. 1957. XIV, 186 S.; XIII, 235 S. [3090

Tait, J. G., C. Préaux: Greek ostraca in the Bodleian Library at Oxford. 2. 1955. | ClRev. NS. 7 (1957), 79—80 (B. R. Rees). JHS. 77 (1957), 346 (B. R. Rees). [3091

Tibiletti, G.: I rendiconti dei quindici dei Labiadi. — RendIstLomb. 89/90 (1956), 27—30. [3092

Tod: Epigraphical notes on Greek coinage s. Nr. 2958.

Vollgraff, W.: Note sur une inscription de l'Aspis (Argos). — BCH. 81 (1957), 475—477, Abb. [3093

Woodhead, A. G.: IG II^2 43 and Jason of Pherae. — AJA. 61 (1957), 367—373. [3094

Woodward, A. M.: Greek building records. — BICS. 3 (1956), 55. [3095

— Notes on some Attic decrees. [Contin.] — BSA. 51 (1956), 1—8. [3096

4. Italische und römische Inschriften

(Etruskische Inschriften s. Abschn. 2)

Agnello, S. L.: Aggiunte e correzioni alle epigrafi paleocristiane di Siracusa. — Orpheus 3 (1956), 52—68. [3097

Ahmed Aly: New light on the Roman army in Egypt. A Latin inscription from Nicopolis s. Nr. 3745.

Albertini, A.: Copia di manoscritti del nobile bresciano Francesco Soncini, ignota a Teodoro Mommsen. Biblioteca Querinianna di Brescia L. 1. 26. — Studi Calderini/Paribeni 1, 421—440. [3098

Alföldy, G.: Egy intercisai feliratról [Sur une inscription d'Intercisa]. — ArchErt. 84 (1957), 214—217. [3099

Alpago-Novello, L.: Precisazioni su alcune iscrizioni feltrine d'età romana, in base ad un manoscritto del secolo XVII. — Studi Calderini/Paribeni 1, 441—447, Abb. [3100

Armand-Calliat, L., J. Guey: Un milliaire romain à Corcelle près de Chatenoy-Le-Royal (Saône-et-Loire). — RAE. 8 (1957), 88—100, Abb. [3101

Atkinson, D.: The Verulamium forum inscription. — AntJ. 37 (1957), 216—217. [Dazu R. P. Wright, ebd. 217—218]. [3102

Baradez: Le Castellum du Mazafran et la Colonia Aelia Augusta Tipasensium s. Nr. 1241.

Bărăccilă, A.: In jurul monumentului dedicat împăratului Gordian III de Cohors I Sagittariorum la Drubeta [A propos du monument érigé à Drubeta par la Cohorte I Sagittariorum en l'honneur de Gordien III.]. — StClstor. 8 (1957), 323—332. [3103

Bernardini, M.: Salento. Ritrovamenti di iscrizioni romane. — NSc. Ser. 8, 11 (1957), 191—198, Abb. [3104

Bertogg, H.: Jupiter Felvennis. — Schlern 31 (1957), 316—317, Abb. [3105

Betz, A.: Ein römischer Inschriftstein aus der Martinskirche in Linz. — Histor. Jb. d. Stadt Linz 1957, 341—344, 2 Taf. [3106

Bittel, K.: Zwei römische Meilensteine aus Galatien. — Anatolia 2 (1957), 89—94, 1 Taf. [3107

Bogaers, J. E.: Marcus Sattonius Iucundus. — Bull. van de Histor. Kring »Het Land van Herle« 7 (1957), 49—52, Abb. [3108

Bonafini, G.: Nuove iscrizioni romane di Cividate Camuno. — Epigraphica 17 (1955 [1957]), 82—103, Abb. [3109

Bouza-Brey, F.: El ara romana inédita en la Catedral de Santiago de Compostela. — Compostellanum 1 (1956), 495—503, 1 Taf. [3110

Brusin, G.: Il console Tito Cesernio Stazio Quinzio Macedone Quinziano e le sue parentele in Aquileia. — Studi Calderini/Paribeni 1, 259—272, Abb. [3111

— Epigrafi Aquileiesi in funzione di pietre miliari. — AttiIstVen. 114 (1955/56), 281—290. [3112

— Aziende imperiali nell'antica Aquileia s. Nr. 967.

Buren, A. W. van: The maxims of Grottaferrata. — Studi Calderini/Paribeni 1, 255—258. [3113

Chagny, A.: Sarcophages gallo-romains de Bresse et du Revermont. — Rhodania 31 (1956), 76—82. [3114

Cintas, J.: Note sur un nouveau milliaire. — Karthago 6 (1955), 128—129. [3115

Cloastre, R.: Marques de potiers sur tessons de céramique sigillée conservés au Musée de Rennes. — Annales de Bretagne 61 (1954), 306—327, 2 Taf. [3116

Collantes de Terán, F.: Cantillana (Sevilla). Huerta Alta. — NAHisp. 2 (1953 [1955]), 134—137 [lat. Inschrift]. [3117

Cremošnik, I.: Rimski spomenici iz okoline Bihacá [Monuments romains des environs de Bihać]. — GlMSar. NS. 12 (1957), 163—172, Abb., 3 Taf. [3118

Daicoviciu, C.: Ein neues Militärdiplom aus Dazien. — Dacia NS. 1 (1957), 191—203. [3119

De Franciscis, A.: Commento a due nuovi »tituli magistrorum campanorum«. — Studi Calderini/Paribeni 3, 353—358, Abb. [3120

Degrassi, A.: Nuovi documenti epigrafici del Trentino e Alto Adige. — VAHDalm. 56/59 (1954/57), 139—144, 2 Taf. [3121

— Un nuovo miliario calabro della Via Popillia e la Via Annia del Veneto. — Philologus 99 (1955), 259—265. [3122

Desaye, H.: Les inscriptions funéraires des Voconces de Die. — Rhodania 31 (1956), 63—65. [3123

D'Escurac-Doisy, H.: Un nouveau procurateur de Maurétanie Césarienne. — Mél. 69 (1957), 137—150, Abb., 1 Taf. [3124

Dobiáš, J.: Noch einmal zum Elogium von Tusculum (Dessau, ILS. 8965). — Eunomia. Ephemeridis Listy filologické suppl. 1, 1 (1957), 8—10. [3125

— Nový nápis ze Zany (Diana Veteranorum) a římský nápis na skále trenčinské (CIL. III 13 439 = Dessau, ILS 9122) [La nouvelle inscription de Zana et l'inscription romaine sur le rocher de Trenčín]. — LF. 5 (1957), 179—196. [3126

Dobson, B.: Marcus Torius Victor. — Germania 35 (1957), 120—122. [3127
D'Ors, A., R. Contreras: Dos lápidas romanas inéditas en el Museo de Linares. — RevABM. 63 (1957), 723—726, 2 Taf. [3128
Edmar, St.: L'interprétation d'une inscription de l'Isola Sacra. — Eranos 55 (1957), 34—37. [3129
Egger, R.: Nouvelle lecture de l'inscription de Corseul (Côtes-du-Nord). — Ogam 8 (1956), 433—434, 1 Taf. [3130
— Sanctissima Mater. — Studi Calderini/Paribeni 1, 239—250. [3131
Faccenna, D.: Tivoli. Materiale scultoreo ed epigrafico esistente nella Villa dei Conti Colleoni presso la Villa Adriana. — NSc. Ser. 8, 11 (1957), 143—147, Abb. [3132
— Tivoli (Piazza Filippo Sabucci). Cippi acquari della Marcia e dell' Anio Vetus. — NSc. Ser. 8, 11 (1957), 138—139, Abb. [3133
— Roma (Via Tiburtina). Sarcofago marmoreo e cippo funerario s. Nr. 1120.
Fasti Ostienses. Post A. Degrassi ed. atque illustr. cur. L. Vidman. Praha: Rada Společ. Věd 1957. 98 S., 5 Taf. (Rozprawy Českoslov. Akad. Věd 67, 6). [3134
Fellmann: Die Principia des Legionslagers Vindonissa s. Nr. 1361.
Ferrua, A.: L'epitaffio vaticano di Evenzio. Eventius e Bonifatius. — RACrist. 32 (1956), 31—40, Abb. [3135
— Alcune iscrizioni romane con dati topografici. — Studi Calderini/Paribeni 3, 607—619, Abb. [3136
Filgueira Valverde, J., A. d'Ors: Inscripciones romanas de Galicia. 3: Museo de Pontevedra. Santiago de Compostela: Inst. Padre Sarmiento 1955. 132 S., 74 Taf. | RevABM. 63 (1957), 796—798 (A. Balil). [3137
Florescu, G.: O piatră de hotar de la Capidava [Une borne de Capidava]. — StClstor. 8 (1957), 317—321, Abb. [3138
Fogolari, G.: Un gruppo di titoli altinati. — Epigraphica 17 (1955 [1957]), 3—14, Abb. [3139
Franz, L.: Südtiroler Reitia-Inschriften. — Schlern 31 (1957), 105—109, 1 Taf. [3140
García Calvo, A.: Nueva interpretación del Carmen arval. — Emerita 25 (1957), 387—448. [3141
Gordon, A. E., J. S. Gordon: Album of dated Latin inscriptions. P. 1: Rome and the neighborhood. Augustus to Nerva. Vol. 1. 2. Berkeley: Univ. of California Pr. 1957. [3142
— — Contributions to the palaeography of Latin inscriptions. Berkeley and Los Angeles: Univ. of Calif. Pr. 1957. XII S., S. 65—232, Abb. (Univ. of Calif. Publ. in classical archaeology. 3, 3). [3143
Grenier, A.: Fragment d'inscription d'Allonnes (Sarthe). — Gallia 15 (1957), 145—146, Abb. [3144
Guarducci, M.: Due presunte date consolari a S. Sebastiano. — RendPontAcc. 28, 3/4 (1955/56 [1957]), 181—195, Abb. [3145
Horovitz, F.: Prezenta în Pannonia, în vremea lui Gallienus, a legiunilor V Macedonica şi XIII Gemina şi incetarea stăpînirii romane în Dacia [La présence en Pannonie, à l'époque de Gallien, des légions V Macedon. et XIII Gemina et la fin de la domination romaine en Dacie]. — StClstor. 8 (1957), 333—338. [3146
Ausgewählte lateinische Inschriften zur Sozial- und Wirtschaftsgeschichte der frühen Kaiserzeit in Rom. — VDI. 56 (1956), 185—232; 57 (1956), 167—264; 58 (1956), 173—218. [3147
Inscriptiones Latinae liberae rei publicae. A cura di A. Degrassi. Fasc. 1. Firenze: Nuova Italia 1957. X, 292 S. | Epigraphica 17 (1955 [1957]), 164—165 (A. Calderini). [3148
Inscriptions latines de l'Algérie. T. 2: Numidie cirtéenne. Fasc. 1, rec. par S. Gsell, prép. par E. Albertini et J. Zeiller, publ. par H.-G. Pflaum sous la dir. de L. Leschi. Paris: Champion 1957. 380 S. | Latomus 16 (1957), 751—752 (M. Renard). [3149
Karner, K.: Die sator-Inschrift von Aquincum. — ThLZ. 82 (1957), 391—394. [3150
Kaspers, W.: Zu den germanisch flektierten sakralen Namen auf lateinischen Inschriften. — Beitr. z. Namenforschung 8 (1957), 289—295. [3151
Kolbe, H.-G.: Die Weihinschriften für Iuppiter Bazosenus aus Lambaesis. — — Philologus 100 (1956), 320—323. [3152
Labrousse, M.: Inscriptions religieuses inédites de Lugdunum Convenarum (Saint-Bertrand-de-Comminges). — Annales du Midi 1956, fasc. 2/3. [3153
— Un milliaire inédit de Constantin à Castelnau-Magnoac (Hautes-Pyrénées). — Pallas 4 (1956), 67—86. [3154
— Note complémentaire sur les monnaies et les marques de potiers trouvées à Galane s. Nr. 2903.
— Une statue du Cadurque M. Lucterius Leo au sanctuaire fédéral des Gaules. —

Bull. de la Société des études littéraires, scientif. et artist. du Lot 76 (1955), 114—118, Abb. [3155

Lambrechts, P.: Op de Grens van Heidendom en Christendom. 1955. | REA. 59 (1957), 211—212 (P. Courcelle). [3156

Lambrino, S.: C. Arruntius Catellius Celer, gouverneur de Lusitanie sous Vespasien. — Rev. da Fac. de Letras de Lisboa 21, 1 (1955). [11 S.]. [3157

Lancel: Une nécropole chrétienne à Tébessa s. Nr. 1237.

Lazzeroni, R.: La geminatio vocalium nelle iscrizioni latine. — AnnPisa 25 (1956), 124—135. [3158

Leglay, M.: Inscriptions de Lambèse sur les deux premiers légats de la Province de Numidie. — CRAcInscr. 1956, 294—307, Abb. [3159

— Nouvelles inscriptions de Mila. — Libyca 4 (1956), 239—246, Abb. [3160

Le Roux, F.: A propos de l'inscription de Corseul (Côtes-du-Nord). — Ogam 8 (1956), 431—432. [3161

— Un milliaire de l'empereur Postume en provenance d'Ydes (Cantal). — Ogam 8 (1956), 343—348, 2 Taf. [3162

Louis, R.: Un fragment d'inscription latine trouvée à Sens. — BAntFr. 1954/55 (1957), 140—141. [3163

Macrea, M.: Inscripţii de la Porolissum in Muzeul raional Zălau. — ActMuz. 1956, 101—117, Abb. [3164

Mansuelli, G. A.: Genesi e caratteri della stele funeraria padana. — Studi Calderini/Paribeni 3, 365—384, Abb. [3165

Marcos Pous, A.: Hallazgo de una importante inscripción latino-ebraica Emeritense. — RACrist. 32 (1956), 249—252, Abb. [3166

Marec, E.: Inscriptions recueillies à Hippone dans les thermes du nord et du sud. — Libyca 4 (1956), 291—317, Abb. [3167

Mariner Bigorra, S.: Colonia Faventia Julia Augusta Patricia(?) Barcino. — Emerita 25 (1957), 149—158, 2 Taf. [3168

Marrou, H.-I.: La Théopolis du préfet du prétoire Dardanus. — BAntFr. 1954/55 (1957), 54—55. [3169

Mayr, K. M.: Antike Grenzinschrift aus den Fleimstaler Bergen. — Schlern 31 (1957), 110—112. [3170

Mócsy, A.: Római sírkö Magyarszerdahelyröl [Une pierre tombale romaine de Magyarszerdahely]. — Folia archaeologica (Budapest) 9 (1957), 83—90, Abb. [3171

Montesi, G.: Nota dolichena. — SteMat. 27 (1956), 142—145, 1 Taf. [3172

Oliver, J. H.: The epitaph of Aerarius Aper at Tarraco. — AJPh. 78 (1957), 152—162. [3173

— Symmachi, Homo Felix. — MemAmAc. 25 (1957), 7—15, 1 Taf. [3174

Onorato, O. G.: Iscrizioni pompeiane. La vita pubblica. Pref.: A. Maiuri. Firenze: Sansoni 1957. 215 S., 4 Taf. (Il Melagrano. 182/185). [3175

Pfeffer, W. v.: Neugefundener Grabstein eines arabisch-parthischen Reiters. — Mainzer Zeitschrift 52 (1957), 120—122, Abb. [3176

Pflaum, H.-G.: Contribution aux fastes de la Lyonnaise. — BAntFr. 1954/55 (1957), 112—113. [3177

— Trois inscriptions mutilées de la région de Constantine. — BAntFr. 1954/55 (1957), 164. [3178

Pietrangeli, C.: Una nuova iscrizione romana relativa a Fons. — Studi Calderini/Paribeni 1, 251—254. [3179

Pitimada, L.: Sull'elogium di Polla. — ArchStorCalabria 25 (1956), 491—493. [3180

Protase, D.: Două inscripţii latine inedite de la Ilişua. — MCArh. 4 (1957), 319—323, Abb. [3181

Richelot, R.: Inscription inédite »Fanum Martis« trouvée à Corseul (Côtes-du-Nord). — Ogam 8 (1956), 63—66, 1 Taf. [3182

Romanelli, P.: Portus Curensis. — Studi Calderini/Paribeni 3, 601—605, Abb. [3183

Rosén, H. B.: Notes on some early Latin inscriptions. — Mnemosyne Ser. 4, 10 (1957), 239—246. [3184

Rougé, J.: »Ad ciconias nixas«. — REA. 59 (1957), 320—328. [3185

Russu, I. I.: Descoperiri şi achiziţii ale Muzeului raional Turda. — ActMuz. 1955, 100—106, Abb. [3186

— Materiale epigrafice in Muzeul raional Dej. — ActMuz. 1956, 118—131, Abb. [3187

— Vicus »Ultinsium«. — StClstor. 8 (1957), 311—315, Abb. [3188

Ruysschaert, J.: Annotations épigraphiques autographes du Jésuite Vito Maria Giovenazzi (1737/1805). — Epigraphica 17 (1955 [1957]), 79—81. [3189

Sadurska, A.: Inscriptions latines et monuments funéraires romains au Musée National de Varsovie. 1953. | Mnemosyne Ser. 4, 10 (1957), 367—369 (G.-J.-M.-J.

Te Riele). StClstor. 7 (1956), 457—459 (I. I. Russu). [3190

Sajeva, B.: Iscrizioni da Albano Laziale. — Studi Urbinati di storia, filos. e letteratura 31 (1957), 296—301. [3191

Schoppa, H.: Eine römische Kursivinschrift aus Hofheim/Maintaunus. — Nassauische Heimatblätter 47 (1957), 36—39. [3192

Segert, S.: Der römische Sarkophag CIL. III 4327 in der evang. A.B. Kirche in Komárno (Komorn). — Slovenská Archeológia 5 (1957), 240—244, Abb. [3193

Sergejevski, D.: Epigrafski nalazi iz Bosne [Epigraph. Funde aus Bosnien]. — GlMSar. NS. 12 (1957), 109—125, 3 Taf. [3194

Seyfarth: Potitus rerum omnium s. Nr. 3723.

Soffredi, A.: Sul codice trivulziano No. 754. — Epigraphica 17 (1955 [1957]), 143—157, Abb. [3195

Stefan, G.: Un miliario dell' epoca di Diocleziano scoperto a Garvăn (Dinogetia). — Dacia NS. 1 (1957), 221—227, Abb. [3196

Stiehl, R.: Die Datierung der kapitolinischen Fasten. Tübingen: Niemeyer 1957. 70 S. (Aparchai. 1). [3197

Stoian, J.: A propos de CIL. III 6157 et 7566. — Dacia NS. 1 (1957), 329—335, Abb. [3198

Tablettes Albertini. Vol. 1. 2. 1952. | ArchClass. 9 (1957), 139—140 (M. Floriani Squarciapino). [3199

Tailliez, F.: L'inscription »sicule« de Centuripe. — Latomus 16 (1957), 458—460. [3200

Testini, P.: Le iscrizioni cristiane di Roma. Vol. 3. — RACrist. 32 (1956), 106—114. [3201

Traversa, A.: Replica a una »Postilla«. — Epigraphica 17 (1955 [1957]), 15—32, 1 Taf. [zu Gallavotti, Antidoron H. H. Paoli, 1956, 323f.]. [3202

Tsontchef, D.: Notes sur quelques témoins matériels de la culture romaine en Belgique. — Latomus 16 (1957), 465—467. [3203

Ventura Solsona, S.: Inscripciónes halladas en el Anfiteatro [Taragona] (noviembre 1951—marzo 1955). — Boletin Arqueológico 55 (1955), 3—21, 14 Taf. [3204

Veyne, P.: La table des Ligures Baebiani et l'institution alimentaire de Trajan. 1. — Mél. 69 (1957), 81—135. [3205

Vollgraff, W.: Les cryfii des inscriptions mithraïques. — Hommages Deonna [s. Nr. 293], 517—530. [3206

Vorbeck, E.: Militärinschriften aus Carnuntum. 1954. | ArchErt. 84 (1957), 233—234 (G. Alföldy). [3207

Wright, R. P.: Roman Britain in 1955/56. 2: Inscriptions. — JRS. 46 (1956), 146—152; 47 (1957), 226—234. [3208

H. Religion, Mythos, Kult

(Feste s. Abschn. K 6)

Adriani: Pax romana. Figura storica e valore religioso s. Nr. 1847.

Aland, K.: Die Arbeiten der Deutschen Akademie d. Wiss. auf dem Gebiet der Religionsgeschichte. 2. erw. Aufl. Berlin: Akademie-Verl. 1957. 64 S. (Dt. Akad. d. Wiss., Vorträge u. Schriften. 58). [3209

— Die religiöse Haltung Kaiser Konstantins s. Nr. 2017.

— Petrus in Rom. — HZ. 183 (1957), 497—516. [3210

Albright, W. F.: Die Religion Israels im Lichte der archäologischen Ausgrabungen. 1956. | ZAssyr. NF. 18 (1957), 352—354 (E. Jenni). RHPhilos. 37 (1957), 265 (E. Jacob). GGA. 211 (1957), 1—8 (K. Galling). [3211

Alföldi, A.: Die trojanischen Urahnen der Römer. Basel: Reinhardt 1957. 56 S., 15 Taf. (Rektoratsprogr. d. Univ. Basel f. d. Jahr 1956). [3212

Almagro Basch, M.: Manifestaciones del culto de Zeus Serapis y de Sabazios de España. — Cuadernos de Trabajos de la Escuela de Historia y Arqueol. de Roma 8 (1956), 198—212. [3213

Alsina Clota, J.: Ideas fundamentales sobre mitología griega. — Helmantica 6 (1955), 111—130. [3214

— Nuevas métodos en el campo de la religión y la mitología griegas. — Emerita 25 (1957), 279—309. [3215

— La religión helenística. — Helmantica 6 (1955), 387—418. [3216

Altheim, F.: Der unbesiegte Gott. Heidentum u. Christentum. Hamburg: Rowohlt 1957. 136 S. (Rowohlts deutsche Enzyklopädie. 35). [3217

— Römische Religionsgeschichte. 2. Aufl. Bd. 1. 2. 1956. | DLZ. 78 (1957), 596—598 (H. Hunger). ClRev. NS. 7 (1957), 266 (R. M. Cook). BAntBeschav. 32 (1957), 66—67 (W. den Boer). Latomus 16 (1957), 193—194 (M. van den Bruwaene). [3218

Andreotti, R.: Religione ufficiale e culto dell' imperatore nei »libelli« di Decio. — Studi Calderini/Paribeni 1, 369—376. [3219

Anthes, R.: Atum, Nefertem u. die Kosmogonien von Heliopolis: ein Versuch. — ZÄSpr. 82 (1957), 1—8. [3220

Arnold, P.: Augures et flamines. — Ogam 9 (1957), 139—145. [3221

— Les sacrifices humains et la Devotio à Rome. — Ogam 9 (1957), 27—36. [3222

Atti dell' VIII Congresso internazionale di storia delle religioni (Roma 17—23 Aprile 1955). Pubbl. col concorso della Giunta Centrale per gli Studi Storici e dell'Unesco. Firenze: Sansoni 1956. VIII, 499 S. | ThLZ. 82 (1957), 572—573 (G. Lanczkowski). SteMat. 28 (1957), 153—155 (U. Bianchi). [3223

Avi-Yonah, M.: Places of worship in the Roman and Byzantine periods. — Antiquity and survival 2 (1957), 262—272, Abb. [3224

Baldry, H. C.: The dramatization of the Theban legend. — GaR. Ser. 2, 3 (1956), 24—37. [3225

Balil, A.: El culto de Isis en España. — Cuadernos de Trabajos de la Escuela de Historia y Arqueol. de Roma 8 (1956), 213—224. [3226

Barb, A. A.: Abraxas-Studien. — Hommages Deonna [s. Nr. 293], 67—86, 1 Taf. [3227

Bayet, J.: Histoire politique et psychologique de la religion romaine. Paris: Payot 1957. 336 S. (Bibliothèque historique.) | JSav. 1957, 140—141 (J. Zeiller). SteMat. 28 (1957), 171—174 (A. Brelich). [3228

Beaujeu, J.: La religion romaine à l'apogée de l'empire. 1. 1955. | ClRev. NS. 7 (1957), 74—75 (J. M. C. Toynbee). HZ. 183 (1957), 439—440 (O. Eißfeldt). RevPhil. 31 (1957), 139—140 (A. Ernout). Gnomon 29 (1957), 258—261 (K. Latte). Mnemosyne Ser. 4, 10 (1957), 369—370 (E. J. Jonkers). [3229

Bell, M.: Druides, héros, centaures. De Thulé à l'Asie des steppes. Paris: Plon 1955. XX, 216 S., 46 Taf. (Coll. D'un monde à l'autre). [3230

Bellinger, A. R.: The immortality of Alexander and Augustus. — YaleClSt. 15 (1957), 93—100. [3231

Benoit, F.: Epithètes indigènes des dieux gallo-romains. Nom ou surnom? — Ogam 8 (1956), 351—356. [3232

Bérard, J.: De la légende grecque à la Bible. Phaéton et les sept vaches maigres. — RHRel. 151 (1957), 221—230. [3233

— De la mythologie grecque à la Bible. — RHRel. 151 (1957), 142—144. [3234

Berchem, D. van: Le martyre de la légion thébaine. 1956. | REL. 34 (1956 [1957]), 410—413 (H.-G. Pflaum). RevPhil. 31 (1957), 132—133 (P. Lemerle). Mnemosyne Ser. 4, 10 (1957), 187 (A. Sizoo). RHPhilos. 37 (1957), 355—356 (A. Benoît). REA. 59 (1957), 215—216 (P. Courcelle). RHRel. 152 (1957), 238—240 (H.-I. Marrou). Latomus 16 (1957), 401—402 (H. E. Wedeck). [3235

Bianchi, U.: L' VIII congresso di storia delle religioni. — SteMat. 26 (1955 [1956]), 161—172. [3236

— Orfeo e l'orfismo nell'epoca classica. — SteMat. 28 (1957), 151—156. [3237

— Protogonos. Aspetti dell'idea di Dio nelle religioni esoteriche dell' antichità. — SteMat. 28 (1957), 115—133. [3238

International Bibliography of the history of religions. Bibliographie internat. de l'histoire des religions. For the year 1954. Comp. by H. Boas. Leiden: Brill 1957. XVI, 200 S. [3239

Bielefeld: Götterstatuen auf attischen Vasenbildern s. Nr. 2503.

Bielohlavek, K.: Zu den ethischen Werten in den Idealtypen der griech. Heldensage (Herakles u. Achilleus). — WSt. 70 (1957), 22—43. [3240

Blasquez, J. M.: Le culte des eaux dans la péninsule ibérique. — Ogam 9 (1957), 209—233, Abb., 6 Taf. [3241

Bleicken, J.: Kollisionen zwischen Sacrum und Publicum. Eine Studie zum Verfall der altrömischen Religion. — Hermes 85 (1957), 446—480. [3242

— Oberpontifex und Pontifikalkollegium. Eine Studie zur römischen Sakralverfassung. — Hermes 85 (1957), 345—366. [3243

Böhme, R.: Orpheus in Thrakien und Phrygien. — Annales Universitatis Saraviensis 5, 1 (1956), 3—36. | REG. 70 (1957), 522—524 (L. Moulinier). [3244

Bonnet, H.: Die Libation ein Fruchtbarkeitsritus? — MDIK. 14 (1956), 11—16. [3245

Bossert, H. Th.: Meine Sonne. — Orientalia NS. 26 (1957), 97—126, 8 Taf. [3246

Brandon, S. G. F.: The fall of Jerusalem and the Christian church. A study of the effects of the Jewish overthrow of AD. 70 on christianity. 2. ed. London: S. P. C. K. 1957. XX, 294 S. [3247

Brelich, A.: Appunti su una metodologia (K. Kerényi: Umgang mit Göttlichem. 1955). — SteMat. 27 (1956), 1—30. [3248

— Dee latine e miti vedici. — SteMat. 28 (1957), 113—123. [3249

— Heros. Il culto greco degli eroi e il problema degli esseri semi-divini. Roma: Ed. dell' »Ateneo« 1956. 206 S. (Univ.d. studi di Roma, Fac. di lett.). [3250

— Mito e fede. — SteMat. 28 (1957), 109—112. [3251

— Les monosandales. — Nouv. Clio 7/9 (1955/57), 469—484. [3252

— Theseus e i suoi avversari. — SteMat. 27 (1956), 136—141. [3253

Brommer, F.: Attische Könige. — Charites [s. Nr. 306], 152—164, 2 Taf. [3254

Bruhl, A.: Liber Pater. 1953. | StEtr. 25 (1957), 604—607 (M. Pallottino). ClPh. 52 (1957), 209 (F. R. Walton). [3255

Brunner, H.: Das rechtliche Fortleben des Toten bei den Ägyptern. — AOF. 18 (1957), 52—61. [3256

— Zum Raumbegriff der Ägypter. — Studium generale 10 (1957), 612—620. [3257

Brunner-Traut, E.: Atum als Bogenschütze. — MDIK. 14 (1956), 20—28, Abb. [3258

Bruyère: Une nouvelle famille de prêtres de Montou trouvée par Baraize à Deir el Bahri s. Nr. 495.

Buffière, F.: Les mythes d'Homère et la pensée grecque. Paris: Belles Lettres 1957. 680 S. (Collection d'études anciennes). | Emerita 25 (1957), 257—260 (J. Alsina Clota). EtCl. 25 (1957), 361—362 (R. Ruelle). REG. 70 (1957), 259—262 (R. Flacelière). [3259

Bursch, F. C.: Labyrint, geschiedenis van een symbool. — Nehallenia 2 (1957), 19—29; 39—48, Abb. [3260

Burzachechi, M.: Sull'uso pre-costantiniano del monogramma greco di Cristo. — RendPontAcc. 28, 3/4 (1955/56 [1957]), 197—211, Abb. [3261

Campenhausen, H. v.: Der Kriegsdienst der Christen in der Kirche des Altertums. — Universitas 12 (1957), 1147—1156. [3262

Capovilla, G.: Per l'origine di alcune divinità romane. — Athenaeum 35 (1957), 89—120. [3263

Carcopino, J.: Le mystère d'un symbole chrétien. 1955. | RScRel. 31 (1957), 84—85 (S. Giet). RevPhil. 31 (1957), 143—144 (A. Ernout). Latomus 16 (1957), 196—197 (G. Faider-Feytmans). [3264

— De Pythagore aux apôtres. 1956. | Gnomon 29 (1957), 261—270 (J. M. C. Toynbee). Latomus 16 (1957), 535—539 (Ch. Delvoye). [3265

— Encore tropaeum et nomen. — Studi Calderini/Paribeni 1, 385—390. [3266

Carnoy, A.: Dictionnaire étymologique de la mythologie gréco-romaine. Paris: Geuthner 1957. 211 S. | REA. 59 (1957), 409 (P. Grimal). REG. 70 (1957), 520—522 (J. Defradas). [3267

Carrington, Ph.: The early Christian church. Vol. 1: The first Christian century. Vol. 2: The second Christian century. Cambridge: Univ. Pr. 1957. XX, 520 S., 32 Taf., Ktn.; XIII, 519 S., 33 Taf., Ktn. | Times Liter. Suppl. 56 (1957), 581. [3268

Castiglione: Griech.-ägypt. Studien. (2.) Beitrag zu dem griech.-röm. Privatkult s. Nr. 2579.

Cerfaux, L., J. Tondriau: Le culte des souverains dans la civilisation gréco-romaine. Paris: Desclée 1957. 535 S. (Bibliothèque de Théologie. Ser. 3, 5.) [3269

Chadwick, J.: Potnia. — Minos 5 (1957), 117—129. [3270

Chamoux: Paganisme et christianisme s. Nr. 1145.

Chapouthier, F.: Amulettes d'autrefois et d'aujourd'hui. — Mélanges Merlier 1 [s. 1956 Nr. 332], 113—117, Abb. [3271

Charbonneaux, J.: Sarapis et Isis et la double corne d'abondance. — Hommages Deonna [s. Nr. 293], 131—141, 2 Taf. [3272

Chassaing, M.: Les barillets de Dis Pater. — BAntFr. 1954/55 (1957), 186—187. [3273

— «Le clou et l'ancre» du Dispater de Viège. — Nouv. Clio 7/9 (1955/57), 229—246, Abb. [3274

Christophe, L.-A.: Les divinités du Papyrus Harris I et leurs épithètes. — ASAntEg. 54 (1956/57), 345—389. [3275

Clairmont, Ch. W.: Studies in Greek mythology and vase-painting. — YaleClSt. 15 (1957), 159—178. [3276

Compernolle, R. van: Les Deinoménides et le culte de Déméter et Korè à Géla. Sources littéraires et découvertes archéologiques. — Hommages Deonna [s. Nr. 293], 474—479. [3277

Contenau, G.: Représentations sumériennes de la hiérogamie. — Hommages Deonna [s. Nr. 293], 149—156. [3278

Cramer, M.: Das altägypt. Lebenszeichen ☥ im christl. Aegypten. 1955. | ChrEg. 32 (1957), 389 (J. Vergote.) [3279

Crawford, O. G. S.: The eye goddess. London: Phoenix House 1957. 168 S., Abb., 48 Taf. [3280

Cremošnik, I.: Narodna simbolika na rimskim spomenicima u našim krajevima [Les symboles populaires sur les monuments romains dans nos régions]. — GlMSar. NS. 12 (1957), 217—234, Abb., 1 Taf. [3281

Cullmann, O.: Dieu et César. Neuchâtel: Delachaux & Niestlé 1956. 126 S. (Civilisation et christianisme). [3282

Cumont, F.: Mysteries of Mithra. Transl. from the 2. rev. French ed. by Th. J. McCormack. New York: Dover 1957. 239 S. [3283

— Oriental religions in Roman paganism. 2. ed. New York, Dover, London: Mayflower & Vision Pr. 1957. 298 S. [3284

Curtius, L.: Die Rankengöttin. Ein Vortrag. (1951). — Curtius, Torso (Stuttg. 1957), 192—210. [3285

Curto, S.: La funzione delle lapidi funerarie egizie dell' Antico Regno. — Studi Calderini/Paribeni 2, 1—31, Abb. [3286

Daux, G.: Interdiction rituelle de la menthe. — BCH. 81 (1957), 1—5. [3287

Decharme, P.: Ἑλληνικὴ μυθολογία. Μετάφ. A. Phrankias. Athen 1956. 796 S. [3288

Defradas, J.: La religion de Pindare. — REG. 70 (1957), 224—234. [3289

— Les thèmes de la propagande delphique. 1954. | ClRev. NS. 7 (1957), 64—66 (R. J. Hopper). [3290

Delatte, A.: Le Cycéon, breuvage rituel des mystères d'Éleusis. 1955. | RBPhil. 35 (1957), 1146—1147 (R. Joly). [3291

Delcourt, M.: Héphaistos ou la légende du magicien. Paris: Belles Lettres 1957. 245 S. (Bibl. de la Fac. de phil. et lettres de l'Univ. de Liége. 146.). [3292

De Martino, E.: Mito e rito. — SteMat. 28 (1957), 141—143. [3293

— La ritualità del lamento funebre antico come tecnica di reintegrazione s. Nr. 3885.

Deonna, W.: L'âme pupilline et quelques monuments figurés. — AntCl. 26 (1957), 59—90, 2 Taf., Abb. [3294

— Deux études de symbolisme religieux. 1955. | REL. 34 (1956 [1957]), 399—400 (P. Boyancé). SteMat. 27 (1956), 150—151 (A. Brelich). [3295

— Talismans en bois de cerfs. — Ogam 8 (1956), 3—14. [3296

— De Télesphore au »moine bourru«. Dieux, génies et démons encapuchonnés. 1955. | JRS. 46 (1956), 180—182 (J. M. C. Toynbee). SteMat. 26 (1955 [1956]), 149—150 (D. Sabbatucci). Ogam 9 (1957), 320—321 (F. Le Roux). [3297

Des Places, E.: Bulletin de la philosophie religieuse des Grecs. — RScRel. 45 (1957), 442—473 [Lit.-Bericht]. [3298

Detienne, M.: La légende pythagoricienne d'Hélène. — RHRel. 152 (1957), 129—152. [3299

Dibelius, M.: Botschaft u. Geschichte. Ges. Aufsätze. 2: Zum Urchristentum und zur hellenist. Religionsgeschichte. 1956. | Gnomon 29 (1957), 314—315 (A. D. Nock). RHRel. 152 (1957), 237 (A. Jaubert). [3300

Dimitrov, D. P.: Neuentdeckte epigraphische Denkmäler über die Religion der Thraker in der frühhellenistischen Epoche. — Hommages Deonna [s. Nr. 293], 181—193, 2 Taf. [3301

Dörrie, H.: Kontroversen um die Seelenwanderung im kaiserzeitlichen Platonismus. — Hermes 85 (1957), 414—435. [3302

Doignon, J.: Sacrum — sacramentum — sacrificium dans le texte latin du livre de la sagesse. — REL. 34 (1956 [1957]), 240—253. [3303

Donadoni, S.: La religione dell'Egitto antico. 1955. | ChrEg. 32 (1957), 251 (Ph. Derchain). SteMat. 27 (1956), 149 (A. Bausani). [3304

Dothan, M.: Some aspects of religious life in Palestine during the Hyksos rule. — Antiquity and Survival 2 (1957), 121—130, Abb., Taf. [3305

Drioton, E., G. Contenau, J. Duchesne-Guillemin: Les religions de l'Orient ancien. Paris: Fayard 1957. 144 S. (Je sais, je crois. 141.) | Muséon 70 (1957), 373—374 (G. Ryckmans). [3306

— — — Le religioni dell'antico Oriente. Trad. di L. Rosadoni. Catania: Ed. Paoline 1957. 213 S. [3307

Driver, G. A.: Canaanite myths and legends. Edinburgh: Clark 1956. XIV, 169 S. (Old Testament Studies .3.) | OLZ. 52 (1957), 517—520 (O. Eißfeldt). [3308

Duchemin, J.: Recherche sur un thème aristophanien et ses sources religieuses: les voyages dans l'autre monde. — EtCl. 25 (1957), 273—295. [3309

Dumezil, G.: Déesses latines et mythes védiques. 1956. | Emerita 25 (1957), 222—223 (R. F. Adrados). JAOS. 77 (1957), 143—144 (P.-E. Dumont). EtCl. 25 (1957), 500—501 (F. Charlier). AntCl. 26 (1957), 248—249 (M. van den Bruwaene). REA. 59 (1957), 155—158 (P. Grimal). RBPhil. 35 (1957), 1099—1100 (M. Leroy). Ogam 9 (1957), 332—334 (F. Le Roux). [3310

— Juppiter, Mars, Quirinus. 1955. | Emerita 25 (1957), 546—549 (J. Alsina Clota). Latomus 16 (1957), 774—775 (M. Leroy). [3311

— Religion indo-européenne. Examen de quelques critiques récentes (John Brough, I; Angelo Brelich). — RHRel. 152 (1957), 8—30. [3312

— Remarques sur les armes des dieux de »troisième fonction« chez divers peuples indo-européens. — SteMat. 28 (1957), 1—10. [3313

— Rituels indo-européens à Rome. 1954. | RevPhil. 31 (1957), 141—142 (A. Ernout). AnzAW. 10 (1957), 169—170 (G. Oberhammer). [3314

Dussaud, R.: Les Dii patrii de Lepcis (Leptis Magna). — Hommages Deonna [s. Nr. 293], 203—208. [3315

— Melqart, d'après de récents travaux. — RHRel. 151 (1957), 1—21, Abb. [3316

— Yahwé, fils de El. — Syria 34 (1957), 232—242. [3317

Duval, P.-M.: Les dieux de la Gaule. Paris: Presses univ. de France 1957. II, 136 S., Abb. (Mythes et religions. 33.) | Ogam 9 (1957), 324—327 (F. Le Roux). Archeol. Rozhledy 9 (1957), 577—578. Zephyrus 8 (1957), 312—313 (J. M. Blazquez). Latomus 16 (1957), 545—550 (W. Deonna). [3318

— Le dieu Smertrios et ses avatars gallo-romains. — Études celtiques 6 (1953/1954 [1955]), 219—238, Abb. [3319

Egger, R.: Von einem Bergheiligtum u. von Mithräen [Auszug]. — AnzWien 1957, 381—382. [3320

— Sanctissima Mater s. Nr. 3131.

Ehrhardt, A.: Myth and ritual from Alexander to Constantine. — Studi in onore di P. de Francisci 4 (Milano 1956), 421—444. [3321

Ensslin, W.: Die Religionspolitik des Kaisers Theodosius d. Gr. 1953. | JRS. 46 (1956), 178—180 (R. L. P. Milburn). [3322

Eriksson, S.: Wochentagsgötter, Mond u. Tierkreis. 1956. | Latomus 16 (1957), 499 (L. Herrmann). [3323

Fascher, E.: Gottes Königtum im Urchristentum. — Numen 4 (1957), 85—113. [3324

Feaver, D. D.: Historical development in the priesthoods of Athens. — YaleClSt. 15 (1957), 121—158. [3325

Ferguson, J.: The nature of early Christian pacifism. — Hibbert Journal 55 (1957), 340—349. [3326

Ferrero, L.: Storia del Pitagorismo nel mondo romano (dalle origini alla fine della Repubblica). Cuneo: Univ. di Torino, Fac. di Lettere e Filosofia 1955. 451 S. [3327

Ferri: Apollo Sminteo e Apollo di Vei s. Nr. 2285.

Festugière, A. J.: Epicurus and his gods. 1955. | JHS. 77 (1957), 172—173 (H. J. Rose). JRS. 46 (1956), 175—177 (G. B. Kerferd). [3328

— La révélation d'Hermès Trismégiste. 3. 4. 1953/54. | DLZ. 78 (1957), 11—16 (A. Auer). AJA. 61 (1957), 218—221 (P. J. Alexander). AnzAW. 10 (1957), 147—155 (K. Prümm). RA. Ser. 6, 49 (1957), 247—250 (Ch. Picard). JRS. 47 (1957), 257—258 (A. H. Armstrong). [3329

Fischer, F.: Heldensage u. Politik in der klass. Zeit der Griechen. Diss. Tübingen 1937 [gedr. 1957]. 82 Bl. [Maschinenschr.] [3330

François, G.: Le polythéisme et l'emploi au singulier des mots ΘΕΟΣ, ΔΑΙΜΩΝ dans la littérature grecque d'Homère à Platon. Paris: Belles Lettres 1957. 374 S. [3331

Frankfort, H.: La religione dell'antico Egitto. Trad. di L. Fuà. Pref. di E. de Martino. Torino: Einaudi 1957. XX, 192 S., 8 Taf. (Biblioteca di studi etnol. e relig. 30.) [3332

Franz: Südtiroler Reitia-Inschriften s. Nr. 3140.

Frazer, J. G.: The golden bough. A study in magic and religion. Abridged ed. Vol. 1. 2. London: Macmillan 1957. X, 484 S., VIII S., S. 485—971. [3333

Freymuth, G.: Methodisches zur epikureischen Götterlehre. — Philologus 99 (1955), 234—244. [3334

Gabričević, B.: Deus laetus. — VAHDalm. 56/59 (1954/57), 136—138, 1 Taf. [3335

Gagé, J.: Apollon romain. 1955. | HZ. 184 (1957), 98—99 (C. Koch). RevPhil. Sér. 3, 31 (1957), 319—320 (A. Ernout). [3336

— La poutre sacrée des Horatii. A propos du «tigillum sororium». — Hommages Deonna [s. Nr. 293], 226—237. [3337

Gallavotti, C.: Ares e Areios prima di Omero. — RivFil. NS. 35 (1957), 225—233. [3338

Gallet de Santerre, H.: A propos des cultes déliens: Dodékathéon et Létoon. — RA. Sér. 6, 50 (1957), 58—66. [3339

— Ulysse meurtrier de Dolon. — Mélanges Merlier 1 [s. 1956 Nr. 332], 229—234, 1 Taf. [3340

Gansiniec, Z.: Geneza tropaionu. 1955. | Archaeology 10 (1957), 295—296 (W. E. Raubitschek). [3341

García y Bellido, A.: El culto a Dea Caelestis en la Peninsula iberica. Madrid: Maestre 1957. 41 S., 6 Taf. [3342

— El culto a Ma-Bellona en la España romana. — Revista de la Univ. de Madrid 5 (1956), 471—484. [3343

— El culto a Serapis en la peninsula ibérica. 1956. | Latomus 16 (1957), 543—545 (M. Leglay). [3344

— Isis y el Collegium Illychiniariorum del Pratum novum (Conv. Cordubensis). — Hommages Deonna [s. Nr. 293], 238—244, 1 Taf. [3345

Gatti, C.: Gli dei fra i mortali. Saggio sugli onori religiosi a personalità umane nella tradizione storico-letteraria ellenica classica. Milano: Ist. ed. cisalpino 1956. 134 S. | JHS. 77 (1957), 340—341 (H. J. Rose). [3346

Ghali-Kahil, L. B.: Les enlèvements et le retour d'Hélène dans les textes et les documents figurés. 1955. | Gnomon 29 (1957), 216—222 (N. Himmelmann-Wildschütz). JSav. 1957, 32—39, 83—92 (P. Devambez). ClRev. NS. 7 (1957), 159—160 (R. M. Cook). REG. 70 (1957), 242—245 (P. Lévêque). AntCl. 26 (1957), 259—262 (J. Labarbe). REA. 59 (1957), 131—135 (J. Marcadé). [3347

Glasenapp, H. v.: Die nichtchristlichen Religionen. Frankfurt: Fischer 1957. 338 S., Abb. (Das Fischer-Lexikon. 1.) [3348

Gollob, H.: Götter in Karnuntum. Wien: Gerold 1957. 19 S., 18 Taf. (Veröffentlichungen d. Vereins Thermae Carnuntinae. 2.) [3349

— Das Reich der Ananke. — Festschrift J. A. Weißenhofer (Wien: Gerold 1957), 121—163, 24 Taf. [3350

— Religionsgeschichte der Archaik. Wien: Gerold i. Komm. 1956. 58 S., 16 Bl. Abb. [3351

Golosovker, J.: Skazanija o titanach [Titanensagen]. Moskau: Minist. f. Volksaufklärung der SSSR. 1955. 279 S. [3352

Gonzenbach, V. von: Untersuchungen zu den Knabenweihen im Isiskult der römischen Kaiserzeit. Bonn: Habelt 1957. 167 S., 32 Taf., Abb. (Antiquitas. Reihe 1, 4.) [3353

Goodenough, E. R.: Jewish symbols in the Greco-Roman period. 1—4. 1953/54. | ClPh. 52 (1957), 43—46, 182—186 (R. Marcus). [3354

— — 5. 6. 1956. | Orientalia NS. 26 (1957), 180—181 (R. North). Gnomon 29 (1957), 524—533 (A. D. Nock). RBibl. 64 (1957), 593—596 (L.-H. Vincent). REA. 59 (1957), 481—485 (A. Guillaumont). AJPh. 78 (1957), 450 (F. Landsberger). [3355

Gordini, G. D.: Origine e sviluppo del monachesimo a Roma. — Gregorianum 37 (1956), 220—260. [3356

Greifenhagen, A.: Griechische Eroten. Berlin: de Gruyter 1957. 89 S., Abb. | RA. Sér. 6, 50 (1957), 100—102 (Ch. Picard). REA. 59 (1957), 449—450 (H. Metzger). BAntBeschav. 32 (1957), 71—72 (A. W. Byvanck). [3357

Grenier, A.: Flamen Primus. — BAntFr. 1954/55 (1957), 96—97. [3358

— La triade capitoline en Provence. — Studi Calderini/Paribeni 1, 139—142. [3359

Grimal, P.: Une conception nouvelle de la Vénus romaine. — RHRel. 151 (1957), 126—127. [3360

— Vénus et l'immortalité (A propos de Tibulle, I, 3, 37 et suiv.). — Hommages Deonna [s. Nr. 293], 258—262. [3361

Guarducci: Un'antica offerta alla Era di Samo s. Nr. 3039.

Habachi, L.: Amenwahsu attached to the cult of Anubis ,Lord of the dawning land. — MDIK. 14 (1956), 52—62, Abb. [3362

Haberl, J.: Lebensbaum und Vase auf antiken Denkmälern Österreichs. — ÖJh. 43 (1956), Beibl. 187—248, Abb. [3363

Habicht, Ch.: Gottmenschentum und griechische Städte. 1956. | Gnomon 29 (1957), 211—216 (M. P. Nilsson). MusHelv. 14 (1957), 248 (Ernst Meyer). DLZ. 78 (1957), 880—882 (H. Volkmann). AntCl. 26 (1957), 247 (E. J. Bickerman). RevPhil. Sér. 3, 31 (1957), 269—271 (E. Will). JHS. 77 (1957), 340—341 (H. J. Rose). RBPhil. 35 (1957), 865—867 (C. Gorteman). [3364

Harari, I.: La fondation cultuelle de N. K. Wi. Ankh à Tehneh. Notes sur l'organisation cultuelle dans l'ancien empire égyptien. — ASAntEg. 54 (1956/57), 317—344, 1 Taf. [3365

Harrison, J. A.: Basic Greek mythology. Oxford: Blackwell 1957. VIII, 76 S. [3366

Haussleiter, J.: Deus internus. — RAC. 3 (1957), 794—842. [3367

Heichelheim, F. M.: The historical date for the final Memnon myth. — RhM. NF. 100 (1957), 259—263. [3368

Heidenreich, R.: Agamedes in Delphi oder Mythos und Baukunst. — Wiss. Z. d. Univ. Jena 4 (1954/55), 49—57. [3369

Herbig, R.: Zur Religion und Religiosität der Etrusker. — Historia 6 (1957), 123—132. [3370

Herington, C. J.: Athena Parthenos and Athena Polias. 1955. | ClRev. NS. 7 (1957),

84—85 (W. K. C. Guthrie). Gymn. 64 (1957), 283—284 (F. Scheidweiler). AJA. 61 (1957), 208—209 (E. B. Harrison). JHS. 77 (1957), 166 (A. W. Gomme). Mnemosyne Ser. 4, 10 (1957), 64—66 (A. W. Byvanck). MusHelv. 14 (1957), 246 (H. Jucker). REG. 70 (1957), 510—513 (F. Chamoux). [3371

Herrmann, S.: Isis in Byblos. — ZÄSpr. 82 (1957), 48—55. [3372

Herter, H.: Bacchus am Vesuv. — RhM. NF. 100 (1957), 101—114. [3373

— Proteus. — RE. 23, 1 (1957), 940—975. [3374

Heurgon, J.: Trois études sur le „Ver sacrum". Bruxelles: Latomus 1957. 52 S. (Coll. Latomus. 26.) [3375

Histoire des religions, publ. sous la dir. de M. Brillant et R. Aigrain. 3. 1955. | ChrEg. 32 (1957), 40—42 (P. Gilbert). JHS. 77 (1957) 163—164 (G. R. Levy). ClPh. 52 (1957), 256—257 (F. R. Walton). PP. 12 (1957), 66—80 (F. Martinazzoli). [3376

— — T. 4. 1956. | REA. 59 (1957), 396—399 (A. Caquot). [3377

Höfner, M.: War der sabäische Mukarrib ein »Priesterfürst«? — WZMorg. 54 (1957), 77—85. [3378

Hoetzer, U.: Die Gestalt des Herakles in Hölderlins Dichtung. Freiheit u. Bindung. Stuttgart: Kohlhammer 1956. 178 S. (Forschungen zur Kirchen- u. Geistesgeschichte. NF. 1.) [3379

Hofkes-Brukker, J. C.: Juno Sospita. — Hermeneus 27 (1956), 161—169. [3380

Hommel, H.: Schöpfer und Erhalter. Studien zum Problem Christentum und Antike. 1956. | Gnomon 29 (1957), 469—470 (G. Downey). ClPh. 52 (1957), 282 (R. M. Grant). [3381

Hornung, E.: Nacht u. Finsternis im Weltbild der alten Ägypter. Diss. Tübingen 1957. 137 Bl. [Maschinenschr.] [3382

Howe, T. P.: Sophokles, Mikon and the Argonauts. — AJA. 61 (1957), 341—350, 2 Taf. [3383

Hunger, H.: Lexikon der griech. u. römischen Mythologie. 1953. | ClPh. 52 (1957), 123—126 (J. Fontenrose). [3384

Jalkanen, K. V. L.: Dionysos u. Apollon als Urheber der attischen Tragödie. — SteMat. 26 (1955 [1956]), 1—14. [3385

James, E. O.: Prehistoric religion. A study in prehistoric archaeology. London: Thames & Hudson 1957. 300 S., Abb., Taf. [3386

Jannoulides, K.: Ζεῦ Δικταῖον ἀείσομεν ἠὲ Λυκαῖον, oder Diktynna – Ida. – Platon 8 (1956), 78–83. [3387

Janssen, A. J.: Het antieke tropaion. Brussel: Paleis der Academiën 1957. XXX, 251 S. (Verhandelingen van de K. Vlaamse Acad. voor Wetenschappen. Kl. der Letteren. 27.) [3388

— — Diss. Nijmegen. Ledeberg-Gent: Erasmus 1957. XXX, 251 S., Abb. [3389

Jenkins, F. The rôle of the dog in Romano-Gaulish religion. — Latomus 16 (1957), 60—76, 2 Taf. [3390

Jünger, F. G.: Griech. Mythen. 3. umgearb. Aufl. Frankfurt: Klostermann 1957. 336 S., 12 Taf. [3391

Junker, H.: Ein Preis der Isis aus den Tempeln von Philä und Kalâbša. — AnzWien 1957, 267—276, Abb. [3392

Kajanto, I.: God and fate in Livy. Turku: Turun Yliopiston Kustantama 1957. 115 S. (Annales Univ. Turkuensis. Ser. B, 64). [3393

Kaiser, O.: Die mythische Bedeutung des Meeres in Ägypten, Ras Schamra u. Israel. 1956. | ThLZ. 82 (1957), 156—158. [3394

Kaiser, W.: Zu den Sonnenheiligtümern der 5. Dynastie. — MDIK. 14 (1956), 104—116, Abb., 1 Tab. [3395

Kazarow, G.: Einige Bemerkungen zur Religion der alten Thraker. — VAHDalm. 56/59 (1954/57), 45—47. [3396

Kees, H.: Der Götterglaube im alten Ägypten. 2. erg. Aufl. 1956. | BiOr. 14 (1957), 34—35 (J. Vandier). Orientalia NS. 26 (1957), 175 (A. Massart). DLZ. 78 (1957), 677—680 (E. Otto). ThLZ. 82 (1957), 671—673 (G. Lanczkowski). OLZ. 52 (1957), 501—508 (E. Drioton). [3397

— Zu den Krokodil- u. Nilpferdkulten im Nordwestdelta Aegyptens. — StudiRosellini 2 [s. 1956 Nr. 340], 141—152, 2 Taf. [3398

— Das Priestertum im ägyptischen Staat vom Neuen Reich bis zur Spätzeit. 1953. | Oriens 10 (1957), 383—384 (K. Parlasca). [3399

— Totenglauben und Jenseitsvorstellungen der alten Ägypter. 2. Aufl. 1956. | OLZ. 52 (1957), 402—405 (H. Bonnet). BiOr. 14 (1957), 144—148 (J. Vandier). GGA. 211 (1957), 189—197 (E. Otto). [3400

Kenner, H.: Porrecti tres digiti. — VAHDalm. 56/59 (1954/57), 177—183, Abb. [3401

— La religion celtique en Carinthie. — Ogam 8 (1956), 357—366, 12 Taf. [3402

Kerényi, K.: Die Herkunft der Dionysosreligion nach dem heutigen Stand der Forschung. 1956. | Oriens christianus 41 (1957), 142 (H. Engberding). [3403
— »Herr der wilden Tiere?« — SOsl. 33 (1957), 127—134. [3404
— Die Jungfrau und Mutter der griechischen Religion. Eine Studie über Pallas Athene. 1952. | Gymn. 64 (1957), 572—573 (H. Herter). [3405
— La religion antique, ses lignes fondamentales. Trad. de Y. Le Lay. Genève: Georg 1957. II, 250 S. (Analyse et synthèse. 2.) [3406
— Symbolismus in der antiken Religion. — Archivio di Filosofia 1956, 119—138. [3407
Knox, B. M. W.: Oedipus at Thebes. New Haven: Yale Univ. Pr. 1957. VIII, 280 S. [3408
König, F.: Religionswissenschaftliches Wörterbuch. Die Grundbegriffe. 1956. | EtCl. 25 (1957), 390—391 (B. Vastin). [3409
Kraft, H.: Antike u. Christentum. — RGG. 3. Aufl. 1 (1957), 436—449. [3410
Kraus, W.: Dioskuren. — RAC. 3 (1957), 1122—1138. [3411
— L. Eckhart: Prometheus. — RE. 23, 1 (1957), 653—730. [3412
Kristensen, W. B.: Inleiding tot de godsdienstgeschiedenis. Arnhem: van Loghum Slaterus 1955. 156 S. | BiOr. 14 (1957), 180 (C. J. Bleeker). [3413
Kullmann, W.: Das Wirken der Götter in der Ilias. 1956. | Gnomon 29 (1957), 164—170 (W. Burkert). MusHelv. 14 (1957), 244 (F. Wehrli). RevPhil. Sér. 3, 31 (1957), 280—281 (P. Chantraine). [3414
Kun, N. A.: Legendy i mify drevnej Grecii. Moskva 1957. 463 S., Abb. [3415
Laager, J.: Geburt u. Kindheit des Gottes in der griech. Mythologie. Diss. Zürich. Winterthur: Keller 1957. 218 S. [3416
Laessøe, J.: Studies on the Assyrian ritual and series »bît rimki«. 1955. | AOF. 18 (1957), 138—140 (R. Borger). BiOr. 14 (1957), 227—230 (W. G. Lambert). OLZ. 52 (1957), 512—515 (J. Bottéro). [3417
Lambert, W. G.: A part of the ritual for the substitute king. — AOF. 18 (1957), 109—112. [3418
Lambrechts, P.: Augustus en de Egyptische godsdienst. 1956. | REA. 59 (1957), 170—171 (P. Grimal). [3419
— Les empereurs romains et leur politique religieuse s. Nr. 1919.
— L'importance de l'enfant dans les religions à mystère. — Hommages Deonna [s. Nr. 293], 322—333. [3420
Lambrino, S.: Les divinités orientales en Lusitanie et le sanctuaire de Panóias. — Bull. des Études portugaises 17 (1953 [1955]), 93—129, Abb. [3421
Lanczkowski, G.: Forschungen zum Gottesglauben in der Religionsgeschichte. — Saeculum 8 (1957), 392—403. [3422
— Thot und Michael. — MDIK. 14 (1956), 117—127. [3423
Lanternari, V.: Il culto dei morti e della fecondità-fertilità nella paletnologia della Sardegna, alla luce del folklore sardo e dell'etnologia. — BPI. NS. 9 (1954/55), 10—46, Abb. [3424
La Penna, A.: Tarpea, Tito Tazio, Lucomedi. Ipotesi su antiche leggende romane. — Studi class. e orient. 6 (1956 [1957]), 112—133. [3425
Leclant, J.: Les divines adoratrices d'Amon thébain. — RHRel. 151 (1957), 129—133. [3426
— Enquêtes sur les sacerdoces et les sanctuaires égyptiennes. 1955. | Orientalia NS. 26 (1957), 68—69 (A. Massart). AOF. 18 (1957), 157—158 (E. Otto). [3427
— La »Mascarade« des boeufs gras et le triomphe de l'Égypte. — MDIK. 14 (1956), 128—145, Abb., 1 Taf. [3428
— Notes sur la propagation des cultes et monuments égyptiens, en Occident, à l'époque impériale. — BIFAO. 55 (1956), 173—179, Abb. [3429
Le Gall, J.: Recherches sur le culte du Tibre. 1953. | JRS. 46 (1956), 177—178 (R. Meiggs). [3430
Leglay, M.: Les religions orientales dans l'Afrique ancienne, d'après les collections du Musée Stephane-Gsell (Alger). Alger: Gouv. général 1956. 38 S. (Conférences-visites du Musée Steph. Gsell). [Dass. in: Documents algériens 79, 1956. 22 S., Abb.]. | RA. Ser. 6, 49 (1957), 254 (G.-Ch. Picard). [3431
— Le serpent dans les cultes africains. — Hommages Deonna [s. Nr. 293], 338—353, Abb., 1 Taf. [3432
Lendle, O.: Die »Pandorasage« bei Hesiod. Textkrit. u. motivgeschichtl. Untersuchungen. Würzburg: Triltsch 1957. 140 S., 9 Taf. [3433
Lewis, M. W. H.: The official priests of Rome under the Julio-Claudians. 1955. | ClRev. NS. 7 (1957), 72—73 (J. Crook). REL. 34 (1956 [1957]), 406—407 (P. Grimal). AJPh. 78 (1957), 444—447 (J. F.

Gilliam). RevPhil. Sér. 3, 31 (1957), 247—251, 1 Taf. (R. Bloch). [3434

Lökkegaard, F.: Some comments on the Sanchuniaton tradition. — Studia theologica (Lund) 8 (1954), 51—76. [3435

Lortie, P. E.: Tendance à l'individualisme et religion grecque. — Phoenix 11 (1957), 25—34. [3436

Luria, S.: Vorgriechische Kulte in den griechischen Inschriften mykenischer Zeit. — Minos 5 (1957), 41—52. [3437

MacKay, L. A.: Janus. 1956. | ClRev. NS. 7 (1957), 265—266 (H. J. Rose). REA. 59 (1957), 158—160 (P. Grimal). [3438

Majewski, K.: Nouvelles formes du culte en Crète à la fin de la période MA III et au début de la période MM I. — SteMat. 26 (1955 [1956]), 60—70. [3439

Marechal, J. R.: Hypothèse sur l'origine de Minerve Athéna. — Ogam 9 (1957), 93, 1 Taf. [3440

Marouzeau, J.: Sur le sens de Jovi Optumo. — CRAcInscr. 1956, 347—348. [3441

Mayassis, S.: Mystères et initiations de l'Égypte ancienne. Compléments à la religion égyptienne. Paris: Geuthner 1957. XII, 654 S., 107 Abb. [3442

Mayer, A.: Aequorna Augusta. — Glotta 35 (1956), 155—159. [3443

Mayor, D.: Zeus, ilustrado por la religiología. — Humanidades 1956, 199—215. [3444

Mendelsohn, I.: Religions of the ancient Near East. 1955. | SteMat. 26 (1955 [1956]), 137—138 (A. Bausani). [3445

Mensching, G.: Das Wunder im Glauben u. Aberglauben der Völker. Leiden: Brill 1957. 132 S. [3446

Mercer, S. A. B.: Earliest intellectual man's idea of the cosmos. London: Luzac 1957. XX, 122 S., 8 Taf. [3447

Messina, G.: L'apoteosi del sovrano dopo Alessandro. — Civiltà cattol. 107, 1 (1956), 58—68. [3448

Michaëlis, H.: »Pharmakon athanasias«. Ein neuer Beitrag zur spätantik-frühchristlichen Kultsymbolik. — FuF. 31 (1957), 346—350, Abb. [3449

Michaïlidis, G.: Contribution à l'étude de la grande déesse en Égypte. — BIE. 36 (1953/54 [1955]), 409—454, 10 Taf. [3450

Michels, A. K.: Diana. — RAC. 3 (1957), 963—972. [3451

Mihailov, G.: La légende de Térée. — Annuaire de l'Univ. de Sofia 50, 2 (1955), 77—208, 5 Taf. | RevPhil. Sér. 3, 31 (1957), 274—275 (P. Chantraine). [3452

Montevecchi, O.: Pantokrator. — Studi Calderini/Paribeni 2, 401—432. [3453

Moorsel, G. van: The mysteries of Hermes Trismegistus. 1955. | Vigiliae christianae 11 (1957), 246 (R. M. Grant). SteMat. 27 (1956), 152—153 (N. Turchi). [3454

Moreau, J.: La persécution du christianisme dans l'Empire romain. 1956. | EtCl. 25 (1957), 266—267 (J. van Ooteghem). Revue d'hist. ecclés. 52 (1957), 514—518 (J. Zeiller). AntCl. 26 (1957), 250—252 (H.-I. Marrou). REA. 59 (1957), 485—486 (P. Courcelle). Historia 6 (1957), 508—510 (J. Vogt). Athenaeum 35 (1957), 151—152 (P. Frassinetti). [3455

Morenz, S., J. Schubert: Der Gott auf der Blume. 1954. | Erasmus 10 (1957), 348—351 (B. van de Walle). [3456

— Rechts u. links im Totengericht. — ZÄSpr. 82 (1957), 62—71. [3457

Mota: Sur les représentations figurées de la mort de Troilos s. Nr. 1835.

Moulinier, L.: Orphée et l'orphisme à l'époque classique. 1955. | RHRel. 151 (1957), 93—97 (H. Jeanmaire). RevPhil. 31 (1957), 107—108 (P. Louis). Latomus 16 (1957), 191—192 (J.-G. Préaux). [3458

Mouterde, R.: L'astrologie à Héliopolis—Baálbek. Jupiter Heliopolitanus Rex et Regulus. — BMusBeyr. 13 (1956), 8—21, Abb., 1 Taf. [3459

The Mysteries. Papers from the Eranos Yearbooks. Ed. by J. Campbell. 1955. | Latomus 16 (1957), 194—196 (E. Polomé). [3460

Neubert, O.: Tut-ench-Amun, Gott in goldenen Särgen. 1956. | ChrEg. 32 (1957), 264 (A. Mekhitarian). [3461

Neumann, E.: Die Große Mutter. 1956. | WZMorg. 54 (1957), 288—289 (F. Hančar). [3462

Nilsson, M. P.: Les croyances religieuses de la Grèce antique. 1955. | RA. Ser. 6, 49 (1957), 113—114 (Y. Béquignon). [3463

— Geschichte der griech. Religion. 1. 2. Aufl. 1955. | ClPh. 52 (1957), 261—263 (F. R. Walton). [3464

— The Dionysiac mysteries of the Hellenistic and Roman age. Stockholm: Almqvist & Wiksell 1957. 150 S., Abb. (Skrifter utg. av Svenska Inst. i Athen. 2, 5.) [3465

Nock, A. D.: Deification and Julian. — JRS. 47 (1957), 115—123. [3466

Noll, R.: Frühes Christentum in Oesterreich von den Anfängen bis um 600 n. Chr. 1954. | Archaeologia Austriaca 21 (1957), 116—117 (W. Alzinger). [3467

Fondation Hardt. La Notion du divin, depuis Homère jusqu'à Platon. 1954. | AJPh. 78 (1957), 101—103 (F. R. Walton). REA. 59 (1957), 434—443 (J. Audiat). Phoenix 11 (1957), 35—39 (L. Woodbury). [3468

Nougayrol, J.: Présages médicaux de l'haruspicine babylonienne. — RHRel. 151 (1957), 136—137. [3469

Οἰκονομίδης, Δ. Β.: Ὁ Διόνυσος καὶ ἡ ἄμπελος ἐν Νάξῳ, κατὰ τὰς ἀρχαίας καὶ νεωτέρας παραδόσεις. — Mélanges Merlier 2 [s. 1956 Nr. 332], 185—203. [3470

Otto, W. F.: Die Gestalt und das Sein. Gesammelte Abhandlungen über den Mythos u. seine Bedeutung für die Menschheit. Düsseldorf-Köln: Diederichs 1956. 418 S. | Universitas 12 (1957), 635—636 (F. Wagner). [3471

Pack, R.: The Sibyl in a lamp. — TrAPhAss. 87 (1956 [1957]), 190—191. [3472

Pallottino, M.: Deorum sedes. — Studi Calderini/Paribeni 3, 223—234, Abb. [3473

Panofsky, D., E. Panofsky: Pandora's box. 1956. | Burlington Mag. 99 (1957), 280 (E. H. Gombrich). [3474

Paratore, E.: Nuove interpretazioni del mito di Didone. — SteMat. 26 (1955 [1956]), 71—82. [3475

Parke, H. W., D. E. W. Wormell: The Delphic oracle. 1. 2. 1956. | EtCl. 25 (1957), 377—378 (J. Delande). [3476

— J. Boardman: The struggle for the tripod and the First Sacred War. — JHS. 77 (1957), 276—282. [3477

Pax, E.: Ἐπιφάνεια. Ein religionsgeschichtlicher Beitrag zur biblischen Theologie. 1955. | Gnomon 29 (1957), 229—230 (A. D. Nock). [3478

Pestalozza, U.: Il crimine delle Danaidi. — Studi Calderini/Paribeni 1, 1—13. [3479

— Hera Pelasga. [2.]. — StEtr. 25 (1957), 161—182. [3480

Petsas: Ἄρτεμις Ἀγροτέρα Γαζωρεῖτις καὶ Βλουρεῖτις s. Nr. 3071.

Pettazzoni, R.: Essays on the history of religions. 1954. | ThLZ. 82 (1957), 844—845 (C. M. Edsman). SteMat. 26 (1955 [1956]), 134—137 (A. Brelich). [3481

— L'essere supremo nelle religioni primitive. L'onniscienza di Dio. Torino: Einaudi 1957. 246 S., 10 Taf. (Piccola biblioteca scientif.-letteraria. 77.) [3482

— L'onniscienza di Dio. 1955. | ThLZ. 82 (1957), 99—102 (E. A. Voretzsch). OLZ. 52 (1957), 109—111 (E. Erkes). SteMat. 26 (1955 [1956]), 131—134 (E. De Martino). [3483

— The all-knowing God. Researches into early religion and culture. 1956. | Antiquity 31 (1957), 183—184 (S. H. Hooke). ThLZ. 82 (1957), 99—102 (E. A. Voretzsch). JHS. 77 (1957), 164—165 (G. R. Levy). Latomus 16 (1957), 188—189 (E. Polomé). [3484

Piankoff, A., N. Rambova: The shrines of Tut-Ankh-Amon. 1955. | OLZ. 52 (1957), 31—33 (E. Otto). [3485

Picard, Ch.: Déesse cavalière préhellénique chevauchant le griffon sur la mer. — RA. Sér. 6, 49 (1957), 81—82, Abb. [3486

— Les divinités de la semaine sur une »columna caelata« à Plieningen (Württemberg). — RA. Sér. 6, 49 (1957), 99—100. [3487

— Sur quelques documents nouveaux conc. les cultes de Cybèle et d'Attis: des Balkans à la Gaule. — Numen 4 (1957), 1—23, 4 Taf. [3488

— Sur un »naiskos« inédit de Cybèle, au Musée du Caire s. Nr. 2388.

— Observations sur le culte de Cybèle en Égypte, d'après un document du Musée du Caire. — RHRel. 151 (1957), 124—126. [3489

— Persée, héros argien déprécié? — RA. Sér. 6, 49 (1957), 83—84. [3490

— La sphinge tricéphale et la démonologie égypto-alexandrine s. Nr. 2390.

Plumley, J. M.: Early christianity in Egypt. — PalExplQu. 89 (1957), 70—81. [3491

Pope, M. H.: El in the Ugaritic texts. 1955. | Syria 34 (1957), 361—364 (R. Dussaud). [3492

Préaux, J. G.: Deus Socratis (De Varron et Cicéron à Tertullien). — RBPhil. 35 (1957), 333—355. [3493

— Saturne à l'ouroboros. — Hommages Deonna [s. Nr. 293], 394—410. [3494

Pugliese Carratelli, G.: Minos e Cocalos. — Kokalos 2 (1956 [1957]), 89—103. [3495

Radke, G.: Proitides. — RE. 23, 1 (1957), 117—125. [3496

— Prokris. — RE. 23, 1 (1957), 600—609. [3497

— Protesilaos. — RE. 23, 1 (1957), 932—939. [3498

Rahner, H.: Griech. Mythen in christl. Deutung. (Neuausg.) Zürich: Rhein-Verl. 1957. 499 S., 11 Taf. [3499

Reinhardt, K.: Prometheus. — ErahosJb. 25 (1956 [1957]), 241—283. [3500

Die Religion in Geschichte und Gegenwart. Handwörterbuch f. Theologie u. Religionswiss. 3. völlig neu bearb. Aufl. Hrsg. v. K. Galling. 1: A—C. Tübingen: Mohr 1957. XXXII, 950 S., 8 Taf. [3501

Riemschneider, M.: Fragen zur vorgeschichtlichen Religion. 2: Der Wettergott. 1956. | Gnomon 29 (1957), 304—305 (R. Werner). [3502

Rose, H. J.: Gods and heroes of the Greeks. London: Methuen 1957. IX, 202 S. [3503

— Griech. Mythologie. 1955. | Philos. Literaturanzeiger 10 (1957), 63—65 (W. Nölle). RevPhil. Sér. 3, 31 (1957), 273—274 (F. Vian). RBPhil. 35 (1957), 1178—1179 (W. Deonna). Latomus 16 (1957), 190—191 (E. Polomé). [3504

Rouse, W. H. D.: Gods, heroes and men of ancient Greece. New York: New Amer. Library 1957. X, 191 S. (Signet key books). [3505

Rudnitzky, G.: Die Aussage über »das Auge des Horus«. Eine altägyptische Art geistiger Äußerung nach dem Zeugnis des Alten Reiches. København: Munksgaard 1956. 69 S. (Analecta Aegyptiaca. 5.). | BiOr. 14 (1957), 218—219 (B. van de Walle). [3506

Rusch, A.: Die Theologie des Osiris und die Herakleopoliten. — WZMorg. 54 (1957), 161—167. [3507

Ryberg, I. S.: Rites of the state religion in Roman art. 1955. | AJA. 61 (1957), 113—117 (C. Vermeule). ClRev. NS. 7 (1957), 52—54 (J. M. C. Toynbee). REL. 34 (1956 [1957]), 407—409 (P. Grimal). AJPh. 78 (1957), 301—307 (O. J. Brendel). Gnomon 29 (1957), 251—258 (Th. Kraus). RevPhil. Sér. 3, 31 (1957), 247—251 (R. Bloch). SteMat. 28 (1957), 144—145 (N. Turchi). [3508

Sabbatucci, D.: Di alcuni sacrifici romani alla luce del mito di Kore. — SteMat. 28 (1957), 53—66. [3509

Sainte Fare Garnot, J.: L'hommage aux dieux sous l'Ancien Empire égyptien, d'après les textes des pyramides. 1954. | Orientalia NS. 26 (1957), 72—77 (J. Leclant). [3510

Sakellariou, M. B.: Ἰάων. Fleuve, dieu fluvial et éponyme des Ioniens. — Mélanges Merlier 2 [s. 1956 Nr. 332], 311—322. [3511

Salomonson: Telephus u. die römischen Zwillinge s. Nr. 2401.

Sauneron, S.: Les prêtres de l'ancienne Égypte. Paris: Ed. du Seuil 1957. 192 S., Abb., Taf. (Le Temps qui court. 6). [3512

— Le temple d'Esna: perspectives nouvelles sur la religion égyptienne au second siècle de notre ère. — CRAcInscr. 1957, 12—14. [3513

Schaefer: Das Eidolon des Leonidas s. Nr. 1807.

Schauenburg, K.: Zu Darstellungen aus der Sage des Admet und des Kadmos. — Gymn. 64 (1957), 210—230, Abb., 8 Taf. [3514

— Dionysiaka. — Charites [s. Nr. 306], 170—174, 4 Taf. [3515

— Helios. Archäologisch-mythologische Studien über den antiken Sonnengott. 1955. | Gnomon 29 (1957), 223—226 (Ch. Clairmont). AJA. 61 (1957), 310—316 (M. J. Milne). [3516

— Bellerophon in der unteritalischen Vasenmalerei s. Nr. 2551.

— Zur Symbolik unteritalischer Rankenmotive s. Nr. 2011.

Schilling, R.: La religion romaine de Vénus. 1954. | REL. 34 (1956 [1957]), 400—406 (J. Bayet). RevPhil. 31 (1957), 135—137 (J. André). Gnomon 29 (1957), 384—386 (H. J. Rose). Emerita 25 (1957), 247—248 (A. Balil). SteMat. 26 (1955 [1956]), 146—149 (A. Brelich). [3517

Schmökel, H.: Heilige Hochzeit und Hoheslied. 1956. | WZMorg. 54 (1957), 269—271 (G. Molin). [3518

Schneider-Herrmann, G.: Trauernde Götter in Tarent. — BAntBeschav. 32 (1957), 54—59, Abb. [3519

Schöne, W., J. Kollwitz, H. v. Campenhausen: Das Gottesbild im Abendland. Witten, Berlin: Eckart-Verl. 1957. 175 S., 88 S. Abb. (Glaube u. Forschung. 15). [3520

Schoeps, H.-J.: Urgemeinde, Judenchristentum, Gnosis. 1956. | ThLZ. 82 (1957), 429—431 (L. Goppelt). BiOr. 14 (1957), 184 (G. van Moorsel). [3521

Schott, S.: Die Deutung der Geheimnisse des Rituals für die Abwehr des Bösen. 1954. | DLZ. 78 (1957), 22—24 (S. Morenz). Orientalia NS. 26 (1957), 175—177 (J. Leclant). [3522

Schrade, H.: Götter u. Menschen Homers. 1955. | Philos. Literaturanz. 10 (1957), 255—257 (V. Niebergall). [3523

Schreiber, H., G. Schreiber: Mysten, Maurer u. Mormonen. Geschichte der Geheimbünde in 4 Jahrtausenden. Berlin: Neff 1956. 336 S., 32 Taf. [S. 61—194: Altertum]. [3524

Schubert, K.: Die Religion des nachbiblischen Judentums. 1955. | OLZ. 52 (1957), 142—145 (R. Meyer). [3525

Schweitzer, B.: Stiermenschen. — Charites [s. Nr. 306], 175—181, 2 Taf. [3526

Schweitzer, U.: Das Wesen des Ka im Diesseits und Jenseits der alten Ägypter. 1956. | BiOr. 14 (1957), 214—216 (P. Derchain). [3527

Scolari, A.: Le vicende di una statua e la resistenza pagana a Verona sul finire del sec. IV. — AttiIstVen. 114 (1955/56), 199—212. [3528

Seltman, Ch. Th.: The twelve Olympians and their guests. 1956. | REA. 59 (1957), 433—434 (P. Grimal). JHS. 77 (1957), 341—342 (P. G. Mason). [3529

Shero, L. R.: Alcmena and Amphitryon in ancient and modern drama. — TrAPhAss. 87 (1956 [1957]), 192—238. [3530

Sichtermann, H.: Ganymed. Mythos und Gestalt in der griechischen Kunst. 1953. | AnzAW. 10 (1957), 274—275 (A. Wotschitzky). [3531

Simon, M.: Hercule et le christianisme. 1955. | RScRel. 31 (1957), 408—410 (M. Nédoncelle). Latomus 16 (1957), 540—543 (A. D. Simpson). [3532

Sokolowski, F.: Heracles Thasios. — Harvard Theological Review 49 (1956), 153—158. [3533

— Lois sacrées de l'Asie Mineure. 1955. | Mnemosyne Ser. 4, 10 (1957), 158-159 (W. Vollgraff). Syria 34 (1957), 170-172 (J. Pouilloux). MusHelv. 14 (1957), 248 (G. Rohde). Erasmus 10 (1957), 622—625 (V. Ehrenberg). REA. 59 (1957), 138—140 (J. Bousquet). [3534

Spiegel, J.: Die Entwicklung der Opferszenen in den Thebanischen Gräbern. — MDIK. 14 (1956), 190—207, Abb. [3535

Spoerri, W.: Encore Platon et l'Orient. — RevPhil. Sér. 3, 31 (1957), 209—233. [3536

Stanford, W. B.: The Ulysses theme. 1954. | Gnomon 29 (1957), 46—49 (B. Marzullo). Siculorum Gymnasium NS. 10 (1957), 140—142 (Q. Cataudella). [3537

Stauffer, E.: Le Christ et les Césars. Trad. de G. Duchet-Suchaux. Paris: Alsatia 1956. 332 S., 16 Taf. [3538

Steiner, G.: Griechische und orientalische Mythen. — AuA. 6 (1957), 171—187. [3539

Stella, L. A.: Mitologia greca. 1956. | Orientalia NS. 26 (1957), 184 (E. des Places). ArchClass. 9 (1957), 126 (P. E. Arias). SteMat. 27 (1956), 154—155 (G. Montesi). [3540

Stoltenberg, H. L.: Etruskische Gottnamen. Leverkusen: Gottschalk 1957. 104 S. (Etrusk. Wortschatz mit Hinblick auf das Termilische u. Minoische. 1). [3541

Stommel: Domus aeterna s. Nr. 3897.

Stricker, B. H.: De heilige uil. — OudhMeded. NR. 38 (1957), 1—14, Abb. [3542

Stubbs, H. W.: Satan, Loki and Prometheus. — Orpheus 3 (1956), 152—156. [3543

Stuiber, A.: Refrigerium Interim. Die Vorstellungen vom Zwischenzustand und die frühchristliche Grabeskunst. Bonn: Hanstein 1957. 4 Bl., 208 S. (Theophaneia. 11.) | ThLZ. 82 (1957), 930—934 (J. A. Fischer). [3544

Swahn, J.-O.: The tale of Cupid and Psyche. 1955. | Siculorum Gymnasium NS. 10 (1957), 144—145 (Q. Cataudella). Gnomon 29 (1957), 227—229 (H. Wagenvoort). [3545

Theander, C.: Zwei vaticinia ex eventu in römischer Volkstradition. — Studi Calderini/Paribeni 1, 143—150. [3546

Thevenot, E.: La pendaison sanglante des victimes offertes à Esus-Mars. — Hommages Deonna [s. Nr. 293], 442—449. [3547

— Le symbole de l'ascia, en particulier chez les Éduens. Appendice: Monuments éduens marqués du signe ou de la formule épigraphique évoquant l'ascia. — RAE. 8 (1957), 138—148. [3548

— Sur les traces des Mars celtiques, entre Loire et MontBlanc. 1955. | Carinthia I 147 (1957), 896—897 (R. Egger). Gnomon 29 (1957), 150—152 (F. Benoit). RA. Sér. 6, 50 (1957), 116—117 (R. Lantier). JRS. 47 (1957), 294 (C. A. R. Radford). Ogam 9 (1957), 321—324 (F. Le Roux). [3549

Tocchi, A.: Il culto seculare dei Gemini ed i tipi monetari severiani con Bacco ed Ercole. — RivItNum. Ser. 5, 4 (1956), 3—20. [3550

Tondriau, J. L.: La divinisation de la beauté: figure littéraire et thème religieux. — Studi Calderini/Paribeni 1, 15—22. [3551

Tosi, T.: Il sacrifizio di Polissena. — Tosi, Scritti di filol. e di archeol. (Firenze 1957), 154—167. [3552

— Studi archeologici e letterari sull' Iliou Persis. — Tosi, Scritti di filol. e di archeol. (Firenze 1957), 3—37. [3553

— Rappresentanze del sacrificio d'Ifigenia s. Nr. 1841.

Toynbee: Genii cucullati in Roman Britain s. Nr. 2430.

Tsontchev, D.: Le culte d'Hécate à Philippopolis. — Hommages Deonna [s. Nr. 293], 470—473, 1 Taf. [3554

Uxkull, W. von: Die eleusinischen Mysterien. Versuch einer Rekonstruktion. Vorw. v. A. v. Bernus. Büdingen-Gettenbach: Avalun-Verl. 1957. 74 S., Abb., 4 Taf. [3555

Vaillant, A.: Dionysos-Bacchus. Eleutheros, Liber, Sabadios ou Sabazios, le dieu de la liberté et de l'immortalité. — Nouv. Clio 7/9 (1955/57), 485—486. [3556

Valgiglio, E.: Achille eroe implacabile. Studio psicologico sull'Iliade. 1956. | Gnomon 29 (1957), 388—389 (W. Kullmann). AntCl. 26 (1957), 178—179 (P. Mertens). REG. 70 (1957), 258—259 (J. Bompaire). RevPhil. Sér. 3, 31 (1957), 272—273 (F. Vian). REA. 59 (1957), 140—141 (J. Defradas). [3557

Van der Kolf, M. C.: Prokrustes. — RE. 23, 1 (1957), 609—613. [3558

Vellay, Ch.: Les légendes du cycle troyen. Préf. de W. Deonna. Paris: Geuthner 1957. 672 S., Abb., 3 Ktn. [3559

Vermaseren, M. J.: Corpus inscriptionum et monumentorum religionis mithriacae. 1956. | Emerita 25 (1957), 243—244 (J. M. Blázquez Martínez). AntCl. 26 (1957), 249—250 (S. J. de Laet). SteMat. 28 (1957), 157—158 (N. Turchi). BiOr. 14 (1957), 251—253 (Cte. Du Mesnil du Buisson). RHRel. 152 (1957), 237—238 (A. Guillaumont). [3560

Vester, H.: Nestor. Funktion u. Gestalt in der Ilias. Diss. Tübingen 1957. 104 Bl. [Maschinenschr.]. [3561

Vian, F.: La guerre des Géants. 1952. | ArchClass. 9 (1957), 127 (T. Coco). [3562

Vincent, A.: Chronique d'histoire des religions. — RScRel. 31 (1957), 57—80. [3563

Vos, H.: ΘΕΜΙΣ. 1956. | EtCl. 25 (1957), 247 (P. Durocher). REG. 70 (1957), 251—252 (J. Humbert). [3564

— – Diss., Leiden. Assen: Gorcum 1957. 200 S., 12 Taf., 2 Ktn. (Taalkundige Bijdragen van Noord en Zuid. 7). [3565

Walton, F. R.: Religious thought in the age of Hadrian. — Numen 4 (1957), 165—170. [3566

Waltz, R.: »Alma Venus«. — REA. 59 (1957), 51—71. [3567

Webster, T. B. L.: Demeter at Pylos? — Hommages Deonna [s. Nr. 293], 531—536. [3658

Wehrli, F.: Oidipus. — MusHelv. 14 (1957), 108—117. [3569

Weil, S.: Intimations of christianity among the ancient Greeks. Ed. and transl. by E. Ch. Geissbuhler. London: Routledge and K. Paul 1957. VII, 208 S. [3570

Weinberg, G. D., S. S. Weinberg: Arachne of Lydia at Corinth. — The Aegean and the Near East [s. 1956, Nr. 321], 262—267, Abb., 3 Taf. [3571

Widengren, G.: Sakrales Königtum im Alten Testament und im Judentum. 1955. | AOF. 18 (1957), 153 (A. S. Kapelrud). [3572

Wilhelm-Hooijbergh, A. E.: Peccatum. Sin and guilt in ancient Rome. 1954. | AnzAW. 10 (1957), 45—46 (E. Thummer). BBudé Ser. 4 (1956), No. 2, 120—121 (M. Verheijen). [3573

Willoughby, H. R.: The religious import of the Tushingham plaque. — Vigiliae christianae 11 (1957), 57—92, 1 Taf. [3574

Winter, E.: Zur Deutung der Sonnenheiligtümer der 5. Dynastie. — WZMorg. 54 (1957), 222—233. [3575

Wit, C. de: Les génies des Quatre Vents au temple d'Opet. — ChrEg. 32 (1957), 25—39, Abb. [3576

Yerkes, R. K.: Sacrifice in Greek and Roman religions and early Judaism. 1952. | ClPh. 52 (1957), 67—68 (M. H. Jameson). [3577

— Le sacrifice dans les religions grecque et romaine. 1955. | Latomus 16 (1957), 399—401 (M. Delcourt). [3578

Yoshimura, T.: Italische Orakel. — Nouv. Clio 7/9 (1955/57), 397—432. [3579

Zancani Montuoro, P.: La teogamia di Locri Epizefiri. — Atti del I Congresso stor. calabrese, Cosenza 1954 (Roma 1957). [3580

Zanco, O.: Gli Argonauti e la protostoria. — Studi class. e orient. 6 (1956 [1957]), 194—213, Abb. [3581

Zucker, F.: Priester u. Tempel in Ägypten in den Zeiten nach der decianischen Christenverfolgung. — Akten d. 8. Intern. Kongr. f. Papyrologie [s. 1956 Nr. 362], 167—174. [3582

I. Ikonographie

1. Allgemeines. Orient und Ägypten

(S. auch Abschn. C 1)

Desroches Noblecourt, Ch.: Portrait d'un des maîtres étrangers de l'Égypte. — RArts 7 (1957), 121—122, Abb. [3583

Lange: Ägyptische Bildnisse s. Nr. 2192.

Picard, Ch.: Bustes royaux sassanides en bronze. — RA. Sér. 6, 49 (1957), 100. [3584

Scott, N.: Amun-ḥotpe the Magnificent. — BMetrMus. 15 (1956/57), 148—149, Abb. [3585

Steindorff, G.: Bildnis u. Biographie eines ägypt. Beamten des Alten Reichs. — Studi Rosellini 2 [s. 1956 Nr. 340], 261—267, 1 Taf. [3586

Wijngaarden, W. D. van: Ein Torso von Ramses VI. — Studi Rosellini 2 [s. 1956 Nr. 340], 293—299, 3 Taf. [3587

2. Griechenland und Rom

Andrén, A.: Un portrait de Tibère à la Villa San Michele, Anacapri. — Hommages Deonna [s. Nr. 293], 59—60, 1 Taf. [3588

Borda, M.: Il volto di Cicerone. — Capitolium 32 (1957), Nr. 7, 20—23, Abb. [3589

Bovini: Note sul presunto ritratto musivo di Giustiniano in S. Apollinare Nuovo di Ravenna s. Nr. 2576.

Caputo, G.: Sul ritratto di Iddibal Caphada Aemilius, togato di Leptis Magna. — Studi Calderini/Paribeni 3, 471—493, Abb. [3590

Cecchelli: Per una comprensione integrale della iconografia cristiana s. Nr. 2027.

Chamoux, F.: Un portrait grec de l'empereur Claude. — RArts 7 (1957), 146—150, Abb. [3591

Charbonneaux, J.: Portraits du temps des Antonins. — MonPiot 49 (1957), 67—82, Abb., 2 Taf. [3592

Chiesa, G.: Una classe di rilievi funerari romani a ritratti dell' Italia settentrionale. — Studi Calderini/Paribeni 3, 385—411, Abb. [3593

Colonna, G.: Sul ritratto detto da Pietrabbondante. — StEtr. 25 (1957), 567—569, Abb. [3594

Curtius, L.: Ein neues Bildnis des Julius Caesar. — Freundesgabe R. Boehringer (Tübingen 1957), 153—175, Abb., Taf. [3595

— Römisches Mädchenbildnis. (1948). — Curtius, Torso (Stuttg. 1957), 84—91. [3596

— Mädchenporträt vom Ende des 2. Jahrhunderts n. Chr. — RM. 64 (1957), 1—7, 3 Taf. [3597

— Physiognomik des römischen Porträts. Vortrag zur Palilienfeier des Deutschen Archäologischen Instituts in Rom (1931). — Curtius, Torso (Stuttg. 1957), 68—83. [3598

Diez, E.: Spätantiker Porträtkopf in Graz. — Festschrift W. Sas-Zaloziecky z. 60. Geb. (Graz 1956), 30—33, 2 Taf. [3599

Egger, G.: Zur Analyse des spätantiken Porträts. — JbKSWien 51 (NF. 15) (1955), 9—30, Abb. [3600

Fabbrini, L.: Un ritratto giovanile di Livia nel Museo oliveriano di Pesaro. — Studia Oliveriana 4/5 (1956/57). [16 S., 6 Taf.]. [3601

Frel, J.: Un nouveau portrait de Thucydide. — BMusHongr. 8 (1956), 12—19, Abb. [3602

— Su alcuni ritratti del Museo Nazionale Romano. — ArchClass. 9 (1957), 243—244. [3603

Giuliano, A.: Catalogo dei ritratti romani del Museo profano Lateranense. Con prefaz. di F. Magi. Città del Vaticano: Tip. Pol. Vat. 1957. XII, 103 S., 64 Taf. (Monumenti Vaticani di archeol. e d'arte. 10). [3604

Hafner, G.: Späthellenistische Bildnisplastik. Versuch einer landschaftlichen Gliederung. 1954. | Gymn. 64 (1957), 380—381 (T. Dohrn). [3605

— Anakreon u. Xanthippos s. Nr. 2310.

Hanfmann, G. M. A.: Observations on Roman portraiture. 1953. | StEtr. 25 (1957), 618—620 (A. Neppi Modona). [3606

— C. C. Vermeule: A new Trajan. With contributions by W. J. Young and H. Jucker. — AJA. 61 (1957), 223—253, 8 Taf. [3607

Heintze, H. v.: Studien zu den Porträts des 3. Jahrh. n. Chr. 2: Trebonianus Gallus-Trajanus Decius. 3: Gordianus I.-Gordianus II. — RM. 63 (1956 [1957]), 56—65, 12 Taf. [3608

— — 4: Der Feldherr des großen ludovisischen Schlachtsarkophages. — RM. 64 (1957), 69—91, 1 Taf. [3609

L'Orange, H. P.: Plotinus — Paul. — Byzantion 25/27 (1955/57), 473—485, 8 Taf. [3610

Mollard-Besques, S.: Portrait d'un Ptolémée? Tête en terre cuite provenant de Smyrne. — Hommages Deonna [s. Nr. 293], 354—356, 1 Taf. [3611

Picard, Ch.: Ménédémos d'Érétrie et sa Muse. — RA. Sér. 6, 49 (1957), 89—91. [3612

Picard, G.-Ch.: Un portrait présumé de Constance II à Carthage. — MonPiot 49 (1957), 83—91, Abb., 1 Taf. [3613

Polacco, L.: L'atleta Cirene-Perinto. 1955. | Gnomon 29 (1957), 395—396 (U. Jantzen). JHS. 77 (1957), 353—354 (J. F. Healy). [3614

— Il volto di Tiberio. Saggio di critica iconografica. 1955. | JRS. 46 (1956), 157—161 (J. M. C. Toynbee). [3615

Poulsen, V.: Caligulas Billede. — Meddelelser Ny Carlsberg Glyptotek 14 (1957), 29—47, Abb. [3616

— Le premier Byzantin. — Byzantion 25/27 (1955/57), 509—512, 4 Taf. [3617

— Notes on the iconography of Diocletian. — VAHDalm. 56/59 (1954/57), 188—191, 3 Taf. [3618

— Les portraits grecs (Glyptothèque Ny Carlsberg). 1954. | RA. Sér. 6, 49 (1957), 114—120 (Ch. Picard). Latomus 16 (1957), 198—199 (L. Lacroix). [3619

Richter, G. M. A.: Greek portraits. 1955. | RA. Ser. 6, 49 (1957), 235—237 (Ch. Picard). Archaeology 10 (1957), 292 (C. Vermeule). [3620

Schwabacher: Satrapenbildnisse s. Nr. 2942.

Simon, E.: Neue Literatur zum Caesarporträt. — Gymn. 64 (1957), 295—299, Abb., 4 Taf. [3621

Stucchi, S.: Il ritratto di Traianus Pater. — Studi Calderini/Paribeni 3, 527—540, Abb. [3622

Susini, G.: Contributo all' iconografia imperiale Giulio-Claudia. — Studi Sarsinati (Faenza 1957), 219—237, Abb. [3623

Toynbee, J. M. C.: Portraits of Julius Caesar. — GaR. Ser. 2, 4 (1957), 2—9, 2 Taf. [3624

Voretzsch: Ein römisches Porträt-Medaillon in Afghanistan s. Nr. 502.

Weber, H.: Untersuchungen zur Bildniskunst Griechenlands in hadrianischer Zeit. Hab.-Schr. Kiel 1956. 208 Bl. [Maschinenschr.]. [3625

Wegner, M.: Hadrian, Plotina, Marciana, Matidia, Sabina. Berlin: Mann 1957. 132 S., 48 Taf. (Das röm. Herrscherbild. 2, 3). | EtCl. 25 (1957), 388 (W. Vallon). RevABM. 63 (1957), 399—400 (C. Fernandez-Chicarro). [3626

K. Kulturgeschichte. Öffentliches und privates Leben

1. Allgemeines. Staatsverwaltung und Politik

Adcock, F. E.: Consular tribunes and their successors. — JRS. 47 (1957), 9—14. [3627

Aland, K.: Kaiser u. Kirche von Konstantin bis Byzanz. — Aus der byzantinist. Arbeit d. Dt. Demokr. Republik 1 (1957), 188—212. [3628

Andrewes, A.: Probouleusis. 1954. | ClRev. NS. 7 (1957), 84 (R. J. Hopper). [3629

Baring, E. Earl of Cromer: Imperialismus in Antike und Neuzeit. — AuA. 6 (1957), 61—91. [3630

Barker, E.: Social and political thought in Byzantium, from Justinian I to the last Palaeologus. Oxford: Univ. Pr. 1957. 239 S. | Times Liter. Suppl. 56 (1957), 770. [3631

Bautz, N.-J.: Die Thronfolge in den hellenistischen Königreichen der Balkanhalbinsel u. Vorderasiens. Staatsrechtl. u. chronolog. Untersuchungen. Diss. Köln 1956. 134, VI S. [Maschinenschr.]. [3632

Beaujeu, J.: La vie scientifique à Rome au premier siècle de l'Empire. Paris: Libr. du Palais de la Découverte 1957. (Conférences du Palais de la Découverte. D, 51). [3633

Beek, M. A.: Aan Babylons stromen. 3. éd. 1956. | RBPhil. 35 (1957), 1138—1139 (H. Limet). [3634

Béranger, J.: La démocratie sous l'Empire romain: les opérations électorales de la Tabula Hebana et la »destinatio«. — MusHelv. 14 (1957), 216—240. [3635

Bleicken, J.: Das Volkstribunat der klassischen Republik. 1955. | Gnomon 29 (1957), 103—108 (D. Kienast). DLZ. 78 (1957), 398—401 (B. Doer). HZ. 184 (1957), 442—443 (H. G. Gundel). ClRev. NS. 7 (1957), 247—248 (H. H. Scullard). REA. 59 (1957), 163—166 (M. Labrousse). [3636

Bonnard, A.: Greek civilization. From the Iliad to the Parthenon. Transl. by A. L. Sells. London: Allen & Unwin 1957. 199 S., 16 Taf. [3637

Bosch, E.: Ankara. 1: Die Phylen. — JbKlF. 3 (1955), 57—67. [3638

Broughton, T. R. S.: The magistrates of the Roman Republic. 1. 2. 1951. 1952. | AnzAW. 10 (1957), 40—44 (F. Hampl). [3639

Brunner-Traut, E.: Die Geburtsstunde des zeitbewußten Menschen in Altägypten. — Universitas 12 (1957), 497—508. [3640

Büchner, K: Humanitas Romana. Studien über Werke u. Wesen der Römer. Heidelberg: Winter 1957. 356 S. (Bücherei Winter). [3641

Bühler, J.: Die Kultur der Antike u. die Grundlegung der abendländ. Kultur. 2. Aufl. Bd. 1: Das Griechentum. Bd. 2: Das Römertum. Antike u. abendländ. Kultur. Stuttgart: Kröner 1957. XII, 424 S., 12 Taf.; VII, 531 S., 12 Taf. (Kröners Taschenausgabe. 187. 188). [3642

Burckhardt, J.: Griech. Kulturgeschichte. Bd. 3. 4. Berlin: Rütten & Loening 1957. XX, 421 S.; XX, 604 S. (Burckhardt, Ges. Werke. 7. 8). [3643

Camporeale, G.: La terminologia magistratuale nelle lingue osco-umbre. — Atti e Mem., Accad. toscana La Colombaria 21 (1956 [1957]), 33—108. [3644

Capovilla, G.: Contributo all'espansione culturale dell' Egitto antico. — Aegyptus 37 (1957), 3—22. [3645

Coli, U.: Tribù e centurie dell' antica repubblica romana. — StDoc. 21 (1955), 181—222. | Riv. stor. ital. 69 (1957), 602—604 (E. Gabba). [3646

Cottrell, L.: Life under the Pharaohs. London: Pan Books 1957. XII, 191 S., 8 Taf. [3647

Cramer, F. H.: Astrology in Roman law and politics. 1954. | RHRel. 151 (1957), 259—260 (M. Leibovici). [3648

Croiset, M.: La civilisation de la Grèce antique. Réimpr. Paris: Payot 1957. 350 S., Abb. (Bibliothèque historique). [3649

Crook, J. A.: Consilium principis. Imperial councils and counsellors from Augustus to Diocletian. 1955. | JRS. 47 (1957), 252—254 (A. N. Sherwin-White). Phoenix 11 (1957), 39—42 (E. T. Salmon). ClPh. 52 (1957), 263—264 (L. L. Howe). [3650

Cullmann, O.: Dieu et César. Paris-Neuchâtel: Delachaux & Niestlé 1956. 120 S. | RHRel. 152 (1957), 101—102 (A. Jaubert). [3651

— Der Staat im Neuen Testament. Tübingen: Mohr 1956. 84 S. | RHRel. 152 (1957), 101—102 (A. Jaubert). [3652

Davies, J. G.: La vie quotidienne des premiers Chrétiens. 1956. | Revue des sciences relig. 31 (1957), 196—198 (A. Vincent). [3653

De Francisci, P.: La comunità sociale e politica romana primitiva. — StDoc. 22 (1956), 1—86. [3654

Degrassi, A.: Duoviri aedilicia potestate, duoviri aediles, aediles duoviri. — Studi Calderini/Paribeni 1, 151—155. [3655

Den Boer, W.: Griekenland en de Grieken. Leiden: Universitaire Pers 1957. 19 S. (Leidse voordrachten. 24). [3656

Drexler, H.: Res publica. — Maia NS. 9 (1957), 247—281. [3657

Durant, W.: Caesar u. Christus. Eine Kulturgesch. Roms u. des Christentums. 2. Aufl. 1956. | Anthropos 52 (1957), 962—963 (J. Kraus). [3658

— Das Leben Griechenlands. Eine Kulturgeschichte Griechenlands u. Vorderasiens bis zur Eroberung durch Rom. Übertr. v. E. Schneider. 2. Aufl. Bern: Francke 1957. 672 S., 16 Taf. (Durant: Kulturgeschichte der Menschheit. 2). [3659

Ehrenberg, V.: Der Staat der Griechen. T. 1: Der hellenistische Staat. 2. Aufl. Leipzig: Teubner 1957. 122 S. | EtCl. 25 (1957), 499—500 (M. Gilles). [3660

Ehrich, R. W.: Culture area and culture history in the Mediterranean and the Middle East. — The Aegean and the Near East [s. 1956, Nr. 321], 1—21, 1 Taf. [3661

Ensslin, W.: Die Anerkennung von Anregungen — Suggestiones — hochgestellter Amtsträger in Kaisererlassen. Ein Beitrag zum Verständnis des Timesitheus-Bildes in der Vita Gordiani. — Studi Calderini/Paribeni 1, 313—323. [3662

Finley, M. I.: Homer and Mycenae. Property and tenure. — Historia 6 (1957), 133—159. [3663

— The world of Odysseus. 1954. | Antiquity 31 (1957), 42 (T. B. L. Webster). RevPhil. Sér. 3, 31 (1957), 283—284 (P. Chantraine). JHS. 77 (1957), 319—320 (J. B. Hainsworth). [3664

Forni, G.: Die römischen Tribus in Pannonien. — Carnuntum-Jb. 1956 (1957), 13—22. [3665

Frezza, P.: Per una qualificazione istituzionale dei potere di Augusto. — Atti e Mem., Accad. toscana La Colombaria 21 (1956 [1957]), 109—130. [3666

Friedländer, L.: Sittengeschichte Roms. Ungekürzte Textausg. 2. Aufl. Köln: Phaidon-Verl. 1957. 1038 S., 122 Taf. [3667

Fritz, K. v.: The theory of the mixed constitution in antiquity. 1955. | ClPh. 52 (1957), 34—37 (J. A. O. Larsen). ClRev. NS. 7 (1957), 143—144 (R. J. Hopper). [3668

Fustel de Coulanges, N. D.: The ancient city. A study on the religion, laws and institutions of Greece and Rome. New York: Doubleday 1956. 396 S. (Anchor Books. A, 76.) | Latomus 16 (1957), 175—176 (Th. Frankfort). [3669

— La cité antique. Paris: Hachette 1957. 480 S. [3670

Gagé, J.: Les clientèles triomphales de la république romaine. A propos d'un aspect du »principat« d'Auguste. — RH. 218 (1957), 1—31. [3671

Gries, K.: Roman constitutional law and Roman civilization. — Latomus 16 (1957), 108—115 [zu Lübtow, Das röm. Volk. 1955]. [3672

Grönbech, V.: Der Hellenismus. Lebensstimmung, Weltmacht. 1955. | Gymn. 64 (1957), 373—375 (F. Schachermeyr). HZ. 184 (1957), 185—186 (E. Seidl). [3673

Günther, H. F. K.: Lebensgeschichte des hellenischen Volkes. 1956. | AntCl. 26 (1957), 230—232 (P. Salmon). RevPhil. Sér. 3, 31 (1957), 267 (E. Will). [3674

Guilland, R.: Études sur l'histoire administrative de l'empire byzantin: Proconsul (ἀνθύπατος). — REByz. 15 (1957), 5—41. [3675

Gussen, P. J. G.: Het leven in Alexandrië. 1955. | Mnemosyne Ser. 4, 10 (1957), 85—86 (E. Boswinkel). RBPhil. 35 (1957), 1145—1146 (W. Peremans). [3676

Hammond, M.: Imperial elements in the formula of the Roman emperors during the first two and a half centuries of the Empire. — MemAmAc. 25 (1957), 17—64. [3677

Hampe, R.: Die homerische Welt im Lichte der neuesten Ausgrabungen. 1956. | Gnomon 29 (1957), 38—44 (A. Heubeck). AJA. 61 (1957), 295—296 (E. T. Vermeule). MusHelv. 14 (1957), 243—244 (F. Wehrli). [3678

Hampl, F.: »Stoische Staatsethik« und frühes Rom. — HZ. 184 (1957), 249—271. [3679

Helck, W.: Untersuchungen zu den Beamtentiteln des ägypt. Alten Reiches. 1954. | ZDMG. 107 (1957), 191—194 (H. Kees). DLZ. 78 (1957), 200—203 (O. Firchow). [3680

Henderson, M. I.: Potestas Regia. — JRS. 47 (1957), 82—87. [3681

Heurgon, J.: L'état étrusque. — Historia 6 (1957), 63—97. [3682

Hopkins, C.: Oriental elements in the Hallstatt culture. — AJA. 61 (1957), 333—339, 4 Taf. [3683

Johnston, M.: Roman life. New York: Scott, Foresman and Co. 1957. 478 S. [3684

Kitto, H. D. F.: Die Griechen. Von der Wirklichkeit eines geschichtl. Vorbilds. Stuttgart: Klett 1957. 382 S. | EtCl. 25 (1957), 376—377 (M. Gilles). [3685

Kleberg, T.: Hôtels, restaurants et cabarets dans l'antiquité romaine. Etudes histor. et philologiques. Stockholm: Almqvist & Wiksell 1957. XI, 163 S., Abb., 1 Kte. (Bibliotheca Ekmaniana Univ. regiae Upsaliensis. 61). [3686

Kukules, Ph.: Βυζαντινῶν βίος καὶ πολιτισμός. Τόμ. ς. Athen 1955 [1957]. 575 S., 2 Taf. (Collection de l'Inst. franç. d'Athènes. 90.) [3687

Kultura materialna starożytnej Grecji. Wybór źrodeł archeologicznych. Hrsg.: K. Majewski. Warszawa-Wróclaw 1956. XII, 464 S., 447 Abb. | REG. 70 (1957), 518—519 (R. Martin). [3688

Kunderewicz, C.: Évolution historique de la responsabilité des fonctionnaires dans l'Égypte ptolémaïque. — Eos 48, 2 (1956 [1957]), 101—115. [3689

— De magistratibus Aegyptiacis in Ptolemaeorum et Romanorum potestate munera gerentibus [poln. m. lat. Rés.]. — Meander 11 (1956), 163—169. [3690

Larsen, J. A. O.: Representative government in Greek and Roman history. 1955. | RH. 217 (1957), 341—342 (P. Cloché). [3691

— Lycia and Greek federal citizenship. — SOsl. 33 (1957), 5—26. [3692

Lepore, E.: Il Princeps Ciceroniano e gli ideali politici della tarda repubblica. 1954. | RevPhil. Sér. 3, 31 (1957), 337—338 (R. Bloch). [3693

McAlindon, D.: Senatorial advancement in the age of Claudius. — Latomus 16 (1957), 252—262. [3694

— Entry to the senate in the early empire. — JRS. 47 (1957), 191—197, Abb. [3695

— The senator's retiring age: 65 or 60? — ClRev. NS. 7 (1957), 108. [3696

Martin, R.: L'urbanisme dans la Grèce antique. 1956. | Gnomon 29 (1957), 359—363 (A. Kriesis). AntCl. 26 (1957), 268—269 (Ch. Delvoye). ClRev. NS. 7 (1957), 245—246 (R. E. Wycherley). JHS. 77 (1957), 354—355 (H. Plommer). Syria 34 (1957), 371—373 (R. Dussaud). RevABM. 63 (1957), 396—397 (A. Balil). REG. 70 (1957), 506—508 (F. Chamoux). [3697

Mattingly, H.: Roman imperial civilization. London: Arnold 1957. 312 S., Abb., 8 Taf. | Times Liter. Suppl. 56 (1957), 770. [3698

Mazzarino, S.: Aspetti sociali del quarto secolo. 1951. | AnzAW. 10 (1957), 251—252 (E. Swoboda). [3699

Meloni, P.: L'amministrazione della Sardegna nel II e III sec. d. Cr. — Studi Calderini/Paribeni 1, 273—304. [3700

Meyer: Durch vier Jahrtausende altvorderasiatischer Kultur s. Nr. 1539.

Moon, B. E.: Mycenaean civilization. Publications since 1935. A bibliography. London: Univ. of London Inst. of Class. Studies 1957. XVI, 77 S. (London Univ. Inst. of Class. Studies. Bulletin, Suppl. 3). [Maschinenschr., vervielf.] [3701

Moscati, S.: Ancient Semitic civilizations. London: Elek Books 1957. 254 S., 16 Taf., 3 Ktn. [3702

Murakawa, K.: Demiurgos. — Historia 6 (1957), 385—415. [3703

Nack, E., W. Wägner: Rom. Land und Volk der alten Römer. Wien/Heidelberg: Überreuter 1956. 476 S., 63 Taf., 106 Abb. u. Kt. [3704

Oliver, J. H.: The ruling power. 1953. | Gnomon 29 (1957), 74—76 (F. Vittinghoff). [3705

Pallottino, M.: Introduzione alla civiltà degli Etruschi. — Historia 6 (1957), 1—9. [3706

Paoli, U. E.: Cane del popolo. Uomini e cose del mondo antico. Firenze: Le Monnier 1957. 644 S. [3707

— Come vivevano i Greci. Torino: Radio ital. 1957. 86 S. [3708

Papastavrou, J.: Ἡ ἀρχαία ἑλληνικὴ πόλις — κράτος εἰς τὰς παραμονὰς τῆς Μακεδονικῆς κυριαρχίας. — Ἐπιστ. Ἐπετηρὶς τῆς φιλοσ. Σχολῆς τοῦ Πανεπιστημίου Ἀθηνῶν Ser. 2, 6 (1955/56), 365—380. [3709

Petit, P.: Libanius et la vie municipale à Antioche au IVᵉ siècle après J.-C. Paris: Geuthner 1955. 446 S., 3 Ktn. (Bibliothèque archéol. et histor. 62). | AJA. 61 (1957), 316—317 (G. Downey). Historia 6 (1957), 374—378 (W. Ensslin). Orientalia NS. 26 (1957), 392 (E. Des Places). JRS. 47 (1957), 236—240 (A. F. Norman). RH. 218 (1957), 349—350 (P. Cloché). ClRev. NS. 7 (1957), 252—254 (A. H. M. Jones). [3710

Pflaum, H.-G.: Procurator als Verwaltungsbeamter. — RE. 23, 1 (1957), 1240—1279. [3711

Pirenne, J.: Civilisations antiques. Nouv. éd. Paris: Michel 1957. 496 S., Abb., Taf. [3712

Pohlenz, M.: Griechische Freiheit. 1955. | Gymn. 64 (1957), 266—267 (A. Lesky). ClRev. NS. 7 (1957), 266—267 (R. J. Hopper). [3713

Reidinger, W.: Die Statthalter des ungeteilten Pannonien und Oberpannoniens von Augustus bis Diokletian. 1956. | REL. 34 (1956 [1957]), 393—395 (H.-G. Pflaum). Gnomon 29 (1957), 515—524 (R. Syme). Latomus 16 (1957), 517 (A. Deman). [3714

Ruschenbusch, E.: ΔΙΚΑΣΤΗΡΙΟΝ ΠΑΝΤΩΝ ΚΥΡΙΟΝ. — Historia 6 (1957), 257—274. [3715

Sabbatucci, D.: L'edilità romana. 1954. | Latomus 16 (1957), 386—387 (S. J. de Laet). [3716

Sartori, F.: Problemi di storia costituzionale italiota. 1953. | Erasmus 10 (1957), 299—301 (R. Bloch). [3717

Schachermeyr, F.: Die ältesten Kulturen Griechenlands. 1955. | ClRev. NS. 7 (1957), 139—141 (F. H. Stubbings). Syria 34 (1957), 185—188 (J. Deshayes). RA. Sér. 6, 49 (1957), 108—111 (O. Sargnon, M. Silberbauer). Erasmus 10 (1957), 36—45 (Ch. Picard). Gnomon 29 (1957), 511—515 (S. Hood). JHS. 77 (1957), 358—360 (R. W. Hutchinson). RBPhil. 35 (1957), 1140—1141 (S. Ferri). GlMSar. NS. 12 (1957), 287—289 (A. Benac). [3718

Schaefer, H.: Politische Ordnung u. individuelle Freiheit im Griechentum. — HZ. 183 (1957), 5—22. [3719

— Πρόβουλος. — RE. 23,1 (1957), 1221—1231. [3720

Scheffer, Th. v.: Die Kultur der Griechen. 1955. | Erasmus 10 (1957), 167—169 (J. V. Luce). RBPhil. 35 (1957), 1141—1142 (G. M. A. Richter). [3721

Schönbauer, E.: Die neu gefundenen Reskripte des Septimius Severus (P. Col. 123). — AnzWien 1957, 165—197. [3722

Seyfarth, W.: Potitus rerum omnium. Ein Beitrag zur Deutung der RGDA, Kap. 34. — Philologus 101 (1957), 305—323. [3723

Sinnigen, W. G.: The officium of the urban prefecture during the later Roman Empire. Rome: Amer. Academy 1957. III, 123 S. (Papers and monographs, Amer. Acad. of Rome. 17.) [3724

Sirago, V.: Tyrannus. Teoria e prassi antitirannica in Cicerone e suoi contemporanei. — RendAccNapoli 31 (1956 [1957]), 179—225. [3725

Sordi, M.: La fondation du collège des naopes et le renouveau politique de l'amphictionie au IVᵉ siècle. — BCH. 81 (1957), 38—75. [3726

Stark, R.: Das Majoritätsprinzip bei den Römern. — Nouv. Clio 7/9 (1955/1957), 387—395. [3727

Starr, C. G.: Civilization and the Caesars. 1954. | BiOr. 14 (1957), 58 (W. den Boer). ClPh. 52 (1957), 51—53 (J. H. Oliver). JRS. 47 (1957), 250—251 (P. A. Brunt). [3728

Stemplinger, E.: Modernes in der Antike. — Das Altertum 3 (1957), 95—103, Abb. [3729

Taylor, L. R.: The centuriate assembly before and after the reform. — AJPh. 78 (1957), 337—354. [3730

Teutsch: Das Städtewesen in Nordafrika s. Nr. 1208.

Van den Bruwaene, M.: La société et les institutions de l'antiquité classique. 3, 1. 1955. | Emerita 25 (1957), 247 (A. Balil). [3731

Veyne: La table des Ligures Baebiani et l'institution alimentaire de Trajan s. Nr. 3205.

Visscher, F. de: L'expansion de la cité romaine et la diffusion du droit romain. — MusHelv. 14 (1957), 164—174. [3732

Vitucci, G.: Ricerche sulla praefectura urbis in età imperiale. 1956. | EtCl. 25 (1957), 266 (G. Desalle). Latomus 16 (1957), 515—516 (R. Thouvenot). [3733

Voigt, J.: Verfassung und Geist der römischen Republik. — Der altsprachliche Unterricht, R. 3, 2 (1957), 22-33. [3734

Wallisch, E.: Name u. Herkunft des römischen Triumphes. — Philologus 99 (1955), 245—258. [3735

Weidemann, U.: Die Proconsules von Africa und Asia in den Jahren 14—54 n. Chr. Untersuchungen zu der Personalpolitik der julio-claudischen Kaiser. Diss. Heidelberg 1957. [Maschinenschr.] [3736

Weinstock, S.: The image and the chair of Germanicus. — JRS. 47 (1957), 144—154. [3737

Welles, C. B.: The Greek City. — Studi Calderini/Paribeni 1, 81—99. [3738

Wesenberg, G.: Provincia. — RE. 23, 1 (1957), 995—1029. [3739

Winlock, H. E.: Models of daily life in ancient Egypt from the tomb of Meket-Rĕ' at Thebes. 1955. | OLZ. 52 (1957), 405—410 (H. W. Müller). ArchJ. 113 (1956 [1957]), 159—160 (T. G. H. James). [3740

Wirszubski, Ch.: Libertas. Il concetto politico di libertà a Roma tra Repubblica e Impero. Append. di A. Momigliano. Trad. di G. Musca. Bari: Laterza 1957. VII, 298 S. [3741

Wolf, W.: Die Welt der Ägypter. 1955. | Orientalia NS. 26 (1957), 173—175 (A. Massart). ChrEg. 32 (1957), 43—45 (B. van de Walle). JNES. 16 (1957), 138—139 (W. H. McNeill). [3742

Wüst, F. R.: Zu den πρυτάνιες τῶν ναυκράρων u. zu den alten attischen Trittyen. — Historia 6 (1957), 176—191. [3743

2. Kriegswesen. Heer und Flotte. Seefahrt

Adcock, F. E.: The Greek and Macedonian art of war. Berkeley: Univ. of California Pr. 1957. 118 S. (Sather Class. Lectures. 30.) [3744

Ahmed Aly, A.: New light on the Roman army in Egypt. A Latin inscription from Nicopolis. — Annals of the Faculty of Arts, Ain Shams University 3 (1955), 113—146, 4 Taf. [3745

Alföldi: Zu den Glasmedaillons der militärischen Auszeichnungen aus der Zeit des Tiberius s. Nr. 2804.

Aymard, A.: Le partage des profits de la guerre dans les traités d'alliance antiques. — RH. 217 (1957), 233—249. [3746

Baade, E. C.: Two Yale papyri dealing with the Roman army in Egypt. — Akten d. 8. Intern. Kongr. f. Papyrologie [s. 1956 Nr. 362], 23—27, 2 Taf. [3747

Balil Illana, A.: „Alae" y „Cohortes" astures en el ejército romano. — Libro homenaje al Conde de la Vega del Sella (Oviedo 1956), 299—313. [3748

Bergson, L.: Was bedeutet ΚΩΠΗΤΗΡ? — Eranos 55 (1957), 120—126 [Dollbord bei Schiffen]. [3749

Brandilly, M.-Y.: La galère de Mahdia retrouvée au large de Tunis n'était pas une galère. — France-Illustration, Sept. 1955, 58—64, Abb. [3750

v. Campenhausen: Der Kriegsdienst der Christen in der Kirche des Altertums s. Nr. 3262.

Casson, L.: The Isis and her voyage: a reply. — TrAPhAss. 87 (1956 [1957]), 239—240. [3751

— The size of ancient merchant ships. — Studi Calderini/Paribeni 1, 231—238. [3752

Cavenaile, R.: Le P. Mich. VII 432 et l'honesta missio des légionnaires. — Studi Calderini/Paribeni 2, 243—251. [3753

Ceruti, F.: Legionari di „Comum" nell' esercito romano. — RAComo 139 (1957), 11—16. [3754

Chilver, G. E. F.: The army in politics, A. D. 68—70. — JRS. 47 (1957), 29—35. [3755

Compernolle, R. van: La vitesse des voiliers grecs à l'époque classique (V^e et

IVᵉ siècles). — Bull. Inst. histor. belge de Rome 30 (1957), 5—30. [3756

Cuff, P. J.: Caesar the soldier. — GaR. Ser. 2. 4 (1957), 29—35. [3757

Diesner, H.-J.: Das Söldnerproblem im alten Griechenland. — Das Altertum 3 (1957), 213—223. [3758

Dorey, T. A.: Macedonian troops at the battle of Zama. — AJPh. 78 (1957), 185—187. [3759

Dumézil, G.: Aspects de la fonction guerrière chez les Indo-Européens. 1956. | REL. 34 (1956 [1957]), 398—399 (P. Boyancé). RevPhil. 31 (1957), 142 (A. Ernout). Revue des Sciences rel. 31 (1957), 309—310 (A. Vincent). SteMat. 27 (1956), 146—148 (A. Brelich). Latomus 16 (1957), 186—188 (E. Polomé). [3760

Firchow, O.: Königsschiff und Sonnenbarke. — WZMorg. 54 (1957), 34—42. [3761

Forni, G.: Il reclutamento delle legioni da Augusto a Diocleziano. 1953. | Epigraphica 17 (1955 [1957]), 158—164 (S. Daris). [3762

Foucher: Navires et barques figurés sur des mosaïques s. Nr. 2585.

Garcia y Bellido, A.: Los 'Vardulli' en el ejercito romano. — Boletin de la R. Soc. Vascongada de Amigos del Pais 10 (1954), 131—139. [3763

Gilliam, J. F.: Enrollment in the Roman imperial army. — Eos 48, 2 (1956 [1957]), 207—216. [3764

Herbig: Etruskische Rekruten? s. Nr. 2740.

Kraft: Die Rolle der Colonia Julia Equestris u. die röm. Auxiliar-Rekrutierung s. Nr. 1358.

Kühn: Rüstungsszenen bei Homer und Vergil s. Nr. 2768.

Lacey, W. K.: Some uses of Primus in naval contexts. — ClQu. NS. 7 (1957), 118—122. [3765

Lundman, B.: The problem of ancient Oriental shipping on the North Sea. — JNES. 16 (1957), 105—117, Abb. [3766

Marín y Peña, M.: Instituciones militares romanas. 1956. | REL. 34 (1956 [1957]), 388—389 (M. Durry). EtCl. 25 (1957), 268 (J. Delande). AntCl. 26 (1957), 235—236 (P. Petit). RevPhil. Sér. 3, 31 (1957), 339—340 (R. Bloch). REA. 59 (1957), 479—481 (R. Thouvenot). [3767

Martchenko, I.: Sur le sujet des navires marchands de Bosphor [russ.] — SovArch. NS. 1 (1957), 232—237, Abb. [3768

Razin, J. A.: Istorija voennogo iskusstva [Geschichte der Kriegskunst]. Moskau: Verteidigungsministerium d. SSSR. 1955. 631 S., 74 Ktn. u. Schemen, 91 Abb. [3769

Richmond: Roman Britain and Roman military antiquities s. Nr. 1421.

Sander, E.: Zur Rangordnung des römischen Heeres: die Flotten. — Historia 6 (1957), 347—367. [3770

Het Schip bij de pyramide van Cheops (Choefoe). — Phoenix 1/3 (1955/57), 21—25, Abb. [3771

Schleiermacher, W.: Zu Hadrians Heeresreform in Obergermanien. — Germania 35 (1957), 117—120, Abb. [3772

Sherk, R. K.: Roman imperial troops in Macedonia and Achaea. — AJPh. 78 (1957), 52—62. [3773

Stefan, G.: La legio I Iovia et la défence de la frontière danubienne au IVᵉ siècle de notre ère. — Nouvelles Études d'histoire prés. au Xᵉ Congrès des Sciences histor., Rome 1955 (Bukarest 1955), 161—167, Abb. [3774

Suolahti, J.: The junior officers of the Roman army in the republican period. 1955. | REL. 34 (1956 [1957]), 389—391 (M. Durry). ClRev. NS. 7 (1957), 147—149 (P. J. Cuff). RBPhil. 35 (1957), 116—117 (S. J. de Laet). Riv. storica ital. 69 (1957), 277—280 (E. Gabba). JRS. 47 (1957), 254—255 (G. R. Watson). HZ. 184 (1957), 673—674 (H. G. Gundel). AntCl. 26 (1957), 236—239 (E. Will). Latomus 16 (1957), 514—515 (A. E. R. Boak). ClPh. 52 (1957), 281—282 (Ch. G. Starr). [3775

Thiel, J. H.: A history of Roman seapower before the second Punic war. 1954. | AnzAW. 10 (1957), 38—40 (F. Hampl). ClRev. NS. 7 (1957), 144—147 (H. H. Scullard). JRS. 46 (1956), 169—171 (W. G. Forrest). [3776

Thompson, D. B.: The Persian spoils in Athens. — The Aegean and the Near East [s. 1956, Nr. 321], 281—291, 4 Taf. [3777

Wallinga, H. T.: The boarding-bridge of the Romans. 1956. | Gnomon 29 (1957), 155—156 (H. Volkmann). ClPh. 52 (1957), 68—69 (Ch. G. Starr). ClRev. NS. 7 (1957), 144—147 (H. H. Scullard). JRS. 47 (1957), 270—271 (J. S. Morrison). AntCl. 26 (1957), 239—241 (L. Casson). REA. 59 (1957), 166—168 (J. Bernard). Riv. stor. ital. 69 (1957), 439—441 (E. Gabba). [3778

Webster, G.: The Roman army. Chester: Grosvenor Museum 1956. 52 S., 8 Taf., Abb. | ArchJ. 113 (1956 [1957]), 165 (S.

S. Frere). AntJ. 37 (1957), 81 (Ph.Corder). [3779

Williams: Notes on some Attic black-figure vases with ship representations s. Nr. 2568.

3. Wirtschaft und Verkehr

Adams, B.: Fragen altägyptischer Finanzverwaltung. München-Pasing: Filser 1956. 109 S. (Erlanger Beiträge z. Rechtsgeschichte. A 2.) [3780

Altheim, F., R. Stiehl: Finanzgeschichte der Spätantike. Mit Beitr. v. R. Göbl u. H.-W. Haussig. Bildteil: E. Trautmann-Nehring. Frankfurt: Klostermann 1957. 428 S., Abb., 15 Taf. | Muséon 70 (1957), 380—381 (G. Ryckmans). [3781

Aly, Z.: Upon sitologia in Roman Egypt and the rôle of sitologi in its financial administration. — Akten d. 8. Intern. Kongr. f. Papyrologie [s. 1956, Nr. 362], 17—22. [3782

Amand, M.: Contribution à l'étude du commerce en Hesbaye au IIe siècle. — Kölner Jb. f. Vor- u. Frühgesch. 2 (1956 [1957]), 47—53. [3783

Benoît, F.: Autour du cratère de Vix. La voie du Rhône. — Rhodania 31 (1956), 15—18. [3784

Blazquez Martínez, J. M.: La economía ganadera de la España antigua a la luz de las fuentes literarias griegas y romanas. — Emerita 25 (1957), 159—184. [3785

Bondar', N. N.: Torgovie snošenija Ol'vii so Skifiej v IV—I vv. do n. e. [Handelsbeziehungen Olbias mit Skythien]. — SovArch. 25 (1956), 124—137. [3786

Boreckij: Zur Wirtschaftsgeschichte Pompejis im 1. Jh. n. Chr. s. Nr. 1078.

Braidwood, R. J.: Reflections on the origin of the village-farming community. — The Aegean and the Near East [s. 1956, Nr. 321], 22—31, 2 Abb. [3787

Braunert, H.: Der römische Provinzialzensus u. der Schätzungsbericht des Lukas-Evangeliums. — Historia 6 (1957), 192—214. [3788

Canarache: Importul amforelor stampilate la Istria [Der Import von Amphoren mit Stempeln nach Histria] s. Nr. 2678.

Carcopino, J.: Promenades historiques aux pays de la Dame de Vix. Paris: Artisan du livre 1957. 120 S., 4 Taf. | EtCl. 25 (1957), 385—386 (J. van Ooteghem). RA. Sér. 6, 50 (1957), 105—106 (R. Lantier). [3789

Day, J., C. W. Keyes: Tax documents from Theadelphia. Papyri of the second century A. D. New York: Columbia Univ. Pr. 1956. XVIII, 342 S., 2 Taf. | GGA. 211 (1957), 59—72 (F. Zucker). [3790

Déchelette, F.: Les voies de pénétration de la civilisation dans la Gaule celtique et romaine. — Revue de géographie de Lyon 31 (1956), 109—113. [3791

Delvoye, Ch.: À l'aube de la civilisation en Grèce: La vie agricole dans la péninsule grecque à l'époque néolithique. — Mélanges Merlier 1 [s. 1956 Nr. 332], 189—197. [3792

De Sainte Croix, G. E. M.: Greek and Roman accounting. — Studies in the history of accounting (London 1956), 14—74, 2 Taf. [3793

Diesner, H. J.: Wirtschaft u. Gesellschaft bei Thukydides. Halle: Niemeyer 1956. 198 S., 5 Taf. [3794

Eggers, H. J.: Der röm. Import im freien Germanien. 1951. | SovArch. 27 (1957), 310—323 (E. Velovejskij). [3795

Finley, M. I.: The Mycenaean tablets and economic history. — Econ. Hist. Review 10 (1957), 128—141. [3796

Florescu, R.: Agricultura în Dobrogea la începutul stăpînirii romane [L'agriculture en Dobrogea au début de la domination rom.]. — StCIstor. 7 (1956), 367—392; 8 (1957), 149—163. [3797

Gansbeke, P. van: La voie commerciale de la Bretagne au Rhin à l'époque romaine. — RBPhil. 35 (1957), 746—762. [3798

Grimal, P.: Le Jardin de Lamon à Lesbos. — RA. Ser. 6, 49 (1957), 211—214, Abb. [3799

Harmand, L.: La terre et ses problèmes dans l'antiquité grecque et romaine. — Information histor. 18 (1956), 59—68. [3800

Heichelheim, F. M.: Domäne. — RAC. Lief. 25 (1957), 49—91. [3801

Helck, W.: Wirtschaftliche Bemerkungen zum privaten Grabbesitz im Alten Reich. — MDIK. 14 (1956), 63—75. [3802

Jones, A. H. M.: Capitatio and Iugatio. — JRS. 47 (1957), 88—94. [3803

Kahrstedt, U.: Das wirtschaftl. Gesicht Griechenlands in der Kaiserzeit. 1954. | HZ. 183 (1957), 438—439 (F. Vittinghoff). Gymn. 64 (1957), 372 (F. Vittinghoff). Emerita 25 (1957), 238—239 (A. Balil). Erasmus 10 (1957), 617—620 (W. den Boer). AnzAW. 10 (1957), 255 (F. Gschnitzer). [3804

Linderski: L'industrie textile à Rome et son organisation s. Nr. 4043.

Lot, F.: Nouvelles recherches sur l'impôt foncier et la capitation personelle sous le Bas-Empire. 1956. | REL. 34 (1956 [1957]), 395—398 (W. Seston). HZ. 184 (1957), 99—102 (W. Enßlin). JRS. 47 (1957), 256—257 (A. H. M. Jones). REA. 59 (1957), 190—201 (É. Demougeot). [3805

Mazzarino, S.: Sociologia del mondo etrusco e problemi della tarda etruscità. — Historia 6 (1957), 98—122. [3806

Michell, H.: The economics of ancient Greece. 2. ed. Cambridge: Hoffer 1957. X, 427 S. [3807

Panciera, S.: Vita economica di Aquileia in età romana. Pref. di G. Brusin. Aquileia: Assoc. per Aquileia 1957. VIII, 136 S. (Quaderni dell'Assoc. naz. per Aquileia. 6.) [3808

Pittioni, R.: Zur Urgeschichte des Bauerntums. — AnzWien 1957, 323—351. [3809

Polanyi, K., C. M. Arensberg, H. W. Pearson: Trade and market in the early empire: economics in history and theory. Glencoe, Ill.: Free Press & Falcon's Wing Press 1957. XVIII, 382 S. [3810

Pólay, E.: Die Blütezeit des römischen Wirtschaftslebens u. die klassische Zeit des römischen Rechts. — Acta antiqua (Budapest) 5 (1957), 323—356. [3811

Preda, C.: Triburile geto-dace şi circulatia monedelor lui Filip al II-lea la nord de Dunăre [Les tribus géto-daces et la circulation des monnaies de Philippe II au nord du Danube]. — StClstor. 7 (1956), 267—288. [3812

Rostovtzeff, M. I.: The social and economic history of the Roman Empire. 2. ed. rev. by P. M. Fraser. Vol. 1. 2. London: Oxford Univ. Pr. 1957. XXXI, 541 S., Ktn.; X S., S. 543—847. [3813

— Die hellenistische Welt, Gesellschaft und Wirtschaft. Bd. 1—3. 1955/1956. | EtCl. 25 (1957), 379—380 (H. Mollart). DLZ. 78 (1957), 974—978 (Ch. M. Danoff). Gymn. 64 (1957), 373 (F. Schachermeyr). [3814

Ruipérez, M. S.: Notes on mycenaean land-division and livestock-grazing. — Minos 5 (1957), 174—206. [3815

Sirago, V. A.: La proprietà di Plinio il Giovane. — AntCl. 26 (1957), 40—58. [3816

Stoian, I.: In legătură cu vechimea teritorului rural al Histriei [A propos de l'ancienneté du territoire rural d'Histria]. — StClstor. 8 (1957), 183—204. [3817

Sundwall, J.: Zur Buchführung im Palast von Knossos. Helsingfors: Akad. Buchh. 1956. 14 S., Abb. (Soc. scient. fennica. Commentationes humanarum litterarum. 22, 3.) [3818

Svencickaja, I. S.: Nekotorye čerty ekonomičeskogo razvitija zapadnoj Maloj Azii v sisteme Rimskoj Imperii [Einige Züge der wirtschaftlichen Entwicklung West-Kleinasiens im System des Römischen Reiches]. — VDI. 56 (1956), 18—27. [3819

Tomsin, A.: Notes sur les Ousiai de l'époque romaine. — Studi Calderini/Paribeni 2, 211—224. [3820

Vendryes, J.: La route de l'étain en Gaule. — CRAcInscr. 1957, 204—208. [3821

Wade-Gery, H. T., B. D. Meritt: Athenian resources in 449 and 431 B. C. — Hesperia 26 (1957), 163—197, 1 Taf. [3822

Welskopf, E. Ch.: Die Produktionsverhältnisse im Alten Orient u. in der griechisch-römischen Antike. Ein Diskussionsbeitrag. Berlin: Akad.-Verl. 1957. 510 S. (Schriften d. Sektion f. Altertumswissenschaft. 5.) [3823

Werth, E.: Grabstock, Hacke u. Pflug. 1954. | ArchErt. 84 (1957), 232—233 (N. Kalicz). [3824

Will, E.: Marchands et chefs de caravanes à Palmyre. — Syria 34 (1957), 262—277. [3825

— Aux origines du régime foncier grec: Homère, Hésiode et l'arrière-plan mycénien. — REA. 59 (1957), 5—50. [3826

Wytzes, J.: Olifanten. — Hermeneus 27 (1956), 133—136; 154. [3827

Zulawska, J.: Jupiec i zeglarz w starożytnej Grecji i Rzymie [Kaufmann u. Seefahrer im alten Griechenland u. Rom]. Warszawa: Państ. Wyd. Nauk 1956. 50 S., Abb. (Bibl. Meandra. 9.) [3828

4. Soziale Verhältnisse. Bevölkerungsklassen. Berufsleben

Balmus, C. I.: Le commencement de la crise générale du système esclavagiste romain. — Nouvelles Études d'histoire prés. au Xe Congrès des Sciences histor., Rome 1955 (Bukarest 1955), 139—148. [3829

Barker, E.: From Alexander to Constantine. 1956. | RHPhilos. 37 (1957), 353—354 (M. Simon). JHS. 77 (1957), 336 (V. Ehrenberg). [3830

Boak, A. E. R.: Manpower shortage and the fall of the Roman Empire in the West. 1955. | BiOr. 14 (1957), 58—59 (H. Bengtson). ClRev. NS. 7 (1957), 149—150 (B. H. Warmington). Riv. stor. ital. 69 (1957), 280—283 (A. Momigliano). ClPh. 52 (1957), 266—267 (J. A. McGeachy, jr.). [3831

Braunert, H.: Ἰδία. Studien zur Bevölkerungsgeschichte des ptolemäischen u. römischen Aegypten. — Journ. of Juristic Papyrology 9/10 (1955/56), 211—328. [3832

Calderone, S.: I Neopolitai di Tauromenion. — Studi Calderini/Paribeni 1, 69—78. [3833

Capozza, M.: Le rivolte servili di Sicilia nel quadro della politica agraria romana. — AttiIstVen. 115 (1956/57), 79—98. [3834

Cavaignac, E.: Réflexions sur une grande ville de l'Orient hellénistique au temps d'Auguste. — BBudé Ser. 4 (1956), No. 2, 68—71. [3835

De Robertis, F. M.: Il fenomeno associativo nel mondo romano. 1955. | Latomus 16 (1957), 384—386 (R. Mandra). [3836

Dill, S.: Roman society from Nero to Marcus Aurelius. New York: Meridian Books 1957. XXII, 639 S. (Meridian Library. 1.). [3837

État et classes dans l'antiquité esclavagiste. Paris: Nouv. critique 1957. 242 S. (Recherches intern. à la lumière du marxisme. 2.) [3838

Foucher, A.: La vie rurale à l'époque de Caton d'après le „de Agricultura". — BBudé Ser. 4 (1957), No. 2, 41—53. [3839

Gernet, L.: Droit et société dans la Grèce ancienne. 1955. | RH. 217 (1957), 339—341 (P. Cloché). [3840

Girri, G.: La taberna nel quadro urbanistico e sociale di Ostia. 1956. | REL. 34 (1956 [1957]), 414—415 (P.-M. Duval). EtCl. 25 (1957), 265 (J. Delande). Mnemosyne Ser. 4, 10 (1957), 178 (C. C. van Essen). AntCl. 26 (1957), 273—274 (J. Mertens). ArchClass. 9 (1957), 268—269 (R. A. Staccioli). Latomus 16 (1957), 407—408 (J. Le Gall). [3841

Gordon, C. H.: Ugaritic guilds and homeric ΔΗΜΙΟΕΡΓΟΙ. — The Aegean and the Near East [s. 1956, Nr. 321], 136—143. [3842

Günther, R.: Sklaverei, Wirtschaft u. Ständekampf im ältesten Rom. Diss. Leipzig 1957. IV, 113, 11 Bl. [Maschinenschr.] [3843

Hančar, F.: Das Pferd in prähistorischer und früher historischer Zeit. 1956. | AOF. 18 (1957), 131—132 (A. Salonen). Belleten 21 (1957), 585—598 (F. Kinal) [in türk. Sprache]. LF. 5 (1957), 284—285 (J. Hejnic). Anthropos 52 (1957), 963—966 (H.-G. Bandi). [3844

Harmand, L.: Un aspect social et économique du monde romain: le patronat sur les collectivités publiques, des origines au Bas-Empire. Paris: Presses univ. 1957. 552 S. (Publ. de la Fac. des Lettres, Univ. de Clermont). [3845

Hermann, A., H. Herter: Dirne. — RAC. 3 (1957), 1149—1213. [3846

Kazakevič, E. L.: Der Terminus δοῦλος und der Begriff „Sklave" in Athen im 4. Jh. v. Chr. [russ.]. — VDI. 57 (1956), 119—136. [3847

Kehnscherper, G.: Die Stellung der Bibel u. der alten christl. Kirche zur Sklaverei. Eine bibl. u. kirchengeschichtl. Unters. v. d. alttestamentl. Propheten bis zum Ende d. Röm. Reiches. Halle: Niemeyer 1957. 187 S. [3848

Klima, O.: Die erste große Sozialbewegung in Persien, ihre Geschichte und ihre Auswirkungen. — Altertum 3 (1957), 173—183, Abb. [3849

Kotsevalov, A.: Soviet studies of ancient slavery and slave uprisings. [Russ. m. engl. Rés.]. München: Inst. zur Erforsch. d. UdSSR. 1956. 63 S. [3850

Lauffer, S.: Die Bergwerkssklaven von Laureion. Teil 1. 1955. | ClRev. NS. 7 (1957), 241—243 (A. R. W. Harrison). REG. 70 (1957), 529—531 (A. Aymard). [3851

— — T. 2: Gesellschaftl. Verhältnisse, Aufstände. Mainz: Akad. d. Wiss. 1957. S. 121—274. (AbhMainz 1956, 11.) | REG. 70 (1957), 529—531 (A. Aymard). [3852

Lechner, K.: Hellenen u. Barbaren im Weltbild der Byzantiner. 1954. | Speculum 32 (1957), 177—178 (P. Charanis). HZ. 183 (1957), 443 (W. Enßlin). REByz. 14 (1956), 271—272 (A. Wenger). [3853

Leeuwen, C. van: Le développement du sens social en Israël avant l'ère chrétienne. Assen: Van Gorcum 1956. 247 S. (Studia semitica neerlandica. 1.). | RBPhil. 35 (1957), 864—865 (A. Neher). [3854

Loposzko, T.: De Romanorum habitandi conditionibus [poln. m. lat. Rés.]. — Meander 11 (1956), 309—325. [3855

Marek, H. G.: Der Schauspieler im Lichte der Soziologie. 1: Der Schauspieler in seiner gesellschaftl. u. rechtlichen Stellung im alten Rom. Wien: Notring d. wiss. Verbände 1956. 64 S. [3856

Martin, V.: L'onomastique comme indice des rapports entre indigènes et occupants dans l'Égypte gréco-romaine. — Akten d. 8. Intern. Kongr. f. Papyrologie [s. 1956 Nr. 362], 85—90. [3857

Micknat, G.: Studien zur Kriegsgefangenschaft und zur Sklaverei in der griechischen Geschichte. 1. 1954. | AnzAW. 10 (1957), 142—144 (F. Schachermeyr). HZ. 184 (1957), 670 (S. Lauffer). [3858

Ostrogorsky, G.: Quelques problèmes d'histoire de la paysannerie byzantine. 1956. | RH. 218 (1957), 127—130 (J. Bompaire). [3859

Picard, G.: La société africaine à l'apogée de l'empire. — REL. 34 (1956 [1957]), 69—70. [3860

Pinsent, J.: Municeps. 2. — ClQ. NS. 7 (1957), 89—97. [3861

Pohl, A.: Einige Gedanken zur Habiru-Frage. — WZMorg. 54 (1957), 157—160. [3862

Posener, G.: Les Asiatiques en Égypte sous les XIIe et XIIIe dynasties (à propos d'un livre récent). — Syria 34 (1957), 145—163. [3863

Préaux, C.: Ménandre et la société athénienne. — ChrEg. 32 (1957), 84—100. [3864

Pugliese Carratelli, G.: Ancora sui Damoi di Rodi. — Studi class. e orient. 6 (1956 [1957]), 62—75. [3865

Rouillard, G.: La vie rurale dans l'Empire byzantin. 1953. | BiOr. 14 (1957), 59 (G. H. Blanken). [3866

Sartori, F.: Le eterie nella vita politica ateniese del IV e V secolo a. C. (Pref. di A. Degrassi). Roma: L'Erma di Bretschneider 1957. 171 S. (Univ. di Padova. Pubblicazioni dell'Istituto di storia antica. 3.) | EtCl. 25 (1957), 380 (M. Reboul). [3867

Sereni, E.: Comunità rurali nell'Italia antica. 1955. | RBPhil. 35 (1957), 1149—1150 (Th. Frankfort). [3868

Sergeenko, M. E.: Vilik (Vilicus). — VDI. 58 (1956), 46—54. [3869

Swiderek, A.: La société grecque en Égypte au IIIe siècle av. n. è. d'après les archives de Zénon. — Journ. of Juristic Papyrology 9/10 (1955/56), 365—400. [3870

Tudor, D.: Istoria sclavajului în Dacia romană. Bukarest: Acad. rom. 1957. 311 S., Abb., 1 Kte. [mit franz. Rés.] [3871

Vogt, J.: Sklaverei und Humanität im klassischen Griechentum. 1953. | AnzAW. 10 (1957), 144—145 (F. Schachermeyr). [3872

Volkmann, H.: Ἔνδοξος δουλεία als ehrenvoller Knechtsdienst gegenüber dem Gesetz. — Philologus 100 (1956), 52—61. [3873

Westermann, W. L.: The slave systems of Greek and Roman antiquity. 1955. | ClRev. NS. 7 (1957), 54—59 (G. E. M. De Ste Croix). JHS. 77 (1957), 338—339 (R. E. Smith). REG. 70 (1957), 527—529 (A. Aymard). [3874

Westrup, C. W.: Some notes on the Roman slave in early times. 1956. | REL. 34 (1956 [1957]), 391—392 (A. Aymard). Latomus 16 (1957), 511—514 (A. Deman). [3875

Willetts, R. F.: A neotas at Dreros? — Hermes 85 (1957), 381—384. [3876

— Aristocratic society in ancient Crete. 1955. | Gnomon 29 (1957), 270—273 (J. Bleicken). Mnemosyne Ser. 4, 10 (1957), 266—268 (W. den Boer). [3877

5. Familie, Ehe, Bestattung und Verbrennung

Amand, M.: Les tumulus dans le folklore. — Latomus 16 (1957), 116—127. [3878

Astruc, M.: Traditions funéraires de Carthage. — Cahiers de Byrsa 6 (1956 [1957]), 29—58, 11 Taf. [3879

Audin, A., P.-L. Couchoud: Nouvelles considérations sur l'ascia. — RHRel. 152 (1957), 153—173. [3880

Capart, J.: Les belles demeures. — ChrEg. 32 (1957), 179—197, Abb. [3881

Capocci, V.: Sulla concessione e sul divieto di sepoltura nel mondo romano ai condannati a pena capitale. — StDoc. 22 (1956), 266—310. [3882

Carcopino, J.: Les symbolismes de l'Ascia. — ActesCIAChrét. 5 (1954 [1957]), 551—566. [3883

Černy, J.: A note on the ancient Egyptian family. — Studi Calderini/Paribeni 2, 51—55. [3884

Curto: La funzione delle lapidi funerarie egizie dell' Antico Regno s. Nr. 3286.

De Martino, E.: La ritualità del lamento funebre antico come tecnica di reintegrazione. — SteMat. 26 (1955 [1956]), 15—59. [3885

Ginouvès, L.: Bain individuel et bain collectif. Remarques sur l'évolution des moeurs aux époques grecque et romaine. — Palaeologia 5 (1956), 103—107. [3886

Joffroy, R.: Les sépultures à char du premier âge du fer en France. — RAE. 8 (1957), 7—73, Abb., 3 Taf.; 193—263, Abb., 5 Taf. [3887

— Le char de Vix et les tombes à char s. Nr. 2746.

Krischan, J.: Beziehungen zwischen Grabschutzformeln u. den gesetzlichen Bestimmungen gegen Gräberschädigung. — — WSt. 70 (1957), 205—218. [3888

Lantier, R.: Chariots funéraires hallstattiens. — RA. Sér. 6, 49 (1957), 87—88. [3889

Leipoldt, A.: Die Frau in der antiken Welt und im Urchristentum. 1954. | Gymn. 64 (1957), 267—268 (W. Plankl). [3890

Oelmann, F.: Zum Verständnis des sog. Liburnischen Grabcippus. — VAHDalm. 56/59 (1954/57), 48—57. [3891

Salis, A. von: Antiker Bestattungsbrauch. — MusHelv. 14 (1957), 89—99, Abb. [3892

Sealey, R.: On coming of age in Athens. — ClRev. NS. 7 (1957), 195—197. [3893

Selms, A. van: Marriage and family life in Ugaritic literature. 1954. | Syria 34 (1957), 175—176 (A. Herdner). [3894

Seltman, Ch.: The status of women in Athens. — GaR. Ser. 2, 2 (1955), 119—124. [3895

Soden, W. v.: Die Hebamme in Babylonien und Assyrien. — AOF. 18 (1957), 119—121. [3896

Stommel, E.: Domus aeterna. — RAC. Lief. 25 (1957), 109—128. [3897

Stümpel, B.: Beobachtungen zur Bestattungssitte in römischer Zeit. — Mitteilungsblatt zur rheinhess. Landeskunde 6 (1957), 23—25, Abb. [3898

Tanner, R.: Untersuchungen zur Rechtsstellung der Frau im pharaonischen Ägypten. Diss. Leipzig 1957. 107 Bl. [Maschinenschr.]. [3899

Wandrey, G.: Das Familienleben im griechisch-römischen Ägypten. 1. 2. Diss. Bonn 1956. 64; 60 Bl. [Maschinenschr.]. [3900

6. Feste. Spiele. Tanz. Sport

Amelotti, M.: La posizione degli atleti di fronte al diritto romano. — StDoc. 21 (1955), 123—156. [3901

Biliński, B.: De antiquis agonum gymnicorum atque artis agonisticae censoribus [poln. m. lat. Rés.].— Meander 11 (1956), 286—308; 341; 365—387; 425. [3902

Chamoux: L'Athéna mélancolique s. Nr. 2260.

Colin, J.: Affiches et invitations pour les spectacles de gladiateurs. — Pallas 4 (1956), 51—57. [3903

Deonna, W.: Le symbolisme de l'acrobatie antique. 1953. | Mnemosyne Ser. 4, 10 (1957), 63—64 (G. van Hoorn). [3904

Desmed, R.: Une leçon de gymnastique au IIe siècle de notre ère. — Prométhée, Revue d'éducation (Bruxelles) 26 (1956), 914—915. [3905

Diem, C.: Alexander d. Gr. als Sportsmann. Frankfurt: Limpert 1957. 32 S., 1 Taf. [3906

Eckstein, F.: Athletenhauben. — RM. 63 (1956 [1957]), 90—95, 4 Taf. [3907

Gentili: Le gare del circo nel mosaico di Piazza Armerina s. Nr. 2588.

Georgiades: Greek music, verse and dance s. Nr. 3925.

Hartke, W.: Über Jahrespunkte und Feste, insbesondere das Weihnachtsfest. 1956. | Gnomon 29 (1957), 629—630 (C. Schneider). [3908

Johnstone, M. A.: The dance in Etruria. 1956. | StEtr. 25 (1957), 615—616 (A. Neppi Modona). Latomus 16 (1957), 775 (M. Renard). [3909

Kieran, J., A. Daley: The story of the Olympic games 776 B. C. — A. D. 1956. Rev. ed. Philadelphia: Lippincott 1957. 528 S., Abb. [3910

Latte, K.: 'Ασκωλιασμός. — Hermes 85 (1957), 385—391. [3911

Lebel, P.: Scènes de la »chasse au brame« figurées sur des monuments gallo-romaines. — RAE. 8 (1957), 318—325, Abb. [3912

Lindner, E.: Die Benutzung der Halteren im Weitsprung der Antike. — AA. 1956 [1957], 128—130. [3913

Mattingly: The denarius of Sufenas and the Ludi Victoriae s. Nr. 2906.

Mendner, S.: Das Ballspiel im Leben der Völker. 1956. | Gnomon 29 (1957), 635—636 (S. Laser). [3914

Moretti, L.: Olympionikai. I vincitori negli antichi agoni olimpici. Roma: Accad. Naz. dei Lincei 1957. 143 S. (MemAccLinc. Ser. VIII, Vol. 8,2.). | Aevum 31 (1957), 387—388. [3915

Robert: Inscriptions et institutions agonistiques s. Nr. 3082.

Robinson, R. S.: Sources for the history of Greek athletics. Engl. transl. with introd., notes, bibliography and indices. Cincinnati 1955. XII, 289 S. | Gnomon 29

(1957), 123—127 (O. W. Reinmuth). REG. 70 (1957), 531—533 (R. Ginouvès). [3916

Schulman, A. R.: Egyptian representations of horsemen and riding in the New Kingdom. — JNES. 16 (1957), 263—271, 5 Taf. [3917

Vermaseren, M. J.: The Suovetaurilia in Roman art. — BAntBeschav. 32 (1957), 1—12, Abb. [3918

7. Musik

Azevedo, R.: O cántico greco-latino de Lamas de Moledo (Documento musical arcaico com estrofe e antístrofe em grego). Porto: Selbstverl. 1955. 105 S., 2 Abb. [3919

Baroni, H.: Esquisse des structures musicales de l'antiquité. — Otto Weissel, 1875/1955 (Ambilly-Annemasse 1955), 141—144. [3920

Behn, F.: Musikleben im Altertum und frühen Mittelalter. 1954. | Gnomon 29 (1957), 161—164 (G. Wille). StEtr. 25 (1957), 621—622 (A. Neppi Modona). DLZ. 78 (1957), 1018—1020 (W. Vetter). [3921

Del Grande, C.: La musica bizantina dagl'inizi al sec. VII. — Corsi di cultura sull'arte ravennate e bizantina 1957, fasc. 2, 57—62. [3922

Di Salvo, B.: Qualche appunto sulla chironomia nella musica bizantina. — Orientalia christiana periodica 23 (1957), 192—201. [3923

Düring, I.: Greek music. Its fundamental features and its significance. — Cahiers d'hist.mondiale 3 (1956/57), 302—329. [3924

Georgiades, Th.: Greek music, verse and dance. Trad. by E. Benedikt and M. L. Martinez. New York: Merlin Press 1956. 155 S. (Merlin music books. 5.). [3925

Gombosi, O. J.: Tonarten u. Stimmungen der antiken Musik. 1939. | GGA. 211 (1957), 47—58 (H. Husmann). [3926

Hickmann, H.: Die Gefäßtrommeln der Ägypter. — MDIK. 14 (1956), 76—79, 2 Taf. [3927

— Musicologie pharaonique. 1956. | DLZ. 78 (1957), 440—441 (E. Brunner-Traut). HZ. 184 (1957), 668 (H. Brunner). [3928

— La scène musicale d'une tombe de la VIe dynastie à Guîzah (Idou). — ASAntEg. 54 (1956/57), 213—237, Abb., 12 Taf. [3929

— 45 siècles de musique dans l'Égypte ancienne. Paris: Revue musicale 1956. S. 14—27, 112 S., Abb. [3930

— Terminologie musicale de l'Égypte ancienne. — BIE. 36 (1953/54 [1955]), 583—618. [3931

Høeg, C.: Les rapports de la musique chrétienne et de la musique de l'antiquité classique. — Byzantion 25/27 (1955/57), 383—412. [3932

Moreau, J.: Die Wasserorgel auf dem römischen Mosaik von Nennig an der Mosel. — Saarbrücker Hefte 4 (1956), 44—49, Abb. [3933

Neubecker, A. J.: Die Bewertung der Musik bei Stoikern und Epikureern. 1956. | RivFil. NS. 35 (1957), 294—302 (A. Plebe). ClRev. NS. 7 (1957), 215—217 (E. K. Borthwick). [3934

Plutarchus. De la musique. Texte, trad., commentaire précédés d'une étude sur l'éducation musicale, par F. Lasserre. 1954. | Mnemosyne Ser. 4, 10 (1957), 86—88 (H. Bolkestein). Erasmus 10 (1957), 161—164 (J. Tate). ClPh. 52 (1957), 197—201 (B. Einarson). AeR. NS. 2 (1957), 105—108 (G. Marenghi). Siculorum Gymnasium NS. 10 (1957), 139—140 (Q. Cataudella). [3935

Sanden, H.: Antike Polyphonie. Heidelberg: Winter 1957. 83 S., Abb., Noten. [3936

Stauder, W.: Die Harfen u. Leiern der Sumerer. Frankfurt: Selbstverl. 1957. V, 56 S., Abb., Taf. [3937

Thielscher, P.: Die Stellung des Vitruvius in der Geschichte der abendländischen Musik. — Altertum 3 (1957), 159—173, Abb. [3938

Vetter, W.: Griechenland: Antike Musik. — Musik in Geschichte u. Gegenwart 5 (1956), 840—865, Abb. [3939

Wegner, M.: Griechenland: Griech. Instrumente u. Musikbräuche. — Musik in Geschichte u. Gegenwart 5 (1956), 865—881, Abb. [3940

Wellesz, E.: Ancient and Oriental music. Oxford: Univ. Pr. 1957. XXIV, 530 S., Abb., 14 Taf. (New Oxford History of Music. 1). [3941

Zingel, H. J., H. Hickmann: Harfe. — Musik in Geschichte u. Gegenwart 5 (1956), 1507—1563, Abb. [3942

8. Theater

(Theatergebäude s. Abschn. III B 3)

Beare, W.: Aristophanic costume again. — ClQu. NS. 7 (1957), 184—185. [Dazu T. B. L. Webster: A reply on Aristophanic costume, ebd. 185]. [3943

Dale, A. M.: An interpretation of Ar. Vesp. 136—210 and its consequences for the stage of Aristophanes. — JHS. 77 (1957), 205—211. [3944

Else, G. F.: The origin of Τραγῳδία. — Hermes 85 (1957), 17—46. [3945

Fensterbusch: Proskenion. — RE. 23, 1 (1957), 1287—1296. [3946

Fitton Brown, A. D.: The size of the Greek tragic chorus. — ClRev. NS. 7 (1957), 1—4. [3947

Gilliam, J. F.: Trebonianus Gallus and the Decii: III et I cos. — Studi Calderini/Paribeni 1, 305—311. [3948

Jongkees, J. H.: Scaenae frons? — BAnt-Beschav. 32 (1957), 50—54, Abb. [3949

Kindermann, H.: Theatergeschichte Europas. Bd. 1: Das Theater der Antike u. des Mittelalters. Salzburg: O. Müller 1957. 540 S., Abb., 61 Taf. [3950

Marek: Der Schauspieler im Lichte der Soziologie s. Nr. 3856.

Pace, B.: L'Istituto del Dramma e gli studi sul teatro antico. — Dioniso NS. 20 (1957), 3—17. [3951

Paratore, E.: Storia del teatro latino. Milano: Vallardi 1957. 287 S. (Storia del teatro). | Latomus 16 (1957), 726—727 (H. Bardon). [3952

Risopati, B.: Il teatro romano. Vol. 1: Dalle origini a Plauto. Milano: Pleion 1956. 224 S. [3953

Schadewaldt, W.: Antike Tragödie auf der modernen Bühne. Zur Geschichte d. Rezeption d. griech. Tragödie auf d. heutigen Bühne. Heidelberg: Winter 1957. S. 37—64, 8 Taf. Aus: Jahresheft d. Heidelberger Akad. d. Wiss. 1955/56. [3954

Webster, T. B. L.: Greek theatre production. 1956. | RivFil. NS. 35 (1957), 106—107 (A. Rostagni). ClRev. NS. 7 (1957), 111—113 (H. Lloyd-Jones). AJPh. 78 (1957), 206—213 (M. Bieber). MusHelv. 14 (1957), 246 (F. Wehrli). Gnomon 29 (1957), 488—494 (G. Krien-Kummrow). AntCl. 26 (1957), 219—221 (V. Martin). Mnemosyne Ser. 4, 10 (1957), 347—348 (G. van Hoorn). Antiquity 31 (1957), 250—251 (G. F. Forsey). [3955

9. Buch und Bibliotheken. Schriftwesen, Kalender. Bildung und Erziehung

Bataille, A.: Exercices de calligraphies grecque et latine sur un P. Bouriant inédit. — Studi Calderini/Paribeni 2, 277—283, Abb. [3956

— Pour une terminologie en paléographie grecque. 1954. | RBPhil. 35 (1957), 393—396 (M. Wittek). [3957

Bischoff, B.: Deutsches Schrifttum zur lateinischen Paläographie u. Handschriftenforschung, 1953/56. — Scriptorium 11 (1957), 124—149. [3958

Bosch, E.: Ankara. 2: Die Aera. — Jb-KlF. 3 (1955), 68—74. [3959

Boyancé, P.: La connaissance du Grec à Rome. — REL. 34 (1956 [1957]), 111—131. [3960

Browning, R.: The Linear »B« texts from Knossos. 1955. | ClPh. 52 (1957), 189—192 (J. Whatmough). [3961

Brunner, H.: Altägyptische Erziehung. Wiesbaden: Harrassowitz 1957. XII, 200 S., 3 Taf. [3962

Carpenter, R.: Linear B. — Phoenix 11 (1957), 47—62. [3963

Cavaignac, E.: Conséquence historique du déchiffrement du linéaire B. — B-Budé Ser. 4 (1957), No. 2, 24—26. [3964

Cencetti, G.: Lineamenti di storia della scrittura latina. Bologna: Patron 1956. 522 S., Abb. | DLZ. 78 (1957), 961—963 (J. Hennig). [3965

Clark, D. L.: Rhetoric in Greco-Roman education. New York: Columbia Univ. Pr. 1957. XIII, 285 S. [3966

Downey, G.: Education in the Christian Roman empire: christian and pagan theories under Constantine and his successors. — Speculum 32 (1957), 48—61. [3967

Dupont-Sommer, A.: Les rouleaux de cuivre trouvés à Qoumrân. — RHRel. 151 (1957), 22—36. [3968

Eißfeldt: Handschriftenfunde in der Wüste Juda s. Nr. 642.

Études mycéniennes. Actes du Colloque internat. sur les textes mycéniens. 1956. | EtCl. 25 (1957), 361 (J. Delande). [3969

Galling, K.: Brief u. Buch im Altertum. —RGG.3. Aufl. 1 (1957), 1410—1412. [3970

Gordon, C. H.: Notes on Minoan Linear A. — Antiquity 31 (1957), 124—130. [3971

Grumach, E.: Bemerkungen zu M. Ventris—J. Chadwick: Evidence for Greek dialect in the Mycenaean archives. — OLZ. 52 (1957), 293—342. [3972

— L'échec du déchiffrement crétois. — Nouv. Clio 7/9 (1955/57), 487—491. [3973

Handbuch der Bibliothekswissenschaft. Begr. von F. Milkau. Hrsg. v. G. Leyh. 2. verm. Aufl. Bd. 3: Geschichte der Bibliotheken. Hälfte 2 (=Lief. 10/19). Wiesbaden: Harrassowitz 1957. XIII, 928 S., Abb. [3974

Henriksson, K.-E.: Griechische Büchertitel in der römischen Literatur. 1956. | Erasmus 10 (1957), 345—346 (J. Whatmough). Gnomon 29 (1957), 554—555 (J. Béranger). REA. 59 (1957), 465—466 (H. Bardon). [3975

Herescu, N. I.: Le mode de composition des écrivains (»Dictare«). — REL. 34 (1956 [1957]), 132—146. [3976

Jaeger, W.: Paideia. Die Formung des griech. Menschen. 3. Aufl. Bd. 1; 2. Aufl. Bd. 2. 1954; Bd. 3. 1955. | RBPhil. 35 (1957), 1142—1143 (M. Renard). [3977

Jax, K.: Die Stellung des Römers zur Wissenschaft. — Schlern-Schriften 158 (1957), 153—170. [3978

Imparati, F.: La decifrazione della scrittura micenea (Lineare B). — AeR. NS. 2 (1957), 65—84. [3979

Kenyon, F. G.: Books and readers in ancient Greece and Rome. 2. ed. 1951. | AnzAW. 10 (1957), 169 (W. Kraus). [3980

Ktistopoulos, K. D.: Περὶ τὴν ἀνάγνωσιν τῆς Μινοικῆς γραφῆς. 1955. | JHS. 77 (1957), 342 (M. Ventris). [3981

Lejeune, M.: Contribution à l'histoire des alphabets vénètes: la notation de T et de D. — RevPhil. Sér. 3, 31 (1957), 169—182, Abb. [3982

Lowe, E. A.: Codices latini antiquiores. 7: Switzerland. 1955. | AJPh. 78 (1957), 448—449 (L. Bieler). [3983

Marrou, H.-I.: Geschichte der Erziehung im klassischen Altertum. Hrsg. von R. Harder. Übersetzt von Ch. Beumann. Freiburg-München: Alber 1957. XIV, 646 S., 1 Bl., 44 Taf. | ByzZ. 50 (1957), 262 (F. Dölger). [3984

— A history of education in antiquity. 1956. | ClRev. NS. 7 (1957), 235—237 (M. L. Clarke). [3985

Masson, O.: Le colloque international sur les textes mycéniens (Gif-sur-Yvette, 3—7 avril 1956). — Syria 34 (1957), 217—219. [3986

— Quelques travaux récents sur le déchiffrement de l'écriture crétoise »linéaire A«. — RevPhil. 31 (1957), 85—89. [3987

Natale, A. R.: Ludwig Traube e la nuova metodologia paleografica. Milano: Allegretti di Campi 1957. 51 S. (Centro culturale dell' Archivio di Stato di Milano. 1). [3988

Nelson, H. L. W.: Ein Unterrichtsprogramm aus neronischer Zeit. 1956. | Gnomon 29 (1957), 503—505 (K. Müller). [3989

Neugebauer, O.: A Greek planetary table. — ChrEg. 32 (1957), 269—272, Abb. [3990

Nilsson, M. P.: ΕΝΙΑΥΤΟΣ — Annus. — Eranos 55 (1957), 115—119. [3991

— Die hellenistische Schule. 1955. | AJA. 61 (1957), 215—218 (M. J. Milne). RevPhil. 31 (1957), 132 (J. Schwartz). ClPh. 52 (1957), 53—54 (C. B. Welles). HZ. 183 (1957), 686—687 (F. Taeger). BiOr. 14 (1957), 250—251 (W. den Boer). JHS. 77 (1957), 336—337 (A. H. McDonald). [3992

Olzscha, K.: Schrift und Sprache der Etrusker. — Historia 6 (1957), 34—52. [3993

Parker, R. A.: The lunar dates of Thutmose III and Ramesses II. — JNES. 16 (1957), 39—43. [3994

Peruzzi, E.: Chronique bibliographique sur le linéaire A. — Minos 5 (1957), 99—102; 211—212. [3995

Petit, P.: Les étudiants de Libanius. Paris: Nouvelles Éditions Latines 1957. 206 S. (Université de Paris, Faculté des Lettres, Études prosopographiques. 1). | JRS. 47 (1957), 236—240 (A. F. Norman). [3996

Pianko, G.: Le travail du scribe, du libraire et du bibliothécaire dans l'antiquité [en polon.]. Warszawa 1955. 71 S. [3997

Popescu, E.: Considerații asupra educației tineretului la Histria în legătură cu trei inscripții inedite [Considérations sur l'éducation de la jeunesse à Histria, à l'occasion de la découverte de trois inscriptions]. — StCIstor. 7 (1956), 343—365, Abb. [3998

Pritchett, W. K.: Calendars of Athens again. — BCH. 81 (1957), 269—301. [3999

Roberts, C. H.: Greek literary hands 350 B. C. — A. D. 400. Corrected impr. 1956. | ClRev. NS. 7 (1957), 47—48 (R. M. Rattenbury). Emerita 25 (1957), 509—511 (J. F. Pomar). [4000

Rudberg, S. Y.: Nyare rön inom den grekiska paleografien. — Nord. Tidskr. f. Bok- och Biblioteksväsen 44 (1957), 20—23. [4001

Ruipérez, M. S.: Chronique bibliographique sur le linéaire B. — Minos 5 (1957), 103—107; 212—216. [4002

Een Assyrisch Schrijf »boek«. — Phoenix 1/3 (1955/57), 50—55, Abb. [4003

Scriptura latina libraria, cura J. Kirchner. 1955. | Bibliofilia 58 (1956), 47—49 (A. Pratesi). ThLZ. 82 (1957), 115—116 (P. Lehmann). [4004

Skeat, T. C.: The use of dictation in ancient book-production. — Proc. of the Brit. Acad. 42 (1957), 179—208. [4005

Snell, B.: Die ältesten europäischen Urkunden von Kreta u. vom Peloponnes. — Merkur 11 (1957), 375—380. [4006

Sperry, J. A.: Egyptian libraries: a survey of the evidence. — Libri 7 (1957), 145—155. [4007

Ssymank, P.: Das Hochschulwesen im römischen Kaiserreich bis zum Ausgang der Antike [Neudruck]. Amsterdam: Hakkert 1956. 34 S. [4008

Stegmüller, O.: Diptychon. — RAC. 3 (1957), 1138—1149. [4009

Steinhausen, J.: Schule u. Bildung im römischen Trier. — Vjbll Trier 3 (1957), 15. [4010

Stubbings, F. H.: Mycenaean deciphered. — GaR. Ser. 2, 4 (1957), 114—124, Abb. [4011

Traina, A.: L'alfabeto e la pronunzia del latino. Bologna: Pàtron 1957. 84 S. [4012

Treweck, A. P.: Chain reaction or house of cards? An examination of the validity of the Ventris decipherment. — BICS. 4 (1957), 10—26. [4013

Turner, E. G.: Scribes and scholars of Oxyrhynchus. — Akten d .8. Intern. Kongr. f. Papyrologie [s. 1956 Nr. 362], 141—146. [4014

— A Roman writing tablet from Somerset. — JRS. 46 (1956), 115—118, 1 Taf. [4015

Van der Valk, H. L. M.: On the edition of books in antiquity. — Vigiliae christianae 11 (1957), 1—10. [4016

Webster, T. B. L.: Mycenaean records: a review. — Antiquity 31 (1957), 4—8. [4017

Weitemeyer, M.: Babylonske og Assyriske Arkiver og Biblioteker. Kopenhagen: Branner og Korch 1955. 104 S., 19 Taf. (Studier fra Sprog- og Oldtidsforskning. 227). [4018

10. Kleidung. Tracht. Ernährung und Körperpflege

Aldred, C.: Hair styles and history. — BMetrMus. 15 (1956/57), 141—147, Abb. [4019

Andrews, A. C.: Melons and water-melons in the classical era. — Osiris 12 (1956), 368—375. [4020

Bataille, A.: Un inventaire de vêtements inédit. — Eos 48, 2 (1956 [1957]), 83—88. [4021

Bowra, C. M.: Asius and the old-fashioned Samians. — Hermes 85 (1957), 391—401. [4022

Helck, W.: Das Kleidertäfelchen aus der Pyramide des Sḫm-ḫ·t. — WZMorg. 54 (1957), 72—76, Abb. [4023

Hönig, H. W.: Die Bekleidung des Hebräers. Eine biblisch-archäol. Untersuchung. Theol. Diss. Zürich. Zürich: Brunner, Bodmer & Co. 1957. VIII, 178 S. [4024

Picard, M.-Th.: La thoraké d'Amasis. — Hommages Deonna [s. Nr. 293], 363—370, 4 Taf. [4025

Pleiner, R.: Domácí pec z doby římské v Libici n. Cidl [Four de ménage de l'époque romaine à Libice-sur-Cidlina]. — Archeol. Rozhledy 9 (1957), 168—175, Abb. [4026

Reed, W. L.: A recent analysis of grain from ancient Dibon in Moab. — BASOR. 146 (1957), 6—10, Abb. [4027

11. Medizin, Naturwissenschaften, Technik, Bergbau

Aitken, R.: Virgil's plough. — JRS. 46 (1956), 97—106, Abb., 2 Taf. [4028

Below, K.-H.: Der Arzt im römischen Recht. 1953. | Gnomon 29 (1957), 616—622 (U. v. Lübtow). AnzAW. 10 (1957), 249—251 (H. Niederländer). [4029

Breuer: Les bains romains de Furfooz (près Dinant) et le chauffage dans l'antiquité s. Nr. 1285.

Cagiano de Azevedo, M.: Qualche osservazione sulla lavorazione del legno nella antichità. — BollICR. 29/30 (1957), 11—29, Abb. [4030

Cohn-Haft, L.: The public physicians of ancient Greece. Northampton, Mass. 1956. X, 95 S. (Smith College Studies in history. 42). [4031

Esser, A.: Über ein skythisches Männerleiden. — Gymn. 64 (1957), 347—353. [4032

Finet, A.: Les médecins au royaume de Mari. — AIPhOr. 14 (1954/57), 123—144, 4 Taf. [4033

Forbes, R. J.: Studies in ancient technology. 1—3. 1955. | RHRel. 151 (1957), 109—110 (J. Bottéro). [4034

— — Vol. 5. Leiden: Brill 1957. VII, 321 S., Abb., 23 Taf. [4035

Gorteman, C.: Médecins de cour dans l'Égypte du IIIe siècle av. J.-C. — ChrEg. 32 (1957), 313—336. [4036

Grapow, H.: Grundriß der Medizin der alten Ägypter. 1: Anatomie und Physiologie. 2: Von den medizinischen Texten. 1954/55. | DLZ. 78 (1957), 348—350 (H. E. Sigerist). [4037

Herter, H.: Die hippokratische Medizin. — Ciba-Zs. 8 (1957), 2814—2847, Abb. [4038

Histoire générale des sciences, publ. sous la direction de R. Taton. T. 1: La science antique et médiévale (des origines à 1450). Paris: Presses univ. de France 1957. VIII, 628 S., 48 Taf. | REA. 59 (1957), 399—401 (J. Moreau). Latomus 16 (1957), 550—551 (J.-G. Préaux). [4039

Huxley, H. H.: Greek doctor and Roman patient. — GaR. Ser. 2, 4 (1957), 132—138. [4040

Kretzschmer, F.: Die Entwicklung der antiken Heizung. — Heizung, Lüftung, Haustechnik 8 (1957), Nr. 5 [7 S., Abb.]. [4041

Lang: Herodotus and the Abacus s. Nr. 3046.

Lefebvre, G.: Essai sur la médecine égyptienne de l'époque pharaonique. 1956. | RH. 217 (1957), 338—339 (M. Alliot). RBPhil. 35 (1957), 159—161 (C. Préaux). RA. Sér. 6, 50 (1957), 91—93 (P. Montet). REA. 59 (1957), 127—128 (F. Daumas). ChrEg. 32 (1957), 46—47 (A. Mekhitarian). [4042

Linderski, J.: L'industrie textile à Rome et son organisation (du Ier au IIIe siècle ap. J.-C.) [poln. m. franz. Rés.]. — Przeglad historyczny 47 (1956), 253—282; 453—454. [4043

Lüthi, A.: Neuere Arbeiten zur Geschichte der Metallzeiten und der Metallurgie. — JbSGU. 25 (1956), 87—90. [4044

Maréchal, J. R.: Histoire de la métallurgie. — Ogam 9 (1957), 67—74; 174—186, 6 Taf.; 310—319, 6 Taf. [4045

Masselink, J. F.: De grieks-romeinse windroos. 1956. | Latomus 16 (1957), 766 (G. Cambier). [4046

Neugebauer, O.: The exact sciences in antiquity. 2. ed. Providence, Rhode Island: Brown Univ. Pr. 1957. XVI, 240 S., 14 Taf. [4047

Nougayrol: Présages médicaux de l'haruspicine babylonienne s. Nr. 3469.

Pittioni, R.: Urzeitlicher Bergbau auf Kupfererz u. Spurenanalyse. — AnzWien 1957, 97—99. [4048

Riad, N.: La médecine au temps des Pharaons. 1955. | ChrEg. 32 (1957), 46—47 (A. Mekhitarian). [4049

Sambursky, S.: The physical world of the Greeks. Transl. from the Hebrew by M. Dagut. London: Routledge & K. Paul 1956. XI, 255 S. [4050

Schrot: Wasserversorgung u. Kanalisation im antiken Rom s. Nr. 2165.

Senk, H.: Zur Darstellung der Sturmleiter in der Belagerungsszene des Kaemhesit. — ASAntEg. 54 (1956/57), 207—211, Abb. [4051

Silva Carvalho, J., O. da Veiga Ferreira: Algumas lavras auríferas romanas. — Estudos, Notas e Trabalhos do Serviço de Fomento Mineiro 9 (1954), 20—45, 5 Taf. [4052

Stefan, G.: Un cuptor roman de ars ţigle, descoperit la Garvăn [Le four à tuiles de l'époque rom. découvert à Garvan]. — StCIstor. 8 (1957), 339—346, Abb. [4053

Stiglitz-Thaller, H.: Hypokaustanlage in Favianis-Mautern a. d. Donau. — ÖJh. 43 (1956), Beibl. 169—180, Abb. [4054

Tabanelli, M.: Chirurgia nell'antica Roma. 1956. | EtCl. 25 (1957), 384 (J. van Ooteghem). [4055

Verdelis: How the ancient Greeks transported ships over the Isthmus s. Nr. 830.

Williams, E. W.: The sickness at Athens. — GaR. Ser. 2, 4 (1957), 98—103. [4056

REGISTER

* = Verfasser einer Rezension

** = Verfasser einer bereits in einem früheren Bande der Bibliographie verzeichneten rezensierten Schrift bzw. rezensierte Schrift mit Sachtitel (Sammelwerke, Anonyma u. a.)

C

D

G

H

I

N

Q

R

S

T

www.ingramcontent.com/pod-product-compliance
Lightning Source LLC
LaVergne TN
LVHW080755300926
849162LV00008BA/1822